U0381357

工程硕士实践教学用书

全国工程硕士教指委“加强实践基地建设，提升实践教学质量”课题立项支持
上海市教委“专业学位研究生实践教学基地建设（中石化上海工程有限公司）”课题立项支持

SHI YOU HUA GONG ZHUANG ZHI DIAN QI GONG CHENG SHE JI

中国石化
SINOPEC

中石化上海工程有限公司

石油化工装置电气工程设计

张新明　主编

華東理工大學出版社
EAST CHINA UNIVERSITY OF SCIENCE AND TECHNOLOGY PRESS
·上海·

图书在版编目(CIP)数据

石油化工装置电气工程设计 / 张新明主编. —上海：华东理工大学出版社，2023.10

ISBN 978-7-5628-6800-2

Ⅰ.①石… Ⅱ.①张… Ⅲ.①石油化工设备-电气设备-工程设计 Ⅳ.①TE65

中国国家版本馆 CIP 数据核字(2023)第 184245 号

项目统筹 / 马夫娇 宋佳茗
责任编辑 / 宋佳茗 马夫娇
责任校对 / 石 曼
装帧设计 / 戴晓辛 徐 蓉
出版发行 / 华东理工大学出版社有限公司
地址：上海市梅陇路 130 号，200237
电话：021-64250306
网址：www.ecustpress.cn
邮箱：zongbianban@ecustpress.cn
印 刷 / 上海新华印刷有限公司
开 本 / 787mm×1092mm 1/16
印 张 / 21.75
字 数 / 513 千字
版 次 / 2023 年 10 月第 1 版
印 次 / 2023 年 10 月第 1 次
定 价 / 98.00 元

本书编委会

主编

张新明

编委（按姓氏笔画排序）

王江义　王品强　刘憬新　刘庚欣

沙　裕　汪　健　张慧玲　张卫杰

陈　彬　金林岚　周　勇　姚益民

崔文钧

序

为了适应我国经济建设和社会发展对高层次专业人才的需求，培养具有较强专业能力和职业素养、能够创造性地从事实际工作的高层次工程人才，国务院学位委员会于1997年第十五次会议审议通过了《工程硕士专业学位设置方案》，由此拉开了我国工程硕士专业学位研究生教育的序幕。

15年来，我国工程硕士专业学位教育获得了快速发展，培养高校不断增加、培养规模迅速扩大、培养领域不断拓展。从上海的情况来看，目前有11所高校开展工程硕士研究生培养，涉及现有40个工程领域中的35个，共有150个工程领域授权点。随着工程硕士专业学位研究生教育的发展，国外的办学模式、办学理念及实践教材被不断引进国内。同时，国内各地区、各部门积极推进工程硕士培养的实践教学环节改革，已取得了一定成效。但总体而言，目前工程硕士专业学位研究生的实践应用能力与实际岗位需求仍有一定差距，高校的实践教学工作仍需大力加强，特别紧迫的是要构建起具有特色、符合岗位需求的实践教材和课程体系，更好地指导和开展工程硕士专业学位研究生实践能力的培养与教学。

为此，上海市学位办组织相关高校从事工程硕士教育的专家和管理干部，多次召开加强实践教学的工作研讨会，旨在推动高校在构建实践教材和课程体系方面取得积极进展，以不断满足工程硕士专业学位研究生培养的实践教学需求。华东理工大学作为全国首批工程硕士培养单位之一，根据多年工程硕士培养的经验，结合行业岗位的实际要求，与中石化上海工程有限公司合作编写了这本工程硕士实践教学用书。该书具有实践性强、应用面广、内容通俗易懂的特点，可供相关领域工程硕士研究生开展实践学习时选用，也可为广大从事工程实践的工程技术人员提供相关参考。

2012年正逢华东理工大学建校60周年，很高兴看到华东理工大学能够结合学校学科特色，与企业合作编写"工程硕士实践教学用书"，这在提升工程硕士实践教学水平、提高工程实践能力方面是一次有益的探索。相信经过努力，华东理工大学在工程硕士实践教学方面必然会取得更多的成就，工程硕士培养质量会更上一层楼。

上海市教委高教处 [signature]

2012年10月

前言

中石化上海工程有限公司(以下简称上海工程公司)的前身是上海医药工业设计院,创建于1953年。七十年来,公司不断发展壮大的历程铸就了企业深厚的文化底蕴,在诸多工程技术领域创下了永志史册的“全国第一”。众多创新成就在各个领域跻身先进行列,为我国国民经济发展做出了积极贡献。

上海工程公司本次受全国工程学位研究生教育指导委员会、上海市教育委员会和华东理工大学的委托,负责编写工程硕士实践教学用书《石油化工装置电气工程设计》。上海工程公司集七十年企业工程建设实践与理念为一体,组织多名设计大师和国家注册资深设计专家,融入了多年工程建设的智慧和经验,吸收了工程技术人员的最新创新成果,依据既注重基本理论,更着力实践应用的原则,使教材基于理论,源于实践,学以致用,力求将专家、学者、行家里手在长期工程实践活动中积累的心得体会和经验介绍给广大的青年学子,希望能对工程硕士培养教育和工程实践企业基地建设工作有所启发、借鉴和指导。

全书共12章,主要介绍石油化工电气工程设计中的供配电系统、短路电流计算、动力配电设计、照明设计、防雷和接地设计、继电保护和自动装置、低压配电设计、爆炸危险环境电气设计、电气自动化系统、电气设备抗震设计、电气节能等内容。本书资料翔实,内容丰富,具有应用性强、章节分明、解释准确等特点,既可作为相关领域工程硕士实践教学用书,也可供从事石油化工电气工程设计的工程技术人员参考。

本书的出版获得全国工程学位研究生教育指导委员会“提升实践教学质量,培养社会需求人才”课题和上海市教育委员会“专业学位研究生实践教学基地建设”课题立项支持,在此表示感谢。同时,编者在编写过程中参考了许多文献,引用了一些行业资料和数据,亦在此向相关作者致谢。本书编委会的各位专家在编制过程中付出了辛勤的劳动和努力,在此表示衷心的感谢!

由于石油化工装置电气工程设计博大精深,涉及的知识浩如烟海,且在工程建设实践中不断充实、完善和发展,因此对于书中的不足之处,希望广大师生、同行专家和读者提出宝贵的意见和建议,以便我们提高水平,不断改进。

编者

2023年6月

目　录

第1章 绪 论

石油化工装置正朝着大型化、高效化、一体化和长周期运行的方向发展，其用电量和电力负荷密度越来越大，负荷性质越来越复杂，对电力系统的可靠性和平稳运行的要求越来越高。电力系统是石油化工企业的重要组成部分，不仅为装置和公用工程提供动力保障，还关系到企业的安全运行。无论石油化工企业是新建还是改造，或是隐患治理，电气工程设计都起着举足轻重的作用，在确保规划合理、设计优质、工程安全的前提下，要努力实现电力系统全寿命周期的整体最优。

电气工程设计一般遵循统筹兼顾、合理优化的原则，包括做到供电可靠、技术先进和经济合理，在可能的情况下进行系统稳定性分析，采用高效节能、绿色环保的电气产品，来降低电能损耗，以满足当前的发展需要，同时保障人身和设备安全，并根据工程特点、规模大小和发展规划，做到远近期结合，以近期为主，适当留有发展余地。

1.1 电气工程设计的任务

电气工程设计主要分为可行性研究、总体设计、基础设计、详细设计四个阶段，各阶段的主要任务如下：

(1) 可行性研究阶段：依据项目建议书及其批复文件的内容，比较与选择电源方案、计算用电负荷及确定负荷等级、明确供电原则、选择供电方案、采取节电措施、落实依托情况等。

(2) 总体设计阶段：依据批复的可行性研究报告和相关工艺包的要求，优化设计方案，进行电气系统研究和可靠性分析，确定负荷分级和供电要求、供配电设计方案和原则、电缆外线和敷设方式，主要设备、材料的选型等。

(3) 基础设计阶段：依据批复的总体设计或可行性研究报告、相关工艺包的要求和设计基础资料，确定所有技术原则和方案，说明设计范围和与有关单位的设计分工，进行供电系统情况说明，确定负荷分级和供电要求，明确配电用电设备的主要电气参数，明确采用的标准规范和电气设计规定，进行电气计算、电气规格书编制、主要设备、材料选型等工作，满足业主审查、工程物资采购准备和施工准备等要求。

(4) 详细设计阶段：依据批复的基础设计和设计基础资料，对基础设计进行补充、修改和完善，包括负荷统计表、设备选择及校验表、继电保护整定、电缆敷设表、设备材料表的编制，系统图、原理图、配置图、平面布置图、典型安装图的绘制等工作，满足通用材料采购、设备订货和制造、工程施工等要求。

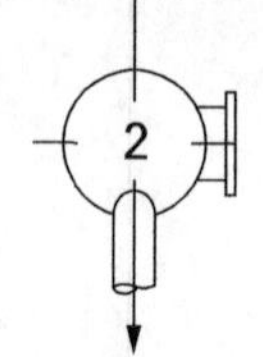

1.2 电气工程设计的主要内容

电气工程设计是整个工程设计过程中的重要组成部分，一般包含以下 11 个方面内容：

(1) 供配电系统设计：包括负荷分级原则、计算负荷确定及对供电电源的要求、电能质量、电压级数和输电容量的规定、功率因数的改善措施、变压器的性能比较和容量选择原则、电气主接线的常用方案介绍、电气系统的接地方式介绍、变配电所的所址选择、布置和防火要求、电气设备的选择条件、应急电源和自备电站的设置原则等。

(2) 短路电流计算：包括短路电流的种类和用途、计算条件和方法以及相关应用等。

(3) 动力配电设计：包括常用用电设备的配电方式、电缆的选择和敷设原则，以及配电设备的安装要求等。

(4) 照明设计：包括照明的方式和种类、光源和灯具的选择原则、照明的标准和质量、灯具的布置及节能措施、照度的计算方法、照明的配电和控制方式，以及应急照明的设置要求等。

(5) 防雷和接地设计：包括建筑物的防雷分类和所采取的措施，交流电气装置的接地方式，户外装置的防雷、防静电和接地要求，过电压保护和绝缘配合、防雷击电磁脉冲的措施等。

(6) 继电保护和自动装置配置：包括继电保护的要求和特性，微机保护装置的设置，备用电源自动投入装置的配置，电能计量的要求等。

(7) 低压配电设计：包括电器的选择与校验，电气火灾防护的要求，配电线路的保护措施和敷设方式等。

(8) 爆炸危险环境电气设计：包括爆炸性气体和粉尘环境的划分原则，爆炸性气体混合物的分级和分组，电气设备的选择、安装和接地要求，电气线路的设计原则等。

(9) 电气自动化系统配置：包括系统的功能、结构形式和设置原则，硬件和软件配置方式和通信结构要求等。

(10) 电气设备抗震设计：包括地震灾害特征和破坏成因，电气抗震的研究现状和实施要点，电气设备的抗震措施和施工要求等。

(11) 电气节能设计：包括电气节能的实施要点、评估内容和相关措施等。

1.3 电气工程设计的业务范围和工作目标

电气工程设计的业务范围和工作目标也相当重要，直接影响到设计工作的好坏和设计成品的质量，包括制定工作计划、收集相关资料、了解工艺流程、确定重要方案、接收和提交条件、选择合适的标准图、确认制造厂图纸等工作，如与项目管理、其他各工种相关时，还须密切配合。

1. 电气工程设计的业务范围

① 根据工艺及其他专业提出的设计条件，进行主要电气设施、设备和材料的选择、配置、安装等本专业的设计工作。

② 负责本专业的基础工作，执行国家、行业和公司的现行标准，编制统一规定。

③ 负责本专业基础资料收集，并向相关专业提出设计条件。

④ 计划、准备和实施本专业的技术评审。

⑤ 配合采购进行本专业设备和材料的请购、服务和评标工作。

⑥ 负责本专业设计文件校审、签署、质量自评和归档。

⑦ 推广和应用本专业新技术、新产品和新的设计手段。

⑧ 编写本专业工程设计技术总结。

2. 电气工程设计的工作目标

① 按项目合同中的业主（用户）要求，确定设备和材料供货商报价中必须提供的所有事项。

② 保证所采购的设备和材料安全可靠，符合业主（用户）的要求。

③ 配合相关专业和部门的工作，向工程项目组内其他相关专业和部门（如配管、建筑、结构、暖风等专业，采购、建设等部门）提供其必须的技术资料。

1.4 电气工程设计的辅助软件

1. AutoCAD

AutoCAD是目前国内外使用最广泛的计算机辅助绘图和设计软件包，具有完善的图形绘制功能和强大的图形编辑功能，并可采用多种方式进行二次开发或用户定制，还可进行多种图形格式的转换，具有较强的数据交换能力，同时支持多种硬件设备和多种操作平台，是工程技术人员必须掌握的强有力的绘图工具。

2. ETAP

ETAP是用于发电、输电、配电和工业电力系统的规划、设计、分析、计算、运行、仿真的最全面的分析平台，在石化行业电气工程设计中得到了广泛的应用。该软件具有核心工具和工程数据库，能利用无限制的母线和元件快速而简单地搭建系统，同时提供完整的验证和确认的数据。该软件为开放的软件，一般用于潮流分析、短路计算、电动机加速分析、弧闪分析、保护设备配合和选择、电能质量的分析计算、实时监测与控制等。

3. 博超

博超是大型电力电气工程设计软件，具有独特的数据流技术、智能化的专家设计系统，也可进行三维设计。该软件全面开放、兼容性强，其图形库、数据库、菜单等可由用户进行扩充和修改，用户将设计对象模型化、参数化，并存储于工程数据库中。设计过程直观简洁，实现了图纸之间、图形与数据之间的联动，并可做到精确的材料统计。该软件可进行主接线、高低压配电系统、配电装置平剖面、综合布线系统等设计，还可进行电动机启动压降、短路电流、照度等计算，以及设备选型校验，控制原理图绘制，动力、照明、接地和防雷接地平面设计等。

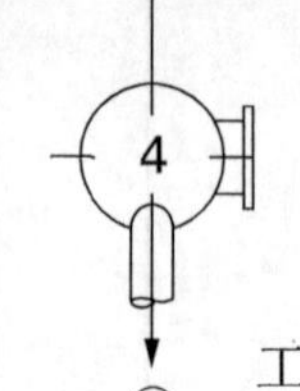

综合上述内容，作为一名合格的电气工程设计人员，不仅要具备良好的个人素质，包括工程职业道德和社会责任感，解决问题的方法，技术分析的手段，解决工程实际问题的能力，熟悉技术标准、行业的政策、法律和法规，擅长团队合作；还要储备丰富的理论知识，包括从事电气工程设计工作所必需的基础知识，电气工程制图方法和标准，电气设备的结构和原理，电力系统的基本分析方法，供配电系统的计算方法等；更要有设计综合能力，包括掌握各种电气设备、电气装置和电气系统的技术规范和标准，熟练地运用 AutoCAD、ETAP、博超等电气工程设计软件，论证评估技术标书和设计图纸并确定实施方案，具有一定的质量安全、环境安全、职业健康安全和法律意识等。本书对电气工程设计相关内容的介绍，几乎覆盖了电气工程设计人员必备的基础知识和专业知识，这些知识可以为同学们的后续学习和工作打下了良好的基础。

第2章　供配电系统

本章讨论石油化工的供配电系统设计，以石油化工企业的用电负荷性质、用电容量、工程特点和地区供电条件为依据，考虑变压器容量、电能质量、输电容量等具体情况，提出供电方案和主接线方式，同时结合总体布置和发展规划，使接地方式、变配电所布置、应急电源和自备电源设置等方面做到远近期结合，在满足近期使用的前提下，兼顾未来发展的需要，合理确定设计方案。

石油化工企业供配电系统的基本要求主要包括：适应当前企业规模大型化发展的要求，满足用电设备对供电可靠性和电能质量的要求；统筹兼顾、合理优化企业电气系统主接线，力求结构简单、操作灵活、运行安全和检修方便；结合相关条件设置变配电所，尽量靠近所供电范围的负荷中心，以利于企业的经济运行；采用高效节能、绿色环保、性能先进的电气产品，以适应国家和企业发展的需要。

2.1　负荷及负荷分级

负荷指电气设备和线路中通过的功率和电流。设计供配电系统时，为了避免因负荷过大造成设备欠载、不经济的情况，或者因负载过小而过载运行的情况，需采用一个假定负荷即计算负荷来表征系统的总负荷，同时用它来选择导线、电缆截面和电气设备的容量，这样做比较接近实际，而计算负荷的热效应也与变动负荷的热效应是相等的。

结合石油化工企业生产实际情况，根据用电设备对供电可靠性和连续性的要求，兼顾企业间的生产联系，并与现行国家标准相对应，一般需对石油化工企业用电负荷进行分级，以满足人身安全、供电可靠、技术先进和经济合理等要求。

2.1.1　电力负荷的分级原则

根据对供电可靠性的要求及中断供电对人身安全的影响或在经济上造成的损失，电力负荷一般分为三级。

一级负荷中断供电将造成人身伤害，如使生产过程或生产装备处于不安全状态等；将在经济上造成重大损失，如重大产品报废、用重要原料生产的产品大量报废、生产企业的连续生产过程被打乱且需要长时间才能恢复等；将影响重要用电单位的正常工作，如重要的交通枢纽、重要的通信枢纽、经常举办重要活动的大量人员集中的公共场所等。

在一级负荷中，当中断供电将造成人员伤亡或重大设备损坏比如发生人员中毒、设备爆炸和火灾等情况的负荷，以及特别重要场所的不允许中断供电的负荷，需视为一级负荷中特别重

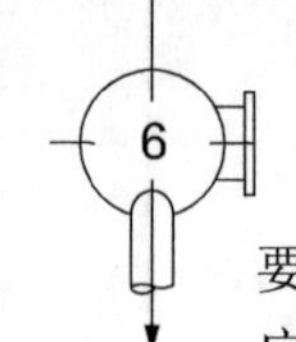

要的负荷。例如：中压及以上的锅炉给水泵、防止事故扩大和保证人员安全撤离的用电负荷、应急照明和通信系统等。

二级负荷中断供电将在经济上造成较大损失，如主要设备损坏、大量产品报废、连续生产过程被打乱且需较长时间才能恢复、重点企业大量减产等；将影响较重要用电单位的正常工作，如交通枢纽、通信枢纽等用电单位中的重要电力负荷，以及中断供电将造成较多人员集中的重要的公共场所秩序混乱等。

所有不属于一级负荷和二级负荷的负荷为三级负荷。

在确定一个区域的负荷特性时，需分别统计一级负荷中特别重要的负荷、一级负荷、二级负荷和三级负荷的数量和容量，并确定电源出现故障时需保证供电的程度。对于大型企业，按照用电负荷在生产使用过程中的特性，还需要确定某个区域的整体负荷定性，例如：在一个区域内，当用电负荷中一级负荷占大多数时，本区域的负荷作为一个整体可以认为是一级负荷；在一个区域内，当用电负荷中一级负荷和三级负荷所占的数量和容量都较少，而二级负荷所占的数量和容量较大时，本区域的负荷作为一个整体可以认为是二级负荷，依此类推。

2.1.2 石油化工企业用电负荷分级

结合石油化工企业生产实际情况和中断供电对生产的影响程度，依据大部分生产装置的重要性和对供电可靠性、连续性的要求，企业内部将用电负荷规定为一级企业用电负荷、二级企业用电负荷。

一级企业用电负荷是指企业中重要的生产装置及确保其正常运行的公用设施的用电负荷，其中重要的生产装置指在企业生产中起决定作用的生产装置，这样的生产装置在中断供电时，其产品和中间物料会大量报废或跑损，余料如果不排放或烧掉会导致催化剂中毒、设备或管线堵塞等，同时需要较长时间来恢复生产或达到稳定的运行状态，也有可能导致生产流程紊乱、恢复困难，或波及其他生产装置的停车。

二级企业用电负荷是指企业中主要的生产装置及相应的公用设施的用电负荷，其中主要的生产装置指在数量上占大部分的生产装置，这样的生产装置在中断供电时，其生产过程的停车和再开车相对比较容易，设备和管路系统中积留的物料还能再使用，造成的损失也相对不大。

另外，联合型石油化工企业用电负荷的分级，一般还需考虑企业间的生产联系；而大型企业又由多个生产装置组成，考虑流程上的上下游紧密联系也很有必要，因此两者用电负荷一般都会划分为一级企业用电负荷。

同时在生产过程中，凡需采取应急措施者，首先在工艺和设备设计中采取非电气应急措施。仅当非电气应急措施不能满足要求时，方可列为特别重要负荷。特别重要负荷用量需严格控制在最低限度，通常有下列四种类型：

(1) 当供电中断时，为确保安全停车的自动程序控制装置及其执行机构和配套装置，如生产装置的DCS、SIS、ESD和重要仪表，保证安全停车的自动控制装置，微机综合自动化系统，关键物料进出及排放阀等。

(2) 当生产装置供电中断时，为防止反应爆炸而采取的应急措施，如搅拌系统、冷却水供应系统等。

(3) 大型关键机组在运行或停电后的惰性过程中，保证不使设备发生损坏的应急措施，如大型压缩机的润滑油泵等。

(4) 为确保安全停车、处理事故、抢救撤离人员,生产装置所必须设置的应急照明、通信、工业电视、火灾报警等系统。

石油化工企业常见的生产装置用电负荷级别可参见表 2-1,这也是最基本的用电负荷分级,一般还需根据生产方式和流程的变化、负荷的重要性和在企业中所起的作用来调整。另外,在确定企业用电负荷级别时,除计算总用电负荷的容量和数量外,还需分别统计一级和二级生产装置用电负荷的容量和数量。

表 2-1 石油化工企业生产装置用电负荷级别举例

用电负荷级别	生产装置名称	重要的单元(工段)
一级企业用电负荷	乙烯装置	裂解区、压缩区、热区、冷区
	聚乙烯装置 (注:高压法、非高压法)	压缩、聚合、挤压造粒
	聚丙烯装置 (注:气相法、液相本体法)	聚合和干燥工段、挤压造粒
	聚苯乙烯装置	聚合工段
	乙二醇装置	压缩工段
	空分装置 (注:提供其他生产装置原料)	氮气和氧气工段
二级企业用电负荷	苯乙烯装置	
	PTA 装置	
	制苯装置	
	一般的公用设施	

2.1.3 负荷计算

负荷计算的目的是获得供配电系统设计所需的各项负荷数据,用以选择和校验导体、电器、设备、保护装置和补偿装置,计算电压降、电压偏差和电压波动等。

1. 负荷计算的内容

负荷计算的内容包括计算负荷、平均负荷、尖峰电流等,一般仅在消防时工作的负荷将不计入其中,而季节性用电设备则选取较大者;另外,计算负荷是一个假想的持续性负荷,它在一定的时间间隔中产生的特定效应与变动的实际负荷相等,也称为最大负荷或需要负荷;平均负荷为某段时间内用电设备所消耗的电能与该段时间之比;尖峰电流取持续 1 s 左右的最大负荷电流,即启动电流的周期分量,在校验瞬动元件时,还需考虑其非周期分量。

2. 负荷计算的方法

(1) 轴功率法

采用逐台计算电动机功率的方法,求出最大计算负荷。这种方法比较复杂,一般适用于石油化工企业详细设计时对电动机的负荷计算。

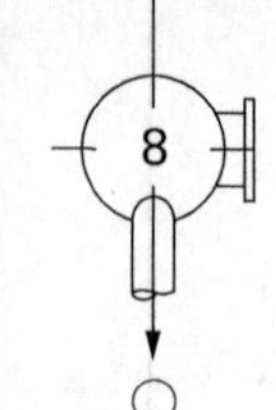

① 计算单台电动机的功率

电动机有功功率为

$$P_1=\frac{P_2}{\eta} \tag{2-1}$$

电动机无功功率为

$$Q_1=P_1\frac{\sqrt{1-\cos^2\varphi}}{\cos\varphi} \tag{2-2}$$

电动机视在功率为

$$S_1=\sqrt{P_1^2+Q_1^2} \tag{2-3}$$

电动机负载率为

$$K_r=\frac{P_2}{P_r} \tag{2-4}$$

式中 P_1——在轴功率下运行时，电动机输入的有功功率，kW；

P_2——机泵在输送介质时，依据设计操作条件下的扬程、流量、温度、密度、黏度及效率等参数计算出的电动机轴端输入功率，kW；

Q_1——电动机输入的无功功率，kvar；

S_1——电动机输入的视在功率，kV・A；

P_r——电动机额定功率，kW；

K_r——电动机负载率；

η——电动机在计算轴功率下运行时的效率，按公式 $\eta=(\eta_a-\eta_b)\frac{(K_r-a)}{0.25}+\eta_b$ 计算（当 $0.75<K_r\leqslant1$ 时，η_a 及 η_b 分别为电动机在100%和75%负载时的效率，$a=0.75$；当 $0.5<K_r\leqslant0.75$ 时，η_a 及 η_b 分别为电动机在75%和50%负载时的效率，$a=0.5$；当 $K_r\leqslant0.5$ 时，η 按电动机在50%负载时的效率取值）；

$\cos\varphi$——电动机在计算轴功率下运行时的功率因数，按公式 $\cos\varphi=(\cos\varphi_a-\cos\varphi_b)\frac{(K_r-a)}{0.25}+\cos\varphi_b$ 计算（当 $0.75<K_r\leqslant1$ 时，$\cos\varphi_a$ 及 $\cos\varphi_b$ 分别为电动机在100%和75%负载时的功率因数，$a=0.75$；当 $0.5<K_r\leqslant0.75$ 时，$\cos\varphi_a$ 及 $\cos\varphi_b$ 分别为电动机在75%和50%负载时的功率因数，$a=0.5$；当 $K_r\leqslant0.5$ 时，$\cos\varphi$ 按电动机在50%负载时的功率因数取值）。

η 和 $\cos\varphi$ 的取值可参见表2-2。

表2-2 隔爆型电动机在不同负载下的效率和功率因数（以四极为例）

额定功率/kW	负载率					
	50%		75%		100%	
	效率 η/%	功率因数 $\cos\varphi$	效率 η/%	功率因数 $\cos\varphi$	效率 η/%	功率因数 $\cos\varphi$
0.55	73.5	0.55	80.7	0.68	80.7	0.75
0.75	76.6	0.59	82.3	0.71	82.3	0.75

续表

额定功率/kW	负载率					
	50%		75%		100%	
	效率 η/%	功率因数 $\cos\varphi$	效率 η/%	功率因数 $\cos\varphi$	效率 η/%	功率因数 $\cos\varphi$
1.1	78.2	0.60	83.8	0.71	83.8	0.75
1.5	81.1	0.62	85.0	0.73	85.0	0.75
2.2	82.3	0.65	86.4	0.76	86.4	0.81
3	83.1	0.67	87.4	0.77	87.4	0.82
4	84.3	0.67	88.4	0.77	87.4	0.82
5.5	85.9	0.69	89.2	0.79	89.2	0.82
7.5	87.9	0.70	90.1	0.81	90.1	0.83
11	90.4	0.71	91.0	0.82	91.0	0.85
15	90.6	0.71	91.8	0.82	91.8	0.86
18.5	91.6	0.72	92.2	0.83	92.2	0.86
22	91.6	0.73	92.6	0.83	92.6	0.86
30	92.8	0.74	93.2	0.83	93.2	0.86
37	92.9	0.74	93.6	0.83	93.6	0.86
45	93.4	0.75	93.9	0.83	93.9	0.86
55	93.6	0.76	94.2	0.84	94.2	0.86
75	94.0	0.77	94.7	0.84	94.7	0.88
90	94.6	0.78	95.0	0.85	95.0	0.88
110	94.8	0.81	95.4	0.85	95.4	0.88
132	94.8	0.82	95.4	0.86	95.4	0.88
160	94.8	0.83	95.4	0.86	95.4	0.89

② 最大计算负荷

最大有功功率为

$$P_{30u}=K_{co}\sum_{i=1}^{n}P_{1coi}+K_{in}\sum_{j=1}^{n}P_{1inj} \tag{2-5}$$

最大无功功率为

$$Q_{30u}=K_{co}\sum_{i=1}^{n}Q_{1coi}+K_{in}\sum_{j=1}^{n}Q_{1inj} \tag{2-6}$$

最大视在功率为

$$S_{30u}=\sqrt{P_{30u}^{2}+Q_{30u}^{2}} \tag{2-7}$$

式中　P_{30u}——最大计算负荷的有功功率,kW;

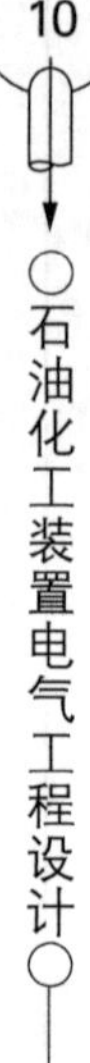

Q_{30u}——最大计算负荷的无功功率，kvar；

S_{30u}——最大计算负荷的视在功率，kV·A；

$\sum_{i=1}^{n} P_{1coi}$——所有连续运行电气设备计算负荷有功功率之和，kW；

$\sum_{i=1}^{n} Q_{1coi}$——所有连续运行电气设备计算负荷无功功率之和，kvar；

$\sum_{j=1}^{n} P_{1inj}$——所有间断运行电气设备计算负荷有功功率之和，kW；

$\sum_{j=1}^{n} Q_{1inj}$——所有间断运行电气设备计算负荷无功功率之和，kvar；

K_{co}——连续负荷同时运行系数，取0.95～1.0；

K_{in}——间断负荷同时运行系数，间断运行时间小于1 000 h，取0.6；间断运行时间小于500 h，取0.3；间断运行时间小于100 h，取0.1。

③ 成套设备计算负荷

$$P_1 = \frac{P_r \eta_t}{K_s} \tag{2-8}$$

式中 η_t——机泵传动系数，直接传动取1，皮带或齿轮传动取0.9；

K_s——负载安全系数，当电动机额定功率＜3 kW时，$K_s=1.5$；当3 kW≤电动机额定功率≤5.5 kW时，$K_s=1.3$；当7.5kW≤电动机额定功率≤18.5 kW时，$K_s=1.25$；当22 kW≤电动机额定功率≤55 kW时，$K_s=1.15$；当电动机额定功率≥75 kW时，$K_s=1.1$。

石油化工企业运行的电气设备中有部分电气设备连续运行时间小于2 h且年运行时数小于1 000 h，在负荷计算时，如果不将这部分负荷和连续运行负荷加区分，则会使装置最大计算负荷偏大，故计算公式(2-8)中考虑了最大负荷同期系数的修正。国外通常是将运行的负荷分为连续负荷和间断负荷，并分别乘以不同的使用系数，来达到修正装置最大计算负荷的目的。

(2) 需要系数法

采用需要系数和同期系数直接乘以用电设备功率，求出计算负荷。这种方法比较简便，应用广泛，尤其适用于石油化工企业基础设计时的负荷计算，但设备台数较少时误差比较大，一般设备少于5台时不采用。

计算负荷及计算电流：

有功功率为

$$P_{js} = K_{\sum p} \sum (K_x P_e) \tag{2-9}$$

无功功率为

$$Q_{js} = K_{\sum q} \sum (K_x P_{js} \tan\varphi) \tag{2-10}$$

视在功率为

$$S_{js} = \sqrt{P_{js}^2 + Q_{js}^2} \tag{2-11}$$

计算电流为

$$I_{js} = \frac{S_{js}}{\sqrt{3} U_r} \tag{2-12}$$

式中　P_e——用电设备组的设备功率，kW；

K_x——需要系数，参见表 2－3；

$\tan\varphi$——用电设备功率因数角的正切值，可参见表 2－3 中的功率因数 $\cos\varphi$ 进行换算；

$K_{\sum p}$、$K_{\sum q}$——有功功率、无功功率同时系数；

U_r——用电设备额定电压（线电压），kV。

变配电所或总降压变电所的计算负荷为各车间变电所计算负荷之和再乘以有功功率、无功功率的同时系数 $K_{\Sigma p}$ 和 $K_{\Sigma q}$。一般，变配电所的 $K_{\sum p}$ 和 $K_{\sum q}$ 分别取 0.85～1 和 0.95～1，总降压变电所的 $K_{\Sigma p}$ 和 $K_{\Sigma q}$ 分别取 0.8～0.9 和 0.93～0.97；但类似储运中间原料泵房、装卸车泵房等最大负荷年利用小时数较低的单元，其同时系数需酌减。当需要简化计算时，同时系数 $K_{\Sigma p}$ 和 $K_{\Sigma q}$ 可都取为 $K_{\Sigma p}$。

表 2－3　石油化工企业常用设备的需要系数和功率因数

用电设备名称	需要系数 K_x	功率因数 $\cos\varphi$
液压机	0.30	0.60
生产用通风机	0.75～0.85	0.80～0.85
卫生用通风机	0.65～0.70	0.80
泵	0.75～0.85	0.80
冷冻机组	0.85～0.90	0.80～0.90
搅拌机	0.75～0.85	0.80～0.85
电加热器	0.40～0.60	1.00
高频感应电炉（不带无功补偿装置）	0.80	0.60
真空炉（带调压器或变压器）	0.55～0.65	0.85～0.90
电焊机	0.35	0.35
起重机械	0.10～0.25	0.50
一般用硅整流装置	0.50	0.70
一般化验室	0.30～0.50	0.80
中心化验室	0.15～0.30	0.80
鼓风机	0.70	0.80
空压站压缩机	0.70	0.80
氧气压缩机	0.80	0.80
高压输水泵（异步电动机）	0.50	0.80
高压输水泵（同步电动机）	0.80	0.92
引风机、送风机	0.80～0.90	0.85
空调器	0.70～0.80	0.80
冷冻机	0.85～0.90	0.80～0.90

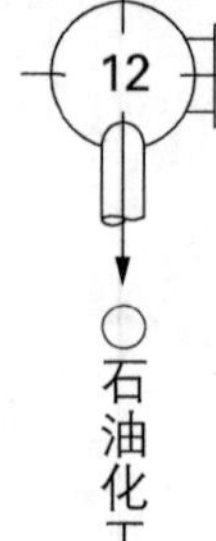

续表

用电设备名称	需要系数 K_x	功率因数 $\cos\varphi$
电梯(交流电源)	0.18～0.22	0.50～0.60
移动式电动工具	0.20	0.50
打包机	0.20	0.60
机修	0.20～0.30	0.50～0.65
仪修	0.20～0.40	0.60～0.75
电修	0.10～0.15	0.50～0.65
电子计算机设备	0.60～0.70	0.80
通信及信号设备	0.70～0.90	0.70～0.90
办公楼所有负荷(5 000 m² 以下)	0.70～0.85	0.60～0.90
办公楼所有负荷(5 000 m² 及以上)	0.50～0.70	0.60～0.90
生产厂房(有天然采光)照明	0.80～0.90	荧光灯(有补偿)0.90 高压钠灯 0.26～0.50 金属卤化物灯 0.40～0.55 LED 灯 0.70
生产厂房(无天然采光)照明	0.90～1.00	荧光灯(有补偿)0.90 高压钠灯 0.26～0.50 金属卤化物灯 0.40～0.55 LED 灯 0.70
锅炉房照明	0.90	高压钠灯 0.26～0.50 金属卤化物灯 0.40～0.55
仓库照明	0.50～0.70	高压钠灯 0.26～0.50 金属卤化物灯 0.40～0.55
办公楼照明	0.70～0.80	荧光灯(有补偿)0.90 LED 灯 0.70

(3) 利用系数法

采用利用系数求出最大负荷班的平均负荷，再考虑设备台数和功率差异的影响。这种方法的理论依据是概率论和数理统计，因而计算结果比较接近实际，适用于用电设备功率已知的负荷计算，精度也高，但过程比较烦琐，在石油化工电气设计中应用较少。

轴功率法和需要系数法从原理上来说并没有本质的区别，只是轴功率法需要对每一台用电设备分别选取负载率、效率、功率因数，其计算结果较为准确，但计算过程较为复杂；需要系数法只需对一组或一类用电设备统一选取需要系数，不考虑用电设备的轴功率、效率和功率因数，虽在精确度上差一些，但也能满足工程需要，且计算过程较为简便。设计时可根据实际情况选择计算方法。

3. 设备功率的确定

进行负荷计算时，需先将用电设备按性质进行分组，然后确定设备功率。

用电设备的额定功率 P_r 或额定容量 S_r 是指铭牌上的数据，不同工作制用电设备的额定功率需统一换算为连续工作制下的功率。不同负载持续率下的额定功率或额定容量，也需换算为统一负载持续率下的有功功率，即设备功率 P_N。

连续工作制电动机的设备容量按铭牌额定容量确定。

周期工作制电动机的设备容量归算到负载持续率为100%的额定有功功率：

$$P_N=P_r\sqrt{\varepsilon_r} \tag{2-13}$$

式中 P_N——统一负载持续率下的有功功率，kW；

P_r——电动机的额定功率，kW；

ε_r——负载持续率。

短时工作制电动机的设备容量需分类后按负载持续率归算，一般“较轻”时，ε_r 取 15%；“频繁”时，ε_r 取 25%；“特重”时 ε_r 取 40%。

起重机用电动机的设备容量归算到负载持续率为25%的额定有功功率：

$$P_N=P_r\sqrt{\frac{\varepsilon_r}{0.25}}=2P_r\sqrt{\varepsilon_r} \tag{2-14}$$

电焊机及电焊装置的变压器设备容量归算到负载持续率为100%的额定有功功率：

$$P_N=S_r\sqrt{\varepsilon_r}\cos\varphi \tag{2-15}$$

式中 S_r——电焊机的额定容量，kV·A；

$\cos\varphi$——功率因数。

电炉变压器的设备功率是指额定功率因数时的有功功率：

$$P_N=S_r\cos\varphi \tag{2-16}$$

式中 S_r—— 电炉变压器的额定容量，kV·A。

整流器的设备功率是指额定直流功率。

成组用电设备的设备功率是指不包括备用设备、检修设备在内的所有单个用电设备的设备功率之和，不同时使用的设备的负荷不叠加。

单相用电设备需尽可能分配到三相上，使各相计算负荷尽量相近，减小不平衡度，单相用电设备一般采用各相间负荷相加或取最大相负荷的 3 倍，但当单相负荷总计算容量小于计算范围内三相对称负荷的 15%时，可全部按三相对称负荷计算。

电光源设备容量的确定方法：低压卤素灯、自镇流荧光灯、LED 灯的设备容量直接取灯的额定功率。直管荧光灯、高压钠灯和金属卤化物灯的设备容量还需考虑镇流器中的功率损耗。采用节能型电感镇流器时，直管荧光灯的设备容量一般按其灯管额定容量的 1.2 倍计算，采用高频电子镇流器时按直管荧光灯内灯管额定容量的 1.1 倍计算，采用节能电感镇流器时按直管荧光灯内灯管额定容量的 1.15 倍计算；高压钠灯的设备容量按高压钠灯内灯泡额定容量的 1.1 倍计算，金属卤化物灯的设备容量按金属卤化物灯内灯泡额定容量的 1.15 倍计算。

4. 变压器损耗计算

有功功率损耗为

$$\Delta P_T=\Delta P_0+\Delta P_k\left(\frac{S_{js}}{S_r}\right)^2 \tag{2-17}$$

无功功率损耗为

$$\Delta Q_{T}=\Delta Q_{0}+\Delta Q_{k}\left(\frac{S_{js}}{S_{r}}\right)^{2} \tag{2-18}$$

式中 S_{js}——变压器计算负荷,kV·A;

S_{r}——变压器额定容量,kV·A;

ΔP_{0}——变压器空载有功损耗,kW;

ΔP_{k}——变压器满载(短路)有功损耗,kW;

ΔQ_{0}——变压器空载无功损耗,单位为 kvar,$\Delta Q_{0}=\frac{I_{0}\%S_{r}}{100}$,

其中,$I_{0}\%$为变压器空载电流占额定电流的百分数;

ΔQ_{k}——变压器满载(短路)无功损耗,单位为 kvar,$\Delta Q_{k}=\frac{u_{k}\%S_{r}}{100}$,

其中,$u_{k}\%$为变压器阻抗电压占额定电压的百分数。

当变压器负荷率不大于 85%时,其功率损耗可以概略计算如下:

$$\Delta P_{T}=0.01S_{js} \tag{2-19}$$

$$\Delta Q_{T}=0.05S_{js} \tag{2-20}$$

2.1.4 功率因数补偿

由于国家电网要求 35 kV 及以上供电点的功率因数不低于 0.95,10 kV 及以下供电点的功率因数不低于 0.9,因此石油化工生产装置的自然功率因数较低时,需设置并联无功补偿装置,且规定为功率因数不低于 0.93,同时在总降变电所或发电机组处将功率因数补偿到不低于 0.95。

供电设计中需正确选择配电和用电设备的容量,以降低线路感抗来提高功率因数。在工艺条件合理时,对长期连续运行的大中型电动机,可采用同步电动机,以提高功率因数。

一般功率因数补偿所用电容器的安装容量可按照变压器容量的 10%~30%进行估算;当采用并联电容器成套装置进行无功补偿时,可根据就地平衡原则,低压部分的无功负荷由低压电容器补偿,中压部分的无功负荷由中压电容器补偿。

石油化工生产装置的用电负荷一般比较集中,且中压电动机数量较多、容量较大,所以一般将无功补偿装置集中装设在中压母线上。在满足下列情况之一时,还可装设无功补偿自动投切装置:

① 避免过补偿,装设自动投切装置在经济上合理时;

② 避免在轻载时电压过高,造成某些用电设备损坏,而装设无功自动投切装置合理时;

③ 只有装设无功自动投切装置才能满足在各种运行负荷情况下的电压偏移允许值时。

另外,采用分组电容器时,还需满足下列要求:

① 分组投切电容器时,母线电压波动不超过额定值的±2.5%且不产生谐振;

② 适当减少分组组数和加大分组容量;

③ 需与配套设备的技术参数相适应;

④ 需满足电压偏移的允许值。

中压电容器组可串联适当参数的电抗器,而低压电容器组则需加大投切容量或采用专用投切接触器。在受谐波量较大的用电设备影响的线路上装设电容器组时，需考虑装设串联电抗器。

并联电容器补偿容量的计算：

企业自然平均功率因数为

$$\cos\varphi=\sqrt{\frac{1}{1+\left(\frac{\beta_{av}Q_{js}}{\alpha_{av}P_{js}}\right)^2}} \tag{2-21}$$

补偿容量按下式计算：

$$Q_C=\alpha_{av}P_{js}(\tan\varphi_1-\tan\varphi_2) \tag{2-22}$$

或

$$Q_C=\alpha_{av}P_{js}q_c \tag{2-23}$$

其中，

α_{av}——年平均有功负荷系数；

β_{av}——年平均无功负荷系数；

$\tan\varphi_1$——补偿前计算负荷功率因数角的正切值；

$\tan\varphi_2$——补偿后功率因数角的正切值；

q_c——无功功率补偿率，kvar/kW

补偿后功率因数为

$$\cos\varphi=\sqrt{\frac{1}{1+\left(\frac{\beta_{av}Q_{js}-Q_C}{\alpha_{av}P_{js}}\right)^2}} \tag{2-24}$$

2.1.5 企业年电能消耗

电能消耗一般包括用电设备、供电线路、变压器和电抗器等的电能损耗，且按年电能消耗计算。

(1) 变压器年电能损耗 ΔW_t

$$\Delta W_t=\Delta P_0T+\Delta P_k\left(\frac{S_c}{S_r}\right)^2\tau \tag{2-25}$$

式中 ΔP_0——变压器空载有功损耗，kW；

ΔP_k——变压器满载(短路)有功损耗，kW；

T——变压器全年接入供电系统的小时数，h；

τ——最大负荷年损耗小时数，h；

S_c——变压器计算负荷，kV・A；

S_r——变压器额定容量，kV・A。

(2) 电抗器年电能损耗 ΔW_{ret}

$$\Delta W_{ret}=\Delta P_{ret}\tau \tag{2-26}$$

式中 ΔP_{ret}——电抗器的有功电能损耗，kW・h。

(3) 供电线路年电能损耗 ΔW_l

$$\Delta W_l=\Delta P_l\tau \tag{2-27}$$

式中 ΔP_1——供电线路的有功电能损耗，kW·h。

(4) 企业年电能消耗 W_u

分别计算出每年工作时数相同的各组用电设备的年电能消耗，再计算各供电变压器和电抗器的年电能损耗量，最后将各项相加，即

$$W_u = K_b \sum_{i=1}^{n} P_i T_i + \sum_{j=1}^{n} \Delta W_{tj} + \sum_{k=1}^{n} \Delta W_{retk} \tag{2-28}$$

简化计算公式如下：

$$W_u = 1.02 \sum_{i=1}^{n} W_{ui} \tag{2-29}$$

式中 W_u——年电能消耗量，kW·h；

P_i——年工作小时数为 T_i 的用电设备计算负荷的有功功率，kW；

T_i——用电设备年工作小时数，h；

K_b——不平衡系数，取 0.80～0.95，年工作小时数多时取小值，少时取大值；

$\sum_{j=1}^{n} \Delta W_{tj}$——所有变压器的年有功电能损耗之和，kW·h；

$\sum_{k=1}^{n} \Delta W_{retk}$——所有电抗器的年有功电能损耗之和，kW·h。

2.2 供电要求

2.2.1 各级负荷对供电电源的要求

石油化工企业需根据地区供电电源条件来确定供电方式。当地区供电电源条件充分时，一般采用以外供电为主的供电方式；当地区供电电源条件差时，则采用外供电和自发电相结合的综合供电方式；联合型企业一般考虑以自发电为主的供电方式。

一级企业用电负荷由双重电源供电；一级负荷中特别重要的负荷，除由双重电源供电外，还需增设应急电源。独立于正常电源的发电机组、供电网络中独立于正常电源的专用馈电线路、蓄电池和干电池等一般可作为应急电源。应急电源的工作时间需按生产技术上要求的停车时间考虑，当应急电源与自动启动的发电机组配合使用时，应急电源的工作时间一般不少于 10 min。根据允许中断供电时间的不同可分别选择下列应急电源：

① 有需要驱动的电动机负荷，启动电流冲击负荷较大，但允许中断供电时间为 15 s 以上的供电，可选用快速自启动的发电机组。

② 自投装置的动作时间能满足允许中断供电时间的，可选用带有自动投入装置的独立于正常电源的专用线路，且适应于允许中断供电时间 1.5 s 或 0.6 s 以上的负荷。

③ 允许停电时间为毫秒级，且容量不大的特别重要负荷，可采用直流电源者，可选用蓄电池装置作为应急电源。

二级企业用电负荷的供电系统，一般由两回线路供电，当电源系统发生故障时，需保证有一回线路立即重合闸，并能保持正常运行的电压水平，供电变压器亦有两台(两台变压器不一定在同一变电所)。在负荷较小或地区供电条件困难时，二级负荷可由一回 6 kV 及以上专用

的架空线路或电缆供电。当采用架空线时，可为一回架空线供电；当采用电缆线路时，需采用两根电缆组成的线路供电，每根电缆均能承受100%的二级负荷。

2.2.2 供配电方式

同时供电的两回及以上供配电线路中一回路中断供电时，其余线路一般要求能满足全部一级负荷及二级负荷的供电；供电系统一般简单可靠，同一电压供电系统的变配电级数不多于两级。

供配电系统的设计，只有一级负荷中特别重要的负荷需要按一个电源系统检修或故障的同时另一电源又发生故障进行设计。

需要两回电源线路的用电单位，可采用同级电压供电。但根据各级负荷的不同需要及地区供电条件，亦可采用不同电压供电。

当有一级企业用电负荷的用电单位难以从地区电力网取得两个电源，但有可能从邻近企业取得第二电源时，可从邻近企业取得第二电源；在用电单位内部邻近的变电所之间可设置低压联络线；小负荷的用电单位可直接接入地区低压电网。

符合下列情况之一时，用电单位需设置自备电源：

① 需要设置自备电源作为一级负荷中特别重要负荷的应急电源时或第二电源不能满足一级负荷的条件时；

② 设置自备电源比从电力系统取得第二电源经济合理时；

③ 有常年稳定余热、压差、废气可供发电且技术可靠、经济合理时；

④ 所在地区偏僻，远离电力系统，设置自备电源经济合理时。

应急电源与正常电源之间必须采取防止并列运行的措施。

2.2.3 电压级数和电压选择

石油化工企业的供电电压需根据用电容量、用电设备特性、供电距离、供电线路的回路数、当地公共电网现状及其发展规划等因素，经技术经济比较后确定。一般大型企业用电负荷达150～300 MW时，其集中受电可采用220 kV电压，如企业内另有可直接受电的总变电站，则采用110 kV电压等级；中型企业的用电负荷一般为10～50 MW，电源电压大多采用110 kV，也可采用35 kV电压；当供电电压为35 kV以上时，用电单位的一级配电电压一般采用10 kV；当6 kV用电设备的总容量较大，选用6 kV经济合理时，则采用6 kV。低压配电电压一般采用220/380 V，当经技术经济比较合理时亦可采用660 V；当供电电压为35 kV，能减少配变电级数，简化接线及技术经济合理时，配电电压可采用35 kV。

2.2.4 供电线路的输电容量

各级电压线路输送能力常用部分见表2-4。

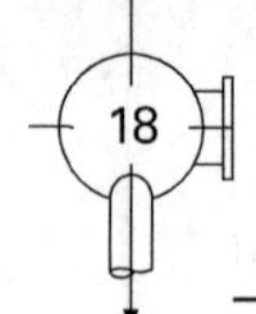

表 2-4　石油化工企业常用供电线路的输电容量

额定电压/kV	架空线		电缆	
	送电容量/kW	输送距离/km	送电容量/kW	输送距离/km
0.22	<50	0.15	<100	0.2
0.38	100	0.25	175	0.35
0.66	170	0.4	300	0.6
3	100～1 000	3～1		
6	2 000	10～3	3 000	<4
10	3 000	15～5	5 000	<8
35	2 000～8 000	50～20	15 000	<20
66	3 500～10 000	100～30		
110	10 000～50 000	150～50		

2.2.5　电能质量

石油化工电力系统的电能质量指的是电压、频率和波形的质量。电能质量主要指标包括电压偏差、电压波动和闪变、三相电压不平衡度等，此外还考虑了系统故障或大型电动机启动时的电压降。

在正常运行情况下，供电频率偏差允许值为±0.2 Hz，当系统容量在 3 000 MW 以下时可放宽到±0.5 Hz。频率值通常由系统决定，除特别要求采用不间断供电装置局部稳频外，在配电设计时一般不必采取稳频措施。

引起电压偏差、电压波动和闪变以及电压下降的根本原因，都是由于网络中电流通过阻抗元件而造成的电压损失，主要是线路和变压器的电压损失。

1. 电压偏差

基本概念：电压偏差是供配电系统在正常运行方式下（系统中所有元件都按预定工况运行）系统各点实际电压 U 对系统标称电压 U_n 的偏差 ΔU，常用相对于系统标称电压的百分数表示，即

$$\Delta U=\frac{U-U_n}{U_n}\times 100\% \tag{2-30}$$

电压偏差主要是系统中电流变化导致的，三相系统中以线电压为基准的电压降百分数表示为

$$\Delta U=\frac{\sqrt{3}I(R\cos\varphi+X\sin\varphi)}{1\ 000U_n}\times 100\%=\frac{\sqrt{3}I(R\cos\varphi+X\sin\varphi)}{10U_n}\% \tag{2-31}$$

式中　U_n——系统标称电压，kV；

I——负荷的电流，A；

$\cos\varphi$——负荷的功率因数；

R、X——阻抗元件的电阻和电抗（感抗），Ω。

用电设备端子电压偏差允许值：用电设备端子电压实际值偏差额定值时，其性能将直接受到影响，影响的程度视电压偏差的大小而定，参见表 2-5。根据设备制造和电网建设的综合考虑，制定用电设备端子的电压偏差允许值需考虑到设备的某些具体运行状况，例如对于不常使用的用电设备、使用时间短暂且次数很少的用电设备以及少数远离变电所的用电设备等，其电压偏差允许范围可以适当放宽，以免过多地增加线路投资。某些用电设备，例如电阻焊机，当电压正偏差过大时，将使焊接处热量过多而造成焊件过熔，其负偏差过大时会使焊接热量不够而造成虚焊。又如电子计算机，若电压超过产品规定的允许值将影响运算的精确度，因此这些设备往往带有专用稳压电源装置，这时对网络电压偏差的要求可适当放宽。

表 2-5　端子电压偏差对常用电气设备特性的影响

电气设备名称	特性参数	与运行电压 U 的关系	电压偏差值	
			−10%	+10%
异步电动机	启动转矩与最大转矩	U^2	−19%	+21%
	滑差率	U^{-2}	+23%	−17%
	启动电流	U	−10%～12%	−10%～12%
	满载电流[1]		+11%	−7%
	满载温升[1]		+6%～7%	−3%～4%
同步电动机[2]	与异步电动机相似，但转速最大转矩(拖出转矩)	U	−10%	+10%
电热设备[3]	输出热能	U	−19%	+21%
气体放电灯[4]	荧光灯光通量	$\approx U^2$	≈−9%	≈+9%
	荧光灯使用寿命			−20%
	金属卤化物灯光通量	$\approx U^3$	−27%	+38%
	高压钠灯光通量		−30%	+33%

注：① 数据仅供参考，其值因设计和制造而异；

② 如果采用晶闸管励磁，且其交流侧电源是与同步电动机共用的，那么其最大转矩将与端子电压的平方成正比变化；

③ 电压长期偏高将使电热元件寿命缩短；

④ 气体放电灯在电压过高或过低都会缩短使用寿命，电压过低时启辉困难，电压过高时镇流器将因过热而缩短寿命；

⑤ 表格中空白部分表示与运行电压无关。

在配电设计中，用电设备端子的电压偏差不超过表 2-6 中列出的允许值。

表 2-6　用电设备端子电压偏差允许值

用电设备	工况	电压偏差允许值
电动机	正常情况下	+5%～-5%
	特殊情况下	+5%～-10%
照明设备	视觉要求较高场所	+5%～-2.5%
	一般工作场所	+5%～-5%
	应急照明、道路照明、警卫照明	+5%～-10%
	用安全特低电压供电的照明	+5%～-10%
其他用电设备	无特殊规定时	+5%～-5%

供电电压偏差允许值是电力系统在正常运行条件(指电力系统中所有元件都按预定工况运行)下,供电电压对系统标称电压的偏差,不适用于瞬态和非正常运行情况;用电设备额定工况的电压偏差允许值仍由各自标准规定,例如旋转电动机按其《定额和性能》标准规定执行;电压有特殊要求的用户,按供用电协议规定执行,一般供电电压偏差均为正偏差或均为负偏差时,按较大的偏差绝对值作为衡量依据,供电电压偏差允许值列于表 2-7 中。

表 2-7　供电部门与用户产权分界处的供电电压偏差允许值

系统标称电压/kV	供电电压偏差允许值/%
≥35,三相(线电压)	正、负偏差绝对值之和≤10
≤10,三相(线电压)	±7
0.22,单相(相电压)	+7,-10

供配电设计中,一般按照用电设备端子电压偏差允许值的要求和变压器高压侧的电压偏差的具体情况来确定线路电压降允许值。当缺乏计算资料时,线路电压降允许值可参考表 2-8。

表 2-8　线路电压降允许值

线路名称	允许电压降/%
从配电变压器二次侧母线算起的低压线路	5
从配电变压器二次侧母线算起的供给有照明负荷的低压线路	3～5
从 110(35)/10(6)kV 变压器二次侧母线算起的 10 (6)kV 线路	5

2. 电压波动和闪变

波动负荷(生产或运行过程中周期性或非周期性地从电网取用快速变动功率的负荷,如电弧炉、轧机、电弧焊机等)引起连续的电压快速变动或电压幅值包络线的周期性变动,该变动过程中相继出现的电压有效值的最大值 $U_{\max}$ 与最小值 $U_{\min}$ 之差称为电压波动,一般指电压的快速连续变化。常用相对值(与系统标称电压 U_{n} 的比值)或百分数表示,即

$$\Delta u_1=\frac{U_{\max}-U_{\min}}{U_{\mathrm{n}}}\times 100\% \tag{2-32}$$

闪变则是指灯光照度波动不稳定而产生的视感影响，是人眼对灯闪的生理感觉，与人的视感灵敏度有关，闪变限值参见表2-9。

表2-9　闪变限值

电压/kV	闪变值
≤110	1
>110	0.8

公共供电点（电力系统中两个或更多用户的连接处）由冲击性功率负荷产生的电压波动限值见表2-10。

表2-10　电压波动限值

频度 r/(次/h)	电压波动 d/%	
	低压	高压
$r\leqslant1$	4	3
$1<r\leqslant10$	3	2.5
$10<r\leqslant100$	2	1.5
$100<r\leqslant1\,000$	1.25	1

3. 三相电压不平衡度

三相电压不平衡主要是由负荷不平衡和系统三相阻抗不对称引起的，产生三相负荷不平衡的主要原因是单相大容量负荷分布不合理。一般如果三相负荷分配不均，会使三相负荷电流不对称，由此而产生三相负序分量，而三相电压负序分量与电压正序分量的比值就称为三相电压不平衡度，均以百分数表示。

(1) 三相线路接用单相负荷时的电压损失和功率损耗均要比接用三相负荷时大，而且单相负荷会给三相负荷带来三相电压的不平衡，使得三相变压器容量利用率降低；当三相感应电动机流过负序电流时，还会产生反转磁场使转矩减少并严重发热。

(2) 为降低三相低压配电系统的不平衡度，设计低压配电系统时常会采用一些措施，包括单相用电设备接入220/380 V三相时需尽量使三相负荷平衡；由地区公共低压电网供电的220 V照明负荷，若线路电流不超过30 A可用单相供电，否则以220/380 V三相四线制供电。

(3) 电动机启动时在配电系统中会引起电压下降，一般电动机启动时，其端子电压能保证被拖动机械要求的启动转矩，且在配电系统中引起的电压下降不妨碍其他用电设备的工作，即电动机启动时，配电母线上的电压需符合下列要求：

① 在一般情况下，电动机频繁启动时不低于系统标称电压的90%，电动机不频繁启动时，不低于标称电压的85%；

② 配电母线上未接照明或其他对电压下降较敏感的负荷且电动机不频繁启动时，不低于标称电压的80%；

③ 配电母线上未接其他用电设备时，可按保证电动机启动转矩的条件决定，对于低压电动机，还需保证接触器线圈的电压不低于释放电压。

2.3 变压器选择

2.3.1 变压器的类型

变压器是利用电磁感应的原理来改变交流电压的装置，主要由初级线圈、次级线圈和铁芯(磁芯)构成，主要功能有电压变换、电流变换、阻抗变换、隔离、稳压(磁饱和变压器)等。

变压器按相数可以分为单相变压器和三相变压器；按冷却方式可以分为油浸式变压器和干式变压器等；按用途可以分为电力变压器、仪用变压器、试验变压器、特种变压器等；按绕组形式可以分为双绕组变压器、三绕组变压器和自耦变压器等；按铁芯形式可以分为芯式变压器、非晶合金变压器和壳式变压器等。

石油化工企业一般采用三相双绕组油浸式电力变压器，基于能源供应和环保的因素，也开始选用低损耗、高能效的非晶合金变压器，其空载损耗要比一般采用硅钢作为铁芯的传统变压器低70%～80%，是名副其实的绿色环保产品。

2.3.2 变压器的性能要求

一般从变压器的设计结构、使用条件、油箱、绝缘、主接线、分接头、分接开关、噪声、附件、油温测量装置、气体继电器、压力保护装置、冷却风机和控制设备等方面出发，对其提出较为详细的要求。

(1) 使用条件：海拔一般不超过1 000 m，冷却设备入口处的冷却空气温度任何时候不超过40 ℃(最热月平均不超过30 ℃、年平均不超过20 ℃)，环境相对湿度按不同地域考虑，电源电压波形为正弦波(总谐波含量不超过5%、偶次谐波含量不超过1%)，负载电流总谐波含量不超过额定电流的5%，三相电源电压近似对称(最高相同电压比最低相同电压不高于1%)；且污秽等级一般不超过2级，地震烈度一般不超过7级。另外还需考虑特殊气候条件、盐雾、有腐蚀性的灰尘、太阳辐射、机械冲击和振动等。

(2) 工程条件：需考虑设备最高电压、绝缘试验水平、频率、中性点接地方式和安装地点(一般为室内)等因素。

(3) 技术参数：石油化工行业一般采用全密封油浸式或干式电力变压器，冷却方式一般为自冷(ONAN)，分接开关设在高压侧且调压范围一般为±2×2.5%，联接组标号一般采用Dyn11，变压器相序为面对变压器高压侧从左到右高压侧相序为A、B、C，低压侧相序为a、b、c、n，绕组绝缘耐热等级(油浸式电力变压器为A级、干式电力变压器为F级或H级)，变压器绕组匝间工作场强不大于2 kV/mm，顶层液体最高温升一般不超过55 K，绕组保证的最高温升一般不超过80 K。

(4) 技术性能：局部放电水平(在1.5倍最高相电压下局部放电量≤500 pC、在1.3倍最高相电压下局部放电量≤300 pC)，无线电干扰(在1.1倍最高相电压时的无线电干扰电压不大于2 500 μV，并在晴天夜晚无可见电晕)，噪声水平(100%风冷冷却方式下满载运行，距变压器本体2 m处，噪声不大于85 dB)；另外变压器的结构需有利于顺利地运输到目的地，需现场安装的附件，安装好后将能立即进入持续工作状态；变压器及其附件的设计和组装需考虑使振动最小，并且能承受三相短路电动力的作用；变压器铁芯和较大金属结构零件均通过油箱可靠接地，变压器的铁芯则通过套管从油箱上部引出并用铜排引至距地面 1 m 处，在下部具备带电测量铁芯接地电流功能。接地处需有明显接地符号"⊥"或"接地"字样。

(5) 附加要求：变压器油箱顶部配置水银温度计，提供绕组温度控制器，温度信号均需接至端子箱；变压器不设滚轮，所有附件均不低于变压器箱底，变压器箱底支架焊装位置需符合轨距的要求；变压器油需具有通过第三方检测机构出具的试验报告，其牌号为 10 号、25 号和 45 号，用户可根据环境条件选用其中一个牌号的变压器油；变压器的所有外购件必须经过鉴定并有产品合格证，符合相应标准要求。

2.3.3 变压器台数和容量的选择

主变压器的台数和容量，一般根据地区供电条件、负荷性质、用电容量和运行方式等条件综合考虑确定。石油化工企业的主变压器一般选择 2 台，当单台变压器的容量过大，致使短路冲击电流过大、难以满足动稳定要求时，可设置多台主变压器。主变压器按 2 台设置时，每台变压器的容量均可满足向全部一、二级负荷供电的要求；主变压器按多台(分组)设置时，需保证在一台(每组中的一台)失电或退出运行情况下，其余变压器能满足全部负荷长周期、连续运行的要求。一般主变压器采用两绕组变压器，且不向与企业无关的用电负荷供电。

石油化工企业选择变压器需考虑一些相关条件，包括绕组数量与供电系统主接线的电压级数相配合，110 kV、35 kV 电压等级在与电力系统联网或并列运行时其结线方式与系统保持一致，考虑到供电距离较远或不平衡电流较大，所以一般 10(6)kV 变压器采用 Dyn11 型，当电力潮流和电压偏差过大而不能保证电压质量时可采用有载调压变压器，生产装置内 10(6)kV 配电变压器一般不采用有载调压变压器，中、小容量变压器采用自然风冷方式、大容量变压器则采用强迫油循环风冷方式，在多尘、腐蚀性环境中一般选用全密封型变压器等。

石油化工企业变压器容量确定一般考虑满足近期企业用电负荷的需求，而对企业的远期发展则采取更换主变压器或增加变压器台数等措施，另外主变压器的负载率在企业供电系统主接线可能的运行方式下不大于 1，供电系统侧的母线电压水平满足大型机组启动时电动机机端、配电装置母线、供电系统侧母线电压水平的要求，如有电动机群再启动则变压器过负荷需在其所允许的限值范围内，对于大型机组的线路－变压器组的变压器容量可按其事故允许过负荷能力核算，且机组启动时需满足一次侧母线电压水平和电动机机端电压水平要求。

2.4 电气主接线

电气主接线是指在发电厂、变电所、电力系统中，为满足预定的功率传送和运行等要求而设计的、表明高压电气设备之间相互连接关系的传送电能的电路。电气主接线以电源进线和引出线为基本环节，以母线为中间环节构成电能输配电路。电气主接线的确定对电气设备的选择、配电装置的布置以及运行的可靠性和经济性都有影响，是电气设计很重要的一部分，且需满足供电的可靠性、操作的灵活性、检维修的安全性和运行的合理性等条件，通常用单线图来表示，即一根线表示三相对称电路。

石油化工企业变配电所供电系统的主接线，将根据电源数量、主变压器台数及容量、出线回路数量等决定；其中主变压器的数量和容量，还需根据电源进线回路数和用电负荷大小，并结合企业供电系统主接线和扩建要求确定。向同一生产装置供电的双重电源出线还需接到相同电压等级的不同母线段，如有限制引出线上短路电流和保持一定的残压值要求时，一般在引出线上装设电抗器；自备电站或发电机组与供电系统的接入位置，需满足在供电系统异常情况下，经过自备电站或发电机组与供电系统的解列和减载后，形成稳定的发电-用电状态。

石油化工企业用电量大，用电负荷重要，其变配电所虽属终端变电所，但供电系统主接线采用的内桥接线方式已为大量企业的生产实践证明是不可靠的。变配电所供电系统主接线一般也不采用外桥接线方式，因其主要是为外电网服务，外桥接线方式破坏了生产运行要求的从上到下全分列运行方式，且加大了两回线路电压同时瞬间降低的可能性。

在设计企业供电系统时，一般不考虑各电源回路之间、各台发电机之间、各台主变压器之间和以上三者之间同时出现故障的情况。

2.4.1 主接线的一般要求

(1) 110 kV 系统：当出线不超过 6 回路时一般采用单母线分段接线；当出线为 6 回路以上时可采用双母线接线，当出线为 15 回路以上时可采用双母线分段接线。

(2) 35 kV 系统：采用单母线分段接线，当每段出线为 8 回路以上时可采用双母线接线或双母线分段接线。

(3) 10(6)kV 系统：采用单母线分段接线，当每段出线为 12 回路以上时可采用双母线接线或双母线分段接线。

(4) 变配电所 35 kV 或 10(6)kV 侧，如有限制引出线上短路电流和保持一定的残压值要求时，需在引出线上装设电抗器。

(5) 专用电源线的进线开关一般采用断路器或带熔断器的负荷开关，母线的分段处一般设置断路器。

(6) 两变配电所之间的联络线，一般在供电侧的变配电所装设断路器，另侧装设隔离开关或负荷开关；当两侧的供电可能性相同时，一般在两侧均装设断路器；另外当发电机组直接接入变配电所 10(6)kV 系统时，也需在其断路器两侧均装设隔离开关。

(7) 向频繁操作的高压用电设备供电的出线开关兼作操作开关时，一般采用具有频繁操作性能的断路器，具有两条及以上生产线的生产装置，每条生产线的用电设备可由同一母线段供电，生产线内直接由变配电所供电的大容量电动机，需和向该生产线供电的电源共同接在变配电所同一母线段上。

(8) 由地区电网供电的变配电所电源进线处，一般需装设供计费用的专用电压互感器和电流互感器；变配电所所用电源可引自就近的配电变压器 220/380 V 侧；重要或规模较大的变配电所，一般需设所用变压器；当有两回路所用电源时，还需装设备用电源自动投入装置。

2.4.2 常用主接线方式

(1) 放射式：又称辐射式，如图 2-1 所示，一般有单回路放射式、双回路放射式、有公共备用干线的放射式等多种形式。其优点是供电可靠性高，便于自动化管理，故障发生后影响范围较小，切换操作方便，保护简单。石油化工行业负荷性质特殊，对供电要求也高，一般采用此主接线，但也会因供电线路长、配电数量多而使投资增大。

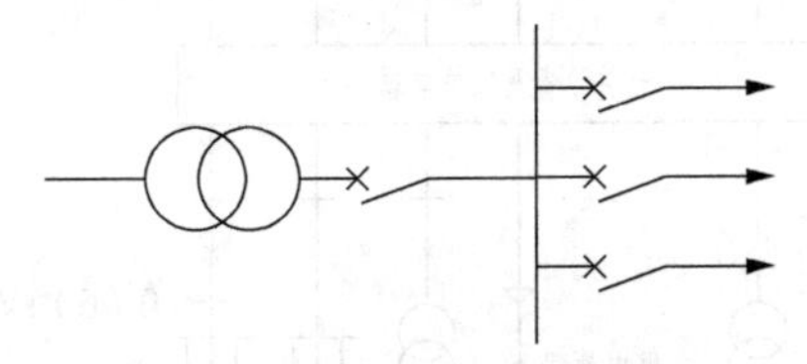

图 2-1　放射式配电网示意图

(2) 树干式：又称干线式，如图 2-2 所示，一般有单回路树干式、单侧供电双回路树干式、双侧供电双回路树干式等多种形式。其特点是多个用户共用一条线路，可节约线路投资。但由于树干式线路分布广，故障率高，一旦干线故障或检修，整条线路用户都将停电，故可靠性较低，仅适于要求不高的一般用户或农村电网，不适用于石油化工企业。

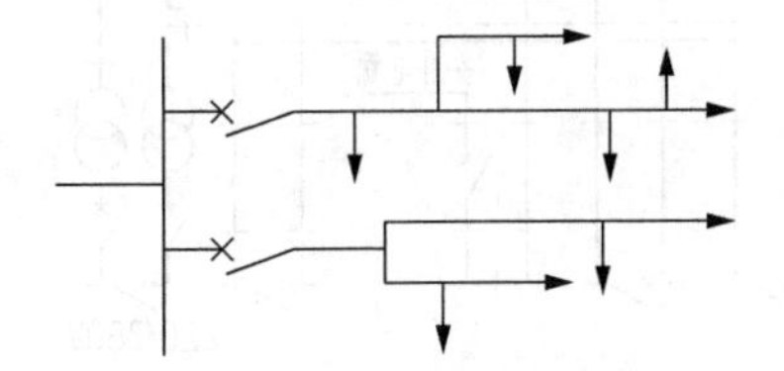

图 2-2　树干式配电网示意图

(3) 环网式：又称环式，如图 2-3 所示。环网式又分闭路环、开路环或单侧供电环式、双侧供电环式等多种形式，为简化保护，一般采用开路环。其特点是供电可靠性较高，运行比较灵活，当线路故障或检修时，可通过倒闸操作，缩小停电范围和时间。但由于切换操作较麻烦，石油化工企业也较少采用。

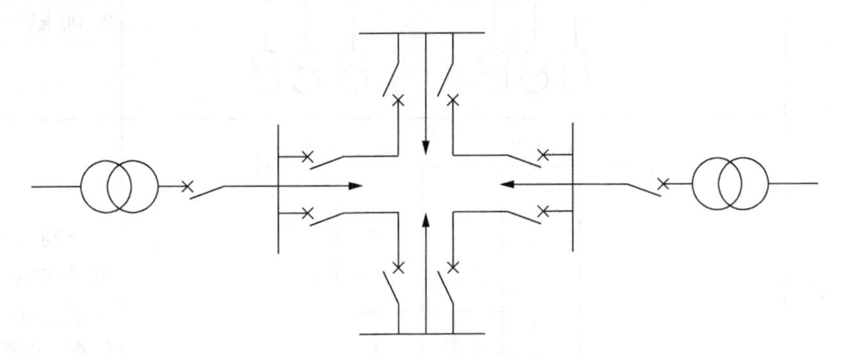

图 2-3　环网式配电网示意图

(4) 供配电系统典型主接线方式见表 2-11。

表 2-11　供配电系统典型主接线方式

名称	主接线简图	简要说明
单回路放射式	10（6）kV 开关设备及保护电器 备用电源 10（6）kV 220/380V	一般用于配电给三级负荷或专用设备
双回路放射式	10（6）kV 开关设备及保护电器 备用电源 220/380V	线路互为备用，一般用于配电给一级、二级负荷
单回路树干式	10（6）kV架空线路 10（6）kV电缆线路	一般用于配电给三级负荷，每条线路装接的变压器约 5 台以内，且总容量一般不超过 2 000 kV·A
双回路树干式	10（6）kV 10（6）kV	分别由两个电源供电，与单侧供电双回路树干式相比，供电可靠性略有提高

续表

名称	主接线简图	简要说明
单侧供电环式	10（6）kV 10（6）kV	供电可靠性较高，电力线路检修时可以切换电源，故障时可以切换故障点，缩短停电时间，可对二级负荷配电，保护装置和整定配合都比较复杂
双侧供电环式	10（6）kV　10（6）kV	用于配电给二、三级负荷，正常运行时由一侧供电或在线路的负荷分界处断开
单母线	所用 10（6）kV	电源引自电力系统，一路工作，一路备用。一般用于配电给三级负荷。需要装设计量装置时，两回路电源线路的专用计量柜均装设在电源线路的送电端
分段单母线 （隔离开关受电）	10（6）kV	适用于电源引自本企业的总配变电所，放射式接线，供二、三级负荷用电
分段单母线 （断路器受电）	所用　所用 10（6）kV	适用于两路工作电源，分段断路器自动投入或出线回路较多的变电所，供一，二级负荷用电

2.4.3 上下级供配电关系

供配电系统的电压层次是根据负荷大小、距离、远近来确定的。

石油化工企业变配电所同一电压一般不多于 2 级，同时避免装置变配电所相互间互送同一电压等级电源。

2.4.4 系统接地方式

石油化工企业变配电所一般根据单相接地电容电流值以及系统 5～10 年的发展规划预先确定接地方式，不同电压等级通常采用的接地方式如下：

(1) 110 kV 系统：采用中性点直接接地或经间隙接地方式，主变压器 110 kV 侧中性点上一般装设直接接地的隔离开关，主变压器 110 kV 侧中心点是否接地由供电部门决定，但常有原设计未提出中心点接地要求，而供电系统投运后需增补中心点接地措施的情况。

(2) 35 kV 系统：单相接地电容电流大于 10A，或由电缆线路构成的变配电系统单相接地故障电容电流大于 30 A 时，一般采用中性点经消弧线圈或低电阻接地方式。

(3) 10(6)kV 系统：采用中性点不接地或经消弧线圈接地方式，当其 10(6)kV 电缆线路构成的系统单相接地电容电流大于 30 A 时，中性点需经消弧线圈或低电阻接地，如果单相接地故障电容电流较小，也可采用高电阻接地方式。

(4) 380/220 V 系统：采用中性点直接接地方式。

中性点不接地系统属于非直接接地系统的一种，实际上可以看作经容抗接地系统，适用于单相接地电容电流较小、高压电动机和电缆都较少的系统。

中性点经消弧线圈接地系统必须采用过补偿运行方式，即消弧线圈的感抗小于电网对地的容抗，可通过调节消弧线圈分接头来实现，适用于单相接地电容电流较大的电网，且可抑制异常过电压；中性点不接地或经消弧线圈接地的供配电系统，都采用限制接地故障、危及系统及设备安全运行的措施；为限制弧光接地对供电系统及电气设备造成的危害，需采用技术先进、动作快速、安全可靠、价格合理的安全保护措施。

中性点经电阻接地系统，能抑制单相接地时的异常过电压，适用于高压电动机和电缆都较多的电网。

2.5 变配电所

随着石油化工一体化设计模式的推行，变配电所的设计将考虑尽量减少占地面积、减少定员、精简管理体制。变配电所位置的选择将考虑满足总体要求和未来发展的可能性、工艺布置紧凑合理、设备操作搬运检修合理等因素，并依据下列要求经技术、经济比较后确定。

2.5.1 所址选择原则

(1) 石油化工企业与其他行业的不同之处在于具有爆炸、火灾的危险性，因此变配电所的布置除满足电力行业的设计规范外，还需满足安全间距的相关规定，同时尽可能靠近负荷中心。

(2) 考虑到变配电所改扩建在所难免，其出口位置也会受到制约或成为改扩建工程的瓶颈，同时给安全运行带来隐患，因此需考虑便于线路的引入和引出。

(3) 接近电源侧。

(4) 便于大型设备的通畅运输。

(5) 不能设在有剧烈振动或高温的场所，另外由于变配电所的位置通常受地域、地理的限制，在靠近山体、护坡地带，需避免处于滑坡地带。

(6) 考虑风向、朝向的影响，需避开粉尘、蒸汽、水雾、腐蚀性气体、噪声等污染源，尽量降低变配电所环境的污秽等级，并具备较好气候环境和化学活性物质环境。

(7) 避开全厂总平面道路及竖向的积水场所及低洼湿陷场所，所址地面标高高于 100 年一遇的高水，不设在厕所、浴室或其他经常积水场所的正下方，且不与上述场所相邻近。

(8) 在满足防爆、防火安全间距的条件下，一般不设在有爆炸危险环境或火灾危险环境的正上方或正下方。

(9) 如采用联合变电所方式，其供电范围需根据检修周期、供电半径、用电容量等因素，经技术经济比较后确定。

(10) 留有发展、扩建的余地，其中“发展”指现有配电装置的预留，“扩建”指为配电装置的建、构筑物留出发展端。

2.5.2 整体布置原则

(1) 满足供电系统的运行要求，利于运行人员的监视、控制和操作，保证电气设备安全运行及方便检修。有人值班的变配电所，需设单独的值班室、检修间和更衣间及厕所。

(2) 与企业的发展规模、规划相配合，妥善处理分期建设的问题，布置紧凑合理、节约用地，并注意建(构)筑物的协调和环境的美化。

(3) 一般考虑采用户内式，各建(构)筑物的布置需满足防火要求，不带可燃性油的高、低压配电装置和非油浸的电力变压器，可设置在同一房间内。

(4) 变配电所需按其地形和地质条件，因地制宜进行布置，一般考虑单层布置，当电缆数量较多时，可采用电缆夹层，变压器亦考虑设在底层，当电缆数量较少时，则采用电缆沟。

(5) 合理进行竖向布置，一般开关柜的柜顶净空不小于 1 200 mm，电缆夹层的梁底净高不小于 1 900 mm。

(6) 当地下水位较高时，电缆沟底不可低于地下水位；当不受地下水位限制时，室内地坪较室外地坪提高 300 mm。

(7) 道路的设置除了便于运输、运行巡视和设备检修，还需满足火灾消防的要求。

(8) 当抗震设防烈度为 7 度及以上时，安装在屋内二层及以上和屋外高架平台上的电气设施需进行抗震设计；电气设备将根据设防标准进行选择，其抗震能力需满足抗震要求。

2.5.3 主要电气设备的布置要求

1. 变压器布置

室内变配电所的每台油量为 100kg 及以上的油浸式变压器，将设在单独的变压器室内，并有储油、挡油或排油等防火措施；室内油浸式变压器外廓与变压器室墙壁和门的最小净距见表 2-12。

表 2-12　油浸式变压器外廓与墙壁和门的最小净距

变压器容量/kV·A	变压器外廓与后壁、侧壁净距/mm	变压器外廓与门净距/mm
100～1 000	600	800
1 250 及以上	800	1 000

在确定室内变压器室面积时，需考虑变电所所带负荷发展的可能性，一般按能装设大一级容量的变压器考虑；露天或半露天变电所的变压器四周需设不低于 1.8 m 高的固定围栏或围墙；变压器外廓与围栏或围墙的净距不小于 0.8 m，变压器底部距地面不小于 0.3 m，油量小于 1 000 kg 的相邻油浸式变压器外廓之间的净距不小于 1.5 m；露天或半露天的油量为 1 000～2 500 kg 的相邻油浸式变压器外廓之间的净距不小于 3 m；供给一级负荷用电或油量为 2 500 kg 以上的相邻油浸式变压器的防火净距不小于 5 m，若小于 5 m 时，需设置防火墙；设置于变电所内的非封闭式干式变压器，将装设高度不低于 1.8 m 的固定围栏，围栏网孔不大于 40 mm×40 mm，变压器的外廓与围栏的净距不小于 0.6 m，变压器之间的净距不小于 1 m；户外箱式变电站和组合式成套变电站的进出线一般采用电缆。

2. 并联电容器装置

室内高压电容器装置一般设置在单独房间内，当电容器组容量较小时，可设置在高压配电室内；低压电容器装置可设置在低压配电室内，当电容器总容量较大时，可设置在单独房间内；成套电容器柜单列布置时，柜正面与墙面距离不小于 1.5 m，双列布置时，柜面之间距离不小于 2 m。

3. 高压配电装置布置

成排布置的高压配电装置的长度超过 6 m 时，其屏后通道需设两个出口；高压配电室内，可留有适当数量的配电装置备用位置；由同一变配电所供给一级负荷用电时，母线分段处需设防火隔板或有门洞的隔墙；供给一级负荷用电的两路电缆不能放置在同一电缆沟内，当无法分开时，该电缆沟内的两路电缆需采用阻燃性电缆，且分别敷设在电缆沟两侧的支架上。高压配电室内各种通道最小尺寸见表 2-13。

表 2-13　高压配电室内各种通道最小尺寸

开关柜布置方式	柜后维护通道/mm	柜前操作通道/mm
单排布置	800	单车长度+1 200
双排面对面布置	800	双车长度+900
双排背对背布置	1 000	单车长度+1 200

4. 低压配电装置布置

成排布置的低压配电屏的长度超过 6m 时，其屏后通道需设两个通向本室或其他房间的出口，如果两个出口间的距离超过 15m 时还将增加出口。低压配电室内抽屉式配电屏各种通道最小尺寸见表 2-14，低压配电室内固定式配电屏各种通道最小尺寸见表 2-15。

表 2-14　低压配电室内抽屉式配电屏各种通道最小尺寸

开关柜布置方式	柜后维护通道/mm	柜前操作通道/mm
单排布置	1 000	1 800
双排面对面布置	1 000	2 300
双排背对背布置	1 000	1 800

表 2-15　低压配电室内固定式配电屏各种通道最小尺寸

开关柜布置方式	柜后维护通道/mm	柜前操作通道/mm
单排布置	1 000	1 500
双排面对面布置	1 000	2 000
双排背对背布置	1 500	1 500

5. 自备应急柴油发电

机房布置需保证安全、可靠、经济合理、紧凑和便于维护，有良好的自然通风和采光并便于废气的排出，一般靠近一级负荷或变配电所，且不在厕所、浴室或其他经常积水场所的正下方或邻近位置。

机房的有关尺寸需满足机组的要求，一般还设置电缆沟并考虑排水和排油措施，电缆线路不与水管线和油管线交叉，柴油发电机的引出线采用电缆或封闭式母线。

2.5.4 电气设备的选择

石油化工企业电气设备的选择需满足正常运行、检修、短路和过电压等不同情况下的要求，需考虑工艺生产长周期、连续运行对电气设备可靠性的影响，并考虑远景发展；符合技术条件和环境条件；质量可靠、经济合理、力求技术先进、方便施工并减少维护工作量；与整个工程的建设标准协调一致，同类设备可减少品种。

1. 电气设备的技术条件及环境条件

(1) 技术条件

电压：选用电器的允许最高工作电压不得低于该回路的最高运行电压。

电流：选用电器的额定电流不得低于所在回路在各种可能运行方式下的持续工作电流。

机械荷载：所选电器端子的允许荷载，一般大于电器引线在正常运行和短路时的最大作用力。

短路的热稳定条件：$I_t^2 t > Q_t$。

短路的动稳定条件：$i_{ch} \leqslant i_{df}$，$I_{ch} \leqslant I_{df}$。

绝缘水平：可按电网中出现的各种过电压和保护设备相应的保护水平来确定。

(2) 环境条件

温度：普通电器在环境温度为−5～40 ℃时，允许按额定电流长期工作。

日照：日照强度可按 0.1 W/cm² 考虑。

风速：可在风速不大于 35 m/s 的环境下使用。

冰雪：隔离开关的破冰厚度一般为 10 mm。

湿度：一般电器可在温度为 20 ℃，相对湿度为 90%的环境中使用。

污秽：可采用室内配电装置。

海拔：电器的一般使用条件为海拔高度不超过 1 000 m。

地震：一般电器产品可以耐受的地震烈度为 8 度。

(3) 环境保护

电磁干扰：根据运行经验和现场实测结果，对于 110 kV 及以下的电器一般可不校验无线电干扰电压。

噪声：连续性噪声限值为 85 dB，屋内非连续性噪声限值为 90 dB，屋外非连续性噪声限值为 110 dB。

2. 电气设备及保护设备的选择

(1) 变压器的选择

① 装 2 台及以上变压器的变电所，当其中任一台变压器断开时，其余变压器的容量需满足一级负荷和二级负荷的用电。

② 变电所中单台变压器(低压为 0.4 kV)的容量不大于 1 250 kV · A。

③ 在一般情况下，动力和照明可共用变压器。

④ 选择变压器连接组标号时，配电侧同级电压相位角要一致。

⑤ 变压器的电压调整是通过分接开关切换变压器的分接头从而改变变压器变比来实现的。

(2) 高压断路器的选择

① 按技术条件和环境条件选择。

② 断路器的额定关合电流不小于短路冲击电流值。

③ 断路器断口间的绝缘水平需满足另一侧出现的工频反相电压的要求。

④ 不能选用手动操作机构。

(3) 高压隔离开关的选择

① 按技术条件和环境条件选择。

② 当隔离开关的间距小于产品规定的相间距离时，其实际动稳定电流值需与厂家确认。

(4) 高压负荷开关的选择

① 按技术条件和环境条件选择。

② 高压负荷开关主要用于切断和关合负荷电流，与高压熔断器联合使用可代替断路器起到短路保护的作用。

(5) 互感器的选择

① 按技术条件和环境条件选择。

② 当电流互感器用于测量时，其一次额定电流应尽量比回路中的正常工作电流大 1/3 左右。

③ 一般采用油浸绝缘结构电磁式电压互感器。

(6) 限流电抗器的选择

① 按技术条件和环境条件选择。

② 普通电抗器的布置方式一般分为水平布置、垂直布置和品字布置三种。

(7) 低压刀开关的选择

① 按技术条件和环境条件选择。

② 刀开关极数需与电源进线数相等。

(8) 低压熔断器的选择

① 按技术条件和环境条件选择。

② 熔断体额定电流的选择需保证在正常工作电流和用电设备启动时的尖峰电流下不误动作,并且在发生故障(如过载、短路和接地故障)时能在一定时间内熔断,以切断故障电路。

(9) 低压断路器的选择

① 按技术条件和环境条件选择。

② 定时限过电流脱扣器主要用于保证保护电器动作的选择性,其整定电流需考虑躲过短时间出现的负荷尖峰电流。

③ 瞬时过电流脱扣器整定电流需考虑躲过配电线路的尖峰电流。

3. 成套电器的选择

金属封闭开关设备指的是由封闭于接地的金属外壳内的主开关、隔离开关、互感器、避雷器和母线等一次元件及控制、测量和保护装置组成的成套电器。

防爆配电装置指的是使用于爆炸危险环境而不会引起周围爆炸的开关设备。

预装式变电站指的是由高压开关设备、电力变压器、低压开关设备以及相互的连接和辅助设备紧凑组合而成的设备,又称箱式变电站。

低压成套开关设备在电力系统中主要起开关、控制、监视、保护和隔离的作用。

成套开关设备按技术条件和环境条件选择。

4. 高、低压电气设备的校验要求

高、低压电气设备的校验要求见表 2-16。

表 2-16　高、低压电气设备的校验要求

电气设备名称	额定电压	额定电流	额定开断电流	短路电流校验		机械荷载	环境条件
				动稳定	热稳定		
断路器	○	○	○	○	○	○	○
负荷开关	○	○	○	○	○	○	○
隔离开关和接地开关	○	○		○	○	○	○
熔断器	○	○	○			○	○
限流电抗器	○	○		○	○	○	○
接地变压器	○	○				○	○
接地电阻器	○	○			○	○	○
消弧线圈	○	○				○	○

续表

电气设备名称	额定电压	额定电流	额定开断电流	短路电流校验		机械荷载	环境条件
				动稳定	热稳定		
电流互感器	○	○		○	○	○	○
电压互感器	○					○	○
支柱绝缘子	○			○		○	○
穿墙套管	○	○		○	○	○	○
母线		○		○	○	○	○
电缆	○	○			○		○
高压开关柜	○	○	○	○	○	○	○
环网负荷开关柜	○	○	○	○	○	○	○

注：表中○为应进行效验的项目。

2.5.5 建筑物和防火要求

由于开关柜的无油化及安装的铠装外壳，不同电压等级的开关柜之间现已无安全距离的要求，故开关柜之间可靠近布置，目前留有距离的要求是为了运行及检修方便。由于各石油化工企业所处的地域、环境、气候条件及运行习惯等的不同，电气设备的布置均积累了一定的运行经验，但仍存在违反安全和消防要求的情况，须十分注意。

(1) 防火要求

可燃油油浸变压器室的耐火等级为一级，高压配电室、高压电容器室和非燃介质的变压器室的耐火等级不低于二级，低压配电室和低压电容室的耐火等级不低于三级且屋顶承重构件耐火等级为二级；建筑内的附设变电所和车间内变电所的可燃油油浸变压器室需设置容量为100%变压器油量的贮油池，附设变电所、露天或半露天变电所中，油量为1 000 kg及以上的变压器将设置容量为100%油量的挡油设施。

(2) 土建专业要求

若变配电所范围内存在爆炸危险区域附加2区时，则其室内地坪标高需大于或等于室外地坪标高+0.6 m；室内电缆沟或电缆夹层的地坪标高均不低于室外地坪。若设置电缆夹层，则其梁底标高一般不低于1.9 m。油量大于或等于1 000 kg的露天或半露天变压器室所设置的挡油坑，其坑内一般采用ϕ30～ϕ50 mm的卵石铺设250 mm高，以防止油溅出。变配电所内地坪一般采用水磨石或高标号水泥地面，墙面抹灰刷白，必要时安装纱窗或固定窗。另外，如果变配电所长度超过7 m，则还需设置2个门并保证通向室外的门向外开启、隔墙上的门双向开启；室内电缆沟盖板一般采用花纹钢盖板。还需采取必要的措施以防止变配电所基础出现不均匀沉降。

变配电所辅助房间需统筹考虑，值班室一般为20～40 m^2，维修间一般为20～40 m^2，辅助间一般为10～20 m^2。

(3) 给排水专业要求

有人值班的独立变配电所一般设置卫生间、洗手台盆和拖布池等给排水设施。

(4) 暖风专业要求

变压器室可采用自然通风，夏季排风温度不高于 45 ℃，进风和排风的温差一般不大于 15 ℃；当自然通风不能满足排热要求时，需增设机械排风和温度指示装置，部分装有较多设备的房间，还需装设事故排烟装置；根据电气设备运行要求及气候环境条件设置温度、湿度调节措施。

在采暖地区，控制室和值班室可设采暖装置。在严寒地区，当变配电所内温度影响电气设备元器件正常运行时，需设采暖装置空调器或在设备处就地装设局部电加热器；当潮湿或寒冷地区的变配电所配电装置室无采暖时，开关柜还需配置防潮的电加热设施。

当变配电所地处高温、多雨、潮湿地区时，电气设备在室内需采取降温去湿措施；另外绝大部分的电气设备都按智能化配置，其综合自动化装置、保护装置都是以高度集成的电子元器件为基础，有条件时也可采用集中空调；湿热地区的主控制室还需设置降温去湿的空气调节设施。

(5) 电信专业要求

一般按照要求设置行政电话、调度电话即可。

(6) 消防要求

按照消防要求设置火灾报警、感温电缆、灭火器等设施。

电气设备布置除了充分考虑设备安全、消防、运行及扩展等要求并布置得整齐、清晰外，还需考虑运行中对人身安全的要求，一般应布置得便于操作、巡视、检修、安装；在 2 级及以上的污秽区需采用户内布置，户外布置时可采用半高型布置形式和防污秽型设备；电气设备布置还需避免供配电线路进、出线的交叉。

2.6 应急电源

2.6.1 应急电源的类型

(1) 独立于正常电源的发电机组

(2) 供电网络中独立于正常电源的专用的馈电线路

(3) 蓄电池

(4) 干电池

2.6.2 应急电源的要求

对于需要驱动电动机负荷且启动电流冲击较大，但又允许中断供电时间为 15 s 以上的供电，可选用快速自启动的发电机组，包括应急燃气轮发电机组、应急柴油发电机组等。对于自投装置的动作时间能满足允许中断供电时间的，可选用带有自动投入装置的独立于正常电源的专用线路。

对于允许停电时间为毫秒级且容量不大的特别重要负荷，可采用直流电源并由蓄电池装置作为应急电源。蓄电池装置供电稳定可靠、无切换时间、投资较少。对于交流电源供电、允许停电时间为毫秒级且容量不大的负荷，可采用静止型不间断供电装置，即 UPS 不间断电源。对于允许中断供电时间为 0.25 s 以上且容量较大的负荷，可采用 EPS 应急电源（一种把蓄电池的直流电能逆变成交流电能的应急电源）。对于有需驱动的电动机负荷，启动电流冲击负荷较大又允许停电时间为毫秒级，可采用机械储能电动机型不间断供电装置和柴油机不间断供电装置。

应急电源类型的选择需根据一级负荷中特别重要负荷的容量、允许中断供电的时间以及要求的电源为交流或直流等条件来进行。

应急电源的工作时间一般按照生产技术上要求的停车时间考虑，当与自动启动的发电机组配合使用时不少于 10 min。

2.6.3 应急电源的典型接线方式

(1) 重要负荷的负荷量的确定需经仔细研究，但需要双重保安措施的除外；

(2) 应急电源与正常电源之间，需采取防止并列运行的措施，当由于特殊要求导致应急电源向正常电源转换需短暂并列运行时，还需采取安全运行的措施；

(3) 防灾或类似的重要用电设备的两回电源线路需在最末一级配电箱处自动切换。

(4) 应急电源系统采用 CB 级开关的两种不同接线方式见图 2-4 和图 2-5。

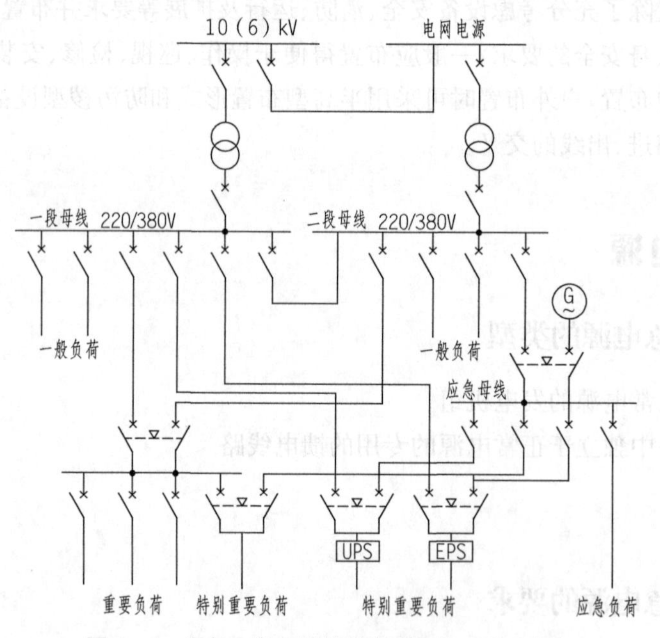

图 2-4 应急电源系统接线示意图(一)(CB 级)

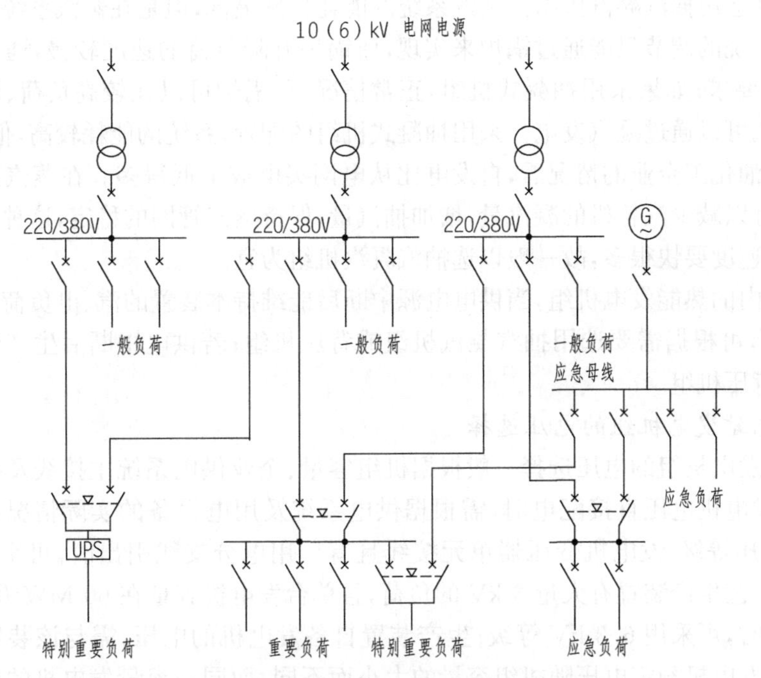

图 2-5　应急电源系统接线示意图(二)(CB级)

2.7　自备电站

2.7.1　自备电站的设置原则

石油化工企业设置的自备电站与电力系统所属电厂相比，一般规模较小，单位功率投资大，发电成本高，因此只有在符合下列条件之一时，才可设置自备电站：

(1) 当企业或装置有余热或废气可供利用，经全面技术经济比较证明合理时；

(2) 设置自备电站比从电力系统取得第二电源技术经济合理时；

(3) 无法从电力系统取得第二电源时；

(4) 联合型石油化工企业电气负荷量大，而且一般为一级企业用电负荷，故建立自备电站一般技术经济均属合理，但如果不具备建站条件，可向电力系统索取双重电源。

2.7.2　自备电站的设置要求

1. 自备电站的机组选型

石油化工企业热能综合利用及设置自备电站的基本原则是“以汽定电”，但也需考虑电网中断供电时，自备电站要尽可能起到辅助电源的作用，使较多生产装置保持连续生产。为达上述目的，发电机组的选型至关重要。

作为一级用电负荷供电的自备电站发电机组的选型，其容量需满足企业用电负荷的要求并适当考虑企业可能的发展需要。

不作为独立电源的自备电站发电机机组的选型，可按企业的稳定运行最低蒸汽负荷选用背压机组,其余选用抽汽凝汽机组。蒸汽系统的能耗虽然最低,但是在蒸汽系统发生比较大的波动时,蒸汽系统的调节只能通过锅炉来实现,而锅炉升降负荷的速度较慢,通常满足不了石油化工企业的要求;如果采用抽凝式机组,正常情况下,锅炉可以在较高负荷、较高效率下运行,多余的蒸汽可以通过凝汽发电。采用抽凝式机组的配置,系统的能耗较高,但发电量较多,按照目前各石油化工企业的情况看,自发电比从电网买电成本低得多。在蒸汽系统发生比较大的波动时,可以减少汽轮机的凝汽量,增加抽汽量,保持蒸汽管网的稳定,这种调节速度比锅炉调节出力的速度要快很多,故一般以选抽汽凝汽机组为宜。

生产装置内的热能发电机组,当供电电源中断后能维持本装置的汽、电负荷平衡。保证生产连续运行时,可根据需要选用抽汽凝汽机组或背压机组;若供电中断后生产装置也被迫停车,则可选用背压机组。

2. 自备电站发电机组的电压选择

自备电站发电机组的电压选择一般根据机组容量、企业供电系统主接线及接入电网的方式确定;当由发电机电压直接配电时,需根据供电系统及用电设备的实际情况,采用 6.3 kV 或 10.5 kV 电压等级;发电机变压器单元接线且有厂用电分支线引出时,可采用 6.3 kV 等级;如企业或工艺生产装置有大量 6 kV 的负荷,且单台发电机容量在 60 MW 及以下、经技术经济比较合理时,可采用 6.3 kV 等级;生产装置自备发电机的电压,需与该装置供电电源电压等级一致。发电机额定电压随机组容量的大小而不同,而同一容量发电机的额定电压又有几种可供选择,采用哪一种额定电压则根据企业供电系统接线及发电机与系统的联网方式,并经技术经济比较后才能确定;为减少企业与电力系统间功率交换和传输,发电机额定电压需与企业供电系统电压一致。

3. 自备电站的电气主接线

自备电站的电气主接线需在安全、可靠、灵活的前提下,力求简单、清晰、操作简便。既考虑近期合理运行,又兼顾远期发展;自备电站的电气主接线还需根据企业用电负荷等级和容量、单台发电机容量和台数、供电回路数量、供变电电压及接入电网的方式等具体情况确定,同时也需考虑发电机组与企业总变配电所和主要用电负荷的相对位置及距离等因素。

如自备电站厂用主接线需以炉分段,发电机出口需设置出口断路器。

单台发电机容量较小时,可采用单母线或单母线分段接线。单母线接线方式系统简单,投资小,但发电机不能单独运行,一般只适用于规模不大、机组容量较小的自备电站;单母线分段接线具有较高的灵活性和可靠性。在正常情况下,供电母线和发电母线并联运行,而当供电系统或发电机发生事故时,可以解列运行。

单台发电机容量较大时,可采用双母线或双母线分段接线。双母线接线比单母线分段又进一步提高了供电的灵活性和可靠性,但接线比较复杂,投资也较大,一般适用于容量较大、有多台发电机组的自备电站。

生产装置的热能发电机组需将机组的自用电和产生热能的主要工艺用电设备接入发电机母线,以保证发电机运行的独立性。企业自备电站是企业供电系统的重要组成部分,需充分发挥其在供电系统运行中的重要作用。

4. 自备电站与供电系统的连接

自备电站的容量相对较小,单独运行不够稳定,会频繁出现不正常运行状态。与电力系统并联运行后,发电机组将“跟随系统运行”,即运行电压、频率等主要参数取决于电力系统,而不必随时进行调整，这样就提高了运行的稳定性，同时也需考虑自备电站与供电系统解列后的独立运行方式。

自备电站与系统的解列点可根据供电系统不同的运行方式设置。为了提高企业供电的可靠性，当电力系统发生故障时，自备电站发电机组需快速与系统解列，使机组能够继续运行，并向部分负荷供电，起到辅助电源的作用。

自备电站同期点的设置需考虑并网操作方便，减少切换次数。对企业用电负荷缺额不大的自备电站，当系统发生故障时，首先与系统解列，再采用低频减载装置切除部分次要负荷，以维持自备电站的稳定运行；对企业用电负荷缺额较大的自备电站，当系统发生故障时，首先在接近负荷平衡点解列。当解列点不在负荷平衡点，而仍存在功率缺额时，则在预定解列点解列，并用低频减载装置依次切除部分次要负荷；企业自备电站一般不能向电网输送无功电力，仅当企业自备电站或装置热能发电机组有多余容量向地区电网或企业电网输送有功电力时，才可向电网输送无功电力。

作为独立电源的自备电站，需使其在外电源系统异常或故障时，可继续向企业的大部分生产装置提供可靠电源或保证企业重要生产装置的生产运行。

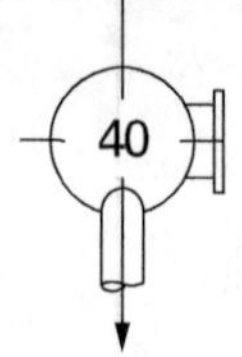

第3章 短路电流计算

本章讨论石油化工的短路电流计算，涉及的规范主要为 GB/T 15544.1—2013《三相交流系统短路电流计算 第1部分：电流计算》和 DL/T 5222—2021《导体和电器选择设计规程》，其中 GB/T 15544.1—2013 等效采用 IEC 60909－0：2001，且为国际通用方法，已在石油化工独资、合资项目和对外工程设计中使用，因此将着重推荐介绍此方法。

3.1 短路电流计算的作用

在供电系统中，出现次数比较多的严重故障就是短路，所谓短路是指供电系统中不等电位的导体在电气上被短接。产生短路的主要原因是电气设备载流部分绝缘损坏，而绝缘损坏主要由绝缘老化、过电压、机械性损伤等引起；人为误操作及鸟兽跨越裸导体等也能引起短路。发生短路时，由于系统中总阻抗大大减少，因此短路电流可能达到很大的数值。这样，大电流所产生的热效应和机械效应会使电气设备受到破坏；同时短路点的电压降到零，短路点附近的电压也相应地显著降低，使此处的供电系统受到严重影响或被迫中断，引起严重后果。

根据电力系统电源到短路点的电气距离，短路可分为远端短路和近端短路。

远端短路是指预期短路电流对称交流分量的值在短路过程中基本保持不变的短路。远端短路的短路电流波形如图3-1所示。对于远端短路，可以认为短路电流的交流分量是不衰减的，即预期短路电流是由不衰减的交流分量和以初始值 A 衰减到零的非周期分量组成。因此，可以认为远端短路的对称短路电流初始值 I''_k 和短路电流稳态值 I_k（有效值）是相等的，$I''_k=I_k$，只需对 I''_k 和短路电流峰值 i_p 进行计算。

近端短路是指至少有一台同步电动机供给短路点的预期对称短路电流初始值超过这台发电机额定电流两倍的短路，或同步和异步电动机反馈到短路点的电流超过不接电动机时该点的对称短路电流初始值 I''_k 的5%的短路。近端短路的短路电流波形如图3-2所示。通常，近端短路时，短路电流稳态值 I_k 小于对称短路电流初始值 I''_k。预期短路电流由幅值衰减的交流分量和以初始值 A 开始衰减到零的非周期分量组成。

短路电流计算的作用如下：

(1) 用于电气设备的选择和校验：包括设备的分析能力，动、热稳定，关合电流。

(2) 用于导体的动、热稳定校验计算：包括母线的动、热稳定，电缆的热稳定。以上动稳定和热稳定校验需分别采用最大运行方式下三项短路电流周期分量有效值和冲击短路电流值(含非周期分量)。

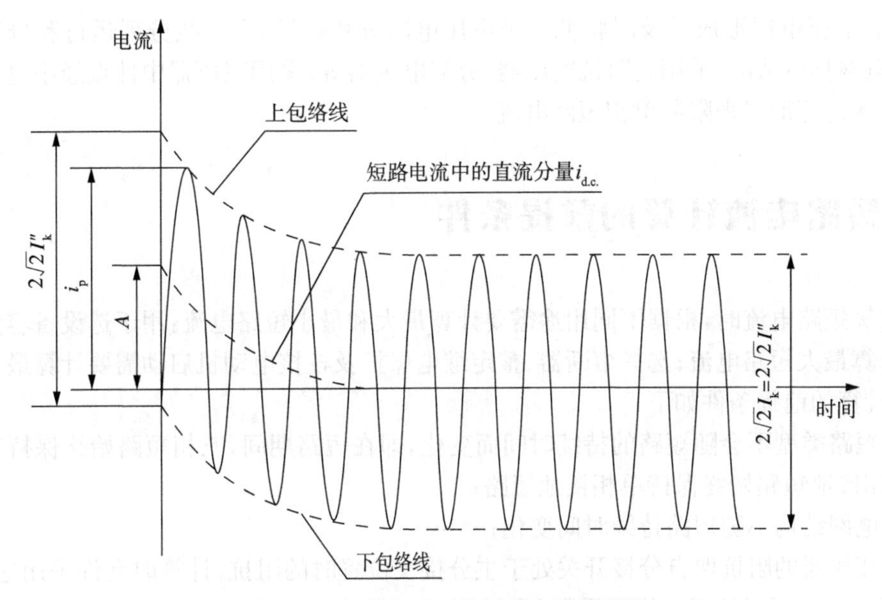

图 3－1　远端短路时的短路电流波形图

I''_k—对称短路电流初始值；i_p—短路电流峰值；I_k—短路电流稳态值；

$i_{d.c.}$—短路电流的非周期(直流)分量；A—非周期分量初始值

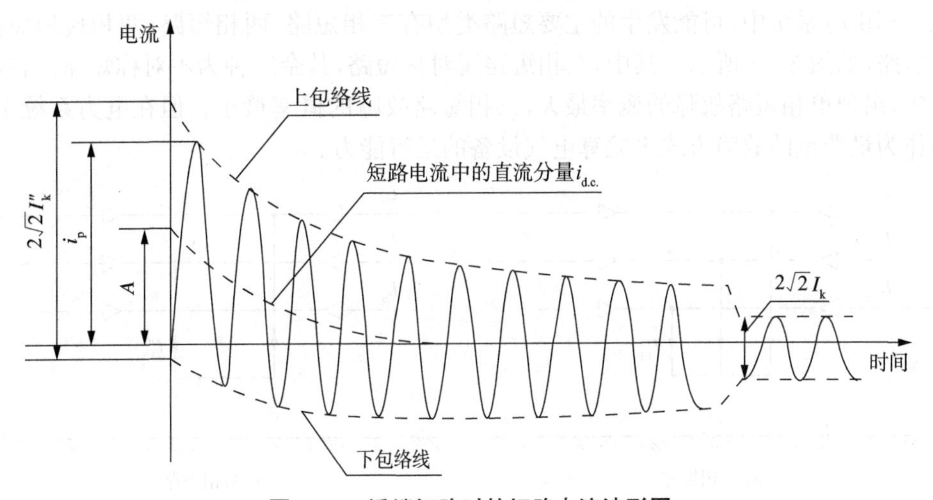

图 3－2　近端短路时的短路电流波形图

I''_k—对称短路电流初始值；i_p—短路电流峰值；I_k—短路电流稳态值；

$i_{d.c.}$—短路电流的非周期(直流)分量；A—非周期分量初始值

(3) 用于继电保护的整定计算与灵敏度校验：当要按躲过某一短路电流值整定时，需取最大运行方式下三相短路电流值；当校验电流保护的灵敏度时，则采用最小运行方式下的两相短路电流且不计及电动机的反馈电流。

(4) 用于电动机全压直接启动容量的估算：由母线短路容量(按实际运行可能出现的最小方式下)，估算出接于该母线可以直接启动电动机的最大容量。

影响短路电流的因素：包括电源布局及其地理位置；发电厂的规模、单机容量、接入系统电压等级以及主接线方式；电力网结构；电力系统间的互联方式等。

限制短路电流的措施：包括保持合理的电网结构并减少其紧密性，合理选择变配电所的位置;高一级电压电网形成后及时将低一级电压电网分片运行、多母线分列运行和母线分段运行;结合电网具体情况,采用高阻抗变压器、分裂电抗器等;采用变压器中性点经小电抗接地或正常时不接地等形式来限制单相短路电流。

3.2 短路电流计算的前提条件

在计算短路电流时,根据不同用途需要计算最大和最小短路电流:用于选设备容量或额定值需要计算最大短路电流;选择熔断器、整定继电保护及校核电动机启动需要计算最小短路电流,它们计算的前提条件如下:

(1) 短路类型不会随短路的持续时间而变化,即在短路期间,三相短路始终保持三相短路状态,单相接地短路始终保持单相接地短路;

(2) 电网结构不随短路持续时间变化;

(3) 变压器的阻抗取自分接开关处于主分接头位置时的阻抗,计算时允许采用这种假设,是因为引入了变压器的阻抗修正系数 K_T;

(4) 不计电弧的电阻;

(5) 除了零序系统外,忽略所有线路电容、并联导纳、非旋转型负载。

在三相供电系统中,可能发生的主要短路类型有三相短路、两相短路、两相接地短路和单相接地短路,如图 3-3 所示。其中,三相短路属对称短路,其余三种为不对称短路。在四种短路故障中,出现单相短路故障的概率最大,三相短路故障的概率最小。但在电力系统中,用三相短路作为最严重的故障方式来验算电气设备的运行能力。

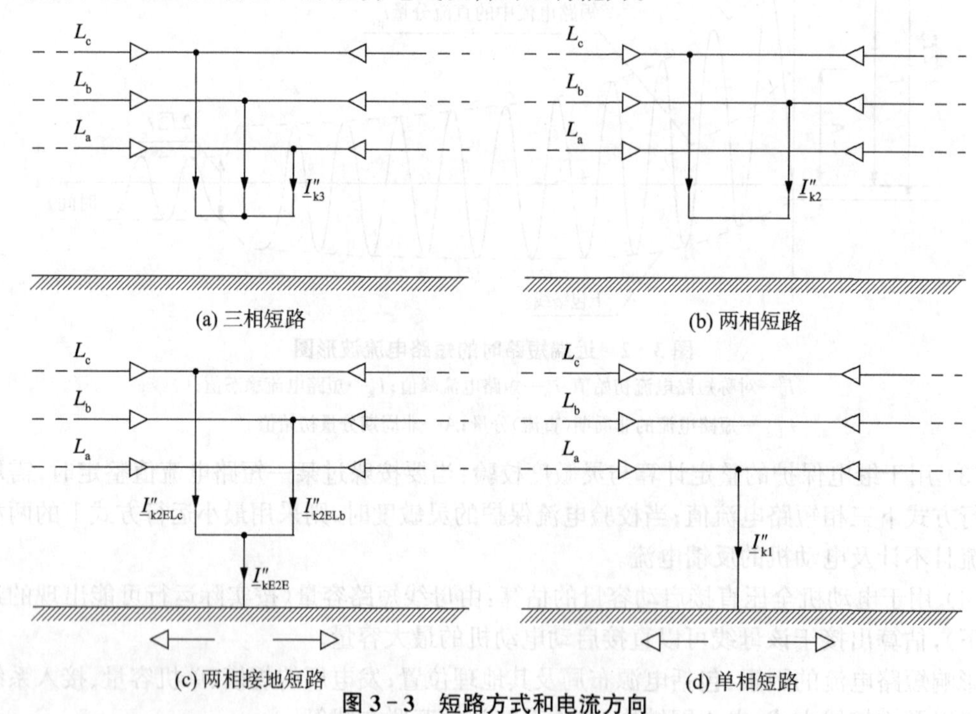

图 3-3 短路方式和电流方向

注:——►——短路电源 ——▷——在导体和地中的部分短路电流 图中箭头方向为任意选定的电流流向

3.3　短路电流的计算方法

对于远端和近端短路都可用一等效电压源计算短路电流。

用等效电压源计算短路电流时，短路点用等效电压源 $cU_n/\sqrt{3}$ 代替，该电压源为网络的唯一电压源，其他电源，如同步发电机、同步电动机、异步电动机和馈电网络的电势都视为零并用自身内阻抗代替。

图 3-4 为一单侧电源馈电并用等效电压源计算短路网络的一个算例。等效电压源 $cU_n/\sqrt{3}$ 中的电压系数 c 根据表 3-1 选用，计算最大值用最大电压系数 c_{max}，最小值用最小电压系数 c_{min}。

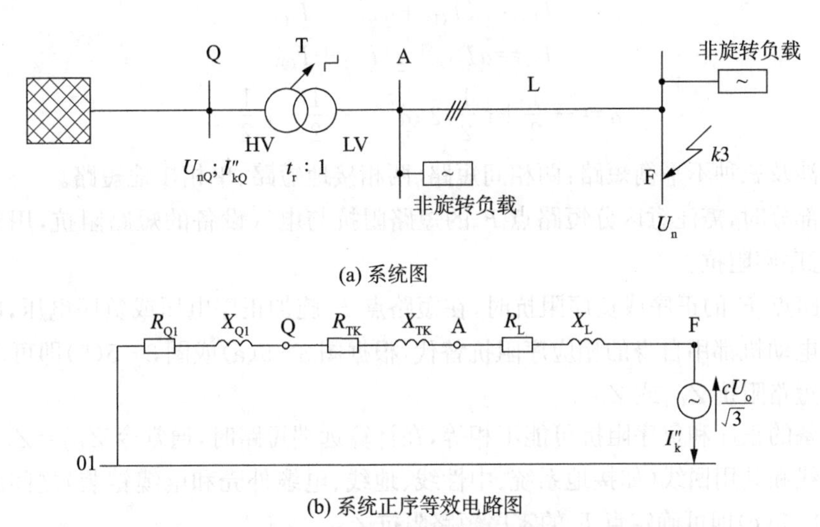

图 3-4　用等效电压源计算对称电流初始值 I''_k 的示意图

表 3-1　电压系数

标称电压 U_n	计算最大短路电流的电压系数 c_{max}①	计算最小短路电流的电压系数 c_{min}
低压 100 V≤U_n≤1 000 V	1.05③ 1.10④	0.95
中压 1 kV<U_n≤35 kV	1.10	1.00
高压 U_n>35 kV②	1.10	1.00

注：① 电压系数 c 与标称电压 U_n 的积不超过设备最高电压 U_m；

② 如果没有定义标称电压，一般采用 $c_{max}\times U_n=U_m$、$c_{min}\times U_n=0.9U_m$；

③ 电压系数 1.05 应用于电压偏差为+6%的低压系统，如 380/400 V；

④ 电压系数 1.10 应用于电压偏差为+10%的低压系统。

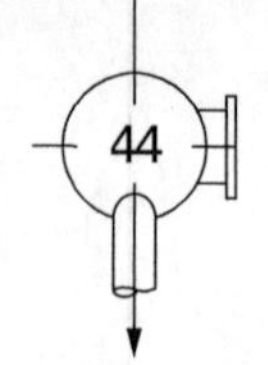

3.4 对称分量法的应用

计算三相交流系统中由平衡或不平衡短路产生的短路电流时，应用对称分量法可以使计算过程大大简化。用对称分量法时，假定电气设备具备平衡的结构，从而系统阻抗平衡，对于不换位线路，短路电流计算结果也具有可接受的精度。

用对称分量法时，将不对称短路的系统分解为三个独立的对称系统，各相电流由以下三个对称分量系统的电流叠加。

$$\underline{I}_{La}=\underline{I}_{(1)}+\underline{I}_{(2)}+\underline{I}_{(0)} \quad (3-1)$$

$$\underline{I}_{Lb}=\underline{a}^{2}\underline{I}_{(1)}+\underline{a}\underline{I}_{(2)}+\underline{I}_{(0)} \quad (3-2)$$

$$I_{Lc}=\underline{a}\underline{I}_{(1)}+\underline{a}^{2}\underline{I}_{(2)}+\underline{I}_{(0)} \quad (3-3)$$

$$\underline{a}=-\frac{1}{2}+\mathrm{j}\,\frac{1}{2}\sqrt{3}\,;\underline{a}^{2}=-\frac{1}{2}-\mathrm{j}\,\frac{1}{2}\sqrt{3} \quad (3-4)$$

本部分涉及三种不平衡短路：两相间短路、两相接地短路、单相接地短路。

应用本部分时，需注意区分短路点 F 的短路阻抗与电气设备的短路阻抗，用对称分量法时，还要考虑序网阻抗。

计算短路点 F 的正序或负序阻抗时，在短路点 F 施加正序电压或负序电压，电网内所有同步和异步电动机都用自身的相应序阻抗替代，根据图 3-5(a)或图 3-5(b)即可确定点 F 的正序或负序短路阻抗 $Z_{(1)}$ 或 $Z_{(2)}$。

旋转设备的正序和负序阻抗可能不相等，在计算远端短路时，通常令 $Z_{(1)}=Z_{(2)}$。

在短路线和共用回线（如接地系统、中性线、地线、电缆外壳和电缆铠装）之间施加交流电压，根据图 3-5(c)即可确定点 F 的零序短路阻抗 $Z_{(0)}$。

高压电力系统中短路电流不平衡时，在如下情况下需考虑线路零序电容和零序并联导纳：中性点不接地系统、中性点谐振接地系统或接地系数高于 1.4 的中性点接地系统。

计算低压电网的短路电流时，在正序系统、负序系统和零序系统中可忽略线路（架空线路和电缆）的电容。

在中性点接地的电力系统中，当不计线路零序电容时，短路电流计算值要比实际短路电流略大，其差值与电网结构有关。

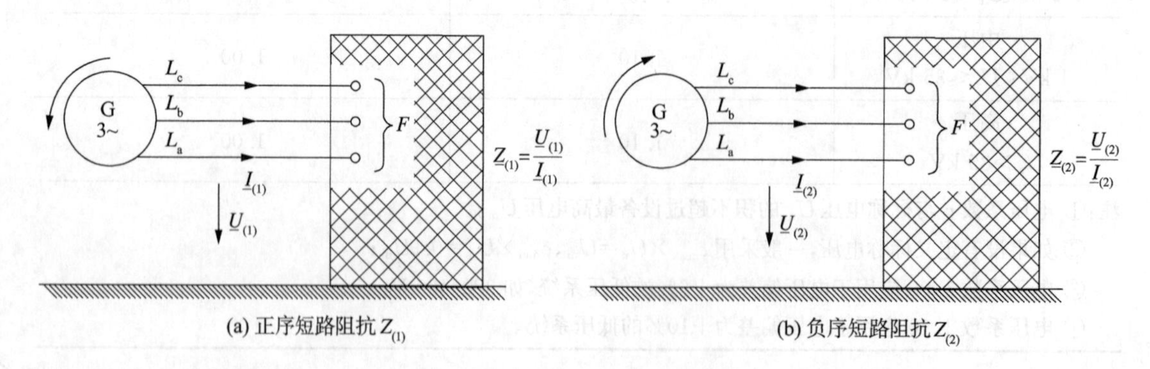

(a) 正序短路阻抗 $Z_{(1)}$　　(b) 负序短路阻抗 $Z_{(2)}$

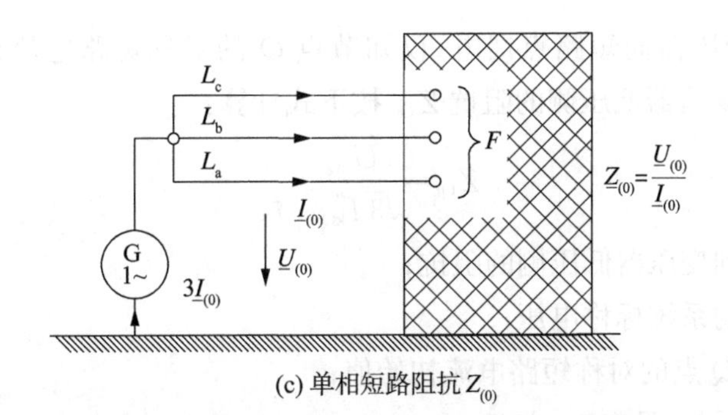

(c) 单相短路阻抗 $Z_{(0)}$

图 3-5　短路点 F 处三相交流系统的短路阻抗

除特殊情况外，零序短路阻抗与正序短路阻抗、负序短路阻抗一般不相等。

3.5　电气设备短路阻抗

对于馈电网络、变压器、架空线路、电缆线路、电抗器和其他类似电气设备，它们的正序和负序短路阻抗相等，即 $\underline{Z}_{(1)}=\underline{Z}_{(2)}$。计算线路零序阻抗时，在零序网络中，假设在三相导体和返回的共用线间有一交流电压，共用线流过三倍零序电流。

3.5.1　馈电网络阻抗

如图 3-6(a)所示，由电网向短路点馈电的网络，仅知节点 Q 的对称短路电流初始值 I''_{kQ}，在 Q 点的网络阻抗 Z_Q 按下式计算：

$$Z_Q=\frac{cU_{nQ}}{\sqrt{3}\,I''_{kQ}} \tag{3-5}$$

式中　Z_Q——在 Q 点的网络阻抗；

U_{nQ}——Q 点的系统标称电压；

I''_{KQ}——流过 Q 点的对称短路电流初始值；

c——电压系数，见表 3-1。

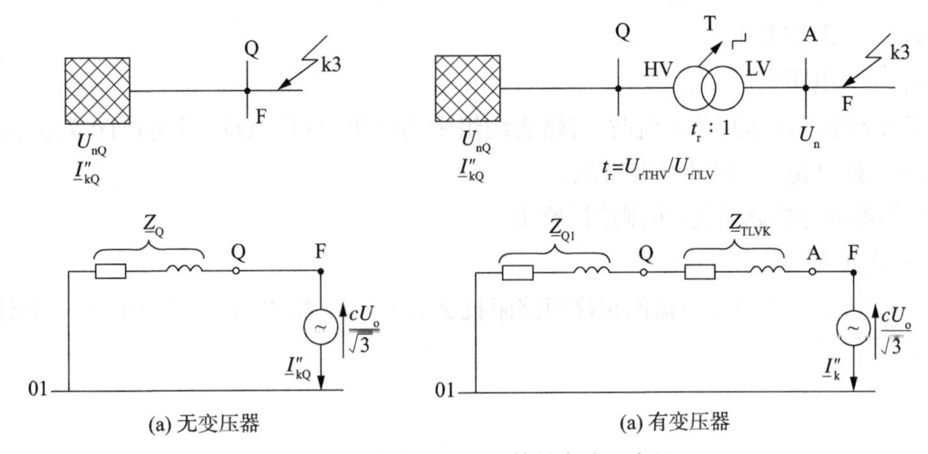

(a) 无变压器　　(a) 有变压器

图 3-6　馈电短路及其等效电路示意图

如果由电网经变压器向短路点馈电，仅知节点 Q 的对称短路电流初始值 I''_{kQ}，如图 3-6(b)所示，需归算到变压器低压侧的阻抗 Z_{Qt} 按下式计算：

$$Z_{Qt}=\frac{cU_{nQ}}{\sqrt{3}I''_{kQ}}\cdot\frac{1}{t_r^2} \tag{3-6}$$

式中　Z_{Qt}——归算到变压器低压侧的阻抗；

U_n——Q 点的系统标称电压；

I''_{kQ}——流过 Q 点的对称短路电流初始值；

c——电压系数，见表 3-1；

t_r——分接开关在主分接位置时的变压器额定变比。

若电网电压在 35 kV 以上时，网络阻抗可视为纯电抗(略去电阻)，即 $Z_Q=0+jX_Q$。计算中若计及电阻但具体数值不知道，可按式 $R_Q=0.1X_Q$ 和 $X_Q=0.995Z_Q$ 计算。

变压器高压侧母线的对称短路电流初始值 I''_{KQmax} 与 I''_{KQmin} 一般由上一级提供或根据本部分计算得到。

3.5.2　变压器的阻抗

1. 双绕组变压器的阻抗

双绕组变压器的正序短路阻抗 $\underline{Z}_T$ 按下式计算：

$$Z_T=\frac{u_{kr}}{100\%}\frac{U_{rT}^2}{S_{rT}} \tag{3-7}$$

$$R_T=\frac{u_{Rr}}{100\%}\frac{U_{rT}^2}{S_{rT}}=\frac{P_{krT}}{3I_{rT}^2} \tag{3-8}$$

$$X_T=\sqrt{Z_T^2-R_T^2} \tag{3-9}$$

式中　U_{rT}——变压器高压侧或低压侧的额定电压；

I_{rT}——变压器高压侧或低压侧的额定电流；

S_{rT}——变压器额定容量；

P_{krT}——变压器的负载损耗；

u_{Kr}——阻抗电压，%；

u_{Rr}——电阻电压，%。

计算大容量变压器短路电流时，可略去绕组中的电阻，只计电抗，只是在计算短路电流峰值 i_P 或非周期分量 $i_{d.c.}$ 时才计及电阻。

变压器的零序短路阻抗，由制造厂给出。

2. 三绕组变压器的阻抗

图 3-7 所示三绕组变压器的正序短路阻抗 $\underline{Z}_H$、$\underline{Z}_M$、$\underline{Z}_L$ 按式(3-10)～式(3-15)计算(换算到 H 侧)。

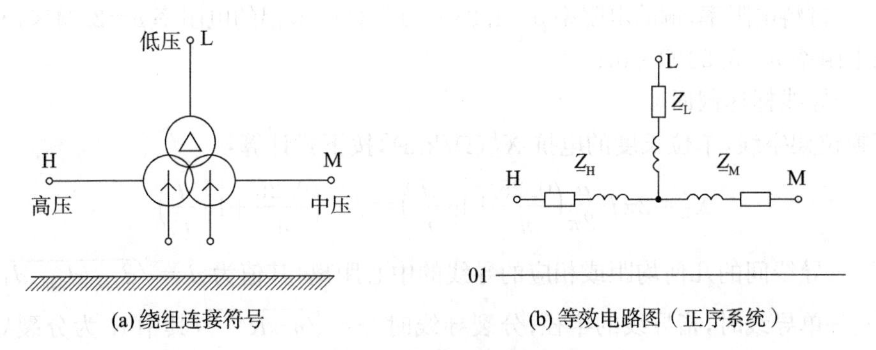

图 3－7　三绕组变压器

$$Z_{HM}=\frac{u_{krHM}}{100\%}\cdot\frac{U_{rTH}^2}{S_{rTHM}}(\text{L 侧开路})\tag{3-10}$$

$$Z_{HL}=\frac{u_{krHL}}{100\%}\cdot\frac{U_{rTH}^2}{S_{rTHL}}(\text{M 侧开路})\tag{3-11}$$

$$Z_{ML}=\frac{u_{krML}}{100\%}\cdot\frac{U_{rTH}^2}{S_{rTML}}(\text{H 侧开路})\tag{3-12}$$

$$\underline{Z}_H=\frac{1}{2}(\underline{Z}_{HM}+\underline{Z}_{HL}-\underline{Z}_{ML})\tag{3-13}$$

$$\underline{Z}_M=\frac{1}{2}(\underline{Z}_{ML}+\underline{Z}_{HM}-\underline{Z}_{HL})\tag{3-14}$$

$$\underline{Z}_L=\frac{1}{2}(\underline{Z}_{HL}+\underline{Z}_{ML}-\underline{Z}_{HM})\tag{3-15}$$

式中　U_{rTH}——变压器额定电压；

S_{rTHM}——H、M 间的额定容量；

S_{rTHL}——H、L 间的额定容量；

S_{rTML}——M、L 间的额定容量；

u_{krHM}——H、M 间的阻抗电压，%；

u_{krHL}——H、L 间的阻抗电压，%；

u_{krML}——M、L 间的阻抗电压，%。

变压器的零序短路阻抗，由制造厂给出。

3.5.3　架空线和电缆的阻抗

架空线和电缆的正序短路阻抗 $\underline{Z}_L=R_L+jX_L$ 可按导线有关参数计算，如导体截面积和中心距。其零序短路阻抗 $Z_{(0)}=R_{(0)}+jX_{(0)}$ 可通过测量或按 $R_{(0)L}/R_L$ 和 $X_{(0)L}/X_L$ 比率估算。

高、低压电缆的正序和零序阻抗 $\underline{Z}_{(1)}$、$\underline{Z}_{(0)}$ 的大小与国家的制造工艺水平和标准有关，具体数值可从产品手册或制造厂给出的数据中得到。

导线平均温度为 20 ℃时的架空线单位长度有效电阻 R_L' 可根据电阻率 ρ 和标称截面 q_n，用下式计算：

$$R_L'=\frac{\rho}{q_n}\tag{3-16}$$

式中 ρ——材料电阻率，铜的电阻率$\rho=1.85\times10^{-8}\ \Omega\cdot m$，铝的电阻率$\rho=2.94\times10^{-8}\ \Omega\cdot m$，铝合金的电阻率$\rho=3.23\ \Omega\cdot m$；

q_n——导线标称截面。

对于换位架空线，单位长度的电抗$X'_L(\Omega/km)$，按下式计算：

$$X'_L=2\pi f\frac{\mu}{2\pi}\left(\frac{0.25}{n}+\ln\frac{d}{r}\right)=f\mu_0\left(\frac{0.25}{n}+\ln\frac{d}{r}\right)\tag{3-17}$$

式中 d——导线间的几何均距或相应的导线的中心距离，其值为$d=\sqrt[3]{d_{LaLb}d_{LbLc}d_{LcLa}}$；

r——单导线时，指导线的半径；分裂导线时，$r=\sqrt[n]{nr_0R^{n-1}}$，其中R为分裂导线半径，r_0为每根导线半径；

n——分裂导线数，单导线时，$n=1$；

μ_0——真空绝对磁导率。

若真空绝对磁导率$\mu_0=4\pi\times10^{-4}$ H/km，在$f=50$ Hz时，式(3-17)可化简为

$$X'_L=0.0628\left(\frac{0.25}{n}+\ln\frac{d}{r}\right)\tag{3-18}$$

3.5.4 限流电抗器阻抗

假设电抗器为几何对称，它们的正序、负序和零序阻抗相等。

$$Z_R=\frac{u_{kR}}{100\%}\frac{U_n}{\sqrt{3}I_{rR}}\text{且}R_R\ll X_R\tag{3-19}$$

式中 u_{kR}——额定阻抗电压，铭牌值给出，%；

I_{rR}——额定电流，铭牌值给出；

U_n——系统标称电压。

3.5.5 同步电动机阻抗

在部分石化企业电网中，同步发电机不经过变压器，而是直接接入电网。这种情况下，计算对称短路电流初始值时，发电机正序阻抗一般按下式计算。

$$\underline{Z}_{GK}=K_G\underline{Z}_G=K_G(R_G+jX''_d)\tag{3-20}$$

其中，校正系数

$$K_G=\frac{U_n}{U_{rG}}\cdot\frac{C_{max}}{1+x''_d\sin\varphi_{rG}}\tag{3-21}$$

式中 c_{max}——最大电压系数；

U_n——系统标称电压；

U_{rG}——发电机额定电压；

$\underline{Z}_{GK}$——经过校正的超瞬态阻抗；

$\underline{Z}_G$——超瞬态阻抗$\underline{Z}_G=R_G+jX''_d$；

φ_{rG}——发电机额定功率因数角度，即$\underline{I}_{rG}$与$\underline{U}_{rG}/\sqrt{3}$的夹角；

x''_d——发电机的相对电抗，即$x''_d=X''_d/Z_{rG}=X''_d/(U^2_{rG}/S_{rG})$。

引入式中的校正系数K_G是因为用等效电压源$cU_n/\sqrt{3}$代替了同步发电机超瞬态电抗后

的超瞬态电势 E''(图 3-8)。

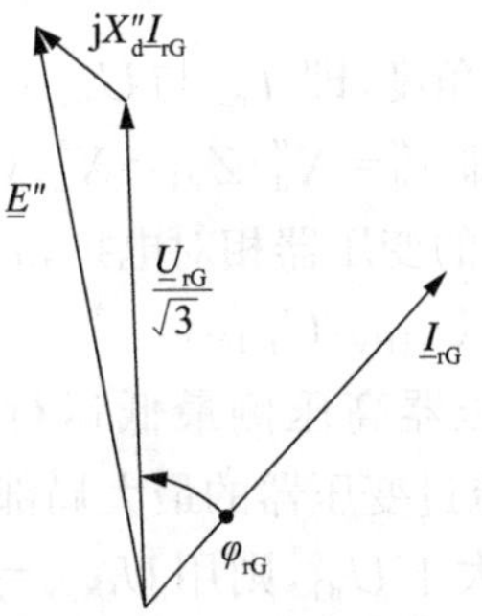

$jX''_d I_{rG}$

$\underline{E}''$

$\frac{\underline{U}_{rG}}{\sqrt{3}}$

$\underline{I}_{rG}$

φ_{rG}

图 3-8　额定工况下同步发电机的相角图

计算峰值电流 i_p 时,采用以下假想电阻 R_{Gf}:

① $U_{rG}>1$ kV、$S_{rG}\geqslant 100$ MVA 的发电机,$R_{Gf}=0.05X''_d$;

② $U_{rG}>1$ kV、$S_{rG}<100$ MVA 的发电机,$R_{Gf}=0.07X''_d$;

③ $U_{rG}<1$ kV 的发电机,$R_{Gf}=0.15X''_d$。

除了非周期分量的衰减外,系数 0.05、0.07 和 0.15 的选取还计及短路后第一个半周波内对称短路电流分量的衰减。无须考虑温度对 R_{Gf} 的影响。

注:R_{Gf} 只用于计算峰值短路电流 i_p,不能用于计算短路电流的非周期分量 $i_{d.c.}$。同步发电机定子的有效电阻通常比给定的 R_{Gf} 小得多,计算 $i_{d.c.}$ 可采用厂家提供的 R_G 值。

如果发电机端电压与 U_{rG} 不同,则计算三相短路电流时可用 $U_G=U_{rG}(1+p_G)$ 代替式 U_{rG},其中 p_G 指发电机电压调节范围。

同步发电机负序短路阻抗,也可引入校正系数 K_G,即

$$\underline{Z}_{(2)GK}=K_G(R_{(2)G}+jX_{(2)G})=K_G\underline{Z}_{(2)G}\approx K_G\underline{Z}_G=K_G(R_G+jX''_d) \tag{3-22}$$

如果 X''_d 与 X''_q 不相等,则使用 $X_{(2)G}=(X''_d+X''_q)/2$。

同步发电机的零序短路阻抗,也可引入校正系数 K_G,即

$$\underline{Z}_{(0)GK}=K_G(R_{(0)G}+jX_{(0)G}) \tag{3-23}$$

发电机中性点阻抗不需校正。

3.5.6　发电机变压器组阻抗

1. 分接头可有载调节的发变组

发电机变压器组在可有载调节分接头的情况下,计算变压器高压侧的短路电流。

发电机变压器组的短路阻抗

$$\underline{Z}_S=K_S(t_r^2\underline{Z}_G+\underline{Z}_{THV}) \tag{3-24}$$

其中,校正系数为

$$K_s=\frac{U_{nQ}^2}{U_{rQ}^2}\cdot\frac{U_{rTLV}^2}{U_{rTHV}^2}\cdot\frac{C_{max}}{1+|x''_d-x_r|\sin\varphi_{rG}} \tag{3-25}$$

式中　$\underline{Z}_S$——发电机变压器组高压侧的短路阻抗校正值;

$\underline{Z}_G$——发电机超瞬态阻抗 $\underline{Z}_G=R_G+jX''_d$(无校正系数 K_G);

Z_{THV}——变压器归算到高压侧的短路阻抗;

U_{nQ}——变压器高压侧电网的系统标称电压；

U_{rG}——发电机额定电压；

φ_{rG}——发电机额定功率因数角度，即 I_{rG} 与 $U_{rG}/\sqrt{3}$ 的夹角；

x''_{d}——发电机的相对电抗，即 $x''_{d}=X''_{d}/Z_{rG}=X''_{d}/(U_{rG}^{2}/S_{rG})$；

x_{T}——分接头位于主位置时的变压器相对电抗，$x_{T}=X_{T}/(U_{rT}^{2}/S_{rT})$；

t_{r}——变压器额定变比，$t_{r}=U_{rTHV}/U_{rTLV}$。

若长期运行经验能够确定变压器高压侧最低运行电压满足 $U_{Q\min}^{b}\geqslant U_{nQ}$，则 U_{nQ}^{2} 可用 $U_{Q\min}^{b}\cdot U_{nQ}$ 替代。另外，若需计算流过变压器的最大局部短路电流，则仍用原式。

若发电机机端运行电压 U_{G} 恒大于 U_{rG}，则用 $U_{G\max}=U_{rG}(1+p_{G})$ 代替 U_{rG}，例如取 $p_{G}=0.05$。

在发电机过励条件下，校正系数 K_{S} 适用于计算发电机变压器组的正序、负序和零序短路阻抗。变压器中性点接地阻抗无须校正。

在发电机欠励条件下，计算不对称接地故障的短路电流时，确定的 K_{S} 可能得到非保守的结果。此时可考虑其他计算方法，如叠加法。

计算发电机变压器组高压侧短路时，无须考虑发电厂内由辅助变压器供电的异步电动机的影响。

2. 分接头不能有载调节的发变组

发电机变压器组在不能有载调节分接头的情况下，计算变压器高压侧的短路电流。发电机变压器组的短路阻抗

$$\underline{Z}_{SO}=K_{SO}(t_{r}^{2}\underline{Z}_{G}+\underline{Z}_{THV}) \tag{3-26}$$

其中，校正系数

$$K_{SO}=\frac{U_{nQ}}{U_{rG}(1+p_{G})}\cdot\frac{U_{rTLV}}{U_{rTHV}}\cdot(1\pm p_{T})\cdot\frac{C_{\max}}{1+x''_{d}\sin\varphi_{rG}} \tag{3-27}$$

式中 $\underline{Z}_{SO}$——不能有载调节分接头的发电机变压器组折算到高压侧的短路阻抗校正值；

$\underline{Z}_{G}$——发电机超瞬态阻抗，$\underline{Z}_{G}=R_{G}+jX''_{d}$（无校正系数 K_{G}）；

Z_{THV}——变压器归算到高压侧的短路阻抗；

$1\pm p_{T}$——变压器分接头位置。

当变压器采用无载分接开关，并将分接头长期置于非主位置时使用 $1\pm p_{T}$。需计算流经变压器的最大短路电流时，取 $1-p_{T}$。

校正系数 K_{SO} 适用于计算发电机变压器组的正序、负序和零序短路阻抗。变压器中性点接地阻抗无须校正。该校正系数不受短路前发电机的过励或欠励运行条件影响。

计算发电机变压器组高压侧短路时，无须考虑发电厂内由辅助变压器供电的异步电动机的影响。

3.5.7 异步电动机阻抗

中压或低压异步电动机贡献对称短路电流初始值 I''_{k}、短路电流峰值 i_{p}、对称开断电流 I_{b}；不平衡短路时，也会贡献稳态短路电流 I_{k}。

当电网发生短路时，网内连接的异步电动机将向短路点反馈短路电流，在三相对称短路中反馈电流衰减很快，当低压电动机（组）的贡献小于或等于不计电动机算出的对称短路电流初

始值的5%时，即式(3-28)成立时，不考虑影响。

$$\sum I_{\mathrm{rM}} \leqslant 0.01 I''_{\mathrm{kM}} \tag{3-28}$$

式中 $\sum I_{\mathrm{rM}}$——短路点近区的电动机(组)的额定电流之和；

I''_{kM}——短路点近区无电动机(切断电动机)时的对称短路电流初始值。

电动机的正序和负序短路阻抗

$$Z_{\mathrm{M}} = R_{\mathrm{M}} + \mathrm{j}X_{\mathrm{M}}$$

$$Z_{\mathrm{M}} = \frac{1}{I_{\mathrm{LR}}/I_{\mathrm{rM}}} \cdot \frac{U_{\mathrm{rM}}}{\sqrt{3} I_{\mathrm{rM}}} = \frac{1}{I_{\mathrm{LR}}/I_{\mathrm{rM}}} \cdot \frac{U_{\mathrm{rM}}^2}{S_{\mathrm{rM}}} \tag{3-29}$$

式中 U_{rM}——电动机额定电压；

I_{rM}——电动机额定电流；

S_{rM}——电动机的额定视在功率，$S_{\mathrm{rM}} = P_{\mathrm{rM}}/(\eta_{\mathrm{rM}}\cos\varphi_{\mathrm{rM}})$；

$I_{\mathrm{LR}}/I_{\mathrm{rM}}$——转子堵转电流与电动机额定电流之比。

若$R_{\mathrm{M}}/X_{\mathrm{M}}$已知，则

$$X_{\mathrm{M}} = \frac{Z_{\mathrm{M}}}{\sqrt{1+(R_{\mathrm{M}}/X_{\mathrm{M}})^2}} \tag{3-30}$$

关于$R_{\mathrm{M}}/X_{\mathrm{M}}$，可参考以下数据：

$R_{\mathrm{M}}/X_{\mathrm{M}} = 0.10$，适用于每对电极的功率$P_{\mathrm{rM}} \geqslant 1$ MW的中压电动机；

$R_{\mathrm{M}}/X_{\mathrm{M}} = 0.15$，适用于每对电极的功率$P_{\mathrm{rM}} < 1$ MW的中压电动机；

$R_{\mathrm{M}}/X_{\mathrm{M}} = 0.42$，适用于电缆连接的低压电动机群。

3.5.8 通过变压器接入网络的异步电动机

一般直接通过双绕组变压器接入电网的中压、低压异步电动机，其

$$\frac{\sum P_{\mathrm{rM}}}{\sum S_{\mathrm{rT}}} \leqslant \frac{0.8}{\left|\dfrac{c100\sum S_{\mathrm{rT}}}{\sqrt{3}U_{\mathrm{nQ}}I''_{\mathrm{kQ}}} - 0.3\right|} \tag{3-31}$$

式中 $\sum P_{\mathrm{rM}}$——需考虑的中低压异步电动机的额定功率之和；

$\sum S_{\mathrm{rT}}$——给电动机直接供电的变压器额定容量之和；

I''_{kQ}——忽略电动机时Q点对称短路电流初始值；

U_{nQ}——Q点的系统标称电压。

低压电动机通常通过不同长度与截面的电缆与母线连接。为了简化计算，多台电动机及其连接电缆可合并为单台等效电动机，见图3-9中的M4。

等效异步电动机可以参考以下数据：

Z_{M}，按照式(3-29)计算的阻抗；

I_{rM}，被等效的所有电动机额定电流之和；

$I_{\mathrm{LR}}/I_{\mathrm{rM}} = 5$；

$R_{\mathrm{M}}/X_{\mathrm{M}} = 0.42$，从而$K_{\mathrm{M}} = 1.3$；

P_{rM}/p单对极额定功率，若任何数据未知，可取0.05 MW，其中p为极对数。

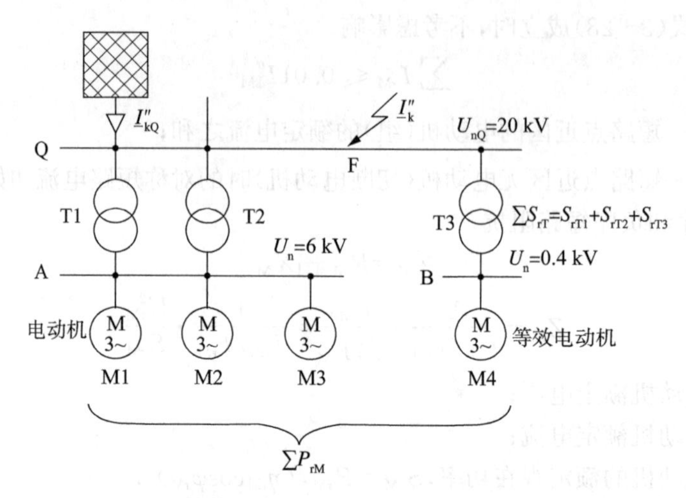

图 3-9　估算异步电动机对总短路电流贡献的示例

如图 3-9 所示母线 B 上的短路，如果满足$I_{rM4} \leqslant 0.01 I''_{kT3}$，则可以忽略低压电动机组 M4 贡献的短路电流。其中，I_{rM4} 为等效电动机 M4 的额定电流；I''_{kT}为没有等效电动机 M4 情况下，变压器 T3 低压侧的对称短路电流初始值。

若中压网络发生短路(图 3-9 所示短路点 Q 或 A)，为根据式(3-29)简化计算 Z_M，可用 T3 变压器低压侧额定电流I_{rT3LV} 代替等效电动机 M4 的额定电流I_{rM}。

3.5.9　静止变频器驱动电动机

只有在发生三相短路，且短路瞬间利用电动机的转动惯量和静止变频器进行反馈制动(短暂的逆变运行)时，才计算静态变频器驱动的电动机(如轧钢机的驱动电动机)对对称短路电流初始值 I''_k 和短路电流峰值 i_p 的反馈影响。不计对开断电流 I_b 和稳态短路电流 I_k 的影响。

计算短路电流时，静止变频器供电的电动机与常规异步电动机的处理方法相同。计算时使用以下数据：

Z_M，按照式(3-29)计算的阻抗；

U_{rM}，静止变频器变压器电网侧额定电压，没有变压器时，取静止变频器额定电压；

I_{rM}，静止变频器变压器电网侧额定电流，没有变压器时，取静止变频器额定电流；

$I_{LR}/I_{rM}=3$；

$R_M/X_M=0.10, X_M=0.995Z_M$。

计算短路电流时不考虑其他类型的静止变频器。

3.6　短路电流计算

3.6.1　概述

短路电流可视为交流分量和非周期分量两个分量之和。远端短路情况下，交流分量短路期间幅值恒定；非周期分量初始值为 A，最终衰减为零。

近端短路情况下，交流分量短路期间幅值衰减；非周期分量初始值为 A，最终衰减为零。

在计算由发电机、发电机变压器组和电动机（发电机附近短路与/或电动机附近短路）馈入的短路电流时，不仅需要计算初始对称短路电流 I''_k 和峰值短路电流 i_p，还需要计算对称短路开断电流 I_b 和稳态短路电流 I_k。这种情况下，对称短路开断电流 I_b 小于初始对称短路电流 I''_k。通常，稳态短路电流 I_k 小于对称短路开断电流 I_b。

计算初始对称短路电流时，可取 $\underline{Z}_{(2)}=\underline{Z}_{(1)}$。

导致最高短路电流的短路方式，取决于系统的正序、负序与零序阻抗值。图 3－10 为正序阻抗 $\underline{Z}_{(1)}$、负序阻抗 $\underline{Z}_{(2)}$、零序阻抗 $\underline{Z}_{(0)}$ 阻抗角相等情况下，造成最大短路电流的短路方式示意图。该图用于定性分析，不能取代计算。

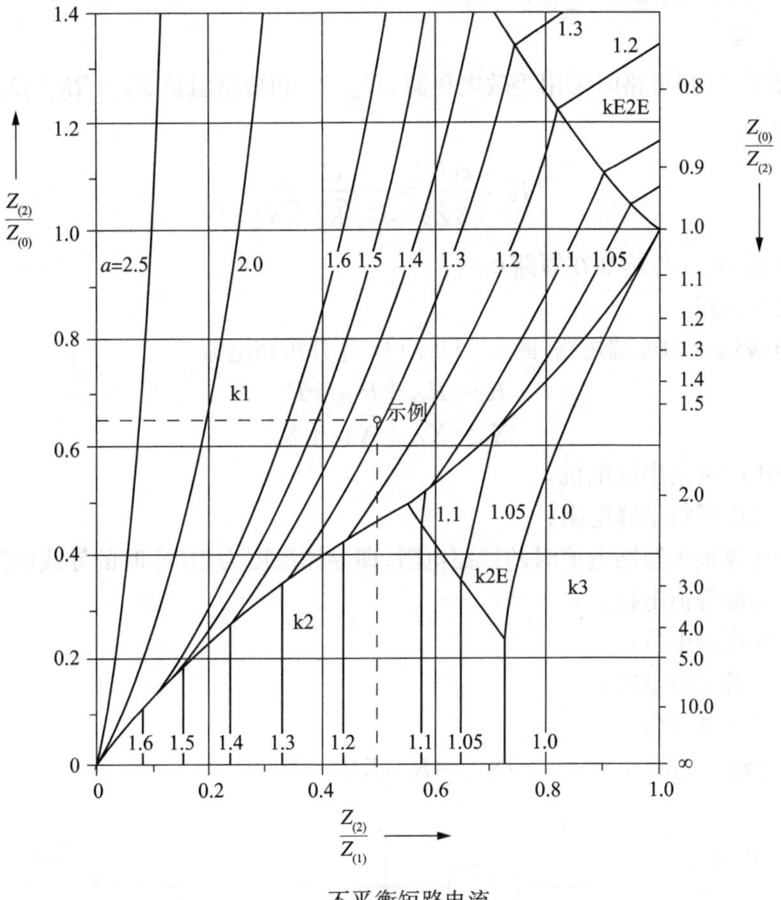

$a=\dfrac{\text{不平衡短路电流}}{\text{三相短路电流}}$

图 3－10　最大短路电流的短路方式

计算短路点的对称短路电流初始值 I''_k、对称开断电流 I_b 与稳态短路电流 I_k 时，可通过网络化简将系统等值为短路点的短路阻抗 Z_k。但该方法不能用于计算短路电流峰值 i_p，计算 i_p 需区分电网有无并行支路。

对于采用熔断器或限流断路器保护的变电站，首先计算无保护装置时的对称短路电流初始值，由计算得到的对称短路电流初始值与熔断器或限流断路器的特性曲线确定开断电流，以此作为下游变电站的峰值短路电流。

短路点可有一个或多个馈入源，如图 3-11、图 3-12 和图 3-14 所示。在计算辐射状电网对称短路时，每个电源馈入的短路电流可独立计算(图 3-12 或图 3-13)，因此计算最为简单。对于电源分布在网状电网(图 3-14)以及所有情况下的不对称短路，则有必要通过网络化简计算短路点的短路阻抗 $\underline{Z}_{(1)}=\underline{Z}_{(2)}$ 和 $\underline{Z}_{(0)}$。

3.6.2 对称短路电流初始值 I''_{k}

当最高短路电流出现在三相短路时，通常 $\underline{Z}_{(0)}>\underline{Z}_{(1)}=\underline{Z}_{(2)}$。但在零序阻抗较低的变压器附近短路时，$\underline{Z}_{(0)}$ 可能低于 $\underline{Z}_{(1)}$。这种情况下，最高初始对称短路电流为两相短路接地时的电流 I''_{kE2E} ($\underline{Z}_{(2)}/\underline{Z}_{(1)}=1$, $\underline{Z}_{(2)}/\underline{Z}_{(0)}>1$)。

1. 三相短路

通常情况下，三相短路时采用等效电压源 $cU_{\mathrm{n}}/\sqrt{3}$ 和短路阻抗 $\underline{Z}_{\mathrm{k}}=R_{\mathrm{G}}+\mathrm{j}X_{\mathrm{k}}$ 计算对称短路电流初始值 I''_{k}

$$I''_{\mathrm{k}}=\frac{cU_{\mathrm{n}}}{\sqrt{3}Z_{\mathrm{k}}}=\frac{cU_{\mathrm{n}}}{\sqrt{3}\sqrt{R_{\mathrm{k}}^2+X_{\mathrm{k}}^2}} \tag{3-32}$$

等效电压源 $cU_{\mathrm{n}}/\sqrt{3}$施加在短路点。

(1) 单馈入短路

由单一电源馈入的远端短路[图 3-11(a)]，计算短路电流

$$R_{\mathrm{k}}=R_{\mathrm{Qt}}+R_{\mathrm{TK}}+R_{\mathrm{L}} \tag{3-33}$$

$$X_{\mathrm{k}}=X_{\mathrm{Qt}}+X_{\mathrm{TK}}+X_{\mathrm{L}} \tag{3-34}$$

式中，X_{k}——正序网络串联电抗；

R_{k}——正序网络串联电阻；

R_{L}——计算最大短路电流时的线路电阻，即导体温度为 20 ℃时的导线电阻；

X_{Qt}——电源等值电抗；

X_{TK}——变压器电抗；

R_{Qt}——电源等值电阻；

R_{TK}——变压器变阻。

变压器的修正阻抗$\underline{Z}_{\mathrm{TK}}=R_{\mathrm{TK}}+\mathrm{j}X_{\mathrm{TK}}=K_{\mathrm{T}}(R_{\mathrm{T}}+\mathrm{j}\,X_{\mathrm{T}})$

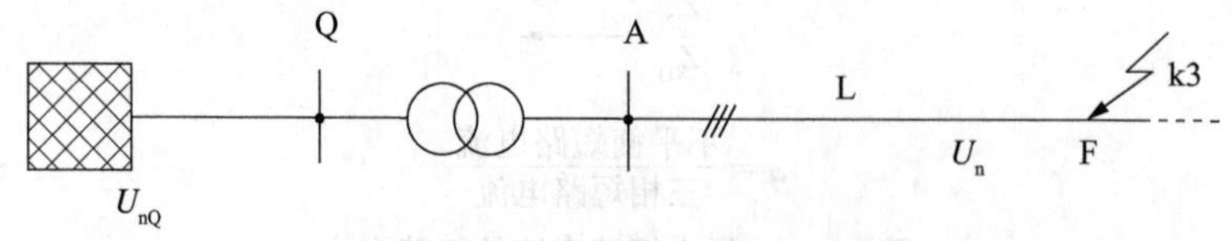

(a) 通过变压器由电网馈电的三相短路

(b) 由单台发电机馈电的三相短路（无变压器）

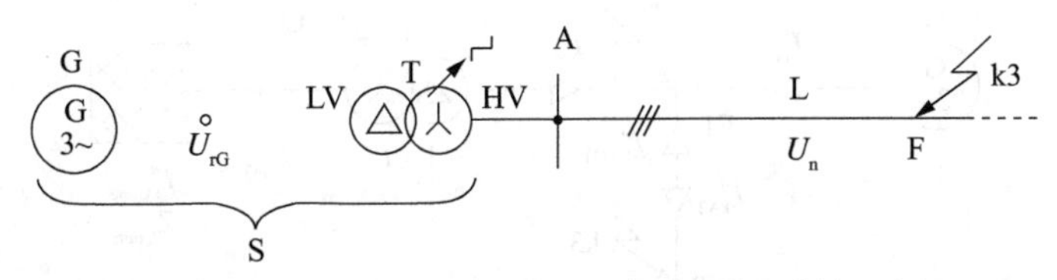

(c) 由发电机变压器组馈电的三相短路（带载或不带载分接开关变压器）

图 3-11　单电源馈电的三相短路示例

若电阻 R_k 小于 $0.3X_k$，可忽略。馈电网络阻抗 $\underline{Z}_{Qt}=R_{Qt}+jX_{Qt}$ 折算到变压器短路点侧。

由单一发电机或单一发电机变压器组馈电的情况，如图 3-11(b)、图 3-11(c)所示，计算对称短路电流初始值，须计算发电机或发电机变压器组的短路阻抗校正值，并与线路阻抗 $\underline{Z}_L=R_L+jX_L$ 串联。

图 3-11(b)中的短路阻抗：

$$\underline{Z}_k=\underline{Z}_{Gk}+\underline{Z}_L=K_G(R_G+jX''_d)+\underline{Z}_L \tag{3-35}$$

图 3-11(c)中的短路阻抗：

$$\underline{Z}_k=\underline{Z}_s+\underline{Z}_L=K_s(t_r^2\underline{Z}_G+\underline{Z}_{THV})+\underline{Z}_L \tag{3-36}$$

发电机阻抗需采用额定变比 t_r 折算至高压侧。变压器阻抗 $\underline{Z}_{THV}=R_{THV}+jX_{THV}$ 折算到高压侧，不考虑修正系数 K_T。

(2) 辐射状电源馈电的短路

由多个辐射电源馈入短路电流(图 3-12)，短路点 F 处的短路电流为各分支短路电流之和。根据式(3-32)和单馈入短路相关公式，可确定各分支短路电流。

如图 3-12，短路点 F 处短路电流为各支路短路电流的向量之和：

$$\underline{I}_k=\sum_i \underline{I}''_{ki} \tag{3-37}$$

通常可取各分支短路电流的绝对值之和作为短路点 F 的短路电流。

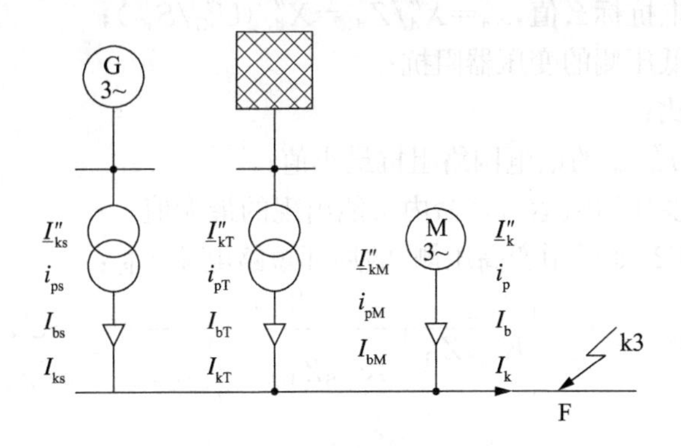

图 3-12　辐射状电网示例

(3) 分接头可有载调节的发电机变压器组内的短路电流

在发电机变压器组有带载分接开关的情况下，如图 3-13 所示，计算短路点 F1 处的局部对称短路电流初始值 I''_{kG} 与 I''_{kT}：

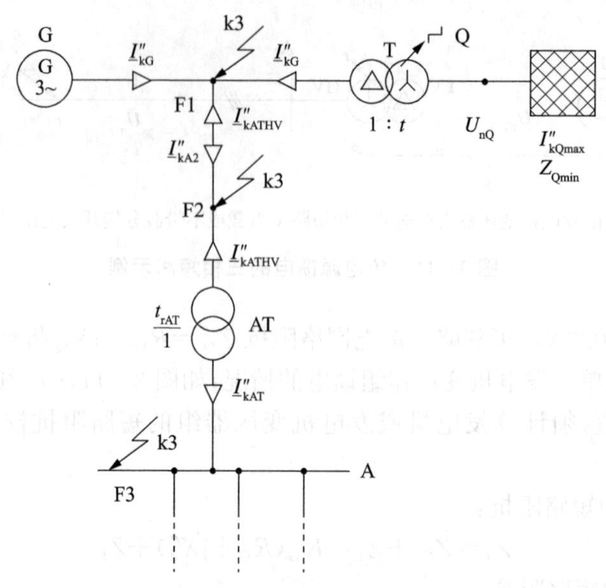

图 3-13　发电厂内的三相短路

$$\underline{I}''_{kG}=\frac{cU_{rG}}{\sqrt{3}K_{G.S}\underline{Z}_G}\tag{3-38}$$

其中：

$$K_{G.S}=\frac{c_{max}}{1+x''_d\sin\varphi_{rG}}\tag{3-39}$$

$$\underline{I}''_{kT}=\frac{cU_{rG}}{\sqrt{3}\left|\underline{Z}_{TLV}+\frac{1}{t_r^2}\underline{Z}_{Qmin}\right|}\tag{3-40}$$

式中　$\underline{Z}_G$——发电机超瞬态阻抗，$\underline{Z}_G=R_G+jX''_d$；

x''_d——超瞬态电抗标幺值，$x''_d=X''_d/Z_{rG}=X''_d/(U_{rG}^2/S_{rG})$；

$\underline{Z}_{TLV}$——折算到低压侧的变压器阻抗；

t_r——额定变比；

$\underline{Z}_{Qmin}$——对应于 $\underline{I}''_{kQmax}$ 的馈电网络阻抗最小值；

$\underline{I}''_{kQmax}$——发电机变压器组运行寿命内可能出现的最大值。

计算注入短路点 F2(如厂用变高压侧)的局部短路电流 $\underline{I}''_{kF2}$：

$$\underline{I}''_{kF2}=\frac{cU_{rG}}{\sqrt{3}}\left[\frac{1}{K_{G.S}\underline{Z}_G}+\frac{1}{K_{T.S}\underline{Z}_{TLV}+\frac{1}{t_r^2}\underline{Z}_{Qmin}}\right]=\frac{cU_{rG}}{\sqrt{3}\underline{Z}_{rsl}}\tag{3-41}$$

其中：

$$K_{T.S}=\frac{c_{max}}{1-x_T\sin\varphi_{rG}}\tag{3-42}$$

发电机变压器组高压侧配备带载分接开关，假定发电机端电压为 U_{rG}，计算 F1 或 F2 点的总短路电流值，还需考虑中压与低压厂用电动机馈入的局部短路电流 $\underline{I}''_{kATHV}$。

(4) 分接头不可有载调节的发电机变压器组内的短路

对于不可有载调节分接头的发电机变压器组，计算图 3-13 中的局部短路电流：

$$I''_{kG}=\frac{cU_{rG}}{\sqrt{3}K_{G.SO}Z_G} \tag{3-43}$$

其中：

$$K_{G.SO}=\frac{1}{1+p_G}\cdot\frac{c_{max}}{1+x''_d\sin\varphi_{rG}} \tag{3-44}$$

$$I''_{kT}=\frac{cU_{rG}}{\sqrt{3}\left|\underline{Z}_{TLV}+\frac{1}{t_r^2}\underline{Z}_{Qmin}\right|} \tag{3-45}$$

局部短路电流 I''_{kF2}：

$$\underline{I}''_{kF2}=\frac{cU_{rG}}{\sqrt{3}}\left[\frac{1}{K_{G.SO}\underline{Z}_G}+\frac{1}{K_{T.SO}\underline{Z}_{TLV}+\frac{1}{t_r^2}\underline{Z}_{Qmin}}\right]=\frac{cU_{rG}}{\sqrt{3}\underline{Z}_{rsl}} \tag{3-46}$$

其中：

$$K_{T.SO}=\frac{1}{1+p_G}\cdot\frac{c_{max}}{1-x_T\sin\varphi_{rG}} \tag{3-47}$$

图 3－13 中 F3 点短路时，短路阻抗 Z_{rsl} 用于计算局部短路电流 I''_{kAT}。计算图 3－13 中 F1 或 F2 点的总短路电流值，还需考虑中压与低压厂用电动机馈入的局部短路电流 I''_{kATHV}。

(5) 网状电网中的短路

计算网状电网中的三相短路电流(图 3－14)，需使用电气设备的正序短路阻抗，通过网络化简(串联、并联、星角变换等)计算短路点的短路阻抗。

经过变压器连接的阻抗，必须通过额定变比的平方进行折算。如果两个系统之间并列的多台变压器额定变比(t_{rT1}，t_{rT2}，…，t_{rTn})稍有差别，则可采用其算术平均值。

按式(3－32)，采用等效电压源 $cU_n/\sqrt{3}$ 计算对称短路电流初始值。

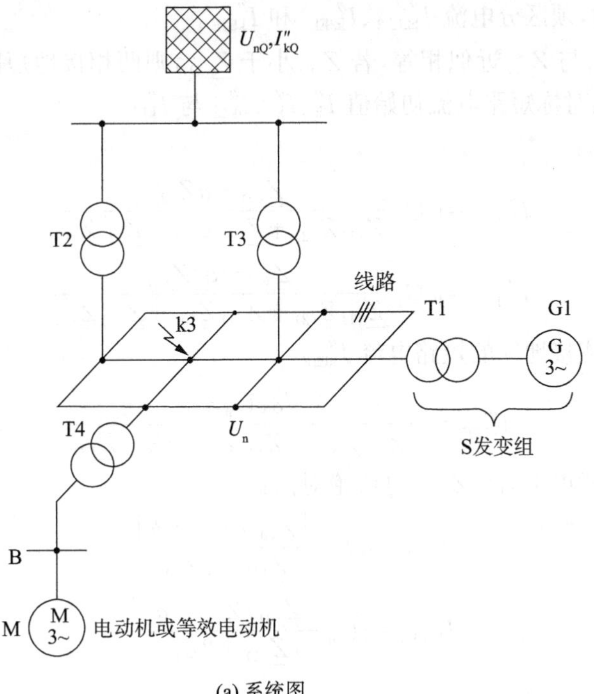

(a) 系统图

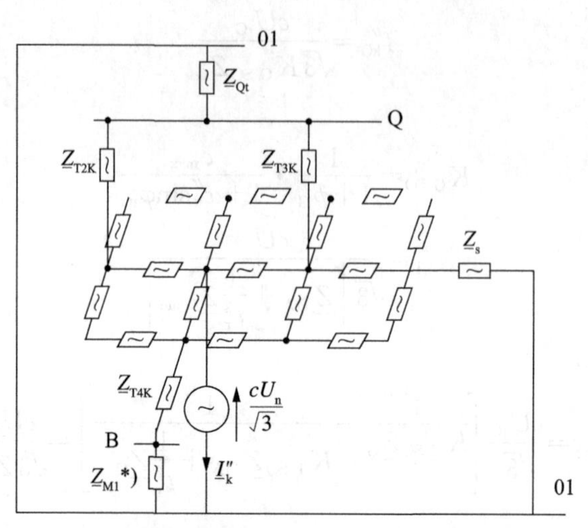

(b) 在短路点施加等效电压源 $cU_n\sqrt{3}$ 的等效电路图

(Z_M 为电动机或等效电动机的阻抗)

图 3-14　网状电网示例

2. 两相短路

两相短路时，计算对称短路电流初始值：

$$I''_{k2}=\frac{cU_n}{|\underline{Z}_{(1)}+\underline{Z}_{(2)}|}=\frac{cU_n}{2|\underline{Z}_{(1)}|}=\frac{\sqrt{3}}{2}I''_k \tag{3-48}$$

在短路初始阶段，无论远端短路还是近端短路，负序阻抗与正序阻抗大致相等，因此式(3-48)中假定 $\underline{Z}_{(1)}=\underline{Z}_{(2)}$。近端短路时，在瞬态和稳态过程阶段 $\underline{Z}_{(1)}$ 与 $\underline{Z}_{(2)}$ 将不再相等。

3. 两相接地短路

两相接地短路时，须区分电流 I''_{k2EL2}、I''_{k2EL3} 和 I''_{kE2E}。

远端短路时，$\underline{Z}_{(2)}$ 与 $\underline{Z}_{(1)}$ 近似相等，若 $\underline{Z}_{(0)}$ 小于 $\underline{Z}_{(2)}$，则两相接地短路时的电流 I''_{kE2E} 通常大于其他故障类型的对称短路电流初始值 I''_k、I''_{k2}、I''_{kE2E} 与 I''_{k1}

计算 I''_{k2EL2}、I''_{k2EL3}：

$$\underline{I}''_{k2EL2}=\mathrm{j}cU_n\frac{\underline{Z}_{(0)}-\underline{a}\underline{Z}_{(2)}}{\underline{Z}_{(1)}\underline{Z}_{(2)}+\underline{Z}_{(1)}\underline{Z}_{(0)}+\underline{Z}_{(2)}\underline{Z}_{(0)}} \tag{3-49}$$

$$\underline{I}''_{k2EL3}=\mathrm{j}cU_n\frac{\underline{Z}_{(0)}-\underline{a}^2\underline{Z}_{(2)}}{\underline{Z}_{(1)}\underline{Z}_{(2)}+\underline{Z}_{(1)}\underline{Z}_{(0)}+\underline{Z}_{(2)}\underline{Z}_{(0)}} \tag{3-50}$$

计算流经地和/或接地线的短路电流 $\underline{I}''_{kE2E}$。

$$\underline{I}''_{kE2E}=-\frac{\sqrt{3}cU_n\underline{Z}_{(2)}}{\underline{Z}_{(1)}\underline{Z}_{(2)}+\underline{Z}_{(1)}\underline{Z}_{(0)}+\underline{Z}_{(2)}\underline{Z}_{(0)}} \tag{3-51}$$

远端短路时，则考虑 $\underline{Z}_{(2)}=\underline{Z}_{(1)}$，电流绝对值：

$$\underline{I}''_{k2EL2}=cU_n\frac{|\underline{Z}_{(0)}/\underline{Z}_{(1)}-\underline{a}|}{|\underline{Z}_{(1)}+2\underline{Z}_{(0)}|} \tag{3-52}$$

$$\underline{I}''_{k2EL3}=cU_n\frac{|\underline{Z}_{(0)}/\underline{Z}_{(1)}-\underline{a}^2|}{|\underline{Z}_{(1)}+2\underline{Z}_{(0)}|} \tag{3-53}$$

$$\underline{I}''_{\text{kE2E}}=\frac{\sqrt{3}cU_{\text{n}}}{|\underline{Z}_{(1)}+2\underline{Z}_{(0)}|} \tag{3-54}$$

4. 单相接地短路

单相接地短路时，短路电流交流分量初始值 I''_{k1}

$$\underline{I}''_{\text{k1}}=\frac{\sqrt{3}cU_{\text{n}}}{\underline{Z}_{(1)}+\underline{Z}_{(2)}+\underline{Z}_{(0)}} \tag{3-55}$$

远端短路时，考虑 $\underline{Z}_{(2)}=\underline{Z}_{(1)}$，计算电流绝对值

$$I''_{\text{k1}}=\frac{\sqrt{3}cU_{\text{n}}}{|2\underline{Z}_{(1)}+\underline{Z}_{(0)}|} \tag{3-56}$$

若 $\underline{Z}_{(0)}<\underline{Z}_{(2)}=\underline{Z}_{(1)}$，则单相短路电流 I''_{k1} 大于三相短路电流 $\underline{I}''_{\text{k}}$，但小于 $\underline{I}''_{\text{kE2E}}$。当 $0.23<Z_{(0)}/Z_{(1)}<1$ 时，I''_{k1} 为被断路器切断的最大电流。

3.6.3 短路电流峰值 i_{p}

1. 三相短路

(1) 辐射状电源馈电的三相短路

由辐射状电网馈电的三相短路，各馈电支路对短路电流峰值的贡献均可表示为

$$i_{\text{p}}=k\sqrt{2}I''_{\text{k}} \tag{3-57}$$

系数 k 由 R/X 或 X/R 决定，可通过图 3-15 查曲线或通过式(3-56)计算得到：

$$k=1.02+0.98\text{e}^{-3R/X} \tag{3-58}$$

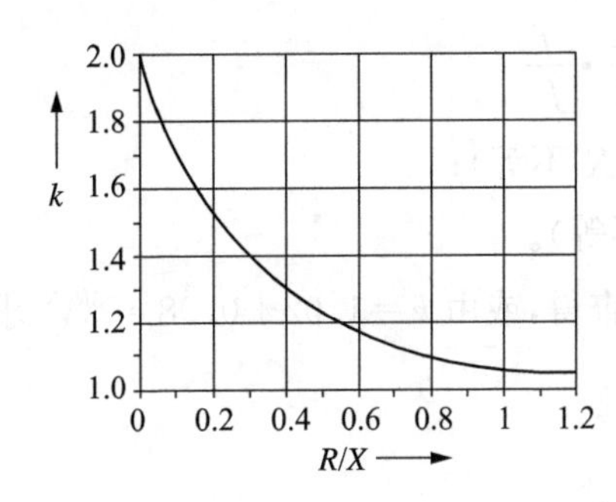

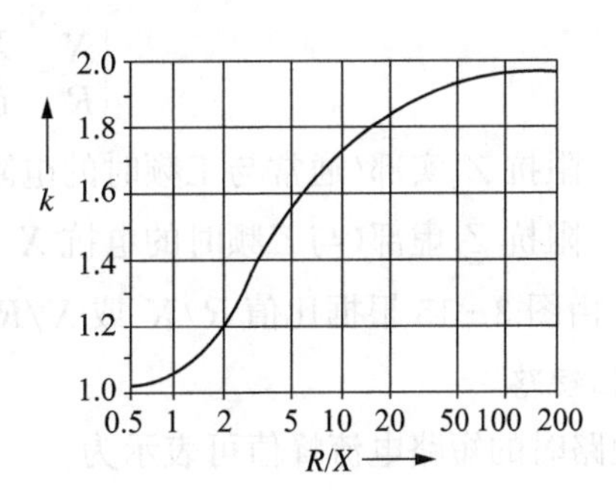

图 3-15 串联支路中系数 k 与 R/X 或 X/R 的函数关系

假定短路发生于电压过零时刻，并在大约半个周波后短路电流达到峰值 i_{p}。而对于同步电动机，则使用假想电阻 R_{Gf}。

短路点 F 处的短路电流峰值 i_{p} 可表示为辐射状电网各支路的局部短路电流峰值之和：

$$i_{\text{p}}=\sum_i i_{\text{p}i} \tag{3-59}$$

在图 3-12 所示算例中

$$i_{\text{p}}=i_{\text{pS}}+i_{\text{pT}}+i_{\text{pM}} \tag{3-60}$$

(2) 网状电网中的三相短路

按 $i_{\text{p}}=k\sqrt{2}I''_{\text{k}}$ 计算网状电网中的短路电流峰值 i_{p}，其中系数 k 可根据要求的计算精度，选用以下三种方法之一：

① 单一 R/X 或 X/R

取网络中最小 R/X 值或最大 X/R 值，由图 3－15 查得系数 k。

选取最小 R/X 或最大 X/R 值时，只需考虑短路点标称电压下流过局部短路电流的分支回路以及与短路点相连的变压器分支回路。任一支路可能是由多个支路串联组成。

② 短路点阻抗的 R/X 或 X/R

通过网络化简得到短路点的等值阻抗 $\underline{Z}_k = R_k + jX_k$，采用比值 R_k/X_k 计算系数 k，并乘以 1.15 倍以弥补其偏差：

$$i_{p(b)} = 1.15k_{(b)}\sqrt{2}I''_k \tag{3-61}$$

若所有分支回路的 R/X 均小于 0.3，则不必使用系数 1.15。乘积 $1.15k_{(b)}$ 在低压电网中的限值为 1.8，在中压、高压电网中为 2.0。

系数 $k_{(b)}$ 由图 3－15 根据 R_k/X_k 比值确定。短路点 F 处的等值阻抗 $\underline{Z}_k = R_k + jX_k$ 是在额定频率 $f = 50$ Hz 或 $f = 60$ Hz 时计算得到。

③ 等效频率法

计算等效频率 $f_c = 20$ Hz（额定频率 $f = 50$ Hz）或 $f_c = 24$ Hz（额定频率 $f = 60$ Hz）时短路点的等值阻抗 Z_c，$\underline{Z}_c = R_c + jX_c$ 即取等效频率 f_c 时从短路点看的系统阻抗；按式（3－62）计算 R/X 或 X/R：

$$\begin{cases} \dfrac{R}{X} = \dfrac{R_c}{X_c} \cdot \dfrac{f_c}{f} \\ \dfrac{X}{R} = \dfrac{X_c}{R_c} \cdot \dfrac{f}{f_c} \end{cases} \tag{3-62}$$

式中：R_c——阻抗 $\underline{Z}_c$ 实部（通常与工频时的电阻 R 不等）；

X_c——阻抗 $\underline{Z}_c$ 虚部（与工频时的电抗 X 不等）。

系数 k 由图 3－15 根据比值 R/X 或 X/R 查得，或由 $k = 1.02 + 0.98\,e^{-3R/X}$ 求得。

2. 两相短路

两相短路时的短路电流峰值可表示为

$$i_{p2} = k\sqrt{2}I''_{k2} \tag{3-63}$$

为简化计算，可采用与三相短路相同的 k 值。

当 $\underline{Z}_{(2)} = \underline{Z}_{(1)}$ 时，短路电流峰值 i_{p2} 小于三相短路时的短路电流峰值 i_p，其关系如下：

$$i_{p2} = \frac{\sqrt{3}}{2}i_p \tag{3-64}$$

3. 两相接地短路

对于两相接地短路，短路电流峰值可表示为

$$i_{p2E} = k\sqrt{2}I''_{k2E} \tag{3-65}$$

为简化计算，可采用与三相短路相同的 k 值。

只有当 $Z_{(0)} \ll Z_{(1)}\left(Z_{(0)} < \frac{1}{4}Z_{(1)}\right)$ 时，才需计算 i_{p2E}。

4. 单相接地短路

对于单相接地短路，峰值短路电流可表示为

$$i_{p1}=k\sqrt{2}I''_{k1} \tag{3-66}$$

为简化计算，可采用与三相短路相同的 k 值。

3.6.4 短路电流非周期分量 $i_{d.c.}$

计算短路电流的最大非周期分量 $i_{d.c.}$：

$$i_{d.c.}=\sqrt{2}I''_{k}e^{-2\pi\cdot ftR/X} \tag{3-67}$$

式中 I''_k——对称短路电流初始值；

f——额定频率，Hz；

t——时间，s；

R/X——按照单一或等效频率法求出比值。

计算 $i_{d.c.}$ 时，发电机电枢电阻取 R_G，而不是 R_{Gf}。

对于网状电网，R/X 或 X/R 由等效频率法确定，等效频率 f_c/额定频率 f 则根据额定频率 f 与时间 t 的乘积选取，如表 3-2 所示。

表 3-2 f_c/f 与 f_c/t 的关系

$f\cdot t$	<1	<2.5	<5	<12.5
f_c/f	0.27	0.15	0.092	0.055

3.6.5 对称开断电流 I_b

一般来说，短路点 t_{min} 时刻的开断电流包括对称开断电流 I_b 与非周期分量 $i_{d.c.}$。

对于部分近端短路，t_{min} 时的 $i_{d.c.}$ 可能大于开断电流 I_b 的峰值，从而造成短路电流失去过零点。

1. 远端短路

对于远端短路，对称开断电流 I_b 等于对称短路电流初始值 I''_k。

$$I_b=I''_k \tag{3-68}$$

$$I_{b2}=I''_{k2} \tag{3-69}$$

$$I_{b2E}=I''_{k2E} \tag{3-70}$$

$$I_{b1}=I''_{k1} \tag{3-71}$$

式中 I_{b2}——两相短路开断电流；

I''_{k2}——两相短路电流初始值；

I_{b2E}——两相接地短路开断电流；

I''_{k2E}——两相接地短路电流初始值；

I_{b1}——单相接地短路开断电流；

I''_{k1}——单相接地短路电流初始值。

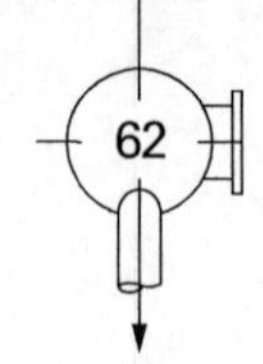

2. 近端短路

(1) 单馈入的三相短路

在如图 3-11(b)、图 3-11(c)所示的单电源馈电系统或如图 3-12 所示的辐射状馈电系统中，发生近端三相短路，采用系数 μ 表示对称开断电流的衰减，即

$$I_b=\mu I''_k \tag{3-72}$$

系数 μ 与 t_{min} 和 I''_{kG}/I_{rG} 有关，可根据 I''_{kG}/I_{rG} 比值和选择 t_{min} 确定，I_{rG} 为发电机额定电流其中，I''_{kG} 为发电机端的短路电流；I_{rG} 为发电机额定电流。μ 值适用于旋转励磁机或静止整流励磁装置的同步发电机(用静止整流励磁装置励磁时，其最小延时 t_{min} 小于 0.25 s，最高励磁电压小于 1.6 倍额定负载下的励磁电压)。对于其他情况，若实际数值未知，可取 $\mu=1$。

当短路点与发电机之间有升压变压器时，变压器高压侧局部短路电流 I''_{kS} 需根据变压器变比折算到发电机出口侧，$I''_{kG}=t_r I''_{kS}$，即 I''_{kG} (发电机端的短路电流)和 I_{rG} (发电机额定电流)为归算到同一电压下的值。

$$\begin{cases} t_{min}=0.02\text{ s时},\mu=0.84+0.26e^{-0.26I''_{kG}/I_{rG}} \\ t_{min}=0.05\text{ s时},\mu=0.71+0.51e^{-0.30I''_{kG}/I_{rG}} \\ t_{min}=0.10\text{ s时},\mu=0.62+0.72e^{-0.32I''_{kG}/I_{rG}} \\ t_{min}\geqslant 0.25\text{ s时},\mu=0.56+0.94e^{-0.38I''_{kG}/I_{rG}} \end{cases} \tag{3-73}$$

计算电动机的 μ 值时，用 I''_{kM}/I_{rM} 替代 I''_{kG}/I_{rG}。

当 $I''_{kG}/I_{rG}\leqslant 2$，式(3-73)中 μ 值取 1。系数 μ 也可按图 3-16 查曲线，对于相邻最小延时 t_{min} 曲线间对应的 μ 值，可用线形插值求取。图 3-16 也适用于具有最短延时 $t_{min}\leqslant 0.1$ s 的复式励磁的低压发电机。

$t_{min}>0.1$ s 的低压发电机开断电流计算不属于本部分范围，发电机厂商可提供相关信息。

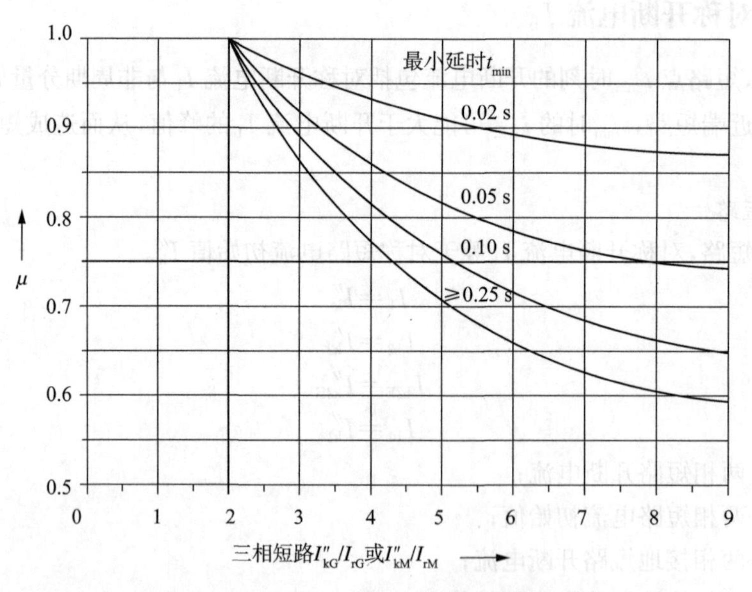

图 3-16 对称开断电流 I_b 的计算系数 μ

(2) 辐射状电源馈电的三相短路

对于辐射状电网(图 3 - 12)发生三相短路,短路点的对称开断电流为各支路开断电流之和,即

$$I_{\mathrm{b}}=\sum_{i} I_{\mathrm{b}i} \tag{3-74}$$

对于图 3 - 12 示例:

$$I_{\mathrm{b}}=I_{\mathrm{bS}}+I_{\mathrm{bT}}+I_{\mathrm{bM}}=\mu I''_{\mathrm{kS}}+I''_{\mathrm{kT}}+\mu q I''_{\mathrm{kM}} \tag{3-75}$$

式中,I''_{kS}、I''_{kT}、I''_{kM} 为各支路对短路点短路电流 I''_{k} 的贡献电流;系数 μ 由式(3 - 73)或由图 3 - 16 确定。对于异步电动机,用 $I''_{\mathrm{kM}}/I_{\mathrm{rM}}$ 替代 $I''_{\mathrm{kG}}/I_{\mathrm{rG}}$。

异步电动机对称开断电流的计算系数 q 可视为最小延时 $t_{\min}$ 的函数:

$$\begin{cases} t_{\min}=0.02\ \mathrm{s}\ 时, q=1.03+0.12\ln(P_{\mathrm{rM}}/p) \\ t_{\min}=0.05\ \mathrm{s}\ 时, q=0.79+0.12\ln(P_{\mathrm{rM}}/p) \\ t_{\min}=0.10\ \mathrm{s}\ 时, q=0.57+0.12\ln(P_{\mathrm{rM}}/p) \\ t_{\min}\geqslant 0.25\ \mathrm{s}\ 时, q=0.26+0.10\ln(P_{\mathrm{rM}}/p) \end{cases} \tag{3-76}$$

式中 P_{rM}——额定功率,MW;

p——极对数。

如果 q 计算结果大于 1,则取 $q=1$。系数 q 也可通过图 3 - 17 确定。

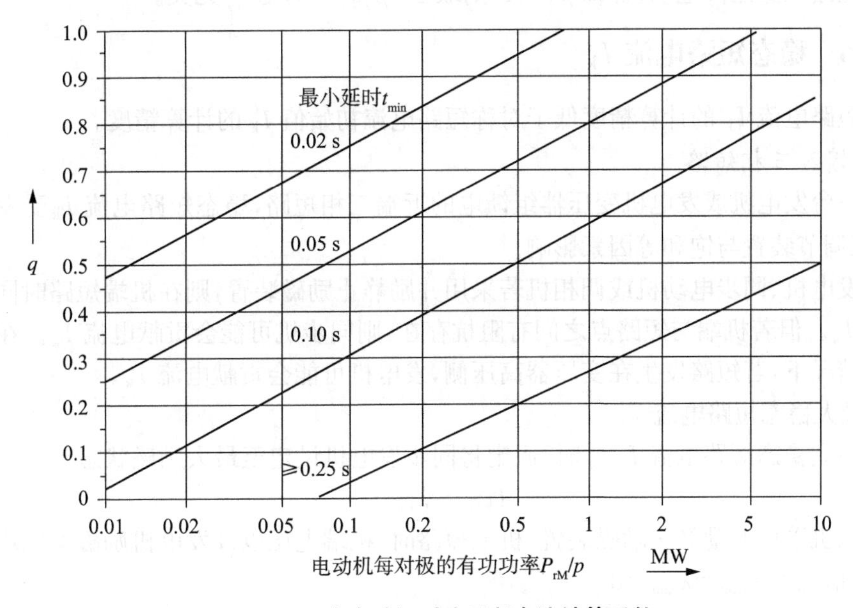

图 3 - 17 异步电动机对称开断电流计算系数 q

(3) 网状电网中的三相短路

先计算开断时刻短路点的电流,然后各支路中流过的局部短路电流即可求出。网状电网中对称开断短路电流 I_{b} 计算如下:

$$I_{\mathrm{b}}=I''_{\mathrm{k}} \tag{3-77}$$

按上式算出的电流 I_b 比实际值要大,下式计算更为精确:

$$\underline{I}_{\mathrm{b}}=\underline{I}''_{\mathrm{k}}-\sum_{i}\frac{\underline{\Delta U}''_{\mathrm{G}i}}{\frac{cU_{\mathrm{n}}}{\sqrt{3}}}(1-\mu)\,\underline{I}''_{\mathrm{kG}i}-\sum_{j}\frac{\underline{\Delta U}''_{\mathrm{M}j}}{\frac{cU_{\mathrm{n}}}{\sqrt{3}}}(1-\mu_{j}q_{j})\,\underline{I}''_{\mathrm{kM}j} \tag{3-78}$$

$$\underline{\Delta U}''_{\mathrm{G}i}=\mathrm{j}X''_{\mathrm{d}i\mathrm{K}}\,\underline{I}''_{\mathrm{kG}i} \tag{3-79}$$

$$\underline{\Delta U}''_{\mathrm{M}j}=\mathrm{j}X''_{\mathrm{M}j}\,\underline{I}''_{\mathrm{kM}j} \tag{3-80}$$

式中 μ_i,μ_j——用 $I''_{\mathrm{kG}i}/I_{\mathrm{rG}i}$ 或 $I''_{\mathrm{kM}j}/I_{\mathrm{rM}j}$ 根据式(3－73)计算或按图 3－16 查出的值；

q_j——根据式(3－76)求得的电动机反馈的对称开断电流衰减系数；

$cU_{\mathrm{n}}/\sqrt{3}$——短路点等效电压源；

$\underline{I}''_{\mathrm{k}}$、$\underline{I}_{\mathrm{b}}$——分别为对称短路电流初始值及考虑所有馈电网络、同步电动机和异步电动机影响时的对称开断电流；

$\underline{\Delta U}''_{\mathrm{G}i}$，$\underline{\Delta U}''_{\mathrm{M}j}$——分别为同步电动机($i$)和异步电动机($j$)的初始机端电压降落；

$X''_{\mathrm{d}i\mathrm{K}}$——同步电动机($i$)的校正超瞬态电抗，$X''_{\mathrm{d}i\mathrm{K}}=K_{\mathrm{v}}X''_{\mathrm{d}i}$，$K_{\mathrm{v}}=K_{\mathrm{G}}$、$K_{\mathrm{S}}$ 或 K_{SO}；

$X_{\mathrm{M}j}$——异步电动机(j)的电抗；

$\underline{I}''_{\mathrm{kG}i}$，$\underline{I}''_{\mathrm{kM}j}$——分别为同步电动机($i$)和异步电动机($j$)的对称短路电流初始值，在电动机机端测得。

$\underline{I}''$ 与 $\underline{\Delta U}''$ 均为从机端测得的量，且需归算至同一电压。

如果短路位置远离电动机，即 $\mu_j=1$，则取 $1-\mu_j q_j=0$，与 q_j 无关。

3.6.6 稳态短路电流 I_{k}

稳态短路电流 I_{k} 的计算精度低于对称短路电流初始值 I''_{k} 的计算精度。

1. 单馈入三相短路

仅由一台发电机或发电机变压器组馈电的近端三相短路，稳态短路电流 I_{k} 受发电机励磁系统、电压调节装置与饱和等因素影响。

同步发电机、同步电动机或调相机若采用并励静止励磁装置，则在机端短路时同步机不会贡献电流 I_{k}。但若机端与短路点之间有阻抗存在，则同步机可能会贡献电流 I_{k}。在发电机变压器组的情况下，若短路发生在变压器高压侧，发电机可能会贡献电流 I_{k}。

(1) 最大稳态短路电流

计算最大稳态短路电流 I_{kmax} 时，假定将同步发电机设定至最大励磁状态。

$$I_{\mathrm{kmax}}=\lambda_{\max}I_{\mathrm{rG}} \tag{3-81}$$

若发电机采用并励静止励磁装置，机端短路时，机端电压以及发电机励磁电压均会瞬间降为零，这种情况下 $\lambda_{\max}=\lambda_{\min}=0$。

隐极机的系数 $\lambda_{\max}$ 根据图 3－18 求得，图中饱和电抗 x_{dsat} 为机组空载短路比的倒数。

曲线簇Ⅰ中的 $\lambda_{\max}$ 曲线是隐极机在额定负载、额定功率因数下，励磁顶值为 1.3 倍额定励磁时绘制的，如图 3－18(a)。

曲线簇Ⅱ中的 $\lambda_{\max}$ 曲线是隐极机在额定负载、额定功率因数下，励磁顶值为 1.6 倍额定励磁时绘制的，如图 3－18(b)。

(2) 最小稳态短路电流

对于如图 3－11(b)或图 3－11(c)所示的单电源馈电短路，为计算稳态短路电流最小值，假定同步机为恒定的空载励磁状态。

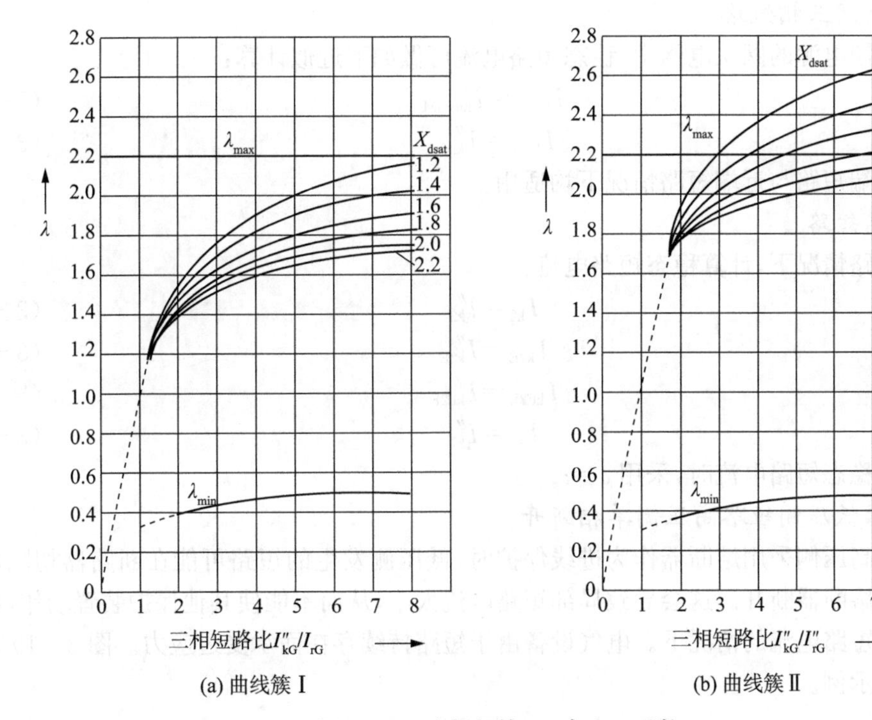

图 3-18　隐极机的λ_{max}与λ_{min}系数

$$I_{kmin}=\lambda_{min}I_{rG} \tag{3-82}$$

其中，λ_{min}可由图 3-18 查得。计算最小稳态短路时，按表 3-1 采用$c=c_{min}$。

对于由一台或多台相近的复式励磁发电机并联馈电的近端短路，其最小稳态短路电流根据式(3-83)计算。

$$I_{kmin}=\frac{c_{min}U_n}{\sqrt{3}\sqrt{R_k^2+X_k^2}} \tag{3-83}$$

发电机的有效计算电抗为

$$X_{dp}=\frac{U_{rG}}{\sqrt{3}I_{kp}} \tag{3-84}$$

其中，I_{kp}为复式励磁发电机端口三相短路时的稳态短路电流，该值可从制造厂取得。

2. 辐射状电网三相短路

对于辐射状电网(图 3-12)中的三相短路，短路点的稳态短路电流为各支路稳态短路电流贡献之和。

$$I_k=\sum_i I_{ki} \tag{3-85}$$

对于图 3-12 示例，则有：

$$I_k=I_{kS}+I_{kT}+I_{kM}=\lambda I_{rGt}+I''_{kT} \tag{3-86}$$

其中，λ (λ_{max}或λ_{min})由图 3-18 确定；I_{rGt}为发电机折算到变压器高压侧的额定电流。

对于馈电网络或与变压器串联的馈电网络(图 3-12)，可认为$I_k=I''_k$(远端短路)。异步电动机端口发生三相短路时，其稳态短路电流为零。

计算I_{kmax}或I_{kmin}时，采用表 3-1 中的系数c_{max}或c_{min}。

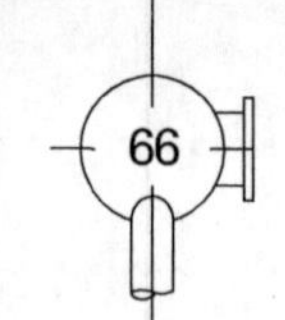

3. 网状电网三相短路

在含多个馈电源的网状电网中，稳态短路电流可做如下近似计算：

$$I_{\mathrm{kmax}}=I''_{\mathrm{kmaxM}} \tag{3-87}$$

$$I_{\mathrm{kmin}}=I''_{\mathrm{kmin}} \tag{3-88}$$

上式在远端短路与近端短路情况下均适用。

4. 不平衡短路

不平衡短路情况下，计算稳态短路电流：

$$I_{\mathrm{k2}}=I''_{\mathrm{k2}} \tag{3-89}$$

$$I_{\mathrm{k2E}}=I''_{\mathrm{k2E}} \tag{3-90}$$

$$I_{\mathrm{kE2E}}=I''_{\mathrm{kE2E}} \tag{3-91}$$

$$I_{\mathrm{k1}}=I''_{\mathrm{k1}} \tag{3-92}$$

计算最小稳态短路电流时，采用 $c=c_{\min}$。

5. 变压器低压侧短路高压侧单相断开

当变压器高压侧采用熔断器作为进线保护时，低压侧发生的短路可能在断路器切除故障之前造成一相熔断器断开。这会导致局部短路电流太小，从而不能使其他保护装置动作，特别是在出现最小短路电流的情况下。电气设备由于短路持续存在而承受过应力。图 3-19 为造成这种情况的示例。

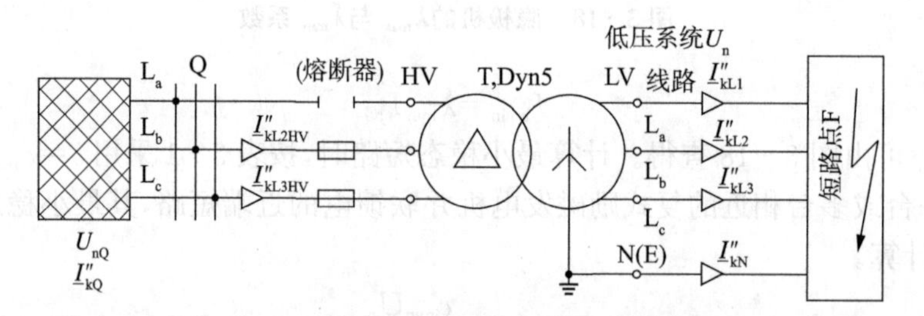

图 3-19　变压器低压侧短路、高压侧单相断开

如图 3-19 所示，变压器低压侧的短路电流 I''_{kL}、I''_{kL2}、I''_{kL3} 与 I''_{kN} 可通过式(3-93)计算。变压器高压侧的局部短路电流 $I''_{\mathrm{kL2HV}}=I''_{\mathrm{kL3HV}}$ 也可由式(3-90)在系数 α 取适当值时计算。由于短路属于远端短路，所有情况下 $I''_{\mathrm{kv}}=I_{\mathrm{kv}}$。

$$I''_{\mathrm{kv}}=\alpha\frac{cU_{\mathrm{n}}}{\sqrt{3}\,|\underline{Z}_{\mathrm{Qt}}+K_{\mathrm{T}}\underline{Z}_{\mathrm{T}}+\underline{Z}_{\mathrm{L}}+\beta(K_{\mathrm{T}}\underline{Z}_{(0)\mathrm{T}}+\underline{Z}_{(0)\mathrm{L}})|} \tag{3-93}$$

式中　v——低压侧 L$_a$、L$_b$、L$_c$、N(E)与高压侧的 L$_b$HV、L$_c$HV；

$\underline{Z}_{\mathrm{Qt}}+K_{\mathrm{T}}\underline{Z}_{\mathrm{T}}+\underline{Z}_{\mathrm{L}}$——折算到低压侧的正序系统阻抗，$\underline{Z}_{\mathrm{T}}=\underline{Z}_{\mathrm{TLV}}$；

$K_{\mathrm{T}}\underline{Z}_{(0)\mathrm{T}}+\underline{Z}_{(0)\mathrm{L}}$——折算到低压侧的零序系统阻抗；

α,β——系数，根据表 3-3 取值。

任何两相间短路时的短路电流均较小，表 3-3 中没有列出。

表 3-3　式(3-93)中的系数 α、β

F点短路 (图 3-19)	三相短路	两相接地短路		单相短路
低压侧短路导体	L_a、L_b、L_c L_a、L_b、L_c、N(E)	L_a、L_c、N(E)	L_a、L_b、N(E) L_b、L_c、N(E)	L_b、N(E)①
系数 β	0	2	0.5	0.5
系数 α(低压侧) 计算电流	三相短路	两相接地短路		单相短路
I''_{kLa}	0.5	1.5	—	—
I''_{kLb}	1.0	—	1.5	1.5
I''_{kLc}	0.5	1.5	—	—
I''_{kN}	—	3.0	1.5	1.5
系数 α(高压侧) 计算电流 I''_{kLv}	三相短路	两相接地短路		单相短路
$I''_{kLbHV}=I''_{kLcHV}$	$\frac{1}{t_r^{②}}\cdot\frac{\sqrt{3}}{2}$	$\frac{1}{t_r}\cdot\frac{\sqrt{3}}{2}$	$\frac{1}{t_r}\cdot\frac{\sqrt{3}}{2}$	$\frac{1}{t_r}\cdot\frac{\sqrt{3}}{2}$

注：① 其他相单相短路时，如 L_a、N(E)或 L_c、N(E)由变压器开路阻抗决定电流较小，予以忽略。

② t_r 为变压器额定变比。

图 3-19 所示的变压器低压侧或高压侧的短路电流均不大于在高压侧有完整连接时的对称或不对称短路电流(图 3-10)，因此式(3—93)仅用于计算最小短路电流。

3.6.7　异步电动机机端短路

异步电动机机端三相短路及两相短路的情况下，电动机贡献的短路电流 I''_{kM}、i_{pM}、I_{bM} 和 I_{kM} 的计算如表 3-4 所示。在接地系统中发生单相短路时，电动机的影响不能忽略。电动机的阻抗取 $\underline{Z}_{(1)M}=\underline{Z}_{(2)M}=\underline{Z}_M$ 与 $\underline{Z}_{(0)M}$(电动机 M 端的零序短路阻抗)。如果电动机中性点未接地，则零序阻抗 $\underline{Z}_{(0)M}=\infty$。

表 3-4　异步电动机机端短路时的短路电流

短路	三相短路	两相短路	单相短路
交流对称分量 初始值	$I''_{k3M}=\frac{cU_n}{\sqrt{3}Z_M}$	$I''_{k2M}=\frac{\sqrt{3}}{2}I''_{k3M}$	$I''_{k1M}=\frac{\sqrt{3}cU_n}{\underline{Z}_{(1)M}+\underline{Z}_{(2)M}+\underline{Z}_{(0)M}}$
峰值短路电流	$i_{p3M}=\kappa_M\sqrt{2}I''_{k3M}$	$i_{p2M}=\frac{\sqrt{3}}{2}i_{p3M}$	$i_{p1M}=\kappa_M\sqrt{2}I''_{k1M}$
	中压电动机： $k_M=1.65$(对应 $R_M/X_M=0.15$)，每对极有功功率<1 MW $k_M=1.75$(对应 $R_M/X_M=0.10$)，每对极有功功率≥1 MW 有电缆连接线的低压电动机： $k_M=1.3$(对应 $R_M/X_M=0.42$)		

续表

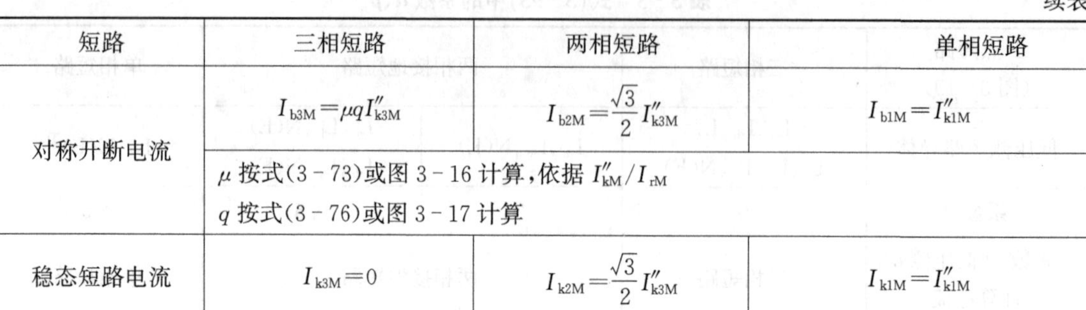

短路	三相短路	两相短路	单相短路
对称开断电流	$I_{\mathrm{b3M}}=\mu q I''_{\mathrm{k3M}}$	$I_{\mathrm{b2M}}=\frac{\sqrt{3}}{2}I''_{\mathrm{k3M}}$	$I_{\mathrm{b1M}}=I''_{\mathrm{k1M}}$
	μ 按式(3-73)或图3-16计算,依据 $I''_{\mathrm{kM}}/I_{\mathrm{rM}}$ q 按式(3-76)或图3-17计算		
稳态短路电流	$I_{\mathrm{k3M}}=0$	$I_{\mathrm{k2M}}=\frac{\sqrt{3}}{2}I''_{\mathrm{k3M}}$	$I_{\mathrm{k1M}}=I''_{\mathrm{k1M}}$

3.6.8 短路电流的热效应

焦耳积分 $\int i^2\mathrm{d}t$ 用来度量短路电流在系统中阻性元件产生的热量。采用系数 m 计算短路电流非周期分量的热效应,系数 n 计算短路电流交流分量的热效应(图3-20、图3-21)。

$$\int_0^{Tk} i^2\mathrm{d}t = I''^2_k(m+n)T_{\mathrm{k}} = I^2_{\mathrm{th}}T_{\mathrm{k}} \tag{3-94}$$

热等效短路电流为

$$I_{\mathrm{th}}=I''_{\mathrm{k}}\sqrt{m+n} \tag{3-95}$$

对于一系列相互独立的三相短路电流,计算焦耳积分或热等效短路电流。

$$\int i^2\mathrm{d}t=\sum_{i=1}^{r}I''^2_{\mathrm{k}i}(m_i+n_i)T_{\mathrm{k}i}=I^2_{\mathrm{th}}T_{\mathrm{k}} \tag{3-96}$$

$$I_{\mathrm{th}}=\sqrt{\frac{\int i^2\mathrm{d}t}{T_{\mathrm{k}}}} \tag{3-97}$$

其中,$T_{\mathrm{k}}=\sum_{i=1}^{r}T_{\mathrm{k}i}$。

式中 $I''_{\mathrm{k}i}$——每个三相短路的短路电流交流对称分量初始;

I_{th}——热等效短路电流;

m_i——每个短路电流非周期分量的热效应系数;

n_i——每个短路电流交流分量的热效应系数;

$T_{\mathrm{k}i}$——每个短路的短路电流持续时间;

T_{k}——短路电流持续时间之和。

计算焦耳积分与热等效短路电流时需说明与之对应的各短路持续过程。

系数 m_i 由图3-20通过 $f\cdot T_{\mathrm{k}i}$ 确定。系数 n_i 由图3-21通过系数 $T_{\mathrm{k}i}$ 以及 $I''_{\mathrm{k}i}/I_{\mathrm{k}i}$ 确定,其中 $I_{\mathrm{k}i}$ 为每个短路的稳态短路电流。

当发生多个间断性的短路时,由此造成的焦耳积分为式(3—96)确定的各短路电流焦耳积分之和。

配电网中发生远端短路时,通常取 $n=1$。

对于短路持续时间大于等于0.5 s的远端短路,可近似取 $m+n=1$。

如果需要计算不对称短路的焦耳积分或热等效短路电流,则使用相应的不对称短路电流

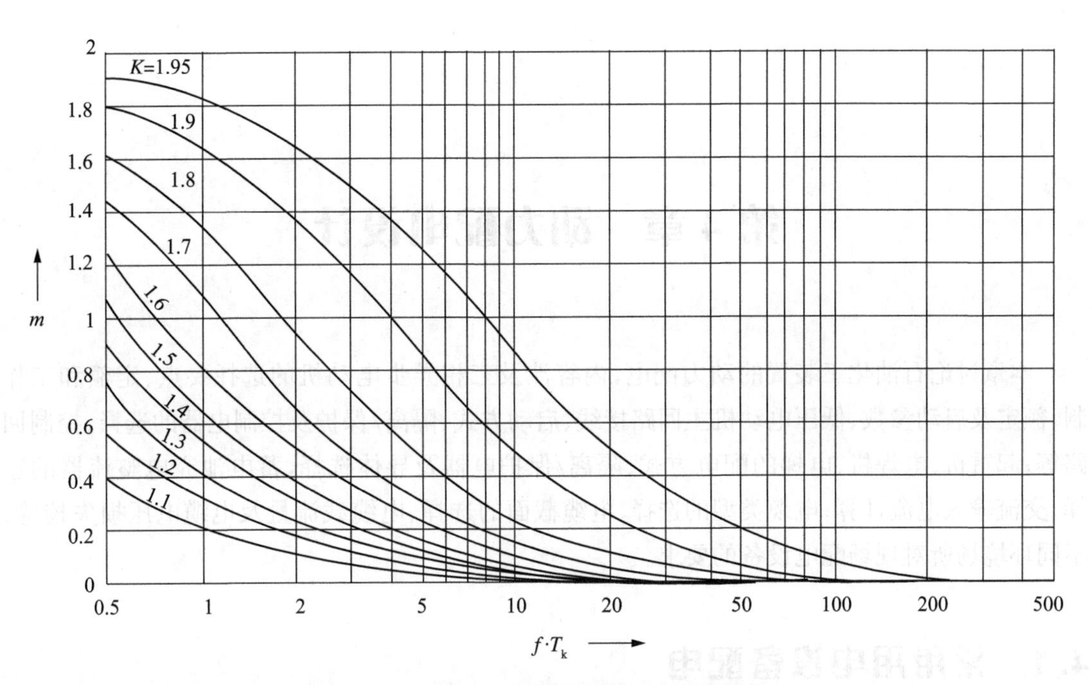

图 3-20　短路电流非周期分量的热效应系数 m

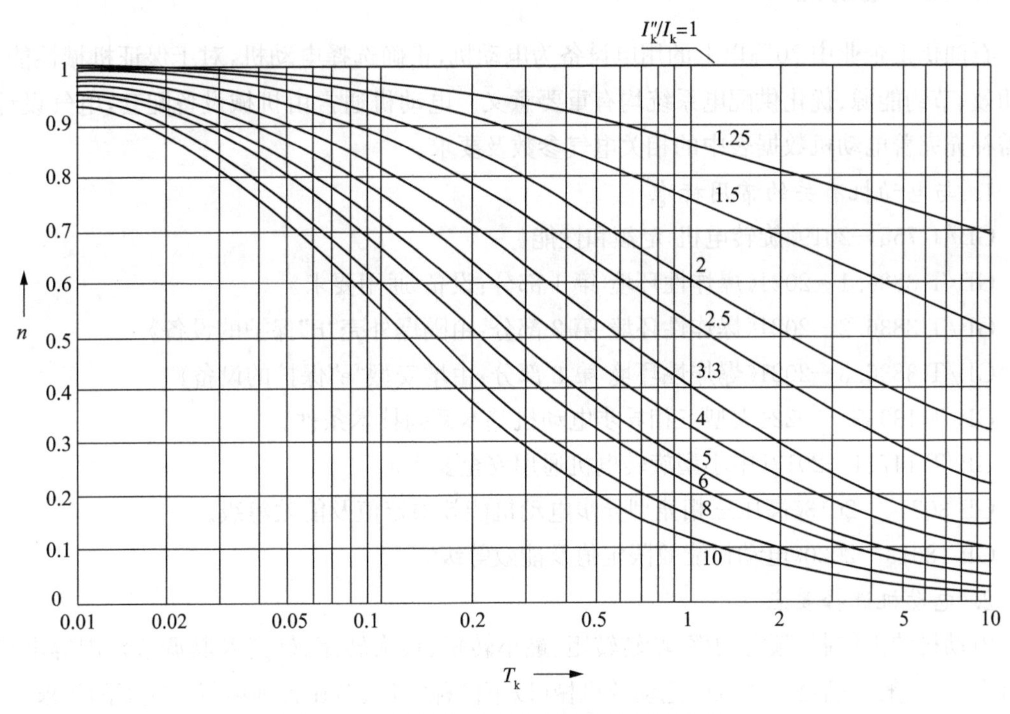

图 3-21　短路电流交流分量的热效应系数 n

代替 I''_{ki}。

当回路采用熔断器或限流断路器保护时，其焦耳积分可限制在由式(3-94)或式(3-96)计算出的值以内，焦耳积分由限流装置的特性决定。

第4章　动力配电设计

本章讨论石油化工装置的动力配电，内容涉及三相异步电动机的选择要点、定额和工作制、额定及启动参数、低压电动机主回路接线、启动方式、隔离/保护及控制电器的选择、控制回路等；起重机、电焊机、电梯的配电方式、隔离/保护电器及导体选择，蓄电池充电整流器的选择、交流输入电流计算；电缆类型的选择、电缆截面的选择、电缆载流量及电缆电压损失校验；不同环境场所对现场配电设备的要求。

4.1　常用用电设备配电

4.1.1　电动机

石油化工企业中70%以上的用电设备为电动机，正确选择电动机，对于保证机械性能、提高功效、节约能源、优化供配电系统均有重要意义。电动机通常由机械设备配套，电气设计人员需补充完善电动机数据表中的相关电气参数及要求。

1. 与电动机有关的常用标准

GB/T 755—2019《旋转电机 定额和性能》

GB/T 3836.1—2021《爆炸性环境 第1部分：设备 通用要求》

GB/T 3836.2—2021《爆炸性环境 第2部分：由隔爆外壳“d”保护的设备》

GB/T 3836.3—2021《爆炸性环境 第3部分：由增安型“e”保护的设备》

GB/T 13957—2022《大型三相异步电动机基本系列技术条件》

GB/T 14711—2013《中小型旋转电机通用安全要求》

GB 30254—2013《高压三相笼型异步电动机能效限定值及能效等级》

GB 18613—2020《电动机能效限定值及能效等级》

2. 电动机选择要点

电动机的工作制、额定功率、堵转转矩、最小转矩、最大转矩、转速及其调节范围等电气和机械参数，一般需满足电动机所拖动的机械(以下简称“机械”)在各种运行方式下的要求。

3. 电动机的定额和工作制

(1) 根据GB/T 755—2019《旋转电机 定额和性能》，额定值是由制造厂对电动机在规定运行条件下所指定的一个量值，运行条件包括工作制、现场运行条件(海拔、环境空气温度、冷却水温等)和电气运行条件(电源电压和频率、电压和电流的波形及对称性、运行期间电压和频率的变化等)。定额则是一组额定值和运行条件,一般以工作制为基准。工作制是电动机所承受的一系列负载状况的说明,包括启动、电制动、空载、停机、断能及其持续时间和先后顺序等。

(2) 电动机的定额类别:

① 连续工作制定额相应于 S1 工作制,标志方法同 S1。

② 短时工作制定额相应于 S2 工作制,标志方法同 S2。

③ 周期工作制定额相应于 S3～S8 工作制,标志方法同相应的工作制。工作周期通常为 10 min,负载持续率为 15%、25%、40%、60%之一。

④ 非周期工作制定额相应于 S9 工作制,标志方法同 S9。

⑤ 离散恒定负载和转速工作制定额相应于 S10 工作制,标志方法同 S10。

⑥ 等效负载定额是一种为试验目的而规定的定额,按其规定在满足该标准各项要求的同时,电动机可运行直至达到热稳定,并认为与 S3～S10 工作制中的某一工作制等效,其标志为"equ"。

(3) 电动机的额定输出:一般是"定额中的输出值",对 S1～S8 工作制,其恒定负载规定值为额定输出。对 S9 和 S10 工作制,则以基于 S1 工作制的负载基准值作为额定输出。

综上所述,电动机的额定值是"在规定运行条件下所指定的一个量值",与工作制类型和定额类别密切相关。显然,同一台电动机在连续定额和短时定额中的额定值是不同的,周期工作制定额电动机在各个负载持续率下的额定值也是不同的。对于 S3～S10 工作制电动机,可采用制造厂在温升试验中规定的等效负载定额的额定值为依据。当缺乏这一数据时,周期工作制电动机可优先以 S3 40%的额定值为依据。石油化工企业常用电动机一般为连续工作制定额 S1。

4. 电动机的额定功率和额定电流

电动机的额定功率是指额定输出功率,即电动机满载运行时在电动机转轴上的有效机械功率,它未包括电动机的机械损耗(轴承损耗、风耗)和电气损耗(铁损、铜损)。电动机的额定电流,或称满载电流,是指电动机满载运行时由电动机接线端子处输入的电流。三相电动机的额定电流 I_{rM} 可按下式计算:

$$I_{rM}=\frac{P_{rM}}{\sqrt{3}U_{rM}\eta_r\cos\varphi_r} \tag{4-1}$$

式中 I_{rM}——电动机的额定电流,A;

P_{rM}——电动机的额定功率,kW;

U_{rM}——电动机的额定电压,kV;

η_r——电动机满载时的效率;

$\cos\varphi_r$——电动机满载时的功率因数。

5. 笼型电动机的启动电流和启动时间

在启动过程中笼型电动机的电流是随着转速变化的。接通后的暂态过程与短路类似,首先出现一个冲击电流,峰值发生在第一半波,在第二、三周波内急剧衰减;在随后的绝大部分启动时间内,电流相对稳定,但随转速的升高而略有下降;在接近额定转速时,电流迅速下降;启动结束时,则降至电动机额定电流或更低。笼型电动机启动过程的电流和转速曲线见图 4-1。

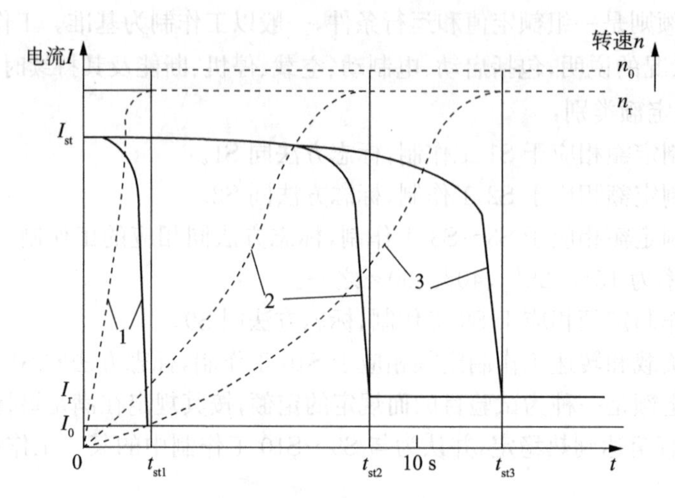

图 4-1　笼型电动机启动过程的电流和转速曲线

曲线 1—轻载启动；曲线 2——般负载启动；曲线 3—重载启动

(1) 最大稳态启动电流有效值(简称"启动电流")：在供配电设计中，启动电流不是泛指作为转速函数的电流变量，而是特指不包括暂态过程非周期分量的最大稳态启动电流。这里强调指出，启动电流的大小与负载转矩无关，只取决于电动机的固有特性。笼型电动机的启动电流需取其堵转电流，即电动机在额定频率、额定电压和转子在所有转角位置堵住时从供电线路输入的最大稳态电流有效值。通常电动机厂均给出堵转电流对额定电流的比值，不同额定功率、极数和启动性能的电动机，这一比值为 4～8.4。

(2) 接通电流峰值：指包括周期分量和非周期分量的全电流最大值，这一数值的大小决定于接通瞬间的相位和启动回路电阻与电抗的比值。接通电流峰值一般不超过堵转电流的 2 倍，个别可达 2.3 倍。

(3) 启动时间：其长短取决于负载转矩、整个传动系统的转动惯性和加速转矩。电动机的转矩—转速特性曲线有多项重要指标，包括额定转矩决定正常工作点、堵转转矩决定能否克服静阻转矩、最小转矩是否能顺利加速到额定转速的关键点；最大转矩除影响启动过程外，还决定电动机的过载能力。另外计算启动时间比较烦琐，在配电设计中，多采用按启动时间分档选择电器的做法，我国通常以启动时间 4 s 和 8 s 为分界点，划为三档，分别称为轻载启动、一般负载启动和重载启动。

绕线转子电动机的启动特性由转子回路电阻的阻值和级数决定。

6. 电动机主回路接线

(1) 每台电动机的主回路上均装设隔离电器，共用一套短路保护电器的一组电动机或由同一配电箱(屏)供电，且允许无选择地断开的一组电动机，数台电动机可共用一套隔离电器。当有几路进线时，每路进线上也有隔离电器；如果仅一个隔离电器分断会造成危险，还需相互联锁。电动机及其控制电器一般共用一套隔离电器，隔离电器装设在控制电器附近或其他便于操作和维修的地点，还需防止无关人员误操作，例如装设在能防止无关人员接近的地点或加锁。

（2）笼型电动机全压启动的主回路常用接线见图 4－2；变极多速电动机的主回路及其绕组接线见图 4－3～图 4－5。

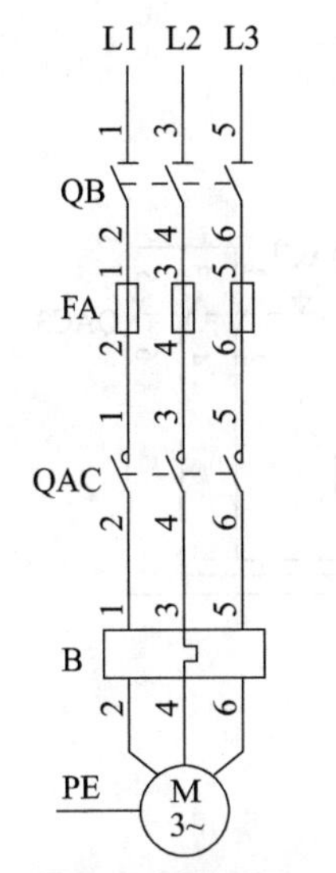

(a) 短路和接地故障保护电器为熔断器

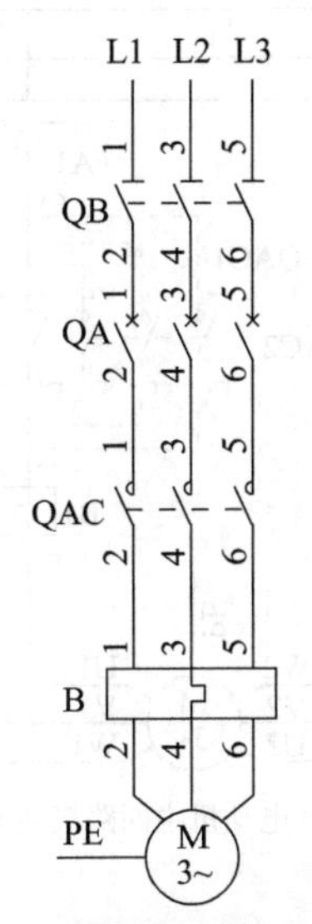

(b) 短路和接地故障保护电器为断路器

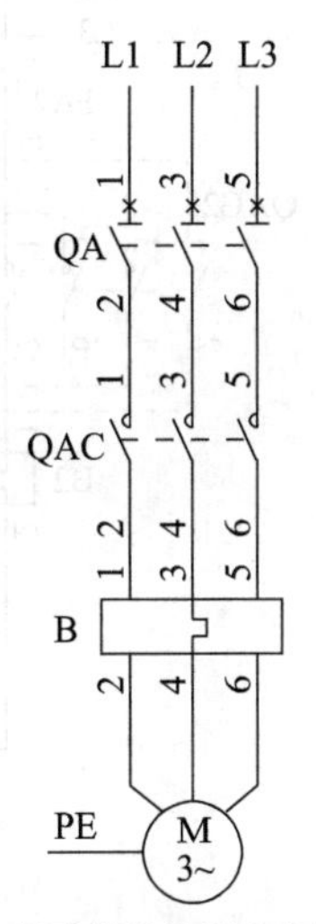

(c) 断路器兼作隔离电器

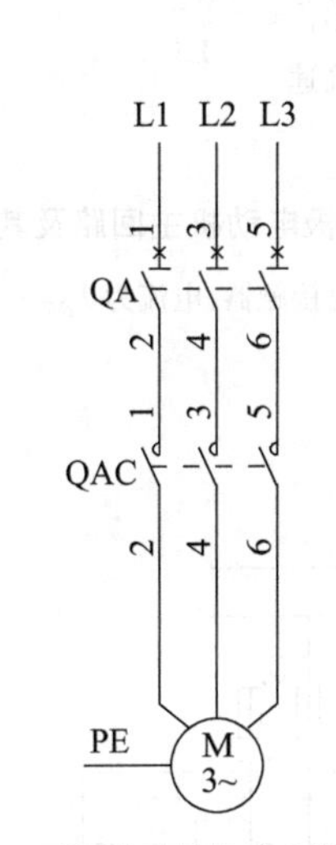

(d) 不装设过载保护或断路器兼作过载保护

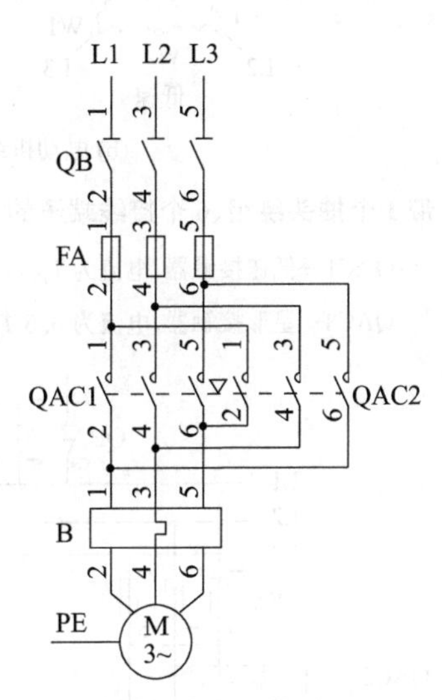

(e) 双向（可逆）旋转的接线示例

图 4－2　笼型电动机主回路常用接线

QB—隔离器或隔离开关；FA—熔断器；QA—低压断路器；QAC—接触器；B—热继电器或智能低压马达保护装置

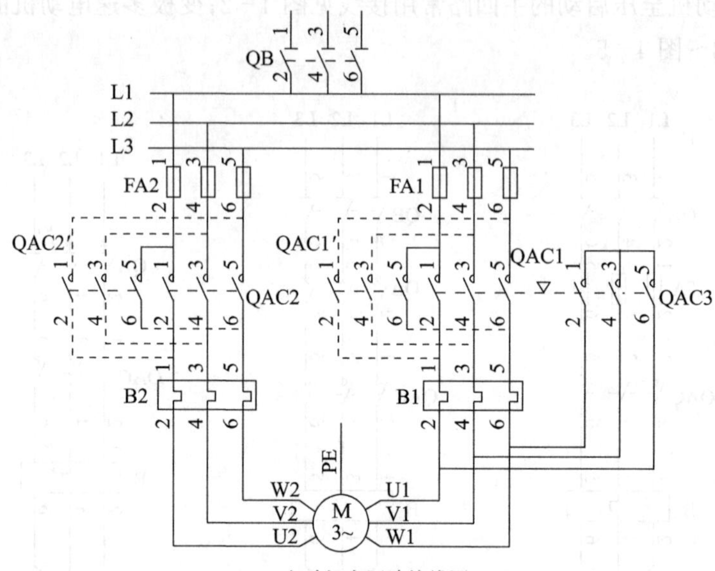

(a) 电动机主回路接线图

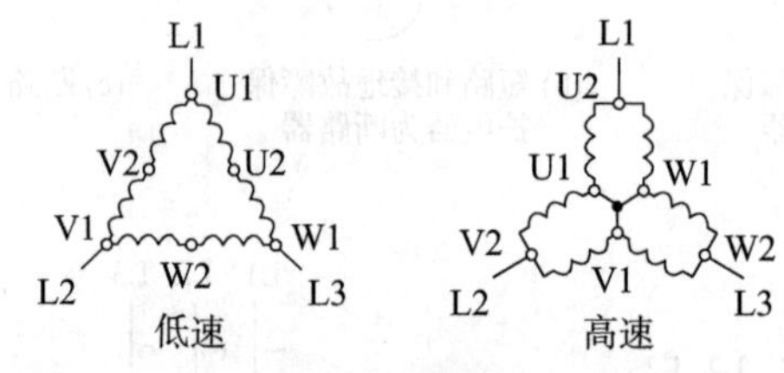

(b) 电动机绕组接线图

图 4-3　带 1 个抽头绕组、6 个接线端子的 4/2 或 8/4 极电动机主回路及其绕组接线图

QAC1—低速接触器，电流为 I_{rM1}；QAC2—高速接触器，电流为 I_{rM2}；

QAC3—星形接触器，电流为 0.5 I_{rM2}

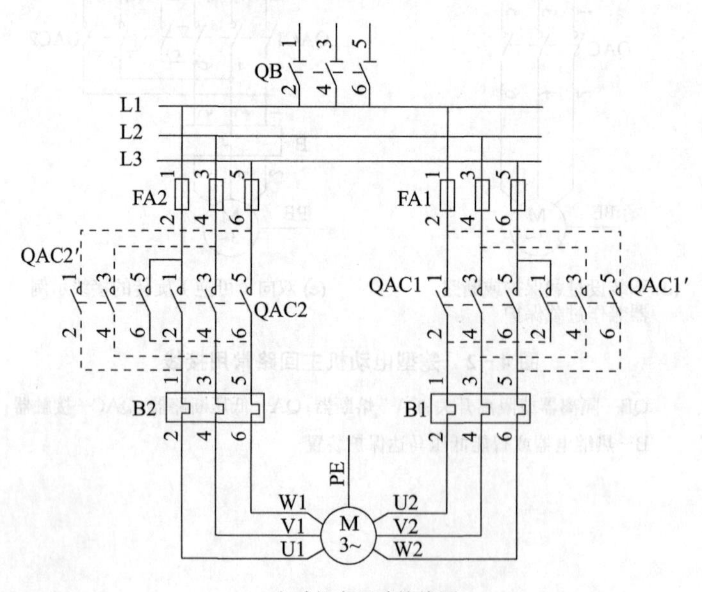

(a) 电动机主回路接线图

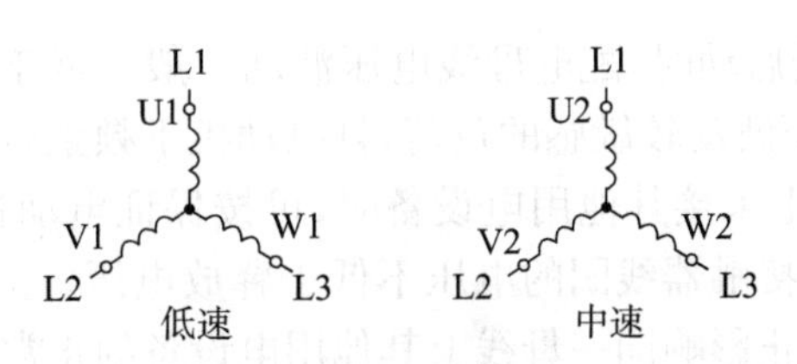

(b) 电动机绕组接线图

图 4-4　带 2 个独立绕组、6 个接线端子的 6/4 或 8/6 极电动机主回路及其绕组接线图

QAC1—低速接触器，电流为 I_{rM1}；QAC2—中速接触器，电流为 I_{rM2}

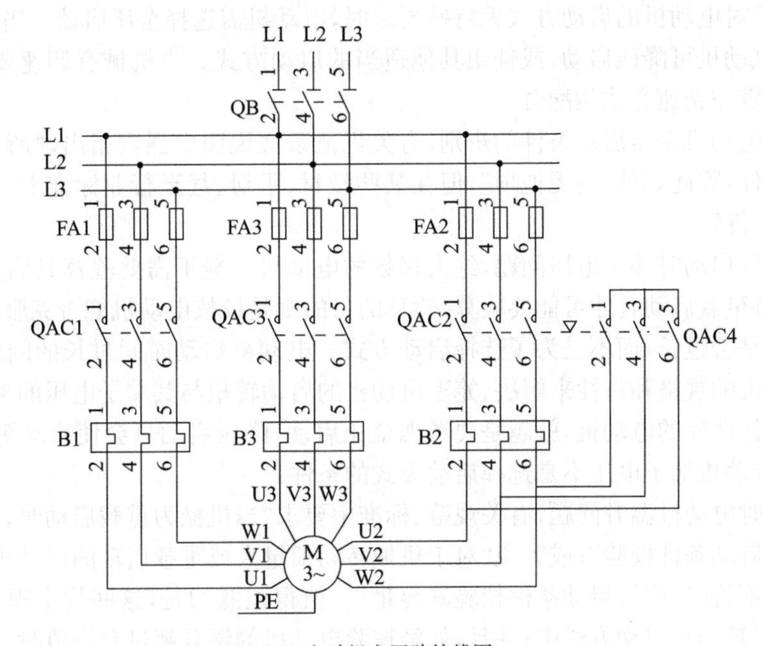

(a) 电动机主回路接线图

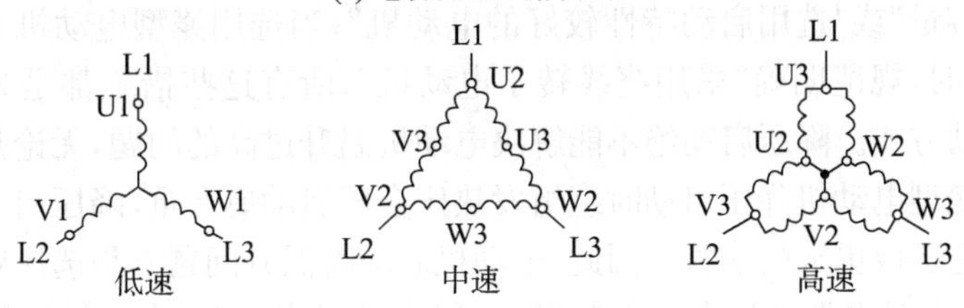

(b) 电动机绕组接线图

图 4-5　带 2 个独立绕组(其中 1 个带抽头)、9 个接线端子的 6/4/2 或 8/4/2 或 8/6/2 极电动机主回路及其绕组接线图

QAC1—低速接触器，电流为 I_{rM1}；QAC2—中速接触器，电流为 I_{rM2}；

QAC3—高速接触器，电流为 I_{rM3}；QAC4—星形接触器，电流为 0.5 I_{rM3}

注.图 4-3～图 4-5 中的虚线表示用于可逆旋转的接线，其他符号同图 4-2

7. 电动机的启动方式

电动机启动时，其端子电压需保证所拖动机械要求的启动转矩，且在配电系统中引起的电压波动不妨碍其他用电设备的工作。电动机频繁启动时，配电母线电压波动一般不低于额定电压的90%；电动机不频繁启动时，配电母线电压波动一般不低于额定电压的85%。配电母线上未接照明或其他对电压波动较敏感的负荷，且电动机不频繁启动时，其电压波动不低于额定电压的80%。配电母线上未接其他用电设备时，可按保证电动机启动转矩的条件来决定；对于低压电动机，还需保证接触器线圈的电压不低于释放电压。上述对电动机启动时母线上电压暂降的要求，是为了防止影响同一母线上其他用电设备的正常工作，并不是对电动机本身的要求。常见机械所需的启动转矩为额定转矩的12%～150%，所要求的电动机端子电压相差很大，因此，对电动机启动时端子电压不做具体要求。

当电动机启动，配电母线上的电压波动符合上述要求、机械能承受电动机全压启动时的冲击转矩、制造厂对电动机的启动方式无特殊要求时，电动机需选择全压启动。当不符合全压启动的条件时，电动机可降压启动，或选用其他适当的启动方式。当机械有调速要求时，电动机的启动方式还需与调速方式相配合。

关于笼型电动机全压启动条件的辨别，有关规范条文说明中强调指出，“所列的全压启动条件是充分条件，除此以外，别无他项”，但在某些教材、手册、甚至行业标准中，仍时常提出一些不必要的“条件”。

关于电动机启动时端子电压问题，绝大多数的电动机一般不需要验算其启动时的端子电压，只有少数特重载启动者才可能要验算，验算的目的则是校核电动机能否克服机械的静阻转矩或启动时间是否过长，而不是为了选择启动方式。电动机启动时间过长的问题只能通过正确地选择电动机的规格和特性来解决，笼型电动机的启动转矩与其端子电压的平方成正比，所以越是启动条件严酷的电动机，就越是要考虑全压启动，降压启动只会使启动更加困难，甚至失败。因此，电动机端子电压不是选择启动方式的条件。

关于启动时电动机温升问题，有关规范、标准中要求“当机械为重载启动时，笼型电动机的额定功率应按启动条件校验”；或者说“对于机械转动惯量大或重载启动的电动机，当使用条件与制造厂配套不符时，应按启动条件校验其容量”。值得注意的是，这些均出现在电动机选择的条文中，而不是列在启动方式中；并且，如经校验电动机的温升超过允许值时，需采取的措施是“加大电动机的容量”或“选用启动特性较好的电动机”；当选用笼型电动机不能满足启动要求或加大功率不合理时，规范明确“采用绕线转子电动机”，所有这些措施都是为了正确选择电动机，而不是改变启动方式。降压启动绝不能解决电动机温升过高的问题，无论是理论分析还是实际测量，都能证明笼型电动机降压启动时绕组发热比全压启动更严重，降压启动非但不能“呵护”电动机，而且会给它造成更大的伤害。因此，电动机启动时温升问题不是选择启动方式的条件。

关于电动机启动时电源变压器温升问题，一般电动机启动时，在电源变压器和电动机的绕组中流过的是同一电流，降压启动时绕组发热更严重的结论对电源变压器也同样适用，仅在变压器与电动机规格相近时才会有温升问题，而且只能通过正确选择变压器容量来解决，降压启动则适得其反，因此，变压器温升问题也不是选择启动方式的条件。

基于上述，低压笼型电动机全压启动的判断条件可简化为电动机启动时配电母线的电压不低于系统标称电压的85%，通常，只要电动机额定功率不超过电源变压器额定容量的30%，即可全压启动，仅在估算结果处于边缘情况时，才需要进行详细计算。一般，石油化工企业中低压笼型电动机均可采用全压启动。

无限大容量电源系统供电的电动机启动时电压暂降计算方法和按电源容量估算允许全压启动的电动机最大功率详见表4-1和表4-2。

表 4-1　电动机启动时电压暂降计算

启动方式	全压启动	变压器—电动机组（全压启动）	电抗器降压启动	自耦变压器降压启动
计算电路	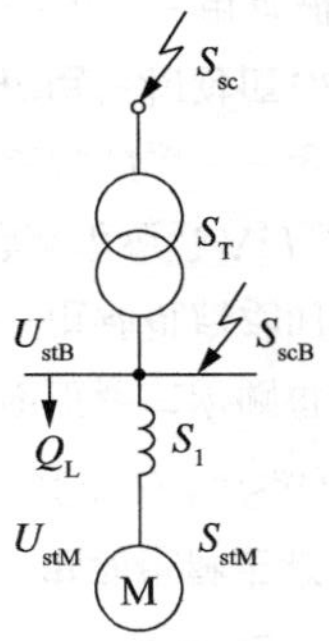 S_{sc}，S_T，U_{stB}，S_{scB}，Q_L，S_1，U_{stM}，S_{stM}，M	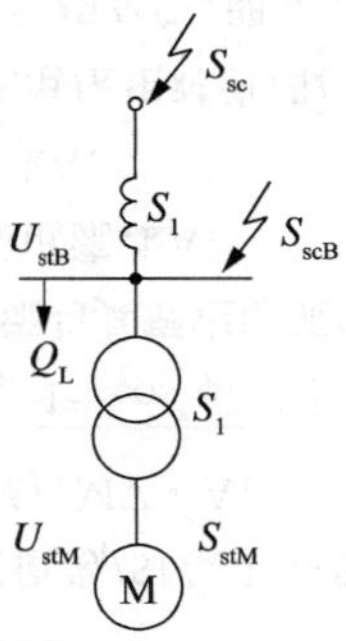 S_{sc}，S_1，U_{stB}，S_{scB}，Q_L，S_1，U_{stM}，S_{stM}，M	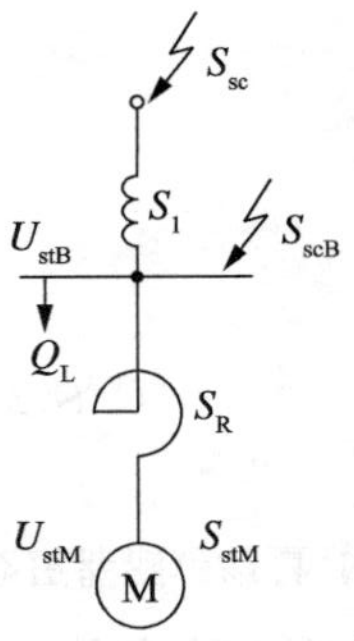 S_{sc}，S_1，U_{stB}，S_{scB}，Q_L，S_R，U_{stM}，S_{stM}，M	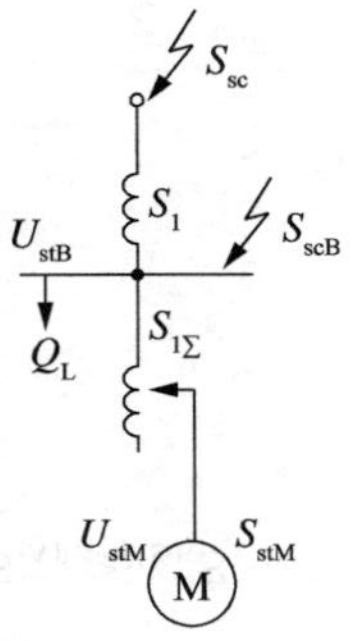 S_{sc}，S_1，U_{stB}，S_{scB}，Q_L，$S_{1\Sigma}$，U_{stM}，S_{stM}，M
母线短路容量	$S_{scB}=\dfrac{1}{\dfrac{1}{S_{sc}}+\dfrac{1}{S_T}}=\dfrac{1}{\dfrac{1}{S_{sc}}+\dfrac{u_k\%}{100S_{rT}}}$	$S_{scB}\approx S_{sc}$	$S_{scB}\approx S_{sc}$	$S_{scB}\approx S_{sc}$
启动回路的计算容量	$S_{st}=\dfrac{1}{\dfrac{1}{S_{stM}}+\dfrac{1}{S_1}}=\dfrac{1}{\dfrac{1}{S_{stM}}+\dfrac{X_1}{U_{av}^2}}$	$S_{st}=\dfrac{1}{\dfrac{1}{S_{stM}}+\dfrac{1}{S_T}+\dfrac{1}{S_1}}=\dfrac{1}{\dfrac{1}{S_{stM}}+\dfrac{u_k\%}{100S_{rT}}+\dfrac{X_1}{U_{av}^2}}$	$S_{st}=\dfrac{1}{\dfrac{1}{S_{stM}}+\dfrac{1}{S_R}+\dfrac{1}{S_1}}=\dfrac{1}{\dfrac{1}{S_{stM}}+\dfrac{X_R}{U_{av}^2}+\dfrac{X_1}{U_{av}^2}}$	$S_{st}=\dfrac{1}{\dfrac{1}{t_r^2S_{stM}}+\dfrac{1}{S_1}}=\dfrac{1}{\dfrac{1}{t_r^2S_{stM}}+\dfrac{X_1}{U_{av}^2}}$（忽略自耦变压器的阻抗）
各元件计算容量	$S_T=\dfrac{100S_{rT}}{u_k\%}$；$S_1=\dfrac{U_{av}^2}{X_1}$；$S_r=\dfrac{U_{av}^2}{X_R}$；$S_{stM}=k_{st}S_{rM}$			

续表

启动方式		全压启动	变压器一电动机组（全压启动）	电抗器降压启动	自耦变压器降压启动
电压相对值	母线	$u_{stB}=u_S\frac{S_{scB}}{S_{scB}+Q_L+S_{st}}$			
	电动机端子		$u_{stM}=u_{StB}\frac{S_{st}}{S_{stM}}$		$u_{stM}\approx t_r u_{StB}$
启动回路的启动电流		$I_{st}=u_{StB}\frac{S_{st}}{\sqrt{3}u_n}$	$I_{st}=I_{stM}$	$I_{st}=I_{stM}$	$I_{st}=t_r I_{stM}\approx t^2{}_r\frac{S_{stM}}{\sqrt{3}u_{rM}}$
电动机的启动电流			$I_{stM}=u_{stM}\frac{S_{stM}}{\sqrt{3}u_{rM}}$		$I_{stM}\approx t_r\frac{S_{stM}}{\sqrt{3}u_{rM}}$
校验启动电器过负荷能力			$k_1=u_{stM}\frac{S_{stM}}{S_{rTM}}$	$I_{stR}>I_{st}\frac{t_{st}}{60}\times\frac{N}{2}$	$S_{rAT}>u_{StB}S_{st}\frac{t_{st}}{60}\frac{N}{2}$

符号说明：

S_{sc}——最小运行方式下系统短路容量，MV·A；S_{scB}——母线短路容量，MV·A；S_{st}——电动机启动时启动回路的计算容量，MV·A；

S_{rT}——变压器额定容，MV·A；S_{rM}——电动机额定容量，MV·A，其值为$\sqrt{3}U_{rM}I_{rM}$；S_{rAT}——自耦变压器额定容量，MV·A，选取 $S_{rAT}\geqslant u_{StB}S_{st}$；

S_{stM}——电动机额定启动容量，MV·A，其值为 $k_{st}S_{rM}$；S_l——欲接负荷，MV·A；

Q_L——欲接负荷的无功功率，Mvar，在变压器二次侧母线上，$Q_L=S_L\sqrt{1-\cos^2\varphi_L}$，可取 $0.6(S_T-0.75S_{rM})$；

k_{st}——电动机额定启动电流倍数；k_1——电动机启动时变压器输出电流与其额定电流的比值；

I_{st}——电动机启动时启动回路的额定输入电流，kA；I_{stM}——电动启动电流，kA；

I_{stR}——电抗器启动电流，kA，选取 $I_{stR}\geqslant I_{st}$；I_{rM}——电动机额定电流，kA；

$u_k\%$——变压器的电抗相对值，取为阻抗电压相对值；u_S——电源母线电压相对值，取 1.05；

u_{StB}——电动机启动时母线电压相对值；u_{stM}——电动机启动时端子电压相对值，即 u_{stM}/u_{rM}；

U_n——网络标称电压，kV；U_{av}——系统平均电压，kV；U_{rM}——电动机额定电压，kV；

续表

t_{st}——电动机启动一次的时间，s；t_r——自耦变压器减压比；N——连续启动次数，按制造厂规定取2次；

X_R——每相电抗器额定电抗，Ω；

X_l——线路电抗，Ω，导线穿管或不大于10 kV电缆线路的电抗X_l取$0.08l$。线路较长时须计入电阻因素：

铜芯线：	铝芯线：
$>150\ mm^2$，X_l取$(0.08+6.1/S)l$	$>240\ mm^2$，X_l取$(0.08+10/S)l$
$\leqslant150\ mm^2$，X_l取$(18.3/S)l$	$\leqslant150\ mm^2$，X_l取$(30/S)l$

当用于10 kV交联聚乙烯电缆时，上述式中的0.08改为0.09。

注：① 如果电动机启动回路的线路较短，则表中X_l可以忽略，S_{st}计算式中的有关项相应的也可以忽略。

② 表中电抗器降压启动的S_{st}计算式及I_{stR}校验式适用于启动电抗器。如果用水泥电抗器，则计算式及校验式应分别改为

$$S_{stR}=\frac{1}{\frac{1}{S_{stM}}+\frac{x_R\%u_r}{100\sqrt{3}I_rU_{av}^2}+\frac{X_l}{U_{av}^2}}$$

$$I\sqrt{t}>0.9I_{stM}\sqrt{t_{st}N}$$

式中，S_{stR}为电抗器启动回路的计算容量，MV·A；S_{stM}为电动机额定启动容量，MV·A；X_l为线路电抗，Ω；U_{av}为系统平均电压，kV；x_R为水泥电抗器的相对值；$I\sqrt{t}$为电抗器的热稳定度，kA·$s^{\frac{1}{2}}$；I_{stM}为电动启动电流，kA；N为连续启动次数，按制造厂规定取2次；t_{st}为电动机启动一次的时间，s；S_{srR}为电抗器的额定通过量，MV·A，其值为$\sqrt{3}U_{rR}I_{rR}$；U_{rR}为电抗器的额定电压，kV。

③电动机启动时，供电变压器容量的校验如下：若每昼夜启动不超过6次，每次持续时间$t\leqslant15$ s，变压器的负荷率$\beta<0.9$（或$t\leqslant30$ s，$\beta<0.7$）时，启动时的最大电流允许为变压器额定电流的4倍；若每昼夜启动10～20次则允许最大启动电流相应地变为变压器额定电流的3～2倍。变压器—电动机组的变压器容量应大于电动机容量，经常启动或重载启动时，变压器容量应比电动机容量大15%～30%。

表 4-2 允许全压启动的电动机最大功率

电动机连接处电源容量的类别		允许全压启动的电动机最大功率/kW
配电网络在连接处的三相短路容量S_{sc}/kV·A		$0.02 \sim 0.03S_{sc}$①
10(6 或 20)/0.4V 变压器的容量S_{rT}/kV·A (假定变压器高压侧短路容量不小于$50S_{rT}$)		经常启动为$0.2S_{rT}$ 不经常启动为$0.3S_{rT}$
小型发电机功率P_{rG}/kW		$(0.12 \sim 0.15)P_{rG}$
$P_{rG} \leqslant 200$ kW 的柴油发电机组	碳阻式自动调压	$(0.12 \sim 0.15)P_{rG}$
	带励磁机构的可控硅调压	$(0.15 \sim 0.25)P_{rG}$
	可控硅、相复励自励调压	$(0.15 \sim 0.3)P_{rG}$
	三次谐波励磁调压	$(0.25 \sim 0.5)P_{rG}$
	无励磁	$(0.25 \sim 0.37)P_{rG}$

注:① 对应于电动机启动电流倍数为 4.5~7 时。

低压笼型电动机的降压启动方式有星一三角启动、电阻降压启动、自耦变压器降压启动、软起动器降压启动等。降压启动的目的是限制启动电流,从而减小母线电压降;限制启动力矩,减少对设备的机械冲击。石油化工企业中仅个别特殊(应急柴油发电机)母线段上大功率低压电动机才会采用降压启动方式,一般采用软起动器降压启动方式。

8. 隔离电器的选择

隔离电器一般为手动操作,其在断开位置时,触头之间或其他隔离手段之间的隔离间隙和爬电距离需符合 GB/T 14048.6—2016《低压开关设备和控制设备 第 4-2 部分:接触器和电动机起动器 交流电动机用半导体控制器和起动器(含软起动器)》的有关规定。隔离间隙必须是看得见的,或装设指示动触头位置的明显而可靠的"通""断"标志,只有在全部触头都达到规定的间隙时,指示"断"的标志才出现,且其在"断"的位置能锁定。当电器有相关的几档时,只能有一个"通"和一个"断"的位置。

隔离电器可采用隔离器、隔离器熔断器组、熔断器式隔离器、隔离开关、熔断器式开关(刀熔开关)、开关熔断器组(低压负荷开关)、隔离型低压断路器、连接片或不需要拆除导线的特殊端子,移动式或手握式设备可采用插头和插座作为隔离电器,无触点开关、星-三角、正反向和多速开关不能用作隔离电器。

各种隔离电器的长期约定发热电流和隔离开关的分断电流,一般不小于所在线路负荷计算电流或电动机的额定电流,熔断器和低压断路器的规格可按短路保护的要求选择;兼作紧急停机开关时,隔离电器的分断能力不小于最大一台电动机的堵转电流和其他负荷正常运行电流之和。

9. 短路和接地故障保护电器的选择

电动机的短路保护通常采用熔断器或低压断路器的瞬动过电流脱扣器,也可采用带瞬动元件的过电流继电器。

10. 过负荷和断相保护电器的选择

运行中容易过负荷的电动机、启动或自启动条件困难而要求限制启动时间的电动机,均需装设过负荷保护。连续运行的电动机也需装设过负荷保护,过负荷保护动作于断开电源;但当断电比过负荷造成的损失更大时，还需使过负荷保护动作于信号。短时工作或断续周期工作的电动机，可不装设过负荷保护。当电动机运行中可能堵转时，则装设电动机堵转的过负荷保护。过负荷保护器件的动作特性需与电动机过负荷特性相匹配，当交流电动机正常运行、正常启动或自启动时，过负荷保护器件不该误动作。

11. *启动控制电器的选择*

(1) 电动机的"控制电器"是指起动器、接触器及其他开关电器，而不是"控制电路电器"。根据 GB/T 14048.4—2020《低压开关设备和控制设备 第 4-1 部分：接触器和电动机起动器 机电式接触器和电动机起动器(含电动机保护器)》，接触器和电动机起动器的使用类别、接通和分断能力、接通与分断条件等。

(2) 起动器的典型使用条件如下：

① 一个旋转方向，断开在正常使用条件下运转的电动机，直接起动器通常用于这种使用条件(AC-2 和 AC-3 使用类别)。

② 两个旋转方向，但仅当起动器已断开且电动机完全停转以后才能实现在第二个方向的运转，直接起动器通常用于这种使用条件(AC-2 和 AC-3 使用类别)。

③ 一个旋转方向，或如②所述两个旋转方向，但具有不频繁点动的可能性，直接起动器通常用于这种使用条件(AC-3 使用类别)。

④ 一个旋转方向且有频繁点动，直接起动器通常用于此工作制(AC-4 使用类别)。

⑤ 一个或两个旋转方向，但具有不频繁的反接制动来停止电动机的可能性，反接制动(如果有的话)是用转子电阻制动来进行的(具有制动的可逆起动器)，转子变阻式起动器通常用于此工作制(AC-2 使用类别)。

⑥ 两个旋转方向，但当电动机在一个方向上旋转时，为获得电动机在另一个方向上的旋转，分断正常使用条件下电动机电源并反接电动机定子接线使其反转(反接制动与反向)，直接可逆起动器通常用于此工作制(AC-4 使用类别)。

(3) 定子回路启动控制电器一般采用接触器、起动器或其他电动机专用控制开关，启动次数少的电动机可采用低压断路器兼作控制电器。控制电器能接通和断开电动机堵转电流，其使用类别及操作频率需符合电动机的类型和机械的工作制。

接触器在规定工作条件(包括使用类别、操作频率、工作电压)下的额定工作电流不小于电动机的额定电流，接触器的规格也可按规定工作条件下控制的电动机功率来选择，制造厂通常给出 AC-3 条件下控制的电动机功率。用于连续工作制时，一般选用银或银基触头的接触器。绕线转子电动机一般采用 AC-2 类接触器，不频繁启动的笼型电动机一般采用 AC-3 类接触器，频繁通断、反接制动及反向的笼型电动机一般采用 AC-4 类接触器。

起动器选择需同时符合接触器和过负荷保护电器的要求。

开关熔断器组和熔断器开关组的额定电流，则按所需的熔断器额定电流来选择。

(4) 一般不采用转子回路启动控制电器(如频敏变阻器、启动变阻器)。

(5) 启动控制电器及过负荷保护电器(统称"起动器")需与短路保护电器互相协调配合。过负荷保护电器(Overload Protection device，OLPD)与短路保护电器(Short-circuit protection device，SCPD)之间还有选择性，即在 OLPD 与 SCPD 两条时间－电流特性曲线交点所对应的电流(大致相当于电动机 堵转电流)以下，SCPD 不动作，而 OLPD 需动作使起动器断开，而起动器无损坏；两条曲线交点对应的电流以上，SCPD 则在 OLPD 动作之前动作，起动器也需满足制造厂规定的协调配合条件。OLPD 与 SCPD 的时间-电流特性曲线参见图 4-6 和图 4-7。

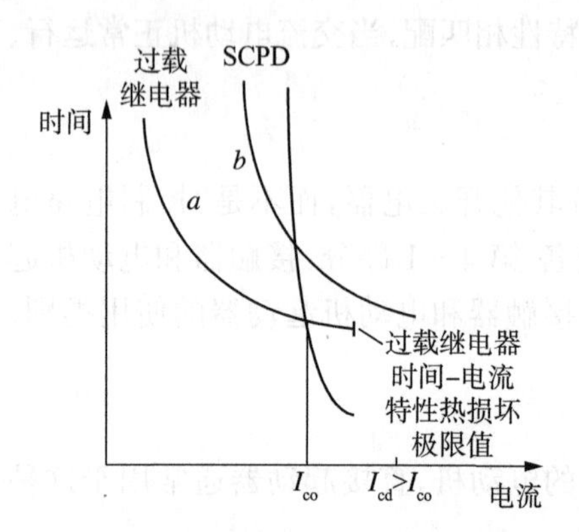

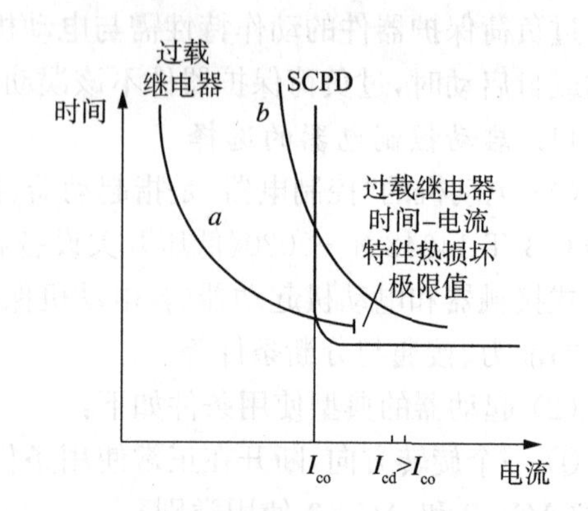

图 4-6　与熔断器配合时间-电流耐受特性曲线

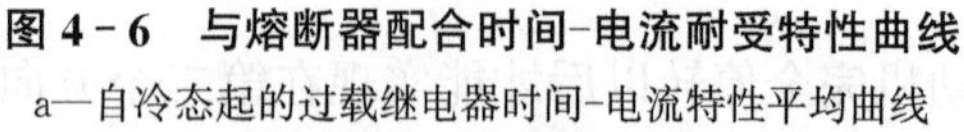
a—自冷态起的过载继电器时间-电流特性平均曲线
b—接触器时间-电流特性耐受能力

图 4-7　与断路器配合时间-电流耐受特性曲线

a—自冷态起的过载继电器时间-电流特性平均曲线
b—接触器时间-电流特性耐受能力

短路情况下的协调配合条件允许有两类：1 类配合-起动器在短路情况下可以损坏，但不会对周围人身和设备造成危害；2 类配合-起动器在短路情况下不会对人身和设备造成危害，且能继续使用，但允许有容易分开的触头熔焊。对一般电动机，1 类配合是可以接受的，短路的发生显然是电动机或其末端线路电器元件损坏所致，因而需要检查和更换元器件；对连续运行要求高的电动机或容易达到所需的配合条件时，则选用 2 类配合。石油化工企业一般选用 2 类配合-起动器。

采用熔断器作短路保护，起动器与熔断器容易达到协调配合的要求，包括 2 类配合。国内外多家起动器或接触器制造厂提供了适用的熔断器配套规格表，表 4-3 列出了部分国产型号接触器与熔断器的协调配合规格。

表 4-3　部分国产接触器与熔断器的协调配合

熔断器型号、规格	接触器型号、规格(380V、AC-3 的额定工作电流)				
RL6、RT16-10	CJ45-6.3				
RT6-16	CJ-9M、9、12		GC1-09		
RT16-20		CJ20-9	GC1-12	CK1-10	NC8-09
RT16-25			GC1-16	CK1-16	NC8-12
RT16-32		CJ20-16	GC1-25		
RT16-40	CJ45-16、25				
RT16-50	CJ45-32、40	CJ20-25	GC1-32	CK1-25	NC8-16、25
RT16-63			GC1-40、50		NC8-32
RT16-80		CJ20-40	GC1-63	CK1-40	NC8-40
RT16-100	CJ45-50、63		GC1-80		NC8-50

续表

熔断器型号、规格	接触器型号、规格(380V、AC-3 的额定工作电流)				
RT16-125	CJ45-75、95		GC1-95		NC8-63
RT16-160	CJ45-110、140	CJ20-63		CK1-63～80	NC8-80
RT16—200					NC8-100
RT16-250	CJ45-170、205	CJ20-100	GC1-100、125	CK1-100～125	
RT16-315	CJ45-250、300	CJ20-160	GC1-160～250	CK1-160～250	
RT16-400		CJ20-250			
RT16-500	CJ45-400、475	CJ20-400	GC1-350～500	CK1-315～500	
RT16-630		CJ20-630	GC1-630		
RT16-800			GC1-800		
协调配合条件	2 类配合	2 类配合	不详		

采用低压断路器作短路保护，起动器与低压断路器较难达到协调配合的条件，特别是 2 类配合。由于起动器与低压断路器的协调配合的复杂性，一般由制造厂商通过试验验证后，提供低压断路器与起动器协调配合的明细表。

12. 交流电动机的低电压保护

按工艺或安全条件不允许自启动的电动机，需装设低电压保护；为保证重要电动机自启动而需要切除的次要电动机，也需装设低电压保护；次要电动机装设瞬时动作的低电压保护；不允许自启动的重要电动机，则装设短延时的低电压保护，其时限可取 0.5～1.5 s；按工艺或安全条件在长时间断电后不允许自启动的电动机，需装设长延时的低电压保护，其时限按照工艺的要求确定。当采用接触器的电磁线圈作低电压保护时，其控制回路一般由电动机主回路供电；对于需要自启动不装设低电压保护或装设延时低电压保护的重要电动机，当电源电压中断后在规定时限内恢复时，控制回路需有确保电动机自启动的措施。

电动机的低电压保护可采用低压断路器的欠电压脱扣器、接触器或接触器式继电器的电磁线圈，也可采用低电压继电器和时间继电器或多功能控制与保护开关电器。欠电压继电器或脱扣器与开关电器组合在一起，当外施电压下降至额定电压的 70%～35%范围内，欠电压继电器或脱扣器需动作，使电器断开；当外施电源电压低于欠电压继电器或脱扣器的额定电压的 35%时，欠电压继电器或脱扣器需防止电器闭合；当电源电压等于或高于其额定电压的 85%时，欠电压继电器或脱扣器需保证电器能闭合。

13. 交流电动机的控制回路

(1) 交流电动机的控制回路一般装设隔离电器和短路保护电器，如果由电动机的主回路供电，且符合主回路短路保护器件能有效保护控制回路的线路、控制回路接线简单或线路很短且有可靠的机械防护、控制回路断电会造成严重后果等条件之一时，可不另装设。

(2) 电动机的控制回路的电源及接线方式需安全可靠、简单适用。TN 系统或 TT 系统中的控制回路发生接地故障时，控制回路的接线方式能防止电动机意外启动或不能停车；对可靠性要求高的复杂控制回路可采用 UPS 供电，也可采用直流电源，且直流控制回路一般采用不

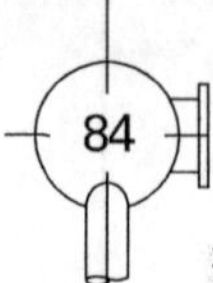

接地系统,并装设绝缘监视装置。控制电压一般采用交流 220 V;而不超过交流 50 V 或直流 120 V 的控制回路的接线和布线,需考虑防止引入较高的电压和电位。

(3) 电动机的控制按钮或控制开关,一般装设在电动机附近便于操作和观察的地点。当只能在无法观察电动机或机械的地点进行控制时,可在控制点装设指示电动机工作状态的灯光信号或仪表。

(4) 自动控制或联锁控制的电动机,一般有手动控制和解除自动控制或联锁控制的措施;远方控制的电动机,一般有就地控制和解除远方控制的措施;当突然启动可能危及周围人员安全时,需在机械设备旁装设启动预告信号和应急断电开关或自锁式按钮。

(5) 控制变压器的使用:当电源工作电压超过 220 V、电动机主回路不带中性导体、要求控制电压不同于电源电压、为保证可靠性而要求控制电路对地绝缘时,由交流电源供电的控制电路需使用控制变压器。当电动机主回路和控制回路均处在同一柜体,发生接地故障的概率很小时,由交流电源供电的控制电路一般不使用控制变压器。

(6) 控制回路的接线方式:TN 或 TT 系统中的控制回路发生接地故障时,保护或控制接点可被 PE 导体或大地短接,使控制失灵或线圈通电,造成电动机不能停车或意外启动。当控制回路接线复杂、线路很长,特别是在恶劣环境中装有较多的行程开关和联锁接点时,这个问题更加突出。为避免危险,除使用控制变压器外,还需采用正确的接线方式,并配合适当的接地方式。供分析用的控制回路接线示例见图 4-8。

图中接线Ⅰ是正确的:当 a、b、c 任何一点接地时,控制接点均不被短接;a 或 b 甚至 a 和 b 两点同时接地时,也因过电流保护动作而停车。

图中接线Ⅱ是错误的:当 e 点接地时,控制接点被短接,运行中的电动机将不能停车,不工作的电动机将意外启动,这种接法一般不采用。

图中接线Ⅲ的问题更复杂:当 h 点接地时,仅 L3 上的过电流保护动作,线圈接于相电压下,通电的接触器不能可靠释放,不通电的接触器则可能吸合,从而可能造成电动机不能停车或意外启动。这种做法一般也不采用。

当图中 a、b、d、g、h 或 i 点接地时,相应的过电流保护动作,电动机将被迫(a、b、d 点)或可能(g、h、i 点)停止工作。

为提高控制回路的可靠性,可在控制回路中装设控制变压器,二次侧采用不接地系统,不仅可避免电动机意外启动或不能停车,而且任何一点接地时电动机都能继续工作。

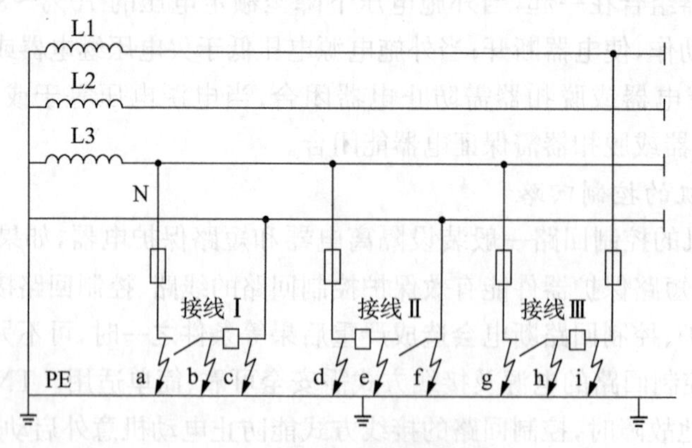

图 4-8 控制回路接线示例

4.1.2 起重机

石油化工企业中常用的起重机有电动葫芦、悬挂梁式起重机、支柱梁式起重机、桥式起重机等，这些起重机的电气控制设备均由制造厂成套供应。在配电设计时只需选配电源开关、熔断器、导线和滑触线等。

1. 起重机的供电

起重机主要用于设备检维修，其负荷等级一般为三级负荷。起重机一般由专用回路供电，电源可引自配电箱或变电站内开关柜。通常采用滑触线或软电缆供电，每段滑触线或每路软电缆需分别装设隔离和短路保护电器。滑触线上一般不连接与起重机无关的用电设备，电磁式、运送液态金属或其他失压时可能导致事故的起重机的滑触线上，严禁连接与起重机无关的用电设备。

2. 起重机的配电方式及适用条件

软电缆通常采用橡胶绝缘橡胶护套移动式电缆，简称橡套电缆。橡套电缆的绝缘材料有普通橡胶和乙丙橡胶两种；按机械防护性能可分为重型、中型及轻型三种；其拖放方式有悬挂式和卷筒式两种。

滑触线适用于除要求软电缆配电的所有场所，滑触线可分为固定安装和悬挂安装两大类。石油化工企业一般采用固定式滑触线。

固定式滑触线一般采用安全型滑触线，安全型滑触线是目前应用最广泛的新型滑触线，具有结构紧凑、运行安全、供电可靠、阻抗值小等优点。安全滑触线根据其结构形状分为多极管式和单极组合式两种。多极管式安全滑触线集多根铜排于一管中，有塑料外壳 DHG 型和铝合金外壳 DHGJ 型两类，其示意图见图 4－9；单极组合式安全滑触线采用铜或铝合金导体，主要有 DHS 型(S 型) 和 DHH 型(H 型)两种，其示意图见图 4－10。其中 S 型接触稳定，多用于对可靠性要求较高的场合，如电磁起重机。安全滑触线的应用条件见表 4－4。

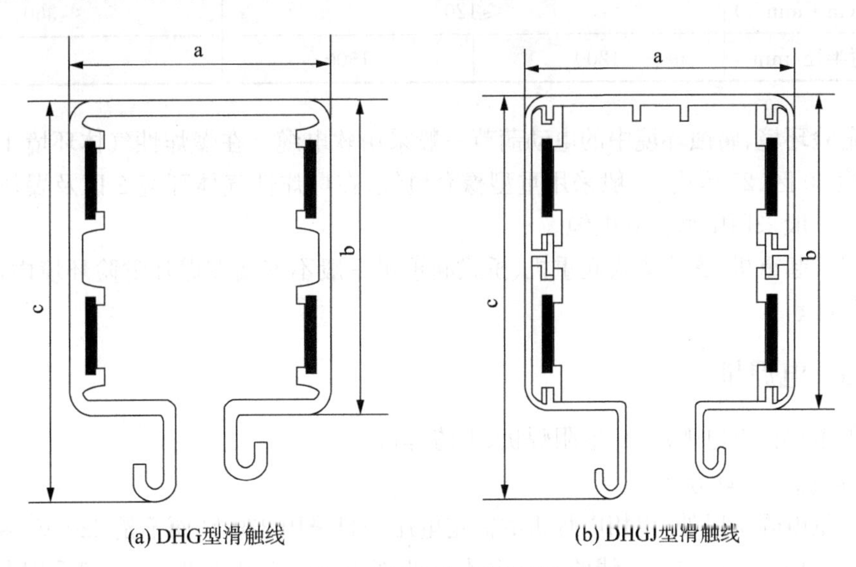

(a) DHG型滑触线　　(b) DHGJ型滑触线

图 4－9　多极管式安全滑触线示意图

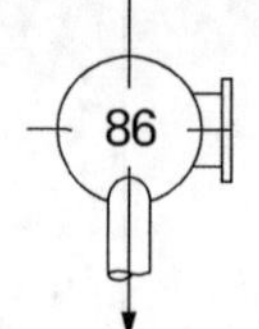

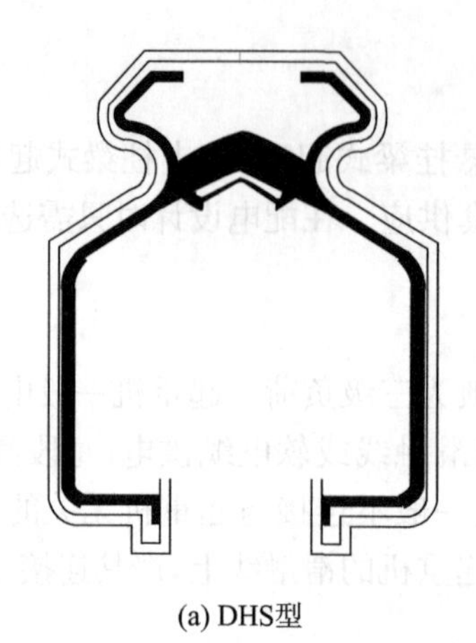

(a) DHS型

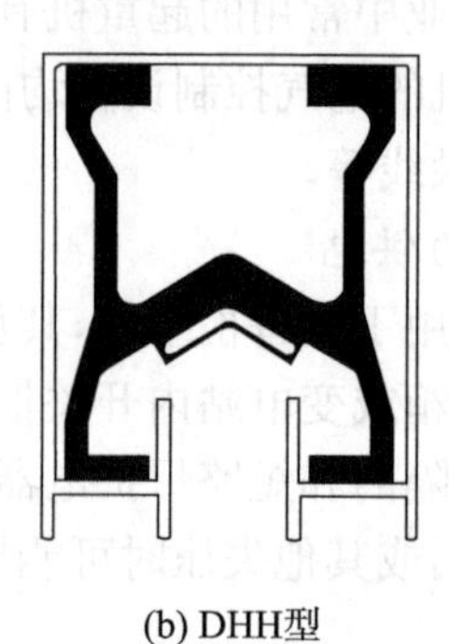

(b) DHH型

图 4－10　单极组合式安全滑触线示意图

表 4－4　安全滑触线的应用条件

应用条件	多极管式滑触线		单极组合式滑触线
	DHG 型	DHGJ 型	
安装环境	室内(室外应有遮阳设施),污染等级 4 级	室内或室外,污染等级 4 级	室内或室外,污染等级 4 级
环境温度/℃	－20～55	－40～80	－35～75
电压	交流 660 V 或直流 1 000 V 以下		交流 660 V 或直流 1 000 V 以下
防护等级	IP23		IP23
运行速度/(m·min^{-1})	≤120		≤360
最小转弯半径/mm	1200	1500	

爆炸危险环境、腐蚀环境中的电动葫芦一般采用软电缆。在爆炸性气体环境 1 区及爆炸性粉尘环境 20 区、21 区内,一般采用重型橡套电缆;在爆炸性气体环境 2 区及爆炸性粉尘环境 22 区内,一般采用中型橡套电缆。

悬挂梁式起重机、支柱梁式起重机、桥式起重机一般不安装在爆炸危险环境内,一般采用安全型滑触线。

4.1.3　电焊机

常用的电焊机有电弧焊机、电阻焊机、电渣焊机等。

1. 电焊机的配电方式

除小容量电焊机以外,单相电焊机的额定电压一般采用 380 V 而不是 220 V,多台单相电焊机一般尽量均衡地接在三相线路上。电渣焊机、容量较大的电阻焊机,一般采用专用线路供电;大容量的电焊机,也可采用专用变压器供电。连接多台电焊机且无功功率较大的线路上,需装设电力电容器进行补偿。但当线路上接有晶闸管电焊机、直流冲击波电焊机时,需考虑谐波对补偿电容器的影响，并采取相应的措施。

2. 电焊机隔离开关电器和保护电器的装设

每台电焊机的电源线需装设隔离开关电器和短路保护电器。手动弧焊变压器、弧焊整流器及其他不带成套控制柜的电焊机，还需装设操作开关。操作开关能接通和分断电焊机的额定电流，短路保护电器采用熔断器或低压断路器的瞬时脱扣器。保护电器采用低压断路器时，一般装设长延时脱扣器，作为电焊机严重过载和内部故障的保护。隔离开关电器和保护电器一般装设在电焊机附近便于操作和维修的地点。

4.1.4 蓄电池充电整流器

蓄电池是一种将电能转化为化学能，再将化学能转化为电能的直流电源，是一种可以再充电和反复使用的电池。蓄电池是 UPS 和直流电源的重要组成部分。

1. 充电整流器选择

直流输出额定电压不低于蓄电池组标称电压的 1.5 倍。铅酸蓄电池组每个电池的标称电压为 2 V，镉镍电池组每个电池的标称电压为 1.2 V。

恒流充电时，铅酸蓄电池充电电流一般不小于 10 h 放电率的电流(I10)，镉镍蓄电池充电电流一般不小于 5 h 放电率的电流(I5)；蓄电池快速充电时，整流器的直流额定电流一般不小于上述蓄电池充电电流的 2～2.5 倍。恒压充电时，按不同蓄电池的充电电压值计算，一般铅酸蓄电池单个电池的充电电压值为 2.46 V，镉镍蓄电池单个电池的充电电压值为 1.45 V。浮充电时，整流器直流侧(输出)接有浮充电的蓄电池组，整流器的直流额定电流为蓄电池组的浮充电电流加其他常接负荷电流。

整流线路接线方式一般采用三相全桥式。

2. 充电整流器交流输入电流的计算

整流器交流输入电流 I 如果没有制造厂提供的数据时，可按下式计算：

当已知整流器的整流线路接线方式时，

$$I \geqslant K_3 K_2 K_1 P_{rd} \tag{4-2}$$

当不了解整流器的整流线路接线方式时，

$$I = \frac{K_2 P_{rd}}{\eta \cos\varphi} \tag{4-3}$$

式中 I——整流器交流输入电流，A；

K_1——整流器的接线系数，三相全桥式取 1.05；

K_2——交流功率换算成电流时的系数，三相 380 V 时为 1.52，单相 380 V 时为 2.63，单相 220 V 时为 4.55；

K_3——校正系数，可控硅整流器可取 1.2～1.3；

P_{rd}——整流器直流输出额定功率，kW，$P_{rd} = \frac{U_{rd} I_{rd}}{1000}$，其中，$U_{rd}$ 为整流器直流输出额定电压(V)，I_{rd} 为整流器直流输出额定电流(A)；

$\cos\varphi$、η——分别为整流器额定功率因数及效率，如果整流器厂未提供数据，其值可按表 4-5 选取。

上述两种计算公式，用式(4-2)计算较为准确。

表 4-5 不同直流输出整流器的 cosφ、η 参考值

直流输出功率/kW	cosφ	η
1～5.4	⩾0.7	⩾0.7
5.5～17	⩾0.75	⩾0.75
⩾18	⩾0.8	⩾0.8

4.1.5 电梯

石油化工企业的电梯一般为单台使用，电梯的电气控制设备通常由制造厂成套供应，配电设计时只需选配电源线的开关、熔断器和导线。

1. 电梯的供配电方式

电梯设专用配电箱，由专用回路供电，一般直接引自变电站内开关柜，每台电梯装设单独的隔离和短路保护电器(电源开关)。电梯的轿厢照明及通风、轿顶电源插座和报警装置的电源线，需另装隔离和短路保护电器，其电源可以从该电梯的主电源开关前取得。有双回路进线的机房，每回路进线均装设隔离电器。专用配电箱一般装设在机房内便于操作和维修的地点，尽可能靠近入口处。普通电梯机房配电系统图见图 4-11。

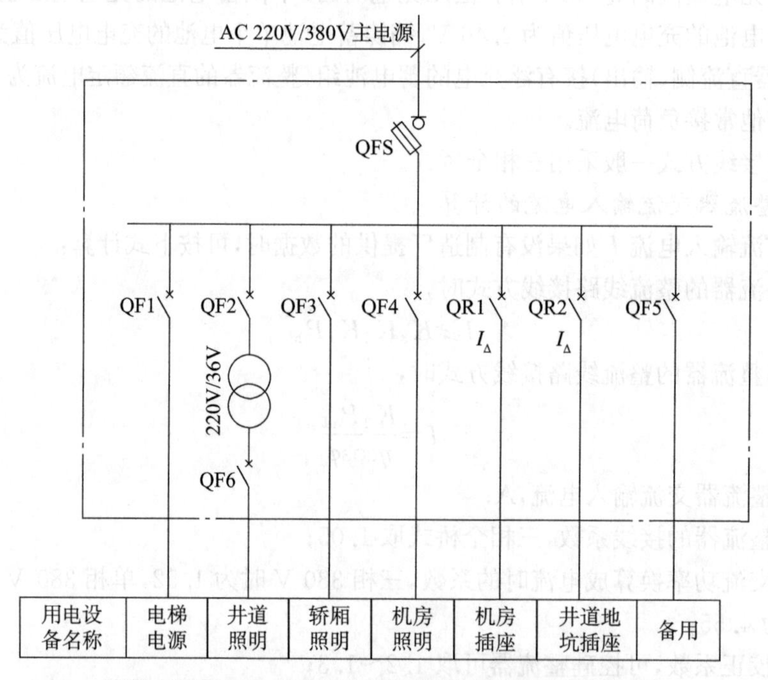

熔断式负荷开关 QFS(也可采用断路器及其他保护装置)

图 4-11 普通电梯机房配电系统图

注：断路器 QF1～QF6、剩余电流断路器 QR1、QR2、隔离变压器需根据设备容量确定。

电梯机房、电梯井道及底坑的照明以及插座的电源，一般与电梯电源分开。

2. 电梯的电力拖动方式

电梯的电力拖动方式分为交流拖动和直流拖动。交流拖动方式分为交流调压调速和变频

调速;直流拖动方式分为晶闸管供电的直流电动机驱动和斩波控制直流电动机驱动。石油化工企业一般采用交流拖动方式。

3. 电梯井道和机房的配线

向电梯供电的电源线路不可敷设在电梯井道内,除电梯的专用线路外,井道内不得敷设其他管道和线路。机房和井道内敷设的电缆和各类电线需具备阻燃性和耐潮湿性,穿线管、线槽也需具备阻燃性。

井道内需设永久性照明,其照度不低于 50 lx;在离井道最高点和最低点 0.5 m 范围内每隔 7 m 装设一个灯,通常采用 36 V 供电,当必须采用 220 V 时,需装设额定剩余动作电流不大于 30 mA 的剩余电流动作保护器或采用电气隔离措施。在机房、轿顶和井道的底坑内均需装设单相三极电源插座,底坑内电源插座安装高度为 0.5 m。电压不同的电源插座要有明显区别,不得存在互换和弄错的风险。

4.2 电缆选择

4.2.1 电缆类型的选择

1. 导体材料选择

用作电缆的导电材料,通常有电工铜、铝(含电工铝合金)等。

铜线缆的电导率高,20 ℃时的直流电阻率 $\rho=1.72\times10^{-6}\ \Omega\cdot cm$,电工铝材的电阻率 $\rho=2.82\times10^{-6}\ \Omega\cdot cm$;铜母线 20 ℃直流电阻率 $\rho=1.80\times10^{-6}\ \Omega\cdot cm$,铝母线的电阻率 $\rho=2.90\times10^{-6}\ \Omega\cdot cm$。铝的电阻率约为铜的 1.64 倍,采用铜导体损耗比较低;用作电缆的电工铝合金的电阻率比电工铝略大一些,退火工艺精湛者可以较接近。当载流量相同时,铝导体截面约为铜的 1.5 倍,直径约为铜的 1.2 倍。铜材的机械性能优于铝材,延展性好,便于加工和安装,抗疲劳强度约为纯铝材的 1.7 倍,不存在蠕变性。但铝材的密度小、比重小,在电阻值相同时,铝导体的质量仅为铜的一半,铝电缆明显较轻,安装方便。

铝合金导体的抗拉强度及伸长率比电工铝导体有较大提高,弯曲性好,抗蠕变性能有提高。但由于其仍然具有一定的蠕变性,对安装和接头技术要求较高,须配用专用接头,也必须有专业安装指导服务。

(1) 导体材料选择条件:可根据负荷性质、环境条件、配电线路条件、安装部位等情况选择铜或铝导体。

(2) 采用铜导体的场合:供给照明、插座和小型用电设备的分支回路;重要电源、操作回路、二次回路、电动机的励磁回路等需要确保长期运行中连接可靠的回路;移动设备的线路及振动场所的线路;对铝有腐蚀的环境;高温环境、潮湿环境、爆炸危险环境;应急系统及消防设施的线路;对安全性要求高的公共设施线路。

石油化工企业一般采用铜导体。

2. 多芯和单芯电缆导体的选择

(1) 多芯电缆的选择

用于各种系统中的电缆导体数选择见表 4-6。

表 4-6　电缆导体数选择

交流电压/kV	系统制式	接线图	电缆导体数		备注	
			单芯	多芯		
110	三相三线	L1 L2 L3	3×1	—	中性点直接接地	
6～35	三相三线	备注 L1 L2 L3	3×1	3	中性点绝缘或经电阻、电抗器接地	
<1	三相四线制 TN-S	L1 L2 N PE L3	5×1	5	导体数未包括 PE 导体；一般根据系统接地型式、外露可导电部分接地方式（集中、成组、单独）来配置负荷侧的 PE 导体	
	三相四线制 TN-C	L1 L2 PEN L3	4×1	4		
	三相四线制 TN-C-S	电源 负载 L1 L2 N PE L3	4×1	4	电源侧	
			5×1	5	负荷侧	
	三相四线制 TT	电源 负载 L1 L2 L3 N PE	4×1	4	电源侧	
			5×1	5	负荷侧	
	三相四线制 IT	备注 L1 L2 L3 N	3×1	3	不配出N导体	电源侧
			4×1	4		负荷侧
			4×1	4	配出N导体	电源侧
			5×1	5		负荷侧
	两相三线制	L1 L2 L3 N	3×1	3		
		L1 L3 N	3×1	3		
	单相两线制	L N	2×1	2		
	单相三线制	L N L	3×1	3		

(2) 单芯电缆的选择

采用单芯电缆的场合：采用单芯电缆组成电缆束替代多芯电缆，包括在水下、隧道或特殊的较长距离线路中；沿电缆桥架敷设，当导体截面较大、为减小弯曲半径时；负荷电流很大，采用两根电缆并联仍难以满足要求时；采用刚性矿物绝缘电缆时；等等。

用于交流系统的单芯电缆一般选用无金属护套和无钢带铠装的类型，必须铠装时，则采用非铁磁材料铠装或隔磁、退磁处理的铠装电缆。单芯电缆成束穿进铁磁性材料外壳时，回路中所有导体，包括 PE 导体，都会被铁磁性材料包围。三相供电系统采用单芯电缆时，需考虑短路时承受的机械力；水平排列且敷设距离较长时，还需核算电压降值。

3. 电力电缆绝缘水平选择

U_0 表示每一导体与屏蔽层或金属套之间的额定电压，U 表示系统的标称电压，U_m 表示电缆运行最高电压，U_{pl} 表示其雷电冲击和操作冲击绝缘水平。

(1) 电力系统电压等级

A 类：接地故障能尽可能快地被清除，但在任何情况下不超过 1 min 的电力系统。

B 类：在单相接地故障情况下能短时运行的系统。一般情况下，带故障运行时间不超过 1 h，但如果有关电缆产品标准有规定时，则允许运行更长时间。

C 类：包括不属于 A 类或 B 类的所有系统。另外，在接地故障不能被自动和迅速切除的电力系统中，发生接地故障时，在电缆绝缘上过高的电场强度会使电缆寿命有一定程度的缩短。如果预期电力系统经常会出现持久的接地故障，则将该系统也归为 C 类。

(2) 电缆的标称电压 U、最高电压 U_m 与额定电压 U_0 的关系

高压电缆的标称电压 U、最高电压 U_m 与额定电压 U_0 的关系见表 4－7。

表 4－7　电缆的额定电压值 U_0/U 和 U_m 的关系　　单位：kV

系统的标称电压 U	最高电压 U_m	电缆额定电压 U_0	
		A 类，B 类	C 类
1	1.2	0.6	0.6
3	3.6	1.8	3.0
6	7.2	3.6	6.0
10	12	6	8.7
20	24	12	18
35	42	21	26
66	72.5	36	50
110	126(IEC 标准中此处数值为 123)	64	

(3) U_{pl} 的选择

根据线路的冲击绝缘水平、避雷器的保护特性、架空线路和电缆线路的波阻抗、电缆的长度以及雷击点离电缆终端的距离等因素通过计算后确定 U_{pl}，但不低于电压范围Ⅰ各类电气设备的雷电冲击耐受电压。

4. 绝缘材料及护套选择

(1) 电缆选择

聚氯乙烯(PVC)绝缘电缆导体长期允许最高工作温度为 70 ℃；短路暂态温度(热稳定允

许温度)，当截面积 300 mm² 及以下时不超过 160 ℃，当截面积 300 mm² 以上时不超过 140 ℃。

交联聚乙烯(XLPE)绝缘电缆的导体长期允许最高工作温度 90 ℃，短路暂态温度(热稳定允许温度)不超过 250 ℃，由于其具有性能优良、载流量大、电压等级全覆盖等优点，通常被石油化工企业选用。

橡皮绝缘电力电缆可用于不经常移动的固定敷设线路。移动式电气设备的供电回路需采用橡皮绝缘橡皮护套软电缆(简称“橡套软电缆”)，有屏蔽要求的回路还需具有分相屏蔽。普通橡胶遇到油类及其化合物时，很快就被损坏，因此在可能经常被油浸泡的场所，一般使用耐油型橡胶护套电缆。普通橡胶耐热性能差，允许运行温度较低，故对于在高温环境下又有柔软性要求的回路，需选用乙丙橡胶绝缘电缆。

(2) 阻燃电缆选择

阻燃电缆是指在规定试验条件下，燃烧试样并撤去火源后，火焰在试样上的蔓延仅在限定范围内且自行熄灭的电缆，即具有延缓或阻止火焰发生或蔓延的能力。阻燃性能取决于护套材料。根据 GB/T 19666—2019《阻燃和耐火电线电缆或光缆通则》及 IEC 60332-3-25:2018，采用《电缆和光缆在火焰条件下的燃烧试验》(GB/T 18380.11～13—2022、GB/T 18380.21～22—2008、GB/T 18380.31～36—2022)规定的试验条件，阻燃电缆分为 A、B、C、D 四个类别，见表 4-8。

表 4-8　阻燃电缆分类及成束阻燃性能要求

类别	供火温度 /℃	供火时间 /min	成束电缆的非金属材料体积 /(L/m)	焦化高度 /m	自熄时间 /h
A	≥815	40	≥7	≤2.5	≤1
B			≥3.5		
C			≥1.5		
D		20	≥0.5		

注：D 类标准仅适用于外径不大于 12 mm 的绝缘电缆。

阻燃电缆的性能主要用氧指数和发烟性两项指标来评定。由于空气中氧气占 21%，因此对于氧指数超过 21 的材料在空气中会自熄。材料的氧指数越高，则表示它的阻燃性能越好。

电缆的发烟性能可以用透光率来表示，透光率越小，表示材料的燃烧发烟量越大。大量的烟雾伴随着有害的 HCl 气体，妨碍救火工作，损害人体及设备。电缆按发烟透光率≥60%判定低烟性能，见表 4-9。

表 4-9　低烟性能

代号	试样外径 d/mm	试样根数	最小透光率/%	试验方法
D	d>40	1	60	GB/T 17651.2
	20<d≤40	2		
	10<d≤20	3		
	5<d≤10	45/d		
	1<d≤5	(45/3d)×7		

注：试验方法根据 GB/T 19666—2019《阻燃和耐火电线电缆或光缆通则》要求编制；计算值取整数部分；外径大于 80 mm 的电线电缆或光缆的最小透光率试验结果应乘以系数(d/80)作为最终结论。

根据 GB 31247—2014《电缆及光缆燃烧性能分级》，阻燃级别由原来的 A、B、C、D 级，改划分为 A、B_1、B_2、B_3 级。A 级为不燃型，也就是外护套为金属护套的电缆，如 MI 电缆等；B_1、B_2 级为应用量最大的阻燃电缆；B_3 为普通电缆，如 VV、YJV 等。

电缆及光缆燃烧性能等级主要通过其在受火条件下的火焰蔓延、热释放和产烟特性进行判别，见表 4-10。电缆及光缆燃烧性能等级为 B_1 级和 B_2 级的，还需给出附加分级，包括燃烧滴落物/微粒等级、烟气毒性等级和腐蚀性等级，详见表 4-11。

表 4-10　电缆及光缆燃烧性能等级判据

燃烧性能等级	试验方法	分级判据
A	GB/T 14402	总热值 PCS≤2.0 MJ/kg①
B_1	GB/T 31248—2014 (20.5 kW 火源)	火焰蔓延 FS≤1.5 m； 热释放速率峰值 HRR 峰值≤30 kW； 受火 1200 s 内的热释放总量 THR_{1200}≤15 MJ； 燃烧增长速率指数 FIGRA≤150 W/s； 产烟速率峰值 SPR 峰值≤0.25 m^2/s； 受火 1 200 s 内的产烟总量 TSP_{1200}≤50 m^2
	GB/T 17651.2	烟密度(最小透光率)I_t≥60%
	GB/T 18380.12	垂直火焰蔓延 H≤425 mm
B_2	GB/T 31248—2014 (20.5 kW 火源)	火焰蔓延 FS≤2.5 m； 热释放速率峰值 HRR 峰值≤60 kW； 受火 1 200 s 内的热释放总量 THR_{1200}≤30 MJ； 燃烧增长速率指数 FIGRA≤300 W/s； 产烟速率峰值 SPR 峰值≤1.5 m^2/s； 受火 1 200 s 内的产烟总量 TSP_{1200}≤400 m^2
	GB/T 17651.2	烟密度(最小透光率)I_t≥20%
	GB/T 18380.12	垂直火焰蔓延 H≤425 mm
B_3	未达到 B_2 级	

注：①对整体制品及其任何一种组件(金属材料除外)，应分别进行试验，测得的整体制品的总热值以及各组件的总热值均满足分级判据时，方可判定为 A 级。

表 4-11　电缆及光缆燃烧性能附加分级

	等级	试验方法	分级判据
燃烧滴落物/微粒等级	d_0	GB/T 31248—2014	1 200 s 内无燃烧滴落物/微粒
	d_1		1 200 s 内燃烧滴落物/微粒持续时间不超过 10 s
	d_2		未达到 d_1 级
烟气毒性等级	t_0	GB/T 20285	达到 ZA_2
	t_1		达到 ZA_3
	t_2		未达到 t_1 级

续表

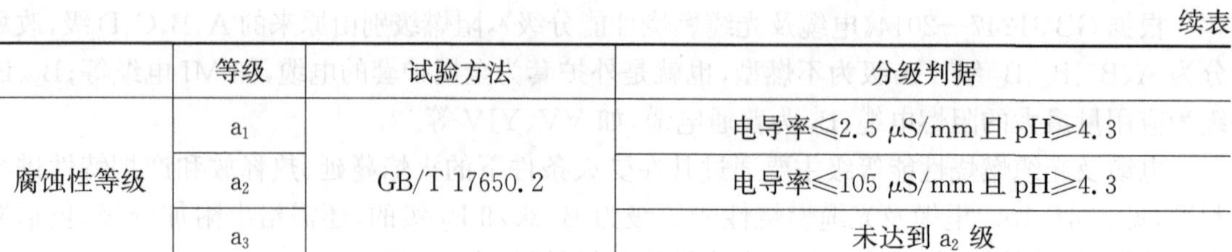

	等级	试验方法	分级判据
腐蚀性等级	a_1	GB/T 17650.2	电导率≤2.5 μS/mm 且 pH≥4.3
	a_2		电导率≤105 μS/mm 且 pH≥4.3
	a_3		未达到 a_2 级

GB/T 19666—2019《阻燃和耐火电线电缆或光缆通则》明确了阻燃电缆的型号标注方法：阻燃电缆在原型号前增加阻燃代号，即 Z×为含卤阻燃；WDZ×为无卤低烟阻燃；GZ×为隔氧层一般阻燃；GWL×为隔氧层低烟无卤阻燃。其中"×"为阻燃类别 A 或 B 或 C 或 D。

例如：WDZA - YJV - 8.7/10—3×95，表示无卤低烟、阻燃 A 级、XLPE 绝缘、PVC 护套、8.7/10 kV、3×95 mm^2 电缆。

GB 31247—2014《电缆及光缆燃烧性能分级》阻燃电缆的型号标注方法如下：

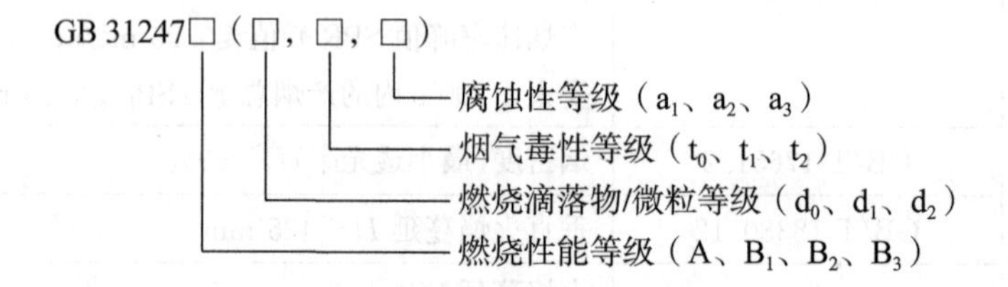

例如：GB 31247B1(d_0，t_1，a_1)，表示电缆的燃烧性能等级为 B_1 级，燃烧滴落物/微粒等级为 d_0 级，烟气毒性等级为 t_1 级，腐蚀性等级为 a_1 级。

阻燃电缆选择要点：由于有机材料的阻燃概念是相对的，数量较少时呈阻燃特性，而数量较多时有可能呈不阻燃特性。因此，电缆成束敷设时，需采用阻燃型电缆。当电缆在托盘内敷设时，还需考虑将来增加电缆时也能符合阻燃等级，一般按近期敷设电缆的非金属材料体积预留 20%余量。阻燃电缆必须注明阻燃等级，若不注明等级，将默认为 C 级。在同一通道中敷设的电缆，一般选用同一阻燃等级的电缆。直埋地电缆、直埋入建筑孔洞或砌体的电缆穿管敷设的电缆，一般选用普通型电缆。选用低烟无卤型电缆时，要注意到这种电缆阻燃等级一般仅为 C 级，若要较高阻燃等级则选用隔氧层电缆或辐照交联聚烯烃绝缘聚烯烃护套特种电缆。

石油化工企业装置多为易燃易爆区域，且以托盘内敷设为主，一般采用 A 级阻燃电缆。

(3) 耐火电缆选择

耐火电缆是指在规定试验条件下，在火焰中被燃烧一定时间内能保持正常运行特性的电缆。

根据 GB/T 19666—2019《阻燃和耐火电线电缆或光缆通则》，耐火电缆按耐火特性分为 N、NJ、NS 三种，见表 4 - 12。

表 4-12　耐火电缆性能表

代号	适用范围	试验时间	试验电压	合格标准	试验方法
N	0.6/1 kV 及以下电缆	90 min 供火 +15 min 冷却	额定电压	2 A 熔断器不断 指示灯不熄	GB/T 19216.21
	数据电缆		110 V±10 V		GB/T 19216.23
NJ	0.6/1 kV 及以下外径小于或等于 20 mm 电缆	120 min	额定电压	2 A 熔断器不断 指示灯不熄	IEC 60331-2
	0.6/1 kV 及以下外径大于 20 mm 电缆				IEC 60331-1
NS	0.6/1 kV 及以下外径小于或等于 20 mm 电缆	120 min，最后 15 min 水喷淋	额定电压	2 A 熔断器不断 指示灯不熄	附录 A IEC 60331-2
	0.6/1 kV 及以下外径大于 20 mm 电缆	120 min，最后 15 min 水喷射			附录 A IEC 60331-1

耐火电缆按绝缘材质可分为有机型和无机型两种。

有机型主要是采用耐高温 800 ℃的云母带，以 50%重叠搭盖率包覆两层作为耐火层，外部采用聚氯乙烯或交联聚乙烯为绝缘，若同时要求阻燃，只要将绝缘材料选用阻燃型材料即可，它之所以具有"耐火"特性完全依赖于云母层的保护。采用阻燃耐火型电缆，可以在外部火源撤除后迅速自熄，使延燃高度不超过 2.5 m。有机类耐火电缆一般只能做到 N 类。

无机型耐火电缆又称为矿物绝缘电缆，即 MI(Mineral Insulation)电缆。可分为刚性和柔性两种，都可外覆无卤、无烟、阻燃有机材料的外护层。具备耐高温特性，适用于高温环境。

刚性和柔性矿物绝缘电缆结构详见图 4-12 和图 4-13。

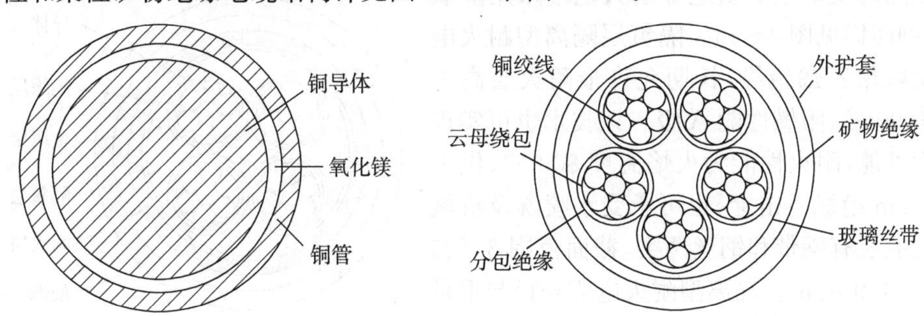

图 4-12　刚性矿物绝缘电缆结构图　　　　**图 4-13　柔性矿物绝缘电缆结构图**

矿物绝缘电缆尚无国家标准，但除了满足耐火标准外，需对抗冲击和喷水的要求加以具体化，可参考英国标准 BS 6387，见表 4-13。

表 4-13　电缆耐火性能规定(按 BS-6387)

耐火/℃	抗喷淋/℃	抗机械撞击/℃	
A 类：650±40，180 min	W 类 650±40，15 min 后再洒水，15 min	X 类 650±50，15 min	每分钟撞击 2 次
B 类：750±40，180 min		Y 类 750±50，15min	
C 类：950±40，180 min		Z 类 950±50，15min	
S 类：950±40，20 min		—	

从表 4－13 可见，耐火电缆同时满足耐火、抗喷淋及抗机械撞击三项要求。国内刚性和柔性矿物绝缘电缆均已达到 BS 6387 标准的最高级别 C－W－Z 试验考核水平。

无机型刚性耐火电缆通常标注为 BTT 型，按绝缘等级及护套厚度分为轻型 BTTQ、BTTVQ(500 V)和重型 BTTZ、BTTVZ(750 V)两种，分别适用于线芯和护套间电压不超过 500 V 及 750 V(方均根值)的场合。BTT 型电缆外护层机械强度高可兼作 PE 线，接地十分可靠。BTT 型电缆按护套工作温度分为 70 ℃和 105 ℃，70 ℃分为带 PVC 外护套及裸铜护套两种，105 ℃的电缆适用于人不可能触摸到的空间。在高温环境中需采用裸铜护套型，在民用建筑中则两种均可，但 105 ℃电缆如直接与电气设备连接而未加特种过渡接头者，可将工作温度限制在 85 ℃以下。若 BTTZ 电缆与其他电缆同路径敷设，则选用 70 ℃的品种。BTT 电缆还适用于防辐射的核电站、γ 射线探伤室及工业 X 光室等。刚性矿物绝缘电缆须严防潮气侵入，必须配用专用接头及附件，施工要求极为严格。

无机型柔性耐火电缆结构是在铜导体外均匀包绕两层云母带，以 50％重叠搭盖作为耐火层。线芯绝缘(分包层)及护套采用辐照矿物化合物，该辐照化合物是将一种特殊配方的无机化合物经过大功率电子加速器所产生的高能 β 射线辐照后形成的，使材料保持柔软的同时达到较高的耐火性能。不仅同样满足 BS－6387 中 C－W－Z 的最高标准，而且敷设如同普通电力电缆，十分方便。由于制造长度长，大大减少接头，使线路的可靠性提高。无机型柔性耐火电缆的型号通常标注为 BBTRZ－(重型 750 V 和 1 000 V 两种)或 BBTRQ－(轻型 500 V)。标注电压为导体间电压有效值，导体长期允许最高工作温度可达 125 ℃，但选用时也与刚性耐火电缆一样，须进行修正。

耐火电缆按电压分类有低压 0.6/1 kV 和中压 6/10、8.7/15、26/35 kV 四种。

中压隔离型柔性矿物绝缘耐火电缆采用隔氧层技术，剖面详见图 4－14。隔氧层隔离型耐火电缆采用交联聚乙烯绝缘，长期允许最耐火层高工作温度为 90 ℃，阻燃性能 A 级。该技术也可实现低烟无卤性能，耐火性能为火焰温度 800 ℃、供火时间 90 min 绝缘不击穿，也可承受水喷淋及机械撞击。铠装层有钢带和钢丝两类，截面范围 3×25 mm^2～3×400 mm^2。隔离型耐火电缆外径与重量略大于普通交联聚乙烯电缆，它的敷设方法、弯曲半径、载流量、电压降值均与普通交联聚乙烯电缆相同，不同的是在绝缘层外包覆了绝缘屏蔽层和铜带屏蔽层，不仅有效地均匀电压，而且大大降低相间短路的可能性。

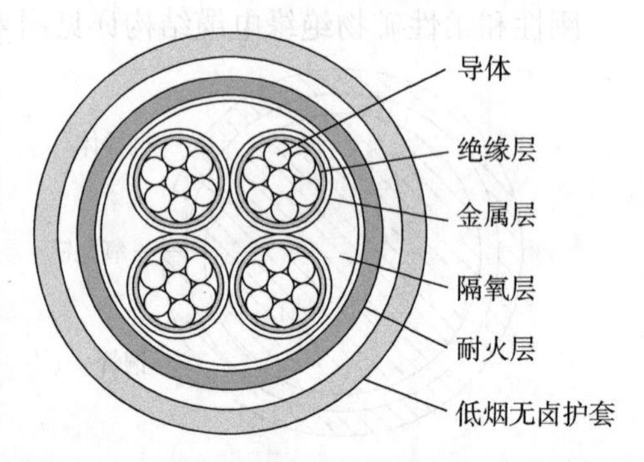

图 4－14　隔离型柔性矿物绝缘耐火电缆剖面图

耐火电缆的型号标注与阻燃电缆类似，即在原型号前增加阻燃和耐火代号。

有机型耐火电缆的耐火代号，一般标注为 NH；阻燃并耐火代号为：阻燃 A 级 ZANH，阻燃 B 级 ZBNH，阻燃 C 级 ZRNH 或 ZNH；无卤低烟阻燃耐火 WDZRNH 或 WDZN；隔氧层一般阻燃耐火 GZRNH 或 GZN，隔氧层低烟无卤阻燃耐火 GWLNH 或 GWN。

例如：NH－VV－0.6/1－$3\times120+1\times70$，表示耐火型聚氯乙烯绝缘及护套电力电缆。

又如：ZRNH－VV_{22}－0.6/1－$3\times120+1\times70$，表示阻燃 C 级的耐火电缆，无发烟量限制的聚氯乙烯绝缘，聚氯乙烯护套钢带内铠装电力电缆。

刚性矿物绝缘电缆的标注：BTTVZ（重型 750V）；BTTVQ（轻型，500 V）。其中，“V”表示 PVC 外护层，无护层者不注。导体结构：1H 代表单芯，L 代表多芯。

例如：BTTVZ－4×（1H150），表示 4 根单芯 150 mm^2；又如：BTTQ4L2.5，表示 4 芯 2.5 mm^2。

柔性矿物绝缘电缆代号为 BBTRZ（重型，600/1 000 V 或 450/750 V）；BBTRQ（轻型，300/500 V）。防鼠型加“S”；内铠装加下角“22”。

例如：$BBTRZ_{22}$－1000－3×120＋1×70，表示：重型，U_0/U 为 600/1000 V 带内铠装的柔性矿物绝缘电缆；导体为 3×120＋1×70 mm^2。

又如：BBTRZS－750－3×70＋1×35，表示：重型，U_0/U 为 450/750 V 的防鼠型柔性矿物绝缘电缆；导体为 3×70＋1×35 mm^2。

中压隔离型耐火电缆均为低烟无卤 A 类阻燃型耐火电缆，代号为 WDZAN；铠装加相应下角。如：WDZAN－YJY_{23}－8.7/10－3×70。

耐火电缆主要用于在火灾时仍需保持正常运行的线路，如工业及民用建筑的消防系统、救生系统或高温环境、辐射较强的场合等，包括消防泵、喷淋泵、消防电梯的供电线路及控制线路；防火卷帘门、电动防火门、排烟系统风机、排烟阀、防火阀的供电控制线路；消防报警系统的手动报警线路、消防广播及电话线路；重要设施中的安保闭路电视线路；集中供电的应急照明线路、控制及保护电源线路；变配电站中，重要的继电保护线路及操作电源线路；重要的计算机监控线路；生产高温环境；辐射较强的场合等。

5. 铠装及外护层选择

电缆外护层及铠装的选择见表 4－14，表中外护层类型按 GB/T 2952.2—2008《电缆外护层 第 2 部分：金属套电缆外护层》编制。

表 4－14　各种电缆外护层及铠装的适用敷设场合

护套或外护层	铠装	代号	敷设方式								环境条件						备注
			户内	电缆沟	电缆托盘	隧道	管道	竖井	埋地	水下	火灾危险	移动	多砾石	一般腐蚀	严重腐蚀	潮湿	
一般橡套	无		√	√	√	√	√	√				√	√	√	√	√	
不延燃橡套	无	F	√	√	√	√	√	√			√	√	√	√	√		耐油
聚氯乙烯护套	无	V	√	√	√	√	√		√		√	√	√	√	√	√	刚性矿物绝缘电缆
聚乙烯护套	无	Y	√	√	√	√	√	√	√	√		√	√	√	√	√	柔性矿物绝缘电缆
铜护套	无		√	√	√	√	√	√	√		√	√		√	√	√	
矿物化合物	无		√		√	√		√			√			√	√		
聚氯乙烯护套	钢带	22	√	√	√	√			√					√	√	√	
聚乙烯护套	钢带	23	√	√	√	√	√		√	√				√	√	√	

续表

护套或外护层	铠装	代号	敷设方式								环境条件						备注
			户内	电缆沟	电缆托盘	隧道	管道	竖井	埋地	水下	火灾危险	移动	多砾石	一般腐蚀	严重腐蚀	潮湿	
聚氯乙烯护套	细钢丝	32				√	√	√	√	√	√	√		√	√	√	
聚乙烯护套	细钢丝	33				√	√	√	√	√	√	√		√	√	√	
聚氯乙烯护套	粗钢丝	42				√	√	√	√	√	√	√		√	√	√	
聚乙烯护套	粗钢丝	43				√	√	√	√	√	√	√	√	√	√	√	
聚乙烯护套	铝合金带	62	√	√	√	√	√	√	√				√				

注：① “√”表示适用，无标记则不推荐采用；

② 具有防水层的聚氯乙烯护套电缆可在水下敷设；

③ 如需要用湿热带地区的防霉特种护层可在型号规格后加代号“TH”；

④ 单芯钢带铠装电缆不适用于交流线路。

4.2.2 电缆截面的选择

1. 电缆导体截面选择

(1) 按温升选择截面：为保证导体的实际工作温度不超过允许值，导体按发热条件的允许长期工作电流（以下简称“载流量”）不小于线路的工作电流。电缆通过不同散热环境，其对应的缆芯工作温度会有差异，需按最恶劣散热环境来选择截面。当负荷为断续工作或短时工作时，则需折算成等效发热电流、按温升选择电缆的截面，或者按工作制校正电缆载流量。

(2) 按经济电流选择截面：根据 GB 50217—2018《电力工程电缆设计标准》中关于导体经济电流和经济截面选择的原理和方法。

(3) 按电压降校验截面：需使各种用电设备端电压符合电压偏差允许值。对于照明线路，一般按允许电压降选择电缆截面，并校验机械强度和允许载流量。可先求得计算电流和功率因数，用电流矩法进行计算。选择耐火电缆需注意，因着火时导体温度急剧升高导致电压降增大，需按着火条件核算电压降，以保证重要设备连续运行。目前市场上优质耐火电缆，燃烧试验测得的导体温度大约为 500 ℃，导体电阻大约增至 3 倍，只要将按正常情况（即电压偏移允许值按+5%～−5%）选择的电缆截面适当放大（原来选择 50 mm^2 及以下截面时，放大一级截面，选择 70 mm^2 及以上截面时放大两级截面），通常就可以满足着火条件下的电压偏差不大于 10%的条件。

(4) 按机械强度校验截面：铜导体电缆截面一般不小于 1.5 mm^2，铝导体电缆截面一般不小于 4 mm^2。

2. 中性导体(N)及保护接地中性导体(PEN)的截面选择

(1) 中性导体(N)选择，单相两线制电路中，无论相导体截面大小，中性导体截面都与相导体截面相同。三相四线制配电系统中，N 导体的允许载流量不小于线路中最大的不平衡负荷电流及谐波电流之和。当相导体为铜导体且截面积不大于 16 mm^2 或者为铝导体且截面积不大于 25 mm^2 时，中性导体与相线截面积相等。当相导体截面积为大于 16 mm^2 的铜导体或者大于 25 m^2 的铝导体时，若 3 次谐波电流不超过基波电流的 15%，可选择小于相导体截面积，但不小于相导体截面积的 50%，且铜不小于 16 mm^2 或铝不小于 25 mm^2。PEN 导体除需符合 N 导体的选择要求外，还需满足 PE 导体的选择要求。

(2) 三相平衡系统中，有可能存在谐波电流，影响最显著的是三次谐波电流。三次谐波电流在中性导体中呈现 3 倍叠加。选择导体截面时，需计入谐波电流的影响。当谐波电流较小时，仍可按相导体电流选择导体截面，但计算电流则用基波电流除以表 4－15 中的校正系数，当三次谐波电流超过 33%时，它所引起的中性导体电流超过基波的相电流，此时需按中性导体电流选择导体截面，计算电流同样要除以表 4－15 中的校正系数。当谐波电流大于 15%时，中性导体的截面不小于相导体的截面。例如以气体放电灯为主的照明线路、变频调速设备、计算机及直流电源设备等的供电线路。

表 4－15　含有谐波电流时的计算电流校正系数

相电流中三次谐波分量/%	校正系数		相电流中三次谐波分量/%	校正系数	
	按相线电流选择截面	按中性线电流选择截面		按相线电流选择截面	按中性线电流选择截面
0～15	1.0		33～45		0.86
15～33	0.86		＞45		1.0

注：表中数据仅适用于中性线与相线等截面的 4 芯或 5 芯电缆及穿管导线，并以 3 芯电缆或三线穿管的载流量为基础，即把整个回路导体视为一综合发热体来考虑。

4.2.3　电缆载流量

1. 影响电缆载流量因素

(1) 电缆的材质，如导体材料的损耗大小、绝缘材料的长期允许最高工作温度(表 4－16)和允许短路温度。

表 4－16　电缆导体长期允许最高工作温度

电缆种类		导体长期允许最高工作温度/℃	电缆种类	导体长期允许最高工作温度/℃
交联聚乙烯绝缘电力电缆	1～10 kV	90	通用橡套软电缆	60
	35 kV	80	刚性矿物绝缘电缆	70、105
聚氯乙烯绝缘电力电缆	1 kV	70	柔性矿物绝缘电缆	125
乙丙橡胶电力电缆		90		

注：刚性矿物绝缘电缆的长期允许最高工作温度指电缆表面温度，线芯温度高 5～10 ℃，70 ℃型分为带 PVC 外护套及裸铜护套两种，105 ℃只有裸铜护套一种，适用于人不可能触摸到的空间。

电缆允许短路温度：交联聚乙烯绝缘电力电缆，250 ℃；聚氯乙烯绝缘电力电缆截面 300 mm^2 及以上，140 ℃，截面 300 mm^2 以下，160 ℃。

(2) 本节所列载流量表中均为单回路或单根电缆的载流量数据，当使用不同敷设方式及处于不同环境时，则乘以表 4-17～表 4-21 中的不同校正系数。

表 4-17　35 kV 及以下电缆在不同环境温度时的载流量校正系数

环境温度/ ℃	校正系数（缆芯最高工作温度为 90 ℃）		环境温度/ ℃	校正系数（缆芯最高工作温度为 90 ℃）	
	空气中	土壤中		空气中	土壤中
10		1.11	35	1.05	0.92
15		1.07	40	1.0	
20	1.23	1.04	45	0.94	
25	1.17	1.0	50	0.87	
30	1.09	0.96	55	0.81	

注：其他环境温度下载流量的校正系数 K 可按下式计算：

$$K=\sqrt{\frac{\theta_n-\theta_2}{\theta_n-\theta_1}}$$

式中，θ_n 为缆芯最高工作温度，℃；θ_1 为对应于额定载流量的基准环境温度，℃；θ_2 为实际环境温度，℃。

表 4-18　不同土壤热阻系数时电缆载流量的校正系数

土壤热阻系数/(K·m/W)	分类特征（土壤特性和雨量）	校正系数
0.8	土壤很潮湿，经常下雨。如湿度＞9%的沙土，湿度＞10%的沙-泥土等	1.05
1.2	土壤潮湿，规律性下雨。如湿度为 7%～9%的沙土，湿度为 12%～14%的沙-泥土等	1.0
1.5	土壤较干燥，雨量不大。如湿度为 8%～12%的沙-泥土等	0.93
2.0	土壤干燥，少雨。如湿度为 4%～7%的沙土，湿度为 4%～8%的沙-泥土等	0.87
3.0	多石地层，非常干燥。如湿度＜4%的沙土等	0.75

注：本表适用于缺乏实测土壤热阻系数时的粗略分类。

表 4-19　土中直埋多根并行敷设时电缆载流量的校正系数

并列根数		1	2	3	4	5	6
电缆之间净距/mm	100	1.0	0.90	0.85	0.80	0.78	0.75
	200	1.0	0.92	0.87	0.84	0.82	0.81
	300	1.0	0.93	0.90	0.87	0.86	0.85

注：本表不适用于三相交流系统单芯电缆。

表 4-20　空气中单层多根并行敷设时电缆载流量的校正系数

并列根数		1	2	3	4	5	6
电缆中心距	$S=d$	1.00	0.90	0.85	0.82	0.81	0.80
	$S=2d$	1.00	1.00	0.98	0.95	0.93	0.90
	$S=3d$	1.00	1.00	1.00	0.98	0.97	0.96

注：① S 为电缆中心间距离，d 为电缆外径；

② 按全部电缆具有相同外径条件制定，当并行敷设的电缆外径不同时，d 值可近似取电缆外径。

表 4-21　电缆桥架上无间距配置多层并列敷设时电缆载流量的校正系数

叠置电缆层数		1	2	3	4
桥架类别	梯架	0.8	0.65	0.55	0.5
	托盘	0.7	0.55	0.5	0.45

注：呈水平状并列电缆数不少于 7 根。

2. 交联聚乙烯绝缘铜芯电力电缆的载流量

常用的交联聚乙烯绝缘铜芯电力电缆的载流量见表 4-22～4-27，供参考，具体以制造商数据为准。

表 4-22　llOkV 交联聚乙烯绝缘电力电缆载流量（$\theta_n=80$ ℃）　　单位：A

铜导体截面 /mm²	排列方式与接地							
	敷设方式F 空气中θ_a=35 ℃（或）				敷设方式D2 埋地 ρ_t=1.5（K·m）/W，θ_a=20 ℃			
	水平排列		品字形排列		水平排列		品字形排列	
	单端	双端	单端	双端	单端	双端	单端	双端
240	698	627	632	619	483	405	444	427
300	805	703	721	699	544	440	500	479
400	935	788	832	801	622	479	566	535
500	1 081	881	952	908	709	522	639	601
630	1 255	970	1 090	1 028	804	561	718	666
800	1 499	1 090	1 304	1 179	940	604	848	735
1 000	1 718	1 197	1 482	1 308	1 053	644	940	805
1 200	1 891	1 277	1 615	1 411	1 139	674	1 009	848
1 400	2 063	1 353	1 753	1 504	1 261	701	1 079	892
1 600	2 225	1 415	1 869	1 584	1 297	740	1 140	927

注：单端-单端接地或交叉连接，双端-两端接地。埋地深度为 1.00 m。

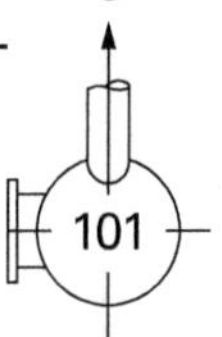

表 4-23　6-35 kV 交联聚乙烯绝缘电力电缆在空气中敷设的载流量

(θ_n=90 ℃　电压为 6/6 kV、8.7/10 kV、26/35 kV)

敷设方式	敷设方式E或F (有孔托盘) ≥0.3D_c					敷设方式C (无孔托盘) ≥0.3D_c					敷设方式B2 (电缆槽盒)				
铜导体截面/mm²	不同环境温度的载流量/A														
	三芯				单芯	三芯				单芯	三芯				单芯
	25 ℃	30 ℃	35 ℃	40 ℃	30 ℃	25 ℃	30 ℃	35 ℃	40 ℃	30 ℃	25 ℃	30 ℃	35 ℃	40 ℃	30 ℃
35	181	174	167	159	193	169	162	155	148	180	147	141	135	129	157
50	208	200	191	183	226	194	186	178	170	211	167	160	153	146	179
70	255	245	235	224	279	237	228	218	208	260	201	193	185	176	220
95	315	303	290	277	348	294	282	270	257	324	246	236	226	215	271
120	362	348	333	318	402	337	324	310	296	375	281	270	259	246	312
150	409	393	376	359	457	381	366	350	334	421	308	296	283	270	344
185	469	451	432	412	527	437	420	402	383	491	351	337	323	308	394
240	551	529	506	483	623	513	493	472	450	581	408	392	375	358	462
300	631	606	580	553	718	588	565	541	516	669	464	446	427	407	529
400	740	711	681	649	843	690	663	635	605	786	545	524	502	478	621
500					961					896					

表 4-24　6-35 kV 交联聚乙烯绝缘电力电缆直埋地敷设载流量

[ρ=2.5(K·m)/W、θ_n=90 ℃　电压为 6/6 kV、8.7/10 kV、26/35 kV]

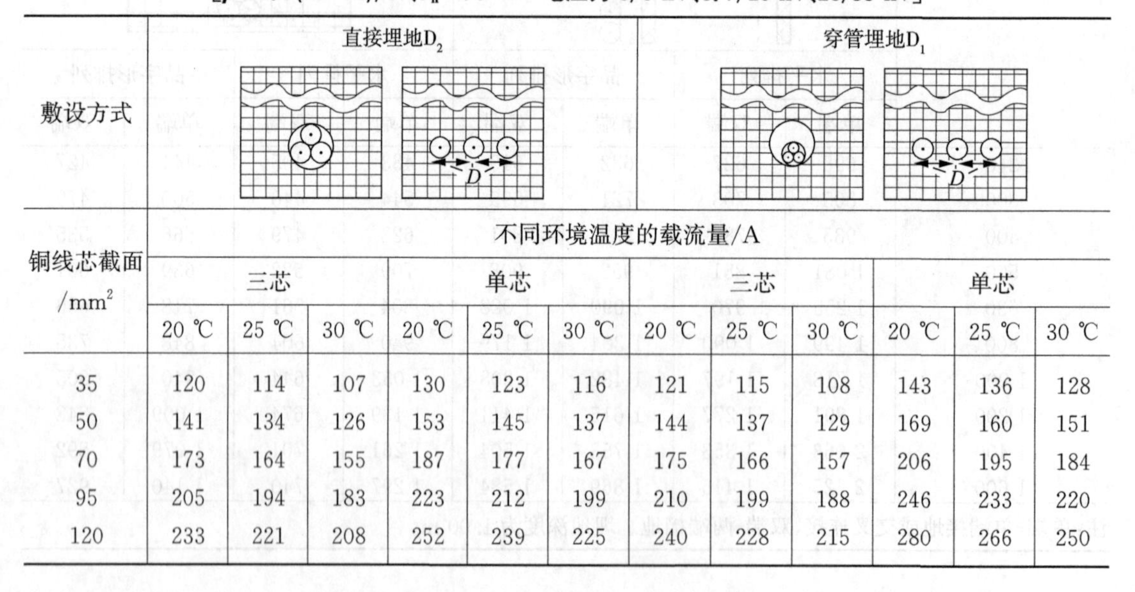

敷设方式	直接埋地D_2						穿管埋地D_1					
铜线芯截面/mm²	不同环境温度的载流量/A											
	三芯			单芯			三芯			单芯		
	20 ℃	25 ℃	30 ℃	20 ℃	25 ℃	30 ℃	20 ℃	25 ℃	30 ℃	20 ℃	25 ℃	30 ℃
35	120	114	107	130	123	116	121	115	108	143	136	128
50	141	134	126	153	145	137	144	137	129	169	160	151
70	173	164	155	187	177	167	175	166	157	206	195	184
95	205	194	183	223	212	199	210	199	188	246	233	220
120	233	221	208	252	239	225	240	228	215	280	266	250

续表

敷设方式	直接埋地D_2						穿管埋地D_1 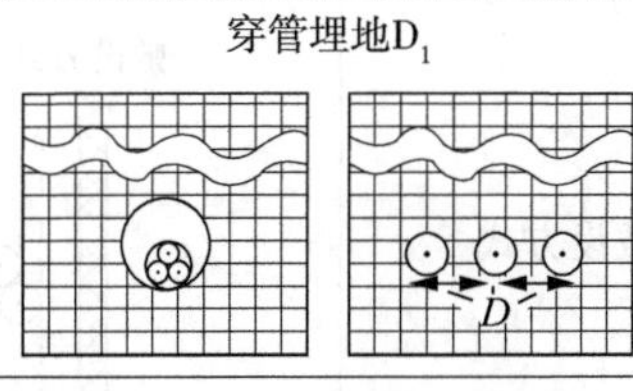					
铜线芯截面/mm²	不同环境温度的载流量/A											
	三芯			单芯			三芯			单芯		
	20 ℃	25 ℃	30 ℃	20 ℃	25 ℃	30 ℃	20 ℃	25 ℃	30 ℃	20 ℃	25 ℃	30 ℃
150	261	248	233	282	268	252	270	256	241	312	296	279
185	295	280	264	317	301	284	305	289	273	343	325	307
240	339	322	303	366	347	327	355	337	318	395	375	353
300	382	362	342	411	390	368	401	380	359	445	422	398
400	432	410	386	461	437	412	455	432	407	503	477	450

注：① 表中系 6～10 kV 三芯电缆载流量，本表简化取相同数据；

② 单芯电缆载流量为按三角形排列的计算数据，供参考；

③ 35 kV 电缆载流量比 6～10 kV 电缆大 3%～5%。

表 4-25　0.6/1 kV 交联聚乙烯绝缘电缆电缆明敷载流量　$\theta_n = 90$ ℃

敷设方式		敷设方式E三芯				敷设方式F单芯				敷设方式E二芯		
导体截面/mm²		不同环境温度的载流量/A										
铜相导体	中性导体	25 ℃	30 ℃	35 ℃	40 ℃	25 ℃	30 ℃	35 ℃	40 ℃	25 ℃	30 ℃	35 ℃
1.5		24	23	22	21					27	26	25
2.5		33	32	31	29					37	36	34
4	4	44	42	40	38					51	49	47
6	6	56	54	52	49					66	63	60
10	10	78	75	72	68					90	86	82
16	16	104	100	96	91					120	115	110
25	16	132	127	122	116	147	141	135	129	155	149	143
35	16	164	158	151	144	183	176	169	161	193	185	177
50	25	200	192	184	175	225	216	207	197	234	225	215
70	35	256	246	236	225	290	279	267	255	301	289	277

续表

敷设方式		敷设方式E三芯				敷设方式F单芯 或				敷设方式E二芯		
导体截面/mm^2		不同环境温度的载流量/A										
铜相导体	中性导体	25 ℃	30 ℃	35 ℃	40 ℃	25 ℃	30 ℃	35 ℃	40 ℃	25 ℃	30 ℃	35 ℃
95	50	310	298	285	272	356	342	327	312	366	352	337
120	70	360	346	331	316	416	400	383	365	427	410	393
150	70	415	399	382	364	483	464	444	424	492	473	453
185	95	475	456	437	416	555	533	510	487	564	542	519
240	120	560	538	515	491	660	634	607	579	667	641	614
300	150	646	621	595	567	766	736	705	672	771	741	709
400						903	868	831	792			
500						1039	998	956	911			
630						1198	1151	1102	1050			

注:① 两芯、多芯电缆敷设方式对应 GB/T 16895.6—2014 中 E 类,即多芯电缆敷设在自由空气中或在有孔托盘、梯架上;单芯电缆紧靠排列时敷设方式 F 类;

② 当电缆靠墙敷设时,载流量×0.94;单芯电缆有间距垂直排列时,载流量×0.9。

表 4-26　0.6/1 kV 交联聚乙烯绝缘电力电缆桥架敷设载流量　(θ_n=90 ℃)

敷设方式		敷设方式E式F (有孔托盘) ≥0.3D_c								敷设方式C (无孔托盘) ≥0.3D_c				敷设方式B2 (电缆槽盒)							
导体截面/mm²		不同环境温度的载流量/A																			
铜相导体	中性导体	三芯				单芯				三芯或单芯品字排列				三芯				单芯品字排列			
		25 ℃	30 ℃	35 ℃	40 ℃	25 ℃	30 ℃	35 ℃	40 ℃	25 ℃	30 ℃	35 ℃	40 ℃	25 ℃	30 ℃	35 ℃	40 ℃	25 ℃	30 ℃	35 ℃	40 ℃
2.5	2.5	33	32	31	29					31	30	29	27	27	26	25	24	29	28	27	26
4	4	44	42	40	38					42	40	38	37	36	35	34	32	39	37	35	34
6	6	56	54	52	49					54	52	50	47	46	44	42	40	50	48	46	44
10	10	78	75	72	68					74	71	68	65	62	60	57	55	69	66	63	60
16	16	104	100	96	91					100	96	92	88	83	80	77	73	92	88	84	80
25	16	132	127	122	116	141	135	129	123	124	119	114	109	109	105	101	96	122	117	112	107
35	16	164	158	151	144	176	169	162	154	153	147	141	134	133	128	123	117	150	144	138	131
50	25	200	192	184	175	215	207	198	189	186	179	171	163	160	154	147	141	182	175	168	160
70	35	256	246	236	225	279	268	257	245	238	229	219	209	202	194	186	177	231	222	213	203
95	50	310	298	285	272	341	328	314	299	289	278	266	254	243	233	223	213	280	269	258	246
120	70	360	346	331	316	399	383	367	350	335	322	308	294	279	268	257	245	325	312	299	285
150	70	415	399	382	364	462	444	425	405	386	371	355	339	312	300	287	274	356	342	327	312
185	95	475	456	437	416	531	510	488	466	441	424	406	387	354	340	326	310	400	384	368	351
240	120	560	538	515	491	632	607	581	554	520	500	479	456	414	398	381	363	468	450	431	411
300	150	646	621	595	567	732	703	673	642	600	576	551	526	474	455	436	415	535	514	492	469
400						857	823	788	751												
500						985	946	906	864												
630						1 132	1 088	1 042	993												
500						1 039	998	956	911												
630						1 198	1 151	1 102	1 051												

表 4－27　0.6/1 kV 交联聚乙烯绝缘电缆埋地敷设载流量

[ρ=2.5(K·m) /W,θ_n=90 ℃]

敷设方式		D2:三、四芯或单芯三角形排列直埋地 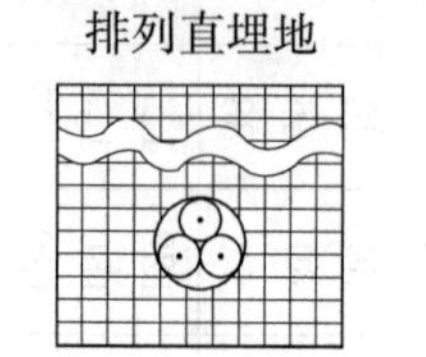			D:三、四芯或单芯三角形排列穿管埋地 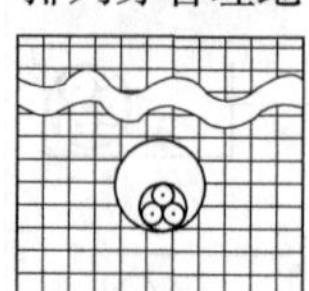		
导体截面/mm²		不同环境温度的载流量/A					
铜相导体	中性导体	20 ℃	25 ℃	30 ℃	20 ℃	25 ℃	30 ℃
1.5		23	22	21	21	20	19
2.5	2.5	30	29	28	28	27	26
4	4	39	38	36	36	35	33
6	6	49	47	45	44	42	41
10	10	65	63	60	58	56	54
16	16	84	81	78	75	72	69
25	16	107	103	99	96	93	89
35	16	129	124	119	115	111	106
50	25	153	147	142	135	130	125
70	35	188	181	174	167	161	155
95	50	226	218	209	197	190	182
120	70	257	248	238	223	215	206
150	70	287	277	266	251	242	232
185	95	324	312	300	281	271	260
240	120	375	361	347	324	312	300
300	150	419	404	388	365	352	338

4.2.4　电缆电压损失校验

1. 电缆导线阻抗计算

(1) 导线电阻计算

导线直流电阻 R_θ 按下式计算：

$$R_\theta=\rho_\theta c_j \frac{L}{S} \tag{4-5}$$

$$\rho_\theta=\rho_{20}[1+a(\theta-20)] \tag{4-6}$$

式中　R——导体实际工作温度时的直流电阻值,Ω;

L——线路长度,m;

S——导线截面,mm²;

c_j——绞入系数,单股导线为 1,多股导线为 1.02;

ρ_{20}——导线温度为 20 ℃时的电阻率,铝线芯为 0.028 2 Ω·mm²/m(即 2.82×10^{-6} Ω

· cm)，铜线芯为 0.0172 Ω · mm²/m(即 1.72×10^{-6} Ω · cm)；

ρ_θ——导线温度为 θ 时的电阻率，10^{-6} Ω · cm；

a——电阻温度系数，铝和铜都取 0.004；

θ——导线实际工作温度，℃。

导线交流电阻 R_j 按下式计算：

$$R_j = K_{jf} K_{lj} R_\theta \tag{4-7}$$

$$K_{jf} = \frac{r^2}{\delta(2r-\delta)} \tag{4-8}$$

$$\delta = 5\,030\sqrt{\frac{\rho_\theta}{\mu f}} \tag{4-9}$$

式中 R_j——导体温度为 θ 时的交流电阻值，Ω；

R_θ——导体温度为 θ 时的直流电阻值，Ω；

K_{jf}——集肤效应系数，当频率为 50 Hz、芯线截面不超过 240 mm² 时，K_{jf} 均为 1，$\delta\geqslant 2r$ 时 K_{jf} 无意义；

K_{lj}——邻近效应系数，导线从图 4-15 曲线求取；

ρ_θ——导线温度为 θ 时的电阻率，Ω · cm；

r——线芯半径，cm；

δ——电流透入深度，cm(因集肤效应使电流密度沿导体横截面的径向按指数函数规律分布，工程上可把电流等效地看作仅在导体表面 δ 厚度中均匀分布，不同频率时的电流透入深度 δ 值见表 4-28)；

μ——相对磁导率，对于有色金属导体 $\mu=1$；

f——频率，Hz。

表 4-28 不同频率时的电流透入深度 δ 值 单位：cm

频率/Hz	铝				铜			
	60 ℃	65 ℃	70 ℃	75 ℃	60 ℃	65 ℃	70 ℃	75 ℃
50	1.287	1.298	1.309	1.319	1.005	1.013	1.022	1.030
300	0.525	0.530	0.534	0.539	0.410	0.414	0.417	0.421
400	0.455	0.459	0.463	0.466	0.355	0.358	0.361	0.364
500	0.407	0.410	0.414	0.417	0.318	0.320	0.323	0.326
1 000	0.288	0.290	0.293	0.295	0.225	0.227	0.299	0.230

线芯实际工作温度：线路通过电流后，导线产生温升，温升对应工作温度下的电阻值与通过电流大小(负荷率)有密切关系。由于供电对象不同，各种线路中的负荷率也各不相同，因此线芯实际工作温度往往不相同，在合理计算线路电压降时，需估算出导线的实际工作温度。工程中导线的实际线芯温度可按如下估算：

35 kV 交联聚乙烯绝缘电力电缆，$\theta=75$ ℃；

1～10 kV 交联聚乙烯绝缘电力电缆，$\theta=80$ ℃。

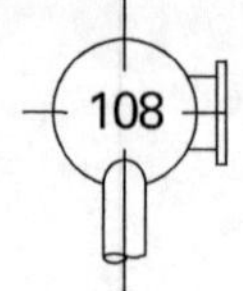

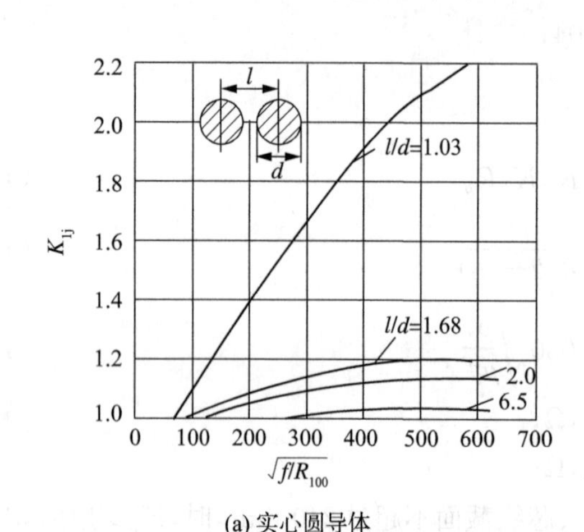

(a) 实心圆导体

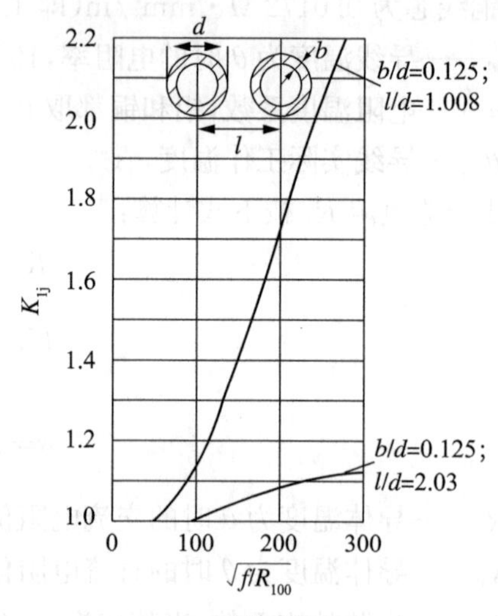

(b) 圆管导体图

图 4-15　实心圆导体和圆管导体的邻近效应系数曲线

注：f——频率，Hz；R_{100}——长 100 m 的电缆在运行温度时的电阻，Ω

(2) 电缆电抗计算

为了简化计算，电缆线路容抗常可忽略不计，因此，导线电抗值实际上只计入感抗值。这样的计算结果往往趋于保守。

电缆的感抗按下式计算：

$$X'=2\pi fL' \tag{4-10}$$

$$L'=(2\ln\frac{D_j}{r}+0.5)\times10^{-4}=2(\ln\frac{D_j}{r}+\ln e^{0.25})\times10^{-4}$$

$$=2\times10^{-4}\ln\frac{D_j}{re^{0.25}}=4.6\times10^{-4}\log\frac{D_j}{0.778r}=4.6\times10^{-4}\log\frac{D_j}{D_Z} \tag{4-11}$$

当 $f=50$ Hz 时，公式(4-10)可简化为

$$X'=0.1445\log\frac{D_j}{D_Z} \tag{4-12}$$

式中　X'——线路每相单位长度的感抗，Ω/km；

f——频率，Hz；

L'——电缆每相单位长度的电感量，H/km；

D_j——几何均距，cm；圆形线芯的电缆为 $d+2\delta$，扇形线芯的电缆为 $h+2\delta$，见图 4-16；

r——圆形线芯电缆主线芯的半径，cm；

d——圆形线芯电缆主线芯的直径，cm；

D_Z——线芯自几何均距或等效半径，cm，圆形截面线芯的电缆，$D_Z=0.389d$，压紧扇形截面线芯的电缆，$D_Z=0.439\sqrt{S}$（S 为线芯标称截面积，cm^2）；

δ——电缆主线芯的绝缘厚度，cm；

h——扇形线芯电缆主线芯的压紧高度，cm。

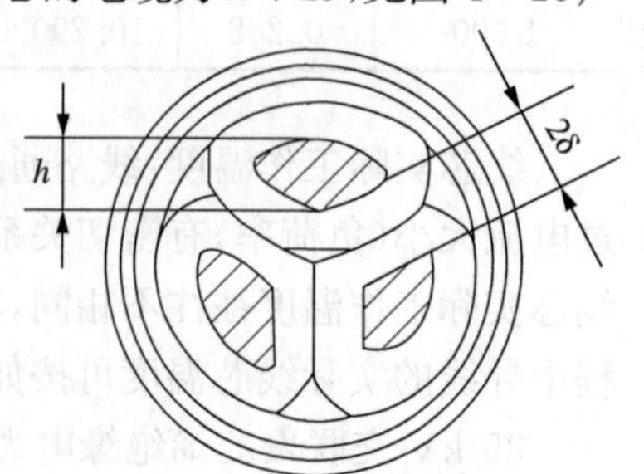

图 4-16　电缆扇形线芯排列图

铠装电缆时，由于钢带（丝）的影响，相当于导体间距增加了15%～30%，使感抗约增加1%，因数值差异不大，可忽略不计。

1 kV及以下的四芯电缆感抗略大于三芯电缆，但对计算电压降影响很小，本节电压降计算表均采用三芯电缆数据。

2. 电压降计算式

线路的电压降计算式见表4-29。

表4-29 线路的电压降计算公式

线路种类	负荷情况	计算公式
三相平衡负荷线路	终端负荷用电流矩 I_1（A·km）表示	$\triangle u\%=\frac{\sqrt{3}}{10U_n}(R'_o\cos\varphi+X'_o\sin\varphi)I_1=\triangle U_a\%I_1$
	几个负荷用电流矩 I_il_i（A·km）表示	$\triangle u\%=\frac{\sqrt{3}}{10U_n}\sum[(R'_o\cos\varphi+X'_o\sin\varphi)I_il_i]=\sum(\triangle U_a\%I_il_i)$
	终端负荷用负荷矩 P_1（kW·km）表示	$\triangle u\%=\frac{1}{10U_n^2}(R'_o+X'_o\tan\varphi)P_1=\triangle U_P\%P_1$
	几个负荷用负荷矩 P_il_i（kW·km）表示	$\triangle u\%=\frac{1}{10U_n^2}\sum[(R'_o+X'_o\tan\varphi)P_il_i]=\sum(\triangle U_P\%P_il_i)$
	整条线路的导线截面、材料及敷设方式均相同且 $\cos\varphi=1$，几个负荷用负荷矩 P_il_i（kW·km）表示	$\triangle u\%=\frac{R'_o}{10U_n^2}\sum P_il_i=\frac{1}{10U_n^2\gamma s}\sum P_il_i=\frac{\sum P_il_i}{CS}$
接于线电压的单相负荷线路	终端负荷用电流矩 I_1（A·km）表示	$\triangle u\%=\frac{2}{10U_n}(R'_o\cos\varphi+X'_o\sin\varphi)I_1\approx1.15\triangle U_a\%I_1$
	几个负荷用电流矩 I_il_i（A·km）表示	$\triangle u\%=\frac{2}{10U_n}\sum[(R'_o\cos\varphi+X'_o\sin\varphi)I_il_i]\approx1.15\sum(\triangle U_a\%I_il_i)$
	终端负荷用负荷矩 P_1（kW·km）表示	$\triangle u\%=\frac{1}{10U_n^2}(R'_o+X'_o\tan\varphi)P_1\approx2\triangle U_P\%P_1$
	几个负荷用负荷矩 P_il_i（kW·km）表示	$\triangle u\%=\frac{1}{10U_n^2}\sum[(R'_o+X'_o\tan\varphi)P_il_i]\approx2\sum(\triangle U_P\%P_il_i)$
	整条线路的导线截面、材料及敷设方式均相同且 $\cos\varphi=1$，几个负荷用负荷矩 P_il_i（kW·km）表示	$\triangle u\%=\frac{2R'_o}{10U_n^2}\sum P_il_i$
接于相电压的两相N线平衡负荷线路	终端负荷用电流矩 I_1（A·km）表示	$\triangle u\%=\frac{1.5\sqrt{3}}{10U_n}(R'_o\cos\varphi+X''_o\sin\varphi)I_1\approx1.15\triangle U_a\%I_1$
	终端负荷用负荷矩 P_1（kW·km）表示	$\triangle u\%=\frac{2.25}{10U_n^2}(R'_o+X''_o\tan\varphi)P_1\approx2.25\triangle U_P\%P_1$
	终端负荷且 $\cos\varphi=1$，用负荷矩 P_1（kW·km）表示	$\triangle u\%=\frac{2.25R'_o}{10U_n^2}P_1=\frac{2.25}{10U_n^2\gamma s}P_1=\frac{P_1}{CS}$

续表

线路种类	负荷情况	计算公式
接相电压的单相负荷线路	终端负荷用电流矩 I_1（A·km）表示	$\triangle u\%=\frac{2}{10U_{nph}}(R'_o\cos\varphi+X''_o\sin\varphi)I_1\approx 2\triangle U_a\%I_1$
	终端负荷用负荷矩 P_1（kW·km)表示	$\triangle u\%=\frac{2}{10U_{nph}^2}(R'_o+X''_o\tan\varphi)P_1\approx 6\triangle U_P\%P_1$
	终端负荷且 $\cos\varphi=1$，或直流线用负荷矩 P_1（kW·km)表示	$\triangle u\%=\frac{2R'_o}{10U_{nph}^2}P_1=\frac{2}{10U_{nph}^2\gamma s}P_1=\frac{P_1}{CS}$
符号说明	$\triangle u\%$——线路电压损失百分数，%； $\triangle U_a\%$——三相线路 1 A·km 的电压损失百分数，%/A·km； $\triangle U_P\%$——三相线路 1 kW·km 的电压损失百分数，%/kW·km； U_n——标称线电压，kV； U_{nph}——标称相电压，kV； X''_o——单相线路单位长度的感抗，Ω/km，其值可取 X'_o 值； R'_o、X'_o——三相线路单位长度的电阻和感抗，Ω/km； I——负荷计算电流，A； l——线路长度，km； P——有功负荷，kW； γ——电导率，s/μm，$\gamma=\frac{1}{\rho}$，其中 ρ 为电阻率，Ω·μm，见表 4-30 的表下注； S——线芯标称截面，mm²； $\cos\varphi$——功率因数； C——功率因数为 1 时的计算系数，见表 4-30。	

注：实际上单相线路的感抗值与三相线路的感抗值不同，但在工程计算中可以忽略其误差，对于 220/380 V 线路的电压损失，导线截面为 50 mm² 及以下时误差约为 1%，导线截面 50 mm² 以上时最大误差约为 5%。

表 4-30　线路电压降的计算系数 C 值(cosφ=1)

线路标称电压/V	线路系统	C 值计算公式	导线 C 值(θ=50 ℃)		母线 C 值(θ=65 ℃)	
			铝	铜	铝	铜
220/380	三相四线	$10\gamma U_n^2$	45.70	75.00	43.40	71.10
220/380	两相三线	$\frac{10\gamma U_n^2}{2.25}$	20.30	33.30	19.30	31.60
220	单相及直流	$5\gamma U_{nph}^2$	7.66	12.56	7.27	11.92
110			1.92	3.14	1.82	2.98
36			0.21	0.34	0.20	0.32
24			0.091	0.15	0.087	0.14
12			0.023	0.037	0.022	0.036
6			0.005 7	0.009 3	0.005 4	0.008 9

注：① 20 ℃ 时 ρ 值(Ω·μm)：铜导线为 0.072；铝导线为 0.028 2；
② 计算 C 值时，导线工作温度为 50 ℃，铜导线 γ 值为 51.91 s/μm；
③ U_n 为标称线电压，kV；U_{nph} 为标称相电压，kV。

3. 电缆线路的电压降

交联聚乙烯绝缘铜芯电缆线路的电压降见表 4 - 31～4 - 34。

表 4 - 31　35 kV 交联聚乙烯绝缘电力电缆的电压降

铜芯电缆截面/mm^2	电阻 θ_n=75 ℃/(Ω/Km)	感抗/(Ω/Km)	埋地 25 ℃的允许负荷/(MV·A)	明敷 30 ℃的允许负荷/(MV·A)	电压降/[%(MW·km)]			电压降/[%(kA·km)]		
					cosφ			cosφ		
					0.8	0.85	0.9	0.8	0.85	0.9
3×50	0.428	0.137	7.76	10.85	0.043	0.042	0.04	2.101	2.157	2.202
3×70	0.305	0.128	9.64	13.88	0.033	0.031	0.03	1.588	1.617	1.634
3×95	0.225	0.121	11.46	16.79	0.026	0.024	0.023	1.25	1.262	1.263
3×120	0.178	0.116	12.97	19.52	0.022	0.02	0.019	1.049	1.051	1.043
3×150	0.143	0.112	14.67	22.49	0.019	0.017	0.016	0.899	0.893	0.878
3×185	0.116	0.109	16.49	25.7	0.016	0.015	0.014	0.783	0.772	0.752
3×240	0.09	0.104	19.04	30.31	0.014	0.013	0.011	0.665	0.65	0.625
3×300	0.079	0.103	21.4	34.98	0.013	0.012	0.011	0.619	0.601	0.574
3×400	0.064	0.103	24.07	39.46	0.012	0.01	0.009	0.559	0.538	0.507

表 4 - 32　10 kV 交联聚乙烯绝缘电力电缆的电压降

铜芯电缆截面/mm^2	电阻 θ_n=80 ℃/(Ω/km)	感抗/(Ω/km)	埋地 25 ℃时的允许负荷/(MV·A)	明敷 35 ℃时的允许负荷/(MV·A)	电压降/[%(MW·km)]			电压降/[%(kA·km)]		
					cosφ			cosφ		
					0.8	0.85	0.9	0.8	0.85	0.9
16	1.359	0.133			1.459	1.441	1.423	0.020	0.021	0.022
25	0.870	0.120	2.338	2.165	0.960	0.944	0.928	0.013	0.014	0.014
35	0.622	0.113	2.771	2.737	0.707	0.692	0.677	0.010	0.010	0.011
50	0.435	0.107	3.291	3.326	0.515	0.501	0.487	0.007	0.007	0.008
70	0.310	0.101	3.984	4.070	0.386	0.373	0.359	0.005	0.005	0.006
95	0.229	0.096	4.763	4.902	0.301	0.288	0.275	0.004	0.004	0.004
120	0.181	0.095	5.369	5.733	0.252	0.240	0.227	0.003	0.004	0.004
150	0.145	0.093	6.062	6.564	0.215	0.203	0.190	0.003	0.003	0.003
185	0.118	0.090	6.842	7.482	0.186	0.174	0.162	0.003	0.003	0.003
240	0.091	0.087	7.881	8.816	0.156	0.145	0.133	0.002	0.002	0.002

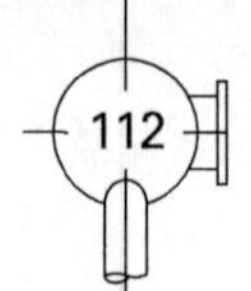

表 4－33　6 kV 交联聚乙烯绝缘电力电缆的电压降

铜芯电缆截面/mm^2	电阻 $\theta_n=80$ ℃/(Ω/km)	感抗/(Ω/km)	埋地 25 ℃时的允许负荷/(MV·A)	明敷 35 ℃时的允许负荷/(MV·A)	电压降/[%(MW·km)]			电压降/[%(kA·km)]		
					cosφ			cosφ		
					0.8	0.85	0.9	0.8	0.85	0.9
16	1.359	0.124			4.033	3.988	3.942	0.034	0.035	0.037
25	0.870	0.111	1.403	1.299	2.648	2.608	2.566	0.022	0.023	0.024
35	0.622	0.105	1.663	1.642	1.947	1.909	1.869	0.016	0.017	0.017
50	0.435	0.099	1.975	1.995	1.415	1.379	1.342	0.012	0.012	0.013
70	0.310	0.093	2.390	2.442	1.055	1.021	0.986	0.009	0.009	0.009
95	0.229	0.089	2.858	2.941	0.822	0.789	0.756	0.007	0.007	0.007
120	0.181	0.087	3.222	3.400	0.684	0.653	0.620	0.006	0.006	0.006
150	0.145	0.085	3.637	3.939	0.580	0.549	0.517	0.005	0.005	0.005
185	0.118	0.082	4.105	4.489	0.499	0.469	0.438	0.004	0.004	0.004
240	0.091	0.080	4.728	5.290	0.419	0.390	0.360	0.003	0.003	0.003

表 4－34　1 kV 交联聚乙烯绝缘电力电缆用于三相 380 V 系统的电压降

铜芯电缆截面/mm^2	电阻 $\theta_n=80$ ℃(Ω/km)	感抗/(Ω/km)	电压降/[%(A·km)]					
			cosφ					
			0.5	0.6	0.7	0.8	0.9	1.0
4	5.332	0.097	1.253	1.494	1.733	1.971	2.207	2.430
6	3.554	0.092	0.846	1.005	1.164	1.321	1.476	1.620
10	2.175	0.085	0.529	0.626	0.722	0.816	0.909	0.991
16	1.359	0.082	0.342	0.402	0.460	0.518	0.574	0.619
25	0.870	0.082	0.231	0.268	0.304	0.340	0.373	0.397
35	0.622	0.080	0.173	0.199	0.224	0.249	0.271	0.284
50	0.435	0.080	0.131	0.148	0.165	0.180	0.194	0.198
70	0.310	0.078	0.101	0.113	0.124	0.134	0.143	0.141
95	0.229	0.077	0.083	0.091	0.098	0.105	0.109	0.104
120	0.181	0.077	0.072	0.078	0.083	0.087	0.090	0.082
150	0.145	0.077	0.063	0.068	0.071	0.074	0.075	0.066
185	0.118	0.077	0.057	0.060	0.063	0.064	0.064	0.054
240	0.091	0.077	0.051	0.053	0.054	0.054	0.053	0.041

4.3 电缆敷设

电缆敷设要求见第 8 章。

4.4 配电设备选择

常用的配电设备一般包括配电装置、现场插座及控制装置(如现场操作柱、控制箱等)。石油化工企业用电设备环境场所一般可分为正常环境、腐蚀环境和爆炸危险环境场所,按气候防护划分又分为户内场所和户外场所,配电设备需根据不同环境场所的要求进行选择。

4.4.1 正常环境

正常环境是指除腐蚀环境和爆炸危险环境以外的场所,配电设备的选择一般主要满足外壳防护等级(IP 代码)的要求。

正常环境的户内配电设备外壳防护等级最低要求为 IP4X,户外配电设备外壳防护等级最低要求为 IP54。

4.4.2 腐蚀环境

1. 腐蚀环境分类

根据腐蚀性物质的释放严酷度及周围环境的特点,腐蚀环境划分为三类,划分的主要依据见表 4 - 35,表中的两个依据需同时考虑。

表 4 - 35 腐蚀环境划分的主要依据

<table>
<tr><th rowspan="2">主要依据</th><th colspan="5">类　　别</th></tr>
<tr><th colspan="2">0 类(轻度腐蚀环境)</th><th colspan="2">1 类(中等腐蚀环境)</th><th>2 类(强腐蚀环境)</th></tr>
<tr><td>地区或局部环境最湿月平均最高相对湿度(25 ℃)</td><td>≥60%</td><td>0~75%</td><td>≥75%</td><td>0~85%</td><td>≥85%</td></tr>
<tr><td>化学腐蚀性物质的释放状况</td><td>一般无泄漏现象,任一种腐蚀性物质的释放严酷度经常为 1 级,有时(如事故或不正常操作时)可能达到 2 级。</td><td colspan="2">有泄漏现象,任一种腐蚀性物质的释放严酷度经常为 2 级,有时(如事故或不正常操作时)可能达到 3 级。</td><td colspan="2">泄漏现象严重,任一种腐蚀性物质的释放严酷度经常为 3 级,有时(如事故或不正常操作时)可能超过 3 级的限定值。</td></tr>
<tr><td colspan="6">注:如地区或局部环境最湿月平均最低温度不是 25 ℃时,其同月平均最高相对湿度需换算到 25 ℃时的相对湿度。</td></tr>
</table>

当缺乏化学腐蚀性物质的释放数据时,可根据表 4 - 36 所列的参考依据来划分环境类别,但这些定性判断的依据不一定同时具备。

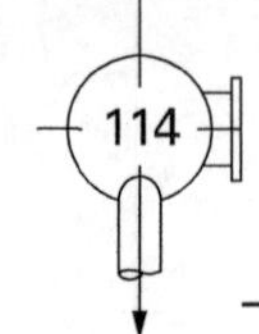

表 4-36　腐蚀环境划分的参考依据

参考依据	类　别		
	0 类(轻度腐蚀环境)	1 类(中等腐蚀环境)	2 类(强腐蚀环境)
操作条件	由于风向关系,有时可闻到化学物质气味	经常能感到化学物质的刺激,但不需佩戴防护器具进行正常的工艺操作	对眼睛或外呼吸道有强烈刺激,有时需佩戴防护器具才能进行正常的工艺操作
表观现象	建筑物和工艺、电气设施只有一般的腐蚀现象,工艺和电气设施只需常规维修;一般树木生长正常	建筑物和工艺、电气设施腐蚀现象明显,工艺和电气设施需年度大修;一般树木生长受影响	建筑物和工艺、电气设施腐蚀现象严重,设备大修间隔期小于一年;一般树木成活率低
通风情况	通风换气良好	通风换气一般	通风换气不好

腐蚀环境类别的划分,需根据腐蚀性物质释放浓度、释放点位置情况并结合地区最湿月平均最高相对湿度来确定。

2. 腐蚀环境配电设备的选择

配电设备的防腐类型,分为户内防中等腐蚀型(代号 F1)、户内防强腐蚀型(代号 F2)、户外防轻腐蚀型(代号 W)、户外防中等腐蚀型(代号 WF1)、户外防强腐蚀型(代号 WF2)五种。

腐蚀环境电气设施的选择需根据环境类别按表 4-37 和表 4-38 的要求进行。

表 4-37　户内腐蚀环境配电设备的选择

序号	名　称	腐蚀环境类别		
		0 类	1 类	2 类
1	配电装置及现场插座	—	F1 级防腐型	F2 级防腐型
2	控制装置(现场操作柱、控制箱等)	F1 级防腐型	F1 级防腐型	F2 级防腐型
3	电动机	—	F1 级防腐型	F2 级防腐型
4	电线	—		
5	电缆	—		
6	电缆桥架	—	F1 级防腐型	F2 级防腐型

注:一些配电设备由于自身已经具有防腐蚀能力并满足所在环境要求,将不做特别要求,在表中以“—”表示。

表 4-38　户外腐蚀环境配电设备的选择

序号	名　称	腐蚀环境类别		
		0 类	1 类	2 类
1	配电装置及现场插座	W 级户外型	WF1 级防腐型	WF2 级防腐型
2	控制装置(现场操作柱、控制箱等)	WF1 级户外型	WF1 级防腐型	WF2 级防腐型
3	电动机	W 级户外型	WF1 级防腐型	WF2 级防腐型

续表

序号	名　称	腐蚀环境类别		
		0类	1类	2类
4	电线	—		
5	电缆	—		
6	电缆桥架	—	WF1级防腐型	WF2级防腐型

注:一些配电设备由于自身已经具有防腐蚀能力并满足所在环境要求,将不做特别要求,在表中以"—"表示。

在2类腐蚀环境中,一般不采用带电刷的同步电动机、绕线型异步电动机及直流电动机。大、中型电动机的防腐,可向电动机制造商提出特殊订货要求。

在1类和2类腐蚀环境中,电动桥式起重机、电动梁式起重机及电动葫芦的供电回路均需采用电缆配电,配电电缆一般选用重型软电缆;有氟化物释放的腐蚀性环境,配电设备上有暴露的观察窗等可视部件时,需采用耐氟型材料。

3. 腐蚀环境配电设备的安装

腐蚀环境中的配电设备,一般选择螺栓安装方式;当选用焊接安装方式时,需对焊接区域采取防腐蚀措施。金属安装构件(包括金属零部件)需根据腐蚀性物质的特性采用涂漆或涂覆方案。

腐蚀环境中的照明开关、检修插座、现场控制箱(操作柱)等小型配电设备,一般都安装在牢固的构件或构筑物上。

4.4.3 爆炸危险环境

爆炸环境危险区域划分、配电设备的选择及安装要求见第9章。

第5章 照明设计

本章讨论石油化工的照明设计，一般照明设计在整个电气设计中是一个比较特殊的内容，其侧重的物理量是光而非电。照明设计基于人眼的视觉特性，在人造光源下人眼对物体的大小、形状、质地和色彩会产生感知。石油化工生产装置大多工艺过程复杂、生产条件苛刻、制约因素多、设备集中，其原料和产品也多属可燃、易爆、有毒物质，装置连续生产工日长，设备长周期连续运转，且石油化工企业多为户外敞开式装置或高大厂房，装置内通常有大体积的设备，如塔器、储罐、压缩机等，设备间由各种管道连接，在不同的位置需要对装置运行进行观察巡视，这些都是在进行照明设计时需要考虑的因素。石油化工较常规工厂有其特殊性，人眼感知的真实性、清晰性、安全性尤为重要，其照明设计的好坏直接影响到生产安全、劳动生产率、产品质量和劳动卫生等诸多方面。

5.1 照明方式和种类

5.1.1 照明方式

照明方式主要分为一般照明、局部照明、混合照明和重点照明。

(1) 一般照明：为照亮整个场所而设置的均匀照明。具体来讲是指在室内外整个场所，为达到相应的人眼感知要求将灯具进行功能性的布置，一般照明应为均匀照明，所以主要考虑场所的空间效应，特别是作业面需照度均匀，能保证整个工作面都有足够的照度，也能够将墙壁和顶棚等照亮，使周围环境具有一定的亮度，为整个区域提供良好的视觉环境。同一场所内的不同区域往往有不同的照度要求，如工作区、非工作区、通行区等，为照亮工作场所中某一特定区域而设置的均匀照明也称为分区一般照明。通常照明重点在工作区，而其余区域的照度一般只有工作区的一半。

(2) 局部照明：特定视觉工作用的、为照亮某个局部而设置的照明。在照明水平和照明质量要求非常严格的局部工作场所，由于障碍物(包括工作者本身)的遮挡，一般照明不能给工作位置提供很好的照明，所以需要采用局部照明来增加工作面、照明视觉作业区域及其邻近区域的照度。局部照明是一般照明的补充，不能用它来完全取代一般照明。

(3) 混合照明：由一般照明与局部照明组成的照明。对于作业面照度要求较高，只采用一般照明不合理的场所，可采用混合照明。

(4) 重点照明：为提高指定区域或目标的照度，使其比周围区域突出的照明。

其他照明方式还有直接照明、间接照明、漫射照明、定向照明等。

石油化工装置中需提供照明的场所往往空间不规则，有大型设备或管道的遮挡，所以混合照明是最常采用的照明方式。

5.1.2 照明种类

照明种类主要分为正常照明、应急照明、值班照明、警卫照明、障碍照明等，在石油化工企业中还有一种重要的照明种类是检修照明。

(1) 正常照明，顾名思义就是在正常情况下使用的照明。

(2) 应急照明，是因正常照明的电源失效而启用的照明。应急照明包括疏散照明、安全照明和备用照明。在石油化工装置的照明设计中，有时很难区分疏散照明、安全照明和备用照明的差别，原则上在下列场所需设置应急照明：建筑物或装置的出口、楼梯、现场机柜间、控制室、变电所和配电室、自备电站、动力站、消防控制室和火灾报警按钮处、柴油发电机房、现场就地安装的仪表盘、泵区、洗眼器附近、重要阀门或仪表处、重要的操作岗位等处，以及当正常照明故障时，出于安全原因需要保证装置运行或安全停车的地方。

(3) 值班照明，是指非工作时间为值班所设置的照明。值班照明用于需要夜间值守或巡视值班的场所。值班照明可以利用正常工作照明中能单独控制的一部分，也可利用应急照明，对其电源没有特殊要求。

(4) 警卫照明，是用于警戒而安装的照明，大部分的石油化工装置、库区、原料成品罐区等均有警戒防范的需要，需根据警戒范围的要求设置警卫照明。

(5) 障碍照明，是在可能危及航行安全的建筑物或构筑物上安装的标识照明。石油化工装置中多有高大的塔器、反应器、火炬、烟囱等，若位于飞行区域或飞机起降的航道上，需按民航部门的规定，装设障碍标志灯，另外石油化工企业多建有自己的船运码头或邻近船舶通行的航道，也需按交通部门的有关规定，在航道两侧或中间的建(构)筑物障碍物上装设障碍标志灯。

(6) 检修照明，是为检维修而专门设置的照明，需要紧急检维修的地方多为重要的操作位置，往往均设有应急照明，大型设备内部的检修照明多采用便携式照明器具。

5.2 照明光源和灯具

5.2.1 照明光源的选择

电光源按照其发光物质分类，可分为热辐射光源、固态光源和气体放电光源三类，详细分类见表 5-1。

选择光源时，需满足显色性、启动时间等要求，并根据光源、灯具及镇流器等的效率或效能、寿命等在进行综合技术经济分析比较后确定。因为一些高效、长寿命的光源，虽然单价高，但使用数量减少，运行维护费用降低，经济上和技术上是合理的。为实现绿色节能的目标，除对电磁干扰有严格要求，且其他光源无法满足的特殊场所外，照明设计中一般不采用普通照明白炽灯。

表 5-1 电光源分类表

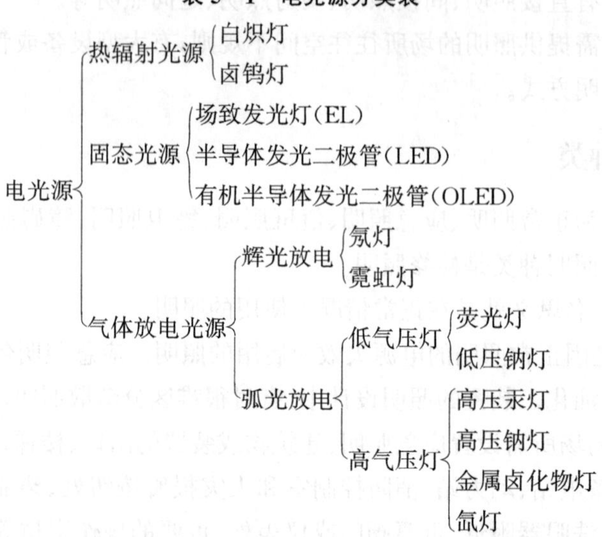

除了光源，配套的电器也是必不可少的，一般主要配套电器有镇流器、触发器、补偿电容器等。镇流器是连接在电源和一个或多个放电灯之间，用于将灯的电流限制到要求值的一种部件。镇流器包括改变供电电压或频率、校正功率因数的器件，可以单独地，或和触发器一起给放电灯的点亮提供必要条件。气体放电灯的镇流器主要分为电感镇流器和电子镇流器两大类。对镇流器的安全要求、性能要求、特殊要求和能效等级，我国均制定有相关国家标准，特别是对谐波、能效，有很严格的限制规定。高强气体放电灯(HID)的启动方式有内触发和外触发两种。灯内有辅助启动电极或双金属启动片的为内触发；外触发则利用灯外触发器产生高电压脉冲来击穿灯管内的气体使其启动，但不提供电极预热装置。如果既提供放电灯电极预热，又能产生电压脉冲或通过对镇流器突然断电使其产生自感电动势的器件，则称为启动器。由于气体放电灯电流和电压间有相位差，且串接的镇流器为电感性的，所以气体放电灯照明线路的功率因数较低(一般为 0.4～0.5)。为提高线路的功率因数，减少线路损耗，需设置电容补偿。采用单灯补偿最为有效，在镇流器的输入端接入一适当容量的电容器，可将单灯功率因数提高到 0.85～0.9。各种高强气体放电灯一般都需要配备镇流器和触发器，并针对各公司的光源进行选择，不可随意选用和替换，否则将影响产品特性，且不利于节能。此外，气体放电灯在工频电流下工作，会产生频闪效应，对某些视觉作业带来不良影响。可采用将相邻灯分接不同的相序或采用高频电子镇流器，可大大降低频闪影响。

5.2.2 照明灯具的特性与选择

根据国际照明委员会(CIE)的定义，灯具是透光性、能够分配和改变光源光分布的器具，包括除光源外用于固定和保护光源所需的全部零部件以及与电源连接所需的线路附件。

照明灯具的分类方式很多，可以按照使用光源、安装方式、使用环境及使用功能等进行分类。按照使用光源分类，主要有荧光灯灯具、高强气体放电灯灯具、LED 灯具等。按照安装方式分类，主要有悬吊式灯具、吸顶灯、壁式灯具、嵌入式灯具、落地灯、高杆灯、护栏式灯具等。按照使用环境分类，可以分为适用于多尘、潮湿、腐蚀、火灾危险、爆炸危险等场所的灯具。

1. 灯具的光学特性

灯具的光学特性主要有灯具光强分布、灯具效率或灯具效能、灯具亮度分布和遮光角、灯具利用系数、灯具最大允许距高比等。

(1) 光强分布:任何灯具在空间各个方向上的发光强度都是不一样的,可以用数字和图形把灯具各个方向上的发光强度在空间上的分布情况记录下来,常用极坐标表示灯具的光强分布,以极坐标原点为中心,把灯具在各个方向的发光强度用矢量表示出来,连接矢量的端点,形成光强分布曲线,即配光曲线。为了便于对各种灯具的光强分布特性进行比较,曲线的光强值都是按光通量为 1 000 lm 给出的,因此,实际光强值为光强的测定值乘以灯具中光源实际光通量与 1 000 的比值。

(2) 灯具效率或灯具效能:在规定条件下,灯具发出的总光通量占灯具内光源发出的总光通量的百分比称为灯具效率,灯具效率说明了灯具对光源光通的利用程度。灯具的效率总是小于 1 的。对于 LED 灯,通常用灯具效能表示,指在规定条件下,灯具发出的总光通量与所输入的功率之比,即含光源在内的整体效能,单位是 lm/W。灯具的效率或效能在满足使用要求的前提下越高越好。

(3) 灯具亮度分布和遮光角:灯具的测光数据中一般都有灯具在不同方向上的平均亮度值,特别是眩光角 $\gamma=45^\circ\sim85^\circ$ 范围内的亮度值。灯具遮光角则是指灯具出光口平面与刚好看不见发光体的视线之间的夹角。灯具亮度分布和遮光角是评价视觉舒适度的必要参数。

(4) 灯具利用系数:指投射到参考平面上的光通量与照明装置中的光源的额定光通量之比。一般情况下,灯具的固有利用系数(达到工作面或规定的参考平面上的光通量与灯具发出的光通量之比)与灯具效率的乘积,即为灯具的利用系数。与灯具效率相比,灯具的利用系数反映的是光源光通量最终在工作面上的利用程度。

(5) 灯具最大允许距高比:灯具的距高比是指灯具布置的间距与灯具悬挂高度(灯具与工作面之间的垂直距离)之比,比值越小,则照度均匀度越好,但这样会导致灯具数量的增加,进而增加投资和耗电量,比值越大,则照度均匀度就可能得不到保证。在均匀布置灯具的条件下,保证工作面上有一定均匀度的照度时,允许灯具间的最大安装距离与灯具安装高度之比,称为最大允许距高比。

灯具的这些光学特性都是照明设计、照度计算的基本参数,这些特性数据均由灯具制造商提供。

2. 灯具的选择

灯具的选择既要满足使用功能、照明质量和场所环境的要求,又要便于安装维护、长期运行费用低。具体需考虑以下几个方面:① 光学特性,如配光、眩光控制等;② 环境条件,如有火灾危险、爆炸危险环境,有灰尘、潮湿、振动和化学腐蚀的环境;③ 经济性,如灯具效率、初始投资及长期运行费用等;④ 灯具外形与周围环境相协调。

(1) 根据配光特性选择灯具:灯具的配光类型有间接型、半间接型、直接间接型、漫射型、半直接型、直接型(宽配光)、直接型(中配光不对称)、直接型(窄配光)等,不同配光的灯具所适用的场所也是不同的。

(2) 根据环境条件选择灯具:在有爆炸危险的场所,需按爆炸危险的介质分类等级选择灯具;在特别潮湿的房间内,可采用有反射镀层的灯泡,以提高照明效果的稳定性;在多灰尘的房间,需根据灰尘数量和性质选择防水防尘型灯具;在有化学腐蚀和特别潮湿的房间,除需采用防水防尘型灯具外,灯具的外壳材料也需考虑选用耐腐蚀材料;在有水淋或水浸或水冲洗的场所,需选用水密型灯具,并根据不同的水防护要求,选用不同外壳防护等级的灯具;在高温场所或高温部位,可采用散热性能好、耐高温的灯具;在装有大型桥吊、轨吊等振动、摆动较大场所,灯具需安装可靠、牢固，并有抗震措施；在易受机械损伤、光源自行脱落可能造成人员伤害或财物损失的场所，灯具需有防光源脱落的措施。

(3) 根据经济性选择灯具：在满足使用功能和照明质量要求的前提下，一般对选用的灯具和照明方案进行经济比较。比较的方法是将与整个一段照明时间有联系的所有费用综合起来计算，这些费用包括初建投资费(灯具及附件费、光源费、安装费)、运行费(电费、更换光源费)、维护费(换灯人力费、清扫人力费、其他可能出现的少量费用)。综合计算并比较整个照明周期的各项费用，以做到更科学地评估，有利于提高照明能效。

5.2.3 石油化工使用的照明灯具

上文介绍了照明光源及照明灯具的基本知识和选择原则，接下来将介绍石油化工用照明灯具选择的特点。

1. 光源选择

照明光源需根据生产工艺的特点和要求来选择，并满足生产工艺及环境对显色性、启动时间等的要求，同时根据光源效能、寿命等在进行综合技术经济分析比较后确定。根据石油化工装置生产工艺及布置的特点，石油化工装置常用的光源有荧光灯、LED灯、金属卤化物灯、高压钠灯等，其中荧光灯包括传统型荧光灯和无极荧光灯，也称无极灯或电磁感应灯，金属卤化物灯主要使用陶瓷金卤灯，高压钠灯以高光效高压钠灯为主。表5-2为石油化工常用光源的部分性能比较。

表5-2 石油化工常用光源性能比较

性能描述	光源种类				
	传统型荧光灯优质T5	无极灯	LED灯	陶瓷金卤灯	高光效高压钠灯
光效/(lm/W)	89～105	75～90	60～120	65～140	120～140
光源平均寿命/h	24 000	60 000	25 000～50 000	5 000～20 000	28 000～32 000
显色指数	85	80	80	65～95	23
光源启动稳定时间	1～2 s(灯丝预热)启动达到80%～85%的光输出，60 s达到100%	启动瞬时可达80%～85%的光输出，60秒达到100%	瞬时	启动仅6%～10%的光输出，5～15分钟达到100%	启动仅6%～10%的光输出，3～10分钟达到100%
热启动时间	1～2 s(灯丝预热)	瞬时	瞬时	光源需冷却5～15 min，才能再次亮灯	光源需冷却3～10 min，才能再次亮灯
电源电压变化对灯功率(照度)的影响	电源波动10%灯输出波动小于20%	电源波动20%灯输出波动小于2%	电源波动20%灯输出波动小于2%	电源波动10%灯输出波动小于20%	电源波动10%灯输出波动小于20%
配套电器	电子镇流器	电子镇流器	恒流电源	节能型电感镇流器触发器	节能型电感镇流器触发器

续表

性能描述	光源种类				
	传统型荧光灯优质 T5	无极灯	LED 灯	陶瓷金卤灯	高光效高压钠灯
光方向性	不强	不强	很强	不强	不强
眩光	光源面积较大，不易眩光	光源面积较大，不易眩光	光源面积较小，易产生眩光	光源面积较大，不易眩光	光源面积较大，不易眩光
色彩还原能力	好	好	好	一般	差
表面温度	低于 90 ℃	低于 90 ℃	低于 90 ℃	300 ℃左右	300 ℃左右

从表 5－2 中可以看出，石油化工装置常用光源有光效高、寿命长、照明质量高等特点。结合光源的自身特性，光源点距作业面的距离不超过 4m 时，一般选用直管型三基色荧光灯，灯具安装高度较高时，则选用无极灯、金属卤化物灯，无显色要求时可选用高压钠灯。塔器等高大设备上的平台照明，为减少换灯维护的工作量，可选用无极灯或 LED 灯，设备视孔灯也可选用亮度较强的 LED 灯。LED 灯作为光源似乎并无绝对优势，这是由其点光源的特性决定的，但通过在灯具中配置漫射罩等方式，可以大大改善其聚光性和眩光，因其具有启动快、光效高、寿命长等诸多优点，且政府政策支持，LED 灯进入工业照明领域并被越来越广泛地应用是必然的趋势。但是，LED 灯还必须在颜色均匀度、光通维持率、颜色漂移、电磁兼容等方面更加完善，才能真正成为新一代的绿色光源。

2. 灯具选择

选择灯具时，首先可以参照建筑物室形指数的计算方法来计算空间室形指数，进而选取不同配光的灯具。石油化工装置一般采用配光类型为直接型（宽配光）的灯具，此类灯具的下射光通量占 90％以上。然后需按照环境条件，包括湿度、温度、震动程度、污秽程度、尘埃程度、腐蚀性、有无有爆炸危险环境等情况来选择灯具。

（1）潮湿和有腐蚀性环境的灯具选择（表 5－3）

表 5－3　潮湿和有腐蚀性环境的灯具选择

电气设备名称	环境特征						
	潮湿环境	户内腐蚀环境			户外腐蚀环境		
		0 类（轻腐蚀环境）	1 类（中等腐蚀环境）	2 类（强腐蚀环境）	0 类（轻腐蚀环境）	1 类（中等腐蚀环境）	2 类（强腐蚀环境）
灯具	防水型（IP34 或 IP44）	防水防尘型（不低于 IP54）	防腐密闭型	防腐密闭型	防水防尘型（不低于 IP55）	户外防腐密闭型	户外防腐密闭型

（2）火灾危险环境的灯具选择

① 火灾危险环境的灯具的防护等级不低于 IP4X；在有可燃粉尘或可燃纤维（不可能形成爆炸性粉尘混合物的悬浮状或堆积状的可燃粉尘或可燃纤维）环境不低于 IP5X；在有导电粉尘或导电纤维的环境不低于 IP6X。

② 火灾危险环境的灯具需有防机械应力的措施，并装有防止外力损害光源和防止光源坠落的安全护罩，该防护罩一般使用专用工具方可拆卸。

③ 可燃物品库库内灯具的发热部位需有隔热措施。

(3) 爆炸危险环境的灯具选择

需按其危险环境的分区分级进行选择。本书第9章将展开更详细的讲解。

石油化工向着联合化、露天化发展，户外露天环境受风、雨、冰、雪、日晒、沙尘和生物等影响，许多装置更是建在严寒、酷热或者海边等环境严酷的地方。而且户外一般昼夜温差大，容易产生凝露。同时大多数生产装置中的反应物料介质具有易燃、易爆和腐蚀性强的特点，且所有这些严酷的条件往往是同时存在的，都要求所用的照明灯具在结构设计、绝缘系统、防护等级和表面处理上比普通照明灯具具有较高的抗环境影响的性能。所以石油化工装置中使用的灯具往往既要满足防爆等级要求，又要有较高的外壳防护等级，以达到防腐防尘防水的要求，同时其安装、维护等方面的机械安全要求也很高，包括与外壳构成整体的紧固件、引入装置、透明件、悬挂装置、标志等，因此防爆灯具是照明灯具制造行业中技术要求最高的一个独立的大类。

这里我们简单介绍几点防爆灯具在设计制造方面的特殊之处。

① 防异物冲击能力：防爆灯具外壳部件需承受冲击试验而不损坏，携带式灯具还需能承受灯具透明件向下，从1m高度自由跌落的试验而不损坏。

② 透明件：任何防爆灯具均需应用透明件，为了有较高的光透过率，透明件壁厚不可能做得很厚。透明件往往是防护外壳零件中较薄弱的环节。

透明件一般采用玻璃或其他化学物理性能稳定的材料制成，由塑料制成的透明件除需符合配光要求外，还需考量其热稳定性和防表面静电的性能。透明件除需承受规定的冲击试验外，还需能抵御冷热剧变试验。试验时将灯具安置在最高环境温度中点亮，待灯具温升稳定后，用10℃左右的冷水喷射到透明件的表面最高温度处。透明件在工作受热状态时会有热胀的现象，一旦受到冷水喷射，透明件会因急剧冷却而收缩。透明件的各部分会因冷却程度不同而收缩不一致，如透明件无足够的强度或分子间有残余的破坏应力存在，就会导致透明件的损坏。为使透明件不受到过高温度和热分布过度不均匀，灯具设计时需充分考虑透明件与光源以及灯具其他发热源之间的间距，同时还要尽可能避免在透明件受到冲击破坏的同时，光源受到透明件碎片的冲击。

③ 保护网：防爆灯具常设计配有保护网，保护网是保护透明件免遭质量较大的固体异物冲击的有效措施，它既能透出绝大部分光线，又能提高透明件部位的抗冲击能力。

④ 引入装置：和其他防爆电器一样，需确保电源电缆或导线引入口的密封，杜绝水和粉尘沿引入口进入腔内。引入的电源电缆或导线需有固定措施，使电缆或导线受到的外力不传入腔内接线柱，防止电气连接的接触不良或失效，保证线缆连接的可靠，并有足够的机械强度，确保灯具在安装接线时不会因安装过于用力而损坏。

此外，防爆灯具的安装也十分关键。安装前要核对铭牌与产品说明书，包括防爆型式、类别、级别、组别，外壳的防护等级，安装方式及安装用的紧固件要求等。防爆灯具的安装要确保固定牢靠，紧固螺栓不得任意更换，弹簧垫圈需齐全。防尘、防水用的密封圈安装时要原样放置好。电缆进线处，电缆与密封垫圈要紧密配合，电缆的断面为圆形，且护套表面不能有凹凸等缺陷。多余的进线口，须按防爆类型进行封堵，并将压紧螺母拧紧，使进线口密封。如果需要更换光源，灯具打开后重新结合时，需确保防爆接合面、密封圈等完好无损。

5.2.4　航空障碍灯(飞行障碍灯)

石油化工装置中多有高大的塔器、反应器、火炬、烟囱等，若这些装置位于飞行区域或飞机起降的航道上，则需按民航部门的规定，装设障碍灯及标志。

航空障碍灯设置的场所及范围在《中华人民共和国民用航空法》及国家有关文件中有规定：

① 机场净空保护区内的限高或超高建筑物及构筑物需设置飞行障碍灯和标志；

② 航路上及飞行区周围影响飞行安全的人工及自然障碍物体需设置飞行障碍灯及标志；

③ 有可能影响飞行安全的地面高耸、高大建筑物和设施，需设置飞行障碍灯及标志，并保持正常状态；

④ 公安、消防、交通等部门在城市中建有直升机停机坪，城市上空视为净空，城市中的高大建筑物及构筑物需设置飞行障碍灯和标志。

在上述场所和范围内，顶部高出其地面 45 m 以上的建(构)筑物或设施均必须设置航空障碍灯。

航空障碍灯一般分为低光强、中光强和高光强三种。为了与一般用途的照明灯有所区别，低光强航空障碍灯为常亮，中光强航空障碍灯与高光强航空障碍灯为闪光，闪光频率不低于 20 次/min，不高于 70 次/min。航空障碍灯的作用就是显示出构筑物的轮廓，使飞行器操作员能判断障碍物的高度与轮廓，起到警示作用。因此不论哪种航空障碍灯，其在不同高度的航空障碍灯数目及排列，都能从各个方面看出该物体或物体群的轮廓，并且配合障碍灯的同时闪烁或顺序闪烁，以达到明显的警示作用。

根据障碍物的高度和体积，在规定的位置安装不同光强的障碍灯或几种障碍灯配合使用。航空障碍灯的设置需标志出障碍物的最高点和最边缘(即视高和视宽)，中间层的间距必须不大于 45 m。对于烟囱或其他类似性质的障碍物，顶部障碍灯一般位于顶端 1.5～3 m 之间，考虑到烟囱对灯具的污染，障碍标志灯可设在低于烟囱口 4～6 m 处的位置。对于不足 150 m 高的高压输电电缆或铁塔可在顶部设发白光的中光强航空障碍灯。LED 光源以其高效、环保、节能、稳定等优点，被公认为航空障碍灯最佳光源。

5.3　照明标准与质量

5.3.1　照明质量

优良的照明质量由五个要素构成：适当的照度水平、舒适的亮度分布、优良的灯光颜色品质、没有眩光干扰、正确的投光方向与完美的造型立体感。

1. 照度水平

照度是入射在包含该点的面元上的光通量 $d\Phi$ 除以该面元面积 dA 所得之商。单位为勒克斯(lx)，1 lx=1 lm/m²。平均照度是规定表面上各点的照度平均值。确定照度水平主要考虑四方面的因素：视觉功效、视觉满意度、经济水平和能源的利用率。

对于工作区，视觉功效是主要的考量因素。视觉功效是人借助视觉器官完成作业的效能，通常用工作的速度和精度来表示。增加作业照度(或亮度)，视觉功效随之提高，但达到一定的照度水平后,视觉功效的改善便不明显了。对于非工作区,一般不以视觉功效来确定照度水平,而需考虑定向和视觉舒适满意度。在实际应用中,无论根据视觉功效还是视觉满意度选择照度水平,都要受经济条件和电源供应的制约,所以,综合上述三方面因素确定的照度水平往往不是最理想的,而只能是适当的、折衷的标准。

照明均匀度指规定表面上的最小照度与平均照度之比,符号是 U_0。不同的场所照度均匀度的要求不同,一般不低于 0.6。照度均匀度不佳,易造成明暗适应困难和视觉疲劳。GB 50034—2013《建筑照明设计标准》中规定有,作业面邻近周围照度可低于作业面照度,但不低于表 5-4 中的第二列的数值。

表 5-4 作业面邻近周围照度要求

作业面照度/lx	作业面邻近周围照度/lx
≥750	500
500	300
300	200
≤200	与作业面照度相同

注:作业面邻近周围指作业面外宽度不小于 0.5 m 的区域。

作业面背景区域一般照明的照度不低于作业面邻近周围照度的 1/3。

作业面背景区域一般指作业面邻近周围区域外宽度不小于 3 m 的区域,常常也可以理解为照明场所中走道等非作业区域。如果作业面邻近周围或者作业面背景区域的照度水平迅速下降,照度变化太大,会引起视觉困难和明暗不适应的不舒适感。

由于石油化工装置中多有设备、管道等的遮挡,需确保作业区,尤其是控制盘、显示表盘等处没有阴影或光反射。

2. 亮度分布

室内的亮度分布是由照度分布和表面反射比决定的。视野内的亮度分布不适当会损害视觉功效,过大的亮度差别会产生不舒适眩光。因此,与作业区贴邻的环境亮度可以低于作业亮度,但不小于作业亮度的 2/3,为作业区提供良好的颜色对比也有助于改善视觉功效。

3. 灯光的颜色品质

灯光的颜色品质包含光源的表观颜色、光源的显色性能、灯光颜色一致性及稳定性等几个方面。

(1) 光源的表观颜色:即色表,可以用色温或相关色温描述,也就是平时常说的冷色光或暖色光。按照 CIE 的建议我国照明设计标准将光源的色表分为三类,见表 5-5。

表 5-5 光源的色表类别

类别	色表	相关色温/K
Ⅰ	暖	<3 300
Ⅱ	中间	3 300~5 300
Ⅲ	冷	>5 300

通常暖色灯光适合居家、休闲娱乐场所,而需要紧张、精神振奋地进行工作的场所则采用较高色温的灯光为好。

(2) 光源的显色性能：取决于光源的光谱能量分布，对有色物体的颜色外观有显著影响。CIE 用一般显色指数 Ra 作为表示光源显色性能的指标，它是根据规定的 8 种不同色调的标准色样，在被测光源和参照光源照明下的色位移平均值确定的。Ra 的理论最大值是 100。CIE 将灯的显色性能分成 4 类，其中第 I 类又细分为 A、B 两组，并提出每类灯的适用场所，作为评估照明质量的指标，见表 5-6。

表 5-6　光源显色性分类

显色性能类别	显色指数范围	色表	应用示例	
			优先采用	容许采用
I A类	$Ra \geqslant 90$	暖	颜色匹配	颜色检验
		中间	仪表装配	主控室
		冷	办公室	修复室
I B类	$80 \leqslant Ra < 90$	暖	住宅、食堂	橡胶工业
		中间	办公室、印刷、油漆、纺织工业	控制室
		冷	网络中心、计量室、变配电室	视觉费力的工业生产
Ⅱ	$60 \leqslant Ra < 80$	暖、中间、冷	石化装置现场控制和检测点(如指示仪表、液位计等)、电缆夹层、压缩机厂房、变压器室、动力站	高大的工业生产场所、化纤工业、办公室
Ⅲ	$40 \leqslant Ra < 60$	暖、中间、冷	粗加工工业	工业生产、流通通道
Ⅳ	$20 \leqslant Ra < 40$	暖、中间、冷	石化装置经常操作区域(如泵、压缩机、阀门等)、人行通道、装卸平台	热加工车间、粗加工工业、显色性要求低的工业生产、库房

随着 LED 灯的普及，因为当前普遍使用的白色 LED 灯大多是蓝光激发黄色荧光粉发出白光，其红色光谱成分薄弱，显色性不好，所以 GB 50034—2013《建筑照明设计标准》规定工作场所应用 LED 灯的 Ra 不小于 80，并且 R9(特殊显色指数，饱和的红色)需大于零。从视觉舒适感和生物安全性考虑，选用的 LED 灯的色温一般不高于 4 000K。

(3) 灯光颜色一致性及稳定性：这个品质指标也是主要针对 LED 灯，LED 灯的颜色一致性和颜色漂移是光源质量的重要参数。

4. 眩光干扰

如果灯、灯具、窗或其他区域的亮度比作业区一般环境的亮度高得多，人们就会感受到眩光。眩光使人产生不舒适感，严重的还会损害视觉，所以工作区域必须避免眩光干扰。眩光可分为直接眩光和反射眩光。

直接眩光是由灯或灯具过高的亮度直接进入视野造成的。眩光效应的严重程度取决于光源的亮度大小、光源在视野内的位置、观察者的实际方向、照度水平和房间表面的反射比等诸多因素，其中光源的亮度是最主要的。所以 CIE 推荐了灯具亮度限制曲线作为评价一般室内照明灯具直接眩光的标准和方法，另外 CIE 还提出了用“统一眩光值(UGR)”作为评定不舒适眩光的定量指标。GB 50034—2013《建筑照明设计标准》规定了公共建筑和工业建筑常用房间或场所的统一眩光值，同时规定了长期工作或停留的房间或场所，以及选用的直接型灯具在不同的光源平均亮度下的最小遮光角。

为了减少反射眩光和光幕反射，需正确安排照明光源和工作人员的相对位置，使视觉作业的每一部分都不处于也不靠近任何光源与眼睛形成的镜面反射角内，如灯布置在工作位置的正前上方 40°角以外区域，就可以避免光幕反射；加强从侧面投射到视觉作业上的光线；可选用发光面大、亮度低、宽配光，但在临界方向亮度锐减的灯具。所以，为了得到合适的亮度分布，需避免过分考虑节能而选用 LED 照明，造成亮度分布过于集中。GB 50034—2013《建筑照明设计标准》规定了在有视觉显示终端的工作场所，在与灯具中垂线成 65°～90°角范围内灯具平均亮度限值。

5. 投光方向和造型立体感

照明光线的指向性不可太强，以免阴影浓重，灯光也不能过于漫射和均匀，以免缺乏亮度变化，致使造型缺乏立体感，平淡无奇。

5.3.2 照明标准

由于不同的应用场合对照明质量要求的重点不同，GB 50034—2013《建筑照明设计标准》围绕上述构成优良照明质量的五个要素，给出了不同场所的照明标准，SH/T 3192—2017《石油化工装置照明设计规范》具体给出了石油化工装置中主要区域的照明标准，详见表 5－7。

表 5－7 石油化工装置照明标准值

场地名称		参考平面及其高度	水平照度标准值/lx	水平照度均匀度	UGR	Ra
生产装置区	管架下泵区、阀门、总管	地面	50	0.40	—	20
	控制盘、操作站	作业面	150	0.40	—	20
	换热器	所在平面	30	0.25	—	20
	一般平台	所在平面	10	0.25	—	20
	操作平台	所在平面	50	0.40	—	20
	冷却水塔	地面	30	0.25	—	20
	一般爬梯、楼梯	所在平面	10	0.25	—	20
	常用爬梯、楼梯	所在平面	50	0.40	—	20
	指示表盘	作业面	50	0.40	—	60
	仪表设备	作业面	50	0.40	—	20
	压缩机厂房	所在平面	100	0.40	—	20
	工业炉	所在平面	30	0.40	—	20
	分离器	坝顶	50	0.40	—	20
	一般区域	地面	10	0.25	—	20
	电炉	地面	50	0.25	—	20
	传送带	所在平面	20	0.25	—	20
	传送转移点	所在平面	50	0.25	—	20
	挤出混炼机	所在平面	200	0.25	—	20

续表

场地名称			参考平面及其高度	水平照度标准值/lx	水平照度均匀度	*UGR*	*Ra*
空分空压装置			地面	50	0.40	—	20
非生产装置区	罐区	一般区域	地面	10	0.25	—	20
		爬梯、楼梯	所在平面	5	—	—	20
		监测区	地面	10	0.25	—	20
		人孔	所在平面	5	—	—	20
	循环水场		地面	10	0.25	—	20
	污水处理场		地面	10	0.25	—	20
	废水池、雨水池		地面	10	0.25	—	20
	一般区域		地面	50	0.25	—	20
	罐车装卸点		作业面	100	0.40	—	20
	主要道路		地面	10	0.40	—	20
	次要道路		地面	5	0.25	—	20
建筑物	变配电所	屋外配电装置	作业面	20	0.40	—	—
		屋内配电装置	0.75 m水平面	200	0.50	—	80
		电缆室	地面	50	0.40	—	60
		电气控制间	0.75 m水平面	300	0.50	22	80
		变压器室	油枕处	50	0.40	—	20
	控制室	一般控制室	0.75 m水平面	300	0.50	22	80
		仪表机柜	1.5 m水平面	300	0.50	—	80
		机柜背部	1.5 m水平面	100	0.50	—	80
		工程师站	0.75 m水平面	300	0.50	22	80
		中央控制室	0.75 m水平面	500	0.60	19	80
		仪表机柜	1.5 m水平面	500	0.60	—	80
		机柜背部	1.5 m水平面	100	0.60	—	80
		工程师站	0.75 m水平面	500	0.60	19	80
	分析化验室	研究、试验室	0.75 m水平面	500	0.60	22	80
		一般分析间	0.75 m水平面	300	0.60	22	80
	办公楼	持续的复杂工作场地（制图、设计等）	0.75 m水平面	1 000	0.60	19	80
		复杂工作场地（会计、统计等）	0.75 m水平面	750	0.60	19	80
		一般办公室、会议室	0.75 m水平面	500	0.60	22	80
		接待室、楼梯间、走廊、过道	地面	50	0.40	25	60
		门厅	地面	100	0.40	—	60
		洗手间、浴室	地面	75	0.40	—	60
	机电修理	设备维修间	地面	150	—	—	80
		一般区域	0.75 m水平面	100	0.60	—	60
其他	栈桥		桥面	10	0.40	—	—

5.4 灯具布置

灯具的布置主要是确定灯具在空间的位置。灯具布置对照明质量、安装功率及耗能有重要的影响，同时也会影响到照明系统的维护和安全。

一般照明主要有两种布灯方式：

(1) 均匀布置：使灯具之间的距离及行间距离保持一定。均匀布置方式适用于要求照度均匀的场所。它的优点是照度均匀，舒适感良好。常用的布置方式有正方形布置、长方形布置和菱形布置。

(2) 选择布置：根据作业面的安排，非等距离地进行布灯。选择布置适用于工作场所内设施布置不均匀，有高大的遮挡物等情况下的分区、分段的一般照明。它的优点是能够选择最有利的照射方向和保证照度要求，可避免作业面上的阴影。

除了水平方向的布置，灯具布置还包括确定灯具的悬挂高度。为了达到良好的照明效果、避免眩光的影响、保证人们的活动空间、防止与灯具产生碰撞、保证用电安全，灯具要有一定的悬挂高度，通常最低悬挂高度为 2.4 m。

在选择布灯方案时，首先应根据室形指数 RI 值选择光分布类型合适的灯具，然后根据灯具的利用系数、场所的长宽高及要求的照度标准计算出需要配置的灯具数量，结合场所空间情况，确定均匀布灯的方案，最后计算出布灯的距高比。校验此距高比不大于所选用的灯具的最大允许距高比，如果超过，则应调整布灯方案或更换另一种灯具。

石油化工装置的照明空间区域通常由于设备、管道等的不规则布置和遮挡，均匀布灯一般难以实现或仅可在小范围内实现，大部分情况下都会根据作业要求和场所空间内的设备布置、土建梁柱布置等进行布灯选择。

5.5 照度计算

5.5.1 利用系数法

一般照明的照度计算即场所内平均照度值的计算。平均照度的计算通常采用利用系数法，该方法考虑了由光源直接投射到工作面上的光通量和经过室内表面互相反射后再投射到工作面上的光通量。利用系数法适用于灯具均匀布置、墙和天花板反射系数较高、空间无大型设备遮挡的室内一般照明，也适用于灯具均匀布置的室外照明，该方法计算比较准确。

(1) 利用系数法计算平均照度的基本公式

$$E_{av}=\frac{N\Phi UK}{A} \tag{5-1}$$

式中 E_{av}——工作面上的平均照度，lx；

Φ——光源光通量，lm；

N——光源数量；

U——利用系数；

A——工作面面积，m^2；

K——灯具的维护系数，其值见表 5－8。

表 5－8 灯具的维护系数

环境污染特征		房间或场所举例	灯具最少擦拭次数/(次/年)	维护系数值
室内	清洁	卧室、办公室、餐厅、阅览室、教室、病房、客房、仪器仪表装配间、电子元器件装配间、检验室等	2	0.80
	一般	营业厅、候车室、影剧院、机械加工车间、机械装配车间、体育馆等	2	0.70
	污染严重	厨房、锻工车间、铸工车间、水泥车间等	3	0.60
室外		站台、普通储罐区等	2	0.65

(2) 利用系数 U

利用系数是投射到工作面上的光通量与自光源发射出的光通量之比，可由式(5－2)计算

$$U=\frac{\Phi_1}{\Phi} \tag{5-2}$$

式中 Φ——光源的光通量，lm；

Φ_1——自光源发射，最后投射到工作面上的光通量，lm。

利用系数是灯具光强分布、灯具效率、空间形状、空间表面反射比的函数，计算复杂。通常灯具制造厂会按一定条件编制灯具的利用系数表供设计使用，设计人员也可以利用各种手册中的典型灯具利用系数表进行计算。查表时允许采用内插法计算。

(3) 室内空间的表示方法

室内空间的划分如图 5－1 所示。

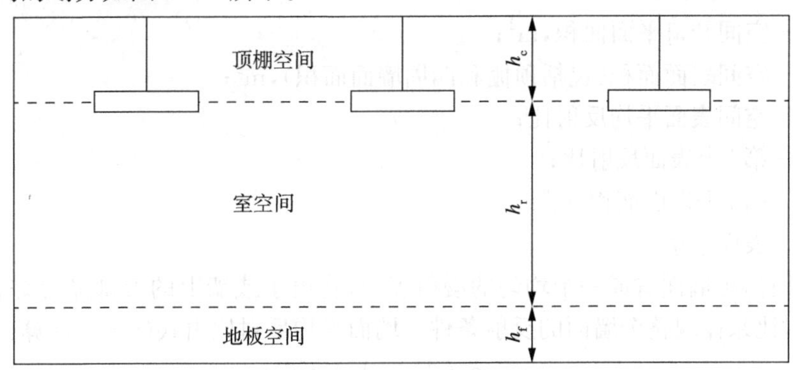

图 5－1 室内空间的划分

室空间比
$$RCR=\frac{5h_r\times(l+b)}{l\times b} \tag{5-3}$$

顶棚空间比
$$CCR=\frac{5h_c\times(l+b)}{l\times b}=\frac{h_c}{h_r}\times RCR \tag{5-4}$$

地板空间比

$$FCR=\frac{5h_{\mathrm{f}}\times(l+b)}{l\times b}=\frac{h_{\mathrm{f}}}{h_{\mathrm{r}}}\times RCR \tag{5-5}$$

式中 l——室长，m；

b——室宽，m；

h_{r}——室空间高，m；

h_{c}——顶棚空间高，m；

h_{f}——地板空间高，m。

当房间不是正六面体时，因为墙面积 $s_1=2h_{\mathrm{r}}\times(l+b)$，地面积 $s_2=lb$，所以式(5－3)可改为

$$RCR=\frac{2.5s_1}{s_2} \tag{5-6}$$

(4) 有效空间反射比和墙面平均反射比

为使计算简化，将顶棚空间视为位于灯具平面上且具有有效反射比 ρ_{cc} 的假想平面，将地板空间视为位于工作面上且具有有效反射比 ρ_{fc} 的假想平面，光在假想平面上的反射效果同实际效果一样。有效空间反射比由式(5－7)、式(5－8)计算得到：

$$\rho_{\mathrm{eff}}=\frac{\rho A_0}{A_{\mathrm{s}}-\rho A_{\mathrm{s}}+\rho A_0} \tag{5-7}$$

$$\rho=\frac{\sum_{\mathrm{i}=1}^{N}\rho_{\mathrm{i}}A_{\mathrm{i}}}{\sum_{\mathrm{i}=1}^{N}A_{\mathrm{i}}} \tag{5-8}$$

式中 ρ_{eff}——有效空间反射比；

A_0——空间开口平面面积，m^2；

A_{s}——空间表面面积（包括顶棚和四周墙面面积），m^2；

ρ——空间表面平均反射比；

ρ_{i}——第 i 个表面反射比；

A_{i}——第 i 个表面面积，m^2；

N——表面数量。

为简化计算，把墙面看成一个均匀的漫射表面，将窗子或墙上的装饰品等综合考虑，求出墙面平均反射比来体现整个墙面的反射条件。墙面平均反射比由式(5－9)计算：

$$\rho_{\mathrm{wav}}=\frac{\rho_{\mathrm{w}}(A_{\mathrm{w}}-A_{\mathrm{g}})+\rho_{\mathrm{g}}A_{\mathrm{g}}}{A_{\mathrm{w}}} \tag{5-9}$$

式中 A_{w}、A_{g}——墙的总面积（包括窗面积）和玻璃窗或装饰物的面积，m^2；

ρ_{w}、ρ_{g}——墙面反射比和玻璃窗或装饰物的反射比。

若在室外，有效空间反射比和墙面平均反射比可视为 0。

(5) 应用利用系数法计算平均照度的步骤

① 填写原始数据；

② 由室空间比计算公式、顶棚空间比计算公式、地板空间比计算公式计算空间比；

③ 求有效空间反射比；

④ 求墙面平均反射比；

⑤ 查灯具维护系数；

⑥ 由利用系数表查利用系数(制造厂样本或手册)；

⑦ 由照度计算公式计算平均照度。

从计算公式可以看出，在光源选定后，利用系数越大，照度越大。灯具直射光通利用系数由灯具的配光特性和房间的形状决定：配光越好、房间越大、越多的光投射到被照面，直射光利用系数越大，甚至趋近于1。反射光通利用系数由房间反射特性决定，空间反射率越高(特别是顶棚)，利用系数越大。以LED灯为例，配光好的LED灯具，光损小，直射光利用系数接近1，LED灯光的方向性好，即使反射光利用系数不大，但灯具利用系数也有可能大于1。室内空间越扁平(面积大、高度较矮)，灯具的利用系数越大。

以照明设计为目的时，常常将照度计算公式进行转换，即已知工作面上的照度要求，选定光源及灯具后，计算需设置的灯具数量；由公式算出灯具数量后，往往需要根据实际布置进行微调，再用最终确定的灯具数量计算出实际照度值看是否满足要求；最后校验最大允许距高比并计算功率密度值。

5.5.2 单位容量法

在做方案设计或初步设计阶段，需要估算照明用电量，往往采用单位容量计算。

单位容量计算是以达到设计照度时1 m^2 需要安装的电功率(W/m^2)或光通量(lm/m^2)来表示。通常将其编制成计算表格，以便应用。

1. 单位容量计算

单位容量的基本公式如下

$$P=P_0AE \qquad (5-10)$$

或

$$\Phi=\Phi_0AE$$

或

$$P=P_0AEC_1C_2C_3$$

式中 P——在设计照度条件下房间需要安装的最低电功率，W；

P_0——照度为1 lx时的单位容量，W/m^2，其值由表5-9查取，当采用高压气体放电光源时，按40 W荧光灯的 P_0 值计算；

A——房间面积，m^2；

E——设计照度(平均照度)，lx；

Φ——在设计照度条件下房间需要的光源总光通量，lm；

Φ_0——照度达到1lx时所需的单位光辐射量，lm/m^2；

C_1——房间内各部分的光反射比不同时的修正系数，其值由表5-10查取；

C_2——光源不是40 W的荧光灯时的调整系数，其值由表5-11查取；

C_3——灯具效率 η 不是70%时的校正系数，当 $\eta=60\%$ 时，$C_3=1.22$；当 $\eta=50\%$ 时，$C_3=1.47$。

表 5-9 单位容量P_0计算表

室空间比 *RCR* （室形指数 *RI*）	直接型配光灯具		半直接型配光灯具	均匀漫射型配光灯具	半间接型配光灯具	间接型配光灯具
	s≤0.9h	s≤1.3h				
8.33 (0.6)	0.089 7 5.384 6	0.083 3 5.000 0	0.087 9 5.384 6	0.089 7 5.384 6	0.129 2 7.778 3	0.145 4 7.750 6
6.25 (0.8)	0.072 9 4.375 0	0.064 8 3.888 9	0.072 9 4.375 0	0.070 7 4.242 4	0.105 5 6.364 1	0.116 3 7.000 5
5.0 (1.0)	0.064 8 3.888 9	0.056 9 3.414 6	0.061 4 3.684 2	0.059 8 3.589 7	0.089 4 5.385 0	0.101 2 6.087 4
4.0 (1.25)	0.056 9 3.414 6	0.049 6 2.978 7	0.055 6 3.333 3	0.051 9 3.111 1	0.080 8 4.828 0	0.082 9 5.000 4
3.33 (1.5)	0.051 9 3.111 1	0.045 8 2.745 1	0.050 7 3.043 5	0.047 6 2.857 1	0.073 2 4.375 3	0.080 8 4.828 0
2.5 (2.0)	0.046 7 2.800 0	0.040 9 2.456 1	0.044 9 2.692 3	0.041 7 2.500 0	0.066 8 4.000 3	0.073 2 4.375 3
2 (2.5)	0.044 0 2.641 5	0.038 3 2.295 1	0.041 7 2.500 0	0.038 3 2.295 1	0.060 3 3.590 0	0.064 6 3.889 2
1.67 (3.0)	0.042 4 2.545 5	0.036 5 2.187 5	0.039 5 2.372 9	0.036 5 2.187 5	0.056 0 3.333 5	0.061 4 3.684 5
1.43 (3.5)	0.041 0 2.459 2	0.035 4 2.123 2	0.038 3 2.297 6	0.035 1 2.108 3	0.052 8 3.182 0	0.058 2 3.500 3
1.25 (4.0)	0.039 5 2.372 9	0.034 3 2.058 8	0.037 0 2.222 2	0.033 8 2.029 0	0.050 6 3.043 6	0.056 0 3.333 5
1.11 (4.5)	0.039 2 2.352 1	0.033 6 2.015 3	0.036 2 2.171 7	0.033 1 1.986 7	0.049 5 2.980 4	0.054 4 3.257 8
1 (5.0)	0.038 9 2.333 3	0.032 9 1.971 8	0.035 4 2.121 2	0.032 4 1.944 4	0.048 5 2.916 8	0.052 8 3.182 0

注：① 表中 s 为灯距，h 为计算高度；

② 表中每格所列两个数字由上至下依次为：选用 40 W 荧光灯的单位电功率（W/m^2），单位光辐射量（lm/m^2）。

表 5-10 房间内各部分的光反射比不同时的修正系数C_1

反射比				
反射比	顶棚ρ_c	0.7	0.6	0.4
	墙面ρ_w	0.4	0.4	0.3
	地板ρ_f	0.2	0.2	0.2
修正系数C_1		1	1.08	1.27

表 5-11　当光源不是 40 W 的荧光灯时的调整系数C_2

光源类型及额定功率/W	卤钨灯(220 V)								
	500	1 000	1 500	2 000					
调整系数C_2	0.64	0.60	0.60	0.60					
额定光通量/lm	9 750	21 000	31 500	42 000					
光源类型及额定功率/W	紧凑型荧光灯(220 V)				紧凑型节能荧光灯(220 V)				
	10	13	18	26	18	24	36	40	55
调整系数C_2	1.071	0.929	0.964	0.929	0.900	0.800	0.745	0.686	0.688
额定光通量/lm	560	840	1 120	1 680	1 200	1 800	2 900	3 500	4 800
光源类型及额定功率/W	T5 荧光灯(220V)				T5 荧光灯(220V)				
	14	21	28	35	24	39	49	54	80
调整系数C_2	0.764	0.720	0.700	0.677	0.873	0.793	0.717	0.762	0.820
额定光通量/lm	1 100	1 750	2 400	3 100	1 650	2 950	4 100	4 250	5 850
光源类型及额定功率/W	T8 荧光灯(220V)								
	18	30	36	58					
调整系数C_2	0.857	0.783	0.675	0.696					
额定光通量/lm	1 260	2 300	3 200	5 000					
光源类型及额定功率/W	金属卤化物灯(220V)								
	35	70	150	250	400	1 000	2 000		
调整系数C_2	0.636	0.700	0.709	0.750	0.750	0.750	0.600		
额定光通量/lm	3 300	6 000	12 700	20 000	32 000	80 000	200 000		
光源类型及额定功率/W	高压钠灯(220V)								
	50	70	150	250	400	600	1 000		
调整系数C_2	0.857	0.750	0.621	0.556	0.500	0.450	0.462		
额定光通量/lm	3 500	5 600	14 500	27 000	48 000	80 000	130 000		

2. 单位容量计算表的编制条件

单位容量计算表在比较各类常用灯具效率与利用系数关系的基础上，按照下面的条件编制：

(1) 室内顶棚反射比 ρ_c 为 70%；墙面反射比 ρ_w 为 50%；地板反射比 ρ_f 为 20%；

(2) 计算平均照度 E 为 1lx，灯具维护系数 K 为 0.7；

(3) 荧光灯的光效为 60 lm/W (220 V，100 W)；

(4) 灯具效率不小于 70%，当装有遮光格栅时不小于 55%；

(5) 灯具配光分类符合国际照明委员会的规定，见表 5-12。

表 5-12　常用灯具配光分类表

<table>
<tr><td rowspan="2">灯具配光分类</td><td colspan="2">直接型</td><td>半直接型</td><td>均匀漫射型</td><td>半间接型</td><td>间接型</td></tr>
<tr><td colspan="2">上射光通量
0%～10%
下射光通量
100%～90%</td><td rowspan="2">上射光通量
10%～40%
下射光通量
90%～60%</td><td rowspan="2">上射光通量
60%～40%
下射光通量
40%～60%</td><td rowspan="2">上射光通量
60%～90%
下射光通量
40%～10%</td><td rowspan="2">上射光通量
90%～100%
下射光通量
10%～0</td></tr>
<tr><td></td><td>$S\leqslant 0.9\ h$</td><td>$S\leqslant 1.3\ h$</td></tr>
<tr><td>所属灯具举例</td><td>嵌入式遮光格栅荧光灯；圆格栅吸顶灯；广照型防水防尘灯；防潮吸顶灯</td><td>控照式荧光灯；搪瓷探照灯；镜面探照灯；深照型防震灯；配照型工厂灯；防震灯</td><td>筒式荧光灯；纱罩单吊灯；塑料碗罩灯；塑料伞罩灯；尖扁圆吸顶灯；方形吸顶灯</td><td>平口橄榄罩吊灯；束腰单吊灯；圆球单吊灯；枫叶罩单吊灯；彩灯</td><td>伞形罩单吊灯</td><td>—</td></tr>
</table>

5.5.3　其他照明计算

利用系数法用于平均照度计算，电位容量法用于估算照明用电量，这两种方法也是石油化工工程设计中最常用的计算方法。根据不同场合和不同的照明要求，还有相对应的其他照度计算方法。当需要确定某一点的照度值时，会采用点照度计算。点照度计算包括点光源的点照度计算、线光源的点照度计算、面光源的点照度计算。在不进行视觉作业的区域或只要少量视觉作业的房间，如大多数公共建筑以及居室等生活用房，常进行平均球面照度与平均柱面照度计算，用上述两个量值来评价场所的照明效果。广场、货场、停车场、仓库装卸货区、罐区装卸区等大面积场地，以及景物和建筑物的立面照明灯，一般采用投光灯照明，要求在所需要的平面上或垂直面上达到规定的照度值。

各种照度计算方法在工程中的使用说明，见表 5-13。

表 5-13　照度计算方法使用说明表

类别	计算法名称	计算步骤	适用范围	使用注意事项
点光源的点照度计算	点光源的点照度计算法	照明计算的基本公式	工程计算中常用高度 h 的计算公式。距离平方反比定律多用于公式推导	
	倾斜面照度计算法	照明计算的基本公式	计算倾斜面照度	注意倾斜面的光方向。公式中的 θ 是背光面与水平面的夹角
	等照度曲线法	使用等照度曲线直接查出照度，计算简便	适用于计算某点的直射照度	求等照度曲线之间的中间时注意内插的非线性

续表

类别	计算法名称	计算步骤	适用范围	使用注意事项
线光源的点照度计算	方位系数法	将线光源不同的灯具纵向平面内的配光分为五类，推算出方位系数进行计算	将线光源布置成光带、逐点计算照度时适用。室内反射光较多时会降低准确度	要先分析线光源在其纵向平面内的配光属于哪一类，以选择正确的方位系数
	不连续线光源计算法	乘以修正系数，视为连续的线光源计算	适用于线光源的间隔不大的场所	要正确选用修正系数
	等照度曲线法	将线光源布置成长条并画出等照度曲线分布，可以直接查出照度，计算简便	适用于逐点计算直射照度	
面光源的点照度计算	面光源的点照度计算法	将面光源归算成立体角投影率，进行计算	适用于计算发光顶棚照明	由于发光顶棚的材质不同，亮度分布不同，故需注意选用合适的经验系数
平均照度的计算	利用系数法	此法为光通法，或称流明法。计算时考虑了室内光的相互反射理论。计算较为准确简便	适用于计算室内外各种场所的平均照度	当不计光的反射分量时，如室外照明，可以考虑各个表面的反射率为零
	概算曲线法	根据利用系数法计算，编制出灯具与工作面面积关系曲线的图表，直接查出灯数，快速简便，但有较小的误差	适用于计算各种房间的平均照度	当照度值不是曲线给出的值时，灯数需乘以修正系数
单位容量的计算	单位容量计算表法	将灯具按光通量的分配比例分类，进行计算，求出单位面积所需的照明的电功率	适用于初步设计阶段估算照明用电量	正确采用修正系数，以免误差过大
平均球面照度与平均柱面照度计算	平均球面照度计算法	计算室内任意点的空间照度平均值	适用于评价对空间照度有要求的场所的照明效果	
	平均柱面照度计算法	计算室内各方向的垂直照度平均值	适用于评价对各方向的垂直照度有要求的场所的照明效果	

续表

类别	计算法名称	计算步骤	适用范围	使用注意事项
投光照明计算	单位面积容量计算法	以公式推导出投光照明单位面积所消耗的电功率,充分考虑了光效率、灯的利用系数等因素	适用于设计方案阶段进行灯数概算或对工程项目进行初步估算	
	平均照度计算法	特点同平均照度计算	适用于计算被照面上的平均照度	
	点照度计算	特点同点照度计算	适用于施工设计阶段逐点计算照度	

除了照度计算,其他的照明计算还包括眩光计算等。照度计算虽然有公式可用、图表可查,但过程仍然比较繁复,现在也大量采用照明软件进行照明设计,包括照度计算、灯具布置、效果模拟等。照明计算软件有 DIALux、Relux、AGI 等(具有外挂灯具数据库插件,能够适用于著名照明灯具厂家的产品)以及飞利浦等品牌照明厂商自有的专门用于本企业产品的设计软件。

5.6 照明节能

5.6.1 一般规定

人口、资源和环境是当今世界各国普遍关注的重大问题,它关系到人类社会经济的可持续发展。照明与资源和环境的关系密切。绿色照明的理念首先于 1991 年底由美国环保署提出,该理念从环保出发,通过节约照明能源,达到保护环境的目的。我国从 1993 年开始准备启动绿色照明,并于 1996 年正式制定了《中国绿色照明工程实施方案》。目前已制定了常用照明光源及镇流器等产品能效标准以及各类建筑物场所照明标准,完善了实施绿色照明工程的措施和管理机制。

绿色照明能够节约能源,保护环境,有益于提高人们生产、工作、学习效率和生活质量,保护身心健康。照明节能所遵循的原则是在满足规定的照度和照明质量要求的前提下,尽可能节约照明用电量。为此,CIE 提出了下列 9 条原则:

① 根据视觉工作需要确定照度水平;

② 为得到所需照度进行节能照明设计;

③ 在满足显色性和相宜色调的基础上采用高光效光源;

④ 采用不产生眩光的高效率灯具;

⑤ 室内表面采用高反射比的装饰材料;

⑥ 照明和空调系统散热的合理结合;

⑦ 设置按需关灯或调光的可变照明装置;

⑧ 综合利用天然采光与人工照明;

⑨ 定期清理照明器具和室内表面,建立换灯和维修制度。

从上述原则可以看出,照明节能是一项系统工程,要从提高整个照明系统的能效来考虑。想要达到节能的目的,必须结合各个环节的特性,提出节能措施。

照明节能采用一般照明的照明功率密度值(*LPD*)作为评价指标,即单位面积上一般照明的安装功率(包括光源、镇流器或变压器等附属用电器件),单位为 W/m^2。

5.6.2 节能措施

下文将结合上述的 9 条原则,展开介绍具体的节能措施。

1. 合理确定照度水平

照度水平一般根据工作、生产的特点和作业对视觉的实际要求来确定,不能盲目追求高照度,要遵循设计标准。常用标准有:

(1) GB 50034—2013《建筑照明设计标准》,规定了工业与民用建筑的照度标准值;

(2) GB 50582—2010《室外作业场地照明设计标准》,规定了机场、铁路站场、港口码头、船厂、石油化工厂、加油站、建筑工地、停车场等室外作业场地的照度标准值;

(3) CJJ 45—2015《城市道路照明设计标准》,规定了城市道路的亮度和照度标准值;

(4) JGJ/T 163—2008《城市夜景照明设计规范》,规定了景物夜景照明标准值。

设计时要遵循标准值,同时控制设计值与标准值间的偏差。相对作业面照度,作业面邻近区、非作业面、通道等的照度可适当降低,此方法有助于降低实际功率密度值。

2. 合理选择照明方式

为满足作业视觉要求,需按情况采用一般照明、分区一般照明或混合照明的方式。单纯使用一般照明,不利于节能;在照度要求高,但作业面分散的场所,则采用混合照明方式,通过局部照明来提高作业面的照度,以节约能源。在石油化工装置中较远端的操作区域等就常采用局部照明来满足操作要求;当同一场所不同区域有不同照度要求时,可采用分区一般照明方式。例如,石油化工装置内经常操作的区域、现场控制和检测点区域、装置人行通道平台区域等,各区域的照度要求是不同的,照明设计时要分区设计。

3. 选择优质、高效的照明器材

(1) 选择高效光源、淘汰和限制低效光源的应用:选用的光源需符合光效高、显色指数高、色温适宜、寿命长、启动快而可靠、性价比高等原则。除特殊场所和要求外,严格限制使用普通白炽灯和低光效卤素灯;在民用、工业建筑和道路照明中,不使用荧光高压汞灯,尤其不能使用自镇流荧光高压汞灯;对于高度不高的功能性照明场所,采用细管径直管荧光灯,不采用紧凑型荧光灯;高度较高的场所,可选用陶瓷金属卤化物灯或无极荧光灯;无显色要求的场所和道路照明,可选用高压钠灯。随着 LED 照明的快速发展,可扩大 LED 作为光源的应用。

(2) 选择高效灯具:灯具的高效以及灯具配光的合理配置也是提高照明效能的关键因素之一。提高灯具效率和光利用率,会涉及灯具控制眩光、灯具防护、美观等方面,需合理协调综合考虑。对应不同的作业面照明要求、空间情况,需选用不同类型、不同配光的灯具。

(3) 选择节能镇流器:镇流器是气体放电灯不可缺少的附件,如果镇流器自身的功耗较大就会降低整个照明系统的能效。气体放电灯的镇流器可选用电子镇流器或节能型电感镇流器,同时需控制谐波电流及功率因数。

4. 合理利用天然光

天然光取之不尽,用之不竭,一般尽可能利用天然光。有条件时,可以随天然光的变化,自动调节人工照明的照度。

5. 照明控制与节能

合理的照明控制有助于及时开关灯，避免无人管理的“长明灯”、无人工作时开灯、局部区域工作时点亮全部灯、天然光良好时点亮人工照明等情况。因此，优化照明控制可以节约照明能耗。

照明控制主要分为自动控制和手动控制，其中自动控制包括时钟控制、光控、红外线感应控制、微波雷达感应控制、声控、综合智能控制等，通过合理控制照明灯具的启闭以达到节能的目的。采用何种照明控制方式应当因地制宜，结合场所、地理位置、工作制、人员流向、工作流程等因素综合配置。石油化工的户外装置大多采用光控、天文时钟控制，同时结合手动控制。

5.6.3 功率密度值(*LPD*)

石油化工的建筑场所也需严格执行 GB 50034—2013《建筑照明设计标准》规定的功率密度值(*LPD*)，详见表 5-14。

表 5-14 公共和工业建筑非爆炸危险场所通用房间或场所照明功率密度限值

房间或场所		照度标准值/lx	照明功率密度(*LPD*)限值/(W/m^2)	
			现行值	目标值
走廊	一般	50	≤2.5	≤2.0
	高档	100	≤4.0	≤3.5
厕所	一般	75	≤3.5	≤3.0
	高档	150	≤6.0	≤5.0
试验室	一般	300	≤9.0	≤8.0
	精细	500	≤15.0	≤13.5
检验	一般	300	≤9.0	≤8.0
	精细、有颜色要求	750	≤23.0	≤21.0
计量室、测量室		500	≤15.0	≤13.5
控制室	一般控制室	300	≤9.0	≤8.0
	主控制室	500	≤15.0	≤13.5
电话站、网络中心、计算机站		500	≤15.0	≤13.5
动力站	风机房、空调机房	100	≤4.0	≤3.5
	泵房	100	≤4.0	≤3.5
	冷冻站	150	≤6.0	≤5.0
	压缩空气站	150	≤6.0	≤5.0
	锅炉房、煤气站的操作层	100	≤5.0	≤4.5

续表

房间或场所		照度标准值/lx	照明功率密度(*LPD*)限值/(W/m^2)	
			现行值	目标值
仓库	大件库	50	≤2.5	≤2.0
	一般件库	100	≤4.0	≤3.5
	半成品库	150	≤6.0	≤5.0
	精细件库	200	≤7.0	≤6.0
公共车库		50	≤2.5	≤2.0
车辆加油站		100	≤5.0	≤4.5

5.7 照明配电和控制

5.7.1 照明配电系统

1. 照明负荷等级

照明配电系统设计和其他用电设备配电系统设计的步骤是类似的。首先是确定照明负荷的负荷等级,根据对供电可靠性的要求及中断供电对人身安全、经济、社会所造成的影响程度进行分级,根据GB 50052—2009《供配电系统设计规范》,把负荷由高到低分为三级,即一级负荷、二级负荷、三级负荷。对于每个负荷等级的具体定义,在此我们不做详细的叙述。对于照明负荷的负荷等级可以遵循这样一个原则,即照明负荷等级与其服务的建筑物、区域、场所或房间的负荷等级保持一致。例如:国家级会堂、会议中心的负荷等级为一级,则其照明负荷等级也为一级;一类高层的消防负荷为一级,则消防设施房间、消防控制中心、消防疏散的照明负荷也为一级负荷;SH/T 3060—2013《石油化工企业供电系统设计规范》中规定PTA装置的用电负荷为二级负荷,则装置的照明负荷也按二级负荷的要求进行供配电。确定了照明负荷的负荷等级后,再根据不同的等级对供配电的要求进行电源配置和配电系统的设计。

2. 照明电压及电压质量

一般照明光源的电源电压采用220 V,1 500 W及以上的高强度气体放电灯的电源电压一般采用380 V。一些特殊场所的灯具,如安装在水下的灯具等,则采用安全特低电压供电。

在一般工作场所,照明灯具的端电压通常需控制在额定电压的±5%范围以内;露天工作场所、远离变电站的小面积一般工作场所,难于满足±5%时,可为额定电压的-10%~+5%;应急照明、道路照明和警卫照明等,可为额定电压的-10%~+5%。照明灯具的端电压不能过高和过低,电压过高会导致光源使用寿命的缩短和能耗的增加,而电压过低将使照度大幅度降低,影响照明质量,当电压偏移在-10%以内且长时间不能改善时,计算照度就要考虑因电压不足而减少的光通量。如金属卤化物灯的端电压为额定电压的90%时,该金属卤化物灯的实际光通量仅为原光通量的72%。但对于LED光源,只要超过其门槛电压,二极管就会发光，由电流决定其发光亮度，所以 LED 灯通常采用恒流源来驱动，只要保持驱动电源是恒流源，电压在一定范围内变化就不影响 LED 发出的光通量，这也是 LED 灯运用于石油化工的一大优点。

人的视觉会直接感受到电压波动和闪变的影响。电压波动是指电压的快速变化，闪变是指照度波动，是人眼对灯闪的生理感觉。电压波动和闪变会使人的视觉不舒适，也会降低光源寿命。可以参考国外在照明设计时对电压波动的要求，即当电压波动值小于或等于额定电压的 1%时，灯具对电压波动的次数不限制；当电压波动值大于额定电压的 1%时，允许电压波动的次数可按式(5-11)限定

$$n=6/(U_t\%-1) \tag{5-11}$$

式中 n——在 1 h 内最大允许电压波动次数；

$U_t\%$——电压波动百分数绝对值。

用上式计算，当 $U_t\%=4$ 时，每小时内最大允许电压波动次数 $n=6/(U_t\%-1)=2$。

3. 照明配电系统

照明设施的安装功率通常在系统中的占比有限，所以当照明设施安装功率不大，系统中也没有大功率的冲击性负荷时，通常照明与其他用电设备共用变压器，但照明最好由独立馈电干线供电，以保持相对稳定的电压，这样配置比较经济、接线也简洁。如果照明设施安装功率大，则可采用专用变压器，有利于电压稳定，以保证照度的稳定和光源的使用寿命，当照明设施使用电子调光设备可能产生大量高次谐波时，采用专用变压器可以避免对其他负荷的干扰。石油化工装置系统中往往有大功率的负载，且占地较大，电压时有波动，照明专用的稳压装置经常被采用，一些大型石油化工装置如大型乙烯装置的照明设施和检修设施的供电则经常采用专用变压器，除了上面提到的优点外，当装置停电检修时，专用变压器可以不停电，从而保证检修的顺利进行。

应急照明的供电在后面的章节中进行描述说明。

照明配电系统的接地形式通常与供电系统统一考虑，一般采用 TN-S、TN-C-S 系统。道路照明一般采用 TT 接地系统。

5.7.2 照明回路

由于一般照明光源的电源电压为 220 V，因此接于三相配电系统的单相照明负荷在各相上的负荷需尽可能平衡分配，以减少各相的电压偏差，最大相负荷和最小相负荷可控制在三相平均负荷的±15%范围以内。正常照明单相分支回路的电流不大于 16 A，连接高强度气体放电灯的单相分支回路的电流不大于 25A，除连接建筑装饰性组合灯具的情况外，通常分支回路所连接的光源数或 LED 灯具数不超过 25 个。限制每个照明分支回路的电流值和所接灯数，是为了使分支线路或灯内发生故障时，断开电路影响的范围不致太大，故障发生后检查维修也较为方便。在石油化工装置中，除控制每个分支回路的电流值和所接灯数外，通常相邻的灯具会分接自不同的分支回路，这样做不仅可以有效地降低灯具频闪效应，而且可以避免因支线故障而导致整个区域失去照明。此外，当灯具较分散、分支回路线路较长时，需核算线路压降，保证位于线路末端的灯具端电压在允许的范围内。

照明线路及照明设施在电气故障时，为防止人身电击、电气线路损坏和电气火灾，线路上均装设短路保护、过负荷保护及接地故障保护，用以切断故障线路或发出报警信号，一般采用

熔断器、断路器和剩余电流动作保护器等进行保护。

下文以断路器为例，分析断路器用于照明线路的短路、过负荷和接地故障保护时，是如何进行选择的。

断路器用于照明线路时，其反时限和瞬时过电流脱扣器整定电流分别为

$$I_{set1} \geqslant K_{set1} I_c \quad (5-12)$$

$$I_{set3} \geqslant K_{set3} I_c \quad (5-13)$$

$$I_{set1} \leqslant I_z \quad (5-14)$$

式中 I_{set1}——反时限过电流脱扣器整定电流，A；

I_{set3}——瞬时过电流脱扣器整定电流，A；

I_c——线路计算电流，A；

I_z——导体允许持续载流量，A；

K_{set1}、K_{set3}——反时限和瞬时过电流脱扣器可靠系数，取决于电光源启动特性和断路器特性，参照表 5－15。

表 5－15　照明线路保护用断路器反时限和瞬时过电流脱扣器可靠系数

脱扣器种类	可靠系数	白炽灯、卤钨灯	荧光灯	高压钠灯、金属卤化物灯	LED 灯
反时限过电流脱扣器	K_{set1}	1.0	1.0	1.0	1.0
瞬时过电流脱扣器	K_{set3}	10～12	5	5	5

对于气体放电灯，启动时镇流器的限流方式不同，会产生不同的冲击电流，除超前顶峰式镇流器启动电流低于正常工作电流外，一般启动电流为正常工作电流的 1.7 倍左右，启动时间也较长，高压汞灯为 4～8 min，高压钠灯为 3 min 左右，金属卤化物灯为 2～3 min，选择反时限过电流脱扣器整定电流值要躲过启动时的冲击电流，除在控制上采用避免灯具同时启动的措施外，还要根据不同灯具的启动情况留有一定的裕度。

5.7.3　导线和电缆的选择

一般照明分支线路需采用铜芯绝缘电缆或导线。对于 TN-S 系统，三相需选用五芯电缆，单相需选用三芯电缆；采用 TT 系统时，三相需选用四芯电缆。常用的有聚氯乙烯绝缘聚氯乙烯护套电缆、交联聚乙烯电缆等。系统标称电压 U_n 为 0.22/0.38 kV 时，线路绝缘水平电缆一般为 0.6/1 kV，导线一般为 0.45/0.75 kV。

线缆截面选择的原则同其他配电回路，需综合考虑线缆允许温升、标准载流量、机械强度、短路热稳定、线路电压损失、敷设方式等。分支线截面不小于 1.5 mm^2。主要供给气体放电灯的配电线路，中性线截面需满足不平衡电流及谐波电流的要求，且不小于相线截面。规范中对于线缆截面的规定是综合考虑线路负荷电流以及线缆穿管或浅槽内敷设时机械强度的要求确定的。对于中性线截面的规定是基于气体放电灯及其镇流器均含有一定量的谐波，特别是使用电子镇流器或者电感镇流器配置补偿电容时，有可能使谐波含量增大，从而使线路电流增大，尤其是 3 次谐波以及 3 次谐波的奇数倍次谐波在三相四线制线路的中性线上叠加，使中性线电流大大增加，所以规定中性线导体截面不小于相线截面。而当 3 次谐波电流大于基波电流的 33%时，中性线电流将大于相线电流，此时，则按中性线电流选择截面。

石油化工装置很多为户外露天装置，环境较严苛，照明分支回路的线缆较长，所以照明支路导线的截面通常选用2.5 mm^2及以上。不同于一般建筑物内的照明，石油化工装置的照明分支回路往往线路较长，线路的电压损失的校验经常会被忽略遗漏。根据线路的敷设方式、导线材料、截面积和线路功率因数等有关条件，可计算出三相线路1 A·km(电流矩)对应的电压损失百分数。常用电线、电缆的1 A·km的电压损失百分数在许多设计手册中均可查到，根据下面的公式就可算出相应的电压损失。

三相平衡负荷线路

$$\Delta u\% = \Delta u_a\% Il \tag{5-15}$$

接于线电压的单相负荷线路

$$\Delta u\% = 1.15\Delta u_a\% Il \tag{5-16}$$

接于相电压的两相-N线平衡负荷线路

$$\Delta u\% = 1.15\Delta u_a\% Il \tag{5-17}$$

接于相电压的单相平衡负荷线路

$$\Delta u\% = 2\Delta u_a\% Il \tag{5-18}$$

式中 $\Delta u\%$——线路电压损失百分数，%；

$\Delta u_a\%$——三相线路1 A·km的电压损失百分数，%/(1 A·km)；

I——负荷计算电流，A；

l——线路长度，km。

5.7.4 线路敷设

对应各种灯具的不同的安装要求，照明线路的敷设需灵活方便，同时由于限制了回路中灯具的数量，使线路负载有限，线缆的截面不大，也为线路的灵活敷设提供了条件。照明线路可采用线缆穿金属管或塑料管、线槽布线、电缆沿桥架敷设、专业照明封闭式母线等多种敷设方式。布线系统的选择和敷设需对应不同的电缆，同时避免因环境温度、外部热源、水、灰尘、腐蚀性或污染性物质等外部影响对布线系统的损害，还需防止在敷设和使用过程中受到撞击、振动、变形拉伸等机械应力的损伤。穿管布线、线槽桥架等布线需采用绝缘导线和电缆。同一根导管或线槽内有几个回路时，所有绝缘导线和电缆需具有与最高标称电压回路绝缘相同的绝缘等级。布线用的塑料管、线槽等则采用难燃材料产品。敷设在钢筋混凝土现浇楼板内的电线导管的最大外径不大于板厚的1/3。布线系统在穿越防火分区楼板、隔墙时，其空隙按建筑物构件原有防火等级采用不可燃材料填塞密实。布线系统穿越安全区和爆炸危险区域或不同防爆区域时，需做防爆隔离密封。墙洞及楼板洞用非燃性材料严密封堵；保护管两端的管口处，一般将电缆周围用非燃性纤维堵塞严密，再填塞密封胶泥，密封胶泥填塞深度不小于保护管内径，且不小于40 mm。

5.7.5 照明控制

照明控制技术是随着照明技术的发展而发展的，照明控制也是照明节能中的一项重要的内容。

1. 照明控制的原则

照明控制的基本原则是安全、可靠、灵活、经济。控制的安全性是最基本的要求；可靠性是要求控制系统本身不能失控，控制系统要尽可能简单，系统越简单越可靠；灵活性要求是基于照明的数量和广度提出的；经济性也是所有照明工程方案的实施必须考虑的重要因素。

2. 照明控制的作用

照明控制的作用主要有四个方面：照明控制是实现节能的重要手段，通过合理的照明控制和管理，实现显著的节能效果；照明控制减少亮灯时间，可延长光源寿命；照明控制可根据不同的照明需求，改善工作环境的照明质量；照明控制对同一空间可实现多种照明效果。

3. 照明控制的类型

不同使用功能、不同场所的照明要求是不同的，随着技术的发展，从节能和使用方便的角度出发，照明控制的形式和种类越来越多，常用的有：

(1) 翘板开关控制：这是最传统的控制方式，翘板开关通常设置于出入口、房间门口等，机械式触点开关有单联和多联、单控和双控等。此种控制形式简单直接、可靠灵活。

(2) 定时开关、声控开关、光控开关、感应开关控制：这些控制方式是通过各种感应来控制触点的开合，通常用于走道、楼梯和人员活动不频繁的区域，实现有限的自动控制，可达到的节能效果。

(3) 断路器或回路接触器控制：这种控制方式即直接操作照明配电箱内的回路断路器开合回路电源，或者通过回路接触器开合回路电源，一般用于控制大空间的照明。照明灯具较多、区域较广时，通过回路接触器控制则可以在多点控制回路电源，但断路器操作一般需专业人员操作。石油化工常用此种控制方式，由于装置区域较大，没有固定的人员行走的动线，且一般为全区域亮灯，直接通过控制回路电源来控制亮度操作简单。为实现节能，可以安装光电感应模块和天文钟，其控制触点经总电源回路接触器控制照明电源，从而实现自动控制。

(4) 智能控制

随着照明技术和数字网络技术的发展，传统的翘板开关控制已经越来越不能满足各种照明场景的需要，照明智能控制应运而生。

① 自动控制系统控制照明：此种控制方式是通过建筑设备监控系统（BA 系统）或其他可编程的自动控制系统，按照明控制要求进行逻辑编程，然后输出控制接点，经继电器控制相应的照明回路的导通或关断。此种控制方式不适用于对不同区域或房间有不同控制组合的情况，会导致回路繁多，线路复杂，且很难做到调光控制。

② 总线回路控制：此种控制方式通过各种控制总线将控制模块连在一起形成可靠控制。控制模块主要由开关模块、调光模块、智能面板、感应模块等构成，控制模块内置处理器和存储单元，由信号总线连接成网络，每个控制模块设置唯一的地址，通过软件设定其功能输出单元控制各回路负载，输入单元通过群组地址和输出组件建立对应联系。

③ 数字可寻址照明接口控制（DALI 控制）：DALI 控制采用主从结构，一个接口最多能接 64 个可寻址的控制装置/设备（独立地址），通过网络技术可以把多个接口互联起来控制大量的接口和灯具。采用异步串行协议，通过前向帧和后向帧实现控制信息的下达和灯具状态的反馈。DALI 控制最大的优点是可做到精确控制，实现单灯单控。

④ 其他控制类型：主要用于舞台类灯光控制及景观灯光控制的 DMX 控制、基于 TCP/IP 网络的控制、基于无线技术的无线控制等。

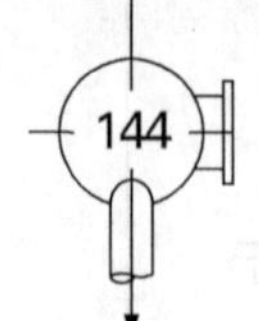

5.8 应急照明

5.8.1 应急照明的分类

应急照明是因为正常照明的电源失效而启用的照明，应急照明与人身安全、建(构)筑物安全、设备安全等密切相关。当正常照明电源中断，特别是由于发生火灾或其他灾害而电源中断时，应急照明对人员疏散、保证人身安全、保证消防救援、保证必要的操作处置、特殊设备安全停车起着至关重要的作用。

应急照明包括疏散照明、安全照明和备用照明。疏散照明是为了确保人员安全疏散而设置的应急照明，主要指的是消防疏散照明。消防疏散照明可分为消防应急照明和消防疏散指示标志。消防应急照明是为了确保消防疏散通道及应急集中区域的最低照度而设置的照明，此类照明是非持续性照明，即非火灾情况下不该被点亮或仅允许短暂点亮，火灾情况下则在规定的时间内应急点亮。消防疏散指示标志是提示安全出口、疏散出口、疏散方向、位置标识等信息，此类照明是持续性照明，即常亮，目前可以控制消防疏散指示标志平时为节电点亮模式，火灾时自动转换为应急点亮模式。

安全照明是用于确保处于潜在危险中的人员的安全而设置的应急照明。主要是指高危作业区域的照明，一旦突然失去照明，将导致作业无法进行并产生危险，故需设置应急照明，供人员按规程恰当地终止作业并撤离。

备用照明是用于确保正常活动继续而设置的应急照明。设置备用照明的场所往往需要保持能够进行正常工作的照度，比如按照消防要求设置备用照明的场所，其作业面的最低照度不低于正常照明的照度，为防止次生事故而需继续操作的场所则保持满足操作要求的最低照度。

5.8.2 应急照明的设置

国家和行业规范均对设置应急照明的场所和部位有具体的规定。如在安全疏散出口、疏散走道、楼梯或爬梯、消防电梯前室、避难层、避难走道以及面积较大、人员密集的场所需设置疏散照明；消防控制室、消防水泵房、防排烟机房、自备发电机房、配电室以及其他消防救援设备房间、保障消防救援设备正常运行的保障性房间等需设置备用照明；石油化工装置的配电室、机柜间、总控室、调度中心、现场就地安装的仪表盘、泵区、洗眼器附近、重要阀门操作处、重要机组操作作业处等场所，由于需要在失去正常照明后继续操作或处置设备安全停机，避免次生事故，故均需设置应急备用照明。

5.8.3 应急照明光源、灯具及系统设计

1. 光源

应急照明光源一般采用能够瞬时启动的节能型光源，一般有荧光灯、场致发光光源、LED等，目前 LED 已成为应急照明光源的主流。

2. 灯具

安全照明、备用照明可采用普通灯具。疏散照明，由于要求其工作于消防灾害的严酷状态下，故对其面板或灯罩的材质、防护等级、工作电压、亮度、光源色温均有特殊的要求，如消防规

定除地面上设置的标志灯的面板可以采用厚度 4 mm 及以上的钢化玻璃外，设置在距地面 1 m 及以下的标志灯的面板或灯罩不能采用易碎材料或玻璃材质；设置在距地面 8 m 及以下的消防应急灯具，其主电源和蓄电池电源额定工作电压均不得大于 DC 36 V。

3. 系统设计

(1) 备用照明

备用照明可以利用正常照明的一部分甚至全部，尽量减少另外装设过多的灯具。备用照明与正常照明照度要求相同时，可利用全部的正常照明灯具，采用双电源供电，当正常电源故障时，自动转换到备用电源供电。对于某些重要部位、某个生产或操作地点局部要求备用照明的，通常不要求全室均匀照明，只要求照亮这些需要备用照明的部位，这种情况下可以取正常照明中的一部分灯具，该部分灯具采用集中蓄电池或灯具自带蓄电池供电。

(2) 安全照明

安全照明通常是为了满足某个工作区域某个设备需要而设置的，一般也不要求整个房间或场所均匀照明，而是重点照亮某个或几个设备或工作区域，安全照明可以参照局部备用照明的系统设置方式进行配置或者单独装设。

(3) 疏散照明

这里主要指消防疏散照明或者说灾害疏散照明。疏散照明系统是一个独立的系统，其供电、灯具、控制、配线均独立于正常照明系统。

疏散照明系统对灯具布置、系统配电、系统在非火灾状态下的控制、系统在火灾状态的控制、控制器及通信等方面均有别于备用照明和安全照明的要求。

疏散照明系统灯具的电源由主电源和蓄电池电源组成，且蓄电池电源的供电方式分为集中电源供电方式和灯具自带蓄电池供电方式。

灯具的供电与电源转换需符合下列规定：

① 当灯具采用集中电源供电时，灯具的主电源和蓄电池电源由集中电源提供，灯具主电源和蓄电池电源在集中电源内部实现输出转换后则由同一配电回路为灯具供电；

② 当灯具采用自带蓄电池供电时，灯具的主电源需通过应急照明配电箱一级分配电后为灯具供电，应急照明配电箱的主电源输出断开后，灯具将自动转入自带蓄电池供电。

火灾时，对灯具光源应急点亮、熄灭的响应时间也有规定：

① 高危险场所灯具光源应急点亮的响应时间不大于 0.25 s；

② 其他场所灯具光源应急点亮的响应时间不大于 5 s，同时系统应急启动后，不同场所对蓄电池电源供电的持续工作时间的要求不同，一般场所要求不少于 30 min。

疏散照明系统类型的选择需根据建(构)筑物的规模、使用性质及日常管理及维护难易程度等因素确定，设计遵循系统架构简洁、控制简单的基本设计原则。

第6章 防雷和接地设计

本章讨论石油化工的防雷接地设计，主要为减少雷击、绝缘损坏或其他意外情况下金属外壳带电时引起的设备损坏和人身伤亡。一般石油化工装置各种场所的防雷接地设计需根据形成爆炸危险状况和空间气体消散情况加以考虑；涉及厂房建筑物和一般建筑物的防雷设计需满足 GB 50057—2010《建筑物防雷设计规范》的相关要求，涉及装置构筑物的防雷设计则还需满足 GB 50650—2011《石油化工装置防雷设计规范》的相关要求。

6.1 建筑物的防雷分类

根据建筑物的重要性、使用性质、雷击后果的严重性以及遭受雷击的概率大小等因素综合考虑，一般将建(构)筑物划分为三类不同的防雷类别，以便规定不同的雷电防护要求和措施。

6.1.1 第一类防雷建筑物

在可能发生对地闪击的地区，遇下列情况之一时，则划为第一类防雷建筑物：

(1) 凡制造、使用或贮存火炸药及其制品的危险建筑物，因电火花而引起爆炸、爆轰，会造成巨大破坏和人身伤亡者；

(2) 具有 0 区或 20 区爆炸危险场所的建筑物；

(3) 具有 1 区或 21 区爆炸危险场所的建筑物，因电火花而引起爆炸，会造成巨大破坏和人身伤亡者。

6.1.2 第二类防雷建筑物

在可能发生对地闪击的地区，遇下列情况之一时，则划为第二类防雷建筑物：

(1) 制造、使用或贮存火炸药及其制品的危险建筑物，且电火花不易引起爆炸或不致造成巨大破坏和人身伤亡者；

(2) 具有 1 区或 21 区爆炸危险场所的建筑物，且电火花不易引起爆炸或不致造成巨大破坏和人身伤亡者；

(3) 具有 2 区或 22 区爆炸危险场所的建筑物；

(4) 有爆炸危险的露天钢制封闭气罐；

(5) 预计雷击次数大于 0.05 次/年的省部级办公建筑物和其他重要或人员密集的公共建筑以及火灾危险场所；

(6) 预计雷击次数大于0.25次/年的住宅、办公楼等一般性民用建筑物或一般性工业建筑物。

6.1.3 第三类防雷建筑物

在可能发生对地闪击的地区，遇下列情况之一时，则划为第三类防雷建筑物：

(1) 预计雷击次数大于或等于0.01次/年，且小于或等于0.05次/年的省部级办公建筑物和其他重要或人员密集的公共建筑，以及火灾危险场所；

(2) 预计雷击次数大于或等于0.05次/年，且小于或等于0.25次/年的住宅、办公楼等一般性民用建筑物或一般性工业建筑物；

(3) 在平均雷暴日大于15天/年的地区，高度在15 m及以上的烟囱、水塔等孤立的高耸建筑物；在平均雷暴日小于或等于15 d/年的地区，高度在20 m及以上的烟囱、水塔等孤立的高耸建筑物。

6.2 建筑物的防雷措施

为减少建筑物遭受雷击而导致人员生命危险及建筑物及内部设施物理损坏，各类防雷建筑物采用由外部防雷装置和内部防雷装置综合组成的防雷装置进行防护。

6.2.1 第一类防雷建筑物的防雷措施

(1) 第一类防雷建筑物防直击雷的措施需符合下列规定：

① 装设独立接闪杆或架空接闪线或网。架空接闪网的网络尺寸不大于5 m×5 m或6 m×4 m。

② 排放爆炸危险气体、蒸气或粉尘的放散管、呼吸阀、排风管等的管口外的下列空间需处于接闪器的保护范围：当有管帽时，一般按表6-1的规定确定；当无管帽时，则为管口上方半径5 m的半球体；接闪器与雷闪的接触点需设在有管帽或无管帽时所规定的空间之外。

表6-1 有管帽的管口外处于接闪器保护范围内的空间

装置内的压力与周围空气压力的压力差/kPa	排放物的相对密度对比于空气	管帽以上的垂直距离/m	距管口处的水平距离/m
<5	重于空气	1	2
5～25	重于空气	2.5	5
≤25	轻于空气	2.5	5
>25	重或轻于空气	5	5

注：相对密度小于或等于0.75的爆炸性气体规定为轻于空气的气体；相对密度大于0.75的爆炸性气体规定为重于空气的气体。

③ 排放爆炸危险气体、蒸气或粉尘的放散管、呼吸阀、排风管等，当其排放物达不到爆炸浓度、长期点火燃烧、一排放就点火燃烧以及发生事故时排放物才达到爆炸浓度的通风管、安

全阀，接闪器的保护范围需保护到管帽，无管帽时则保护到管口。

(2) 第一类防雷建筑物防闪电感应需符合下列规定：

① 建筑物内的设备、管道、构架、电缆金属外皮、钢屋架、钢窗等较大金属物和突出屋面的放散管、风管等金属物，一般均接到防闪电感应的接地装置上。金属屋面周边每隔 18～24 m 采用引下线接地一次。现场浇灌或用预制构件组成的钢筋混凝土屋面，其钢筋网的交叉点需绑扎或焊接，并每隔 18～24 m 采用引下线接地一次。

② 平行敷设的管道、构架和电缆金属外皮等长金属物，其净距小于 100 mm 时，可采用金属线跨接，跨接点的间距不大于 30 m；交叉净距小于 100 mm 时，其交叉处也可跨接。

当长金属物的弯头、阀门、法兰盘等连接处的过渡电阻大于 0.03 Ω 时，连接处可用金属线跨接。对有不少于 5 根螺栓连接的法兰盘，在非腐蚀环境下，可不跨接。

③ 防闪电感应的接地装置一般与电气和电子系统的接地装置共用，其工频接地电阻不大于 10 Ω。防闪电感应的接地装置与独立接闪杆、架空接闪线或架空接闪网的接地装置之间的间隔距离，需满足上述 6.2.1(1)②的要求。

当屋内设有等电位连接的接地干线时，其与防闪电感应接地装置的连接不少于 2 处。

(3) 第一类防雷建筑物防闪电电涌侵入的措施需符合下列规定：

① 室外低压配电线路全线采用电缆直接埋地敷设，在入户处将电缆的金属外皮、钢管接到等电位连接带或防闪电感应的接地装置上。

② 在入户处的总配电箱内一般装设电涌保护器。

③ 电子系统的室外金属导体线路全线采用有屏蔽层的电缆埋地或架空敷设，其两端的屏蔽层、加强钢线、钢管等需等电位连接到入户处的终端箱体上，在终端箱内一般装设电涌保护器。

(4) 当难以装设独立的外部防雷装置时，可将接闪杆或网格不大于 5 m×5 m 或 6 m×4 m 的接闪网或由其混合组成的接闪器直接装在建筑物上，接闪网沿屋角、屋脊、屋檐和檐角等易受雷击的部位敷设。

6.2.2 第二类防雷建筑物的防雷措施

(1) 第二类防雷建筑物外部防雷的措施：一般采用装设在建筑物上的接闪网、接闪带或接闪杆，也可采用由其混合组成的接闪器。接闪网、接闪带沿屋角、屋脊、屋檐和檐角等易受雷击的部位敷设，并在整个屋面组成不大于 10 m×10 m 或 12 m×8 m 的网格；当建筑物高度超过 45 m 时，首先沿屋顶周边敷设接闪带，接闪带设在外墙外表面或屋檐边垂直面上或面外。接闪器之间互相连接。

(2)突出屋面的放散管、风管、烟囱等物体，则按下列方式保护：

①排放爆炸危险气体、蒸气或粉尘的放散管、呼吸阀、排风管等管道需符合 6.2.1(1)②的规定。

②排放无爆炸危险气体、蒸气或粉尘的放散管，烟囱，1 区、21 区、2 区和 22 区爆炸危险场所的自然通风管，0 区和 20 区爆炸危险场所的装有阻火器的放散管、呼吸阀、排风管，以及 6.2.1(1)③所规定的管、阀及煤气和天然气放散管等，其防雷保护的金属物体可不装接闪器，但需和屋面防雷装置相连。

(3) 专设引下线不少于 2 根，并沿建筑物四周和内庭园四周均匀对称布置，其间距沿周长计算不大于 18 m。当建筑物的跨度较大，无法在跨距中间设引下线时，则在跨距两端设引下线并减小其他引下线的间距，专设引下线的平均间距不大于 18 m。

(4) 外部防雷装置的接地需和防闪电感应、内部防雷装置、电气和电子系统等接地共用接地装置，并与引入的金属管线做等电位连接。外部防雷装置的专设接地装置则围绕建筑物敷设成环形接地体。

(5) 有时也可利用建筑物的钢筋作为防雷装置并需符合相关规定。

(6) 共用接地装置的接地电阻按 50 Hz 电气装置的接地电阻确定，且不大于按能够保障人身安全所确定的接地电阻值。

(7) 部分第二类防雷建筑物，其防闪电感应的措施需符合下列规定：

① 建筑物内的设备、管道、构架等主要金属物，一般就近接到防雷装置或共用接地装置上。

② 建筑物内防闪电感应的接地干线与接地装置的连接，不少于 2 处。

(8) 有爆炸危险的露天钢质封闭气罐，当其高度小于或等于 60 m、罐顶壁厚不小于 4 mm 时，或当其高度大于 60 m、罐顶壁厚和侧壁壁厚均不小于 4 mm 时，可不装设接闪器，但需接地，且接地点不少于 2 处，两接地点间距离不大于 30 m，每处接地点的冲击接地电阻不大于 30 Ω。

6.2.3 第三类防雷建筑物的防雷措施

(1) 第三类防雷建筑物外部防雷的措施：一般采用装设在建筑物上的接闪网、接闪带或接闪杆，也可采用由其混合组成的接闪器。接闪网、接闪带沿屋角、屋脊、屋檐和檐角等易受雷击的部位敷设，并在整个屋面组成不大于 20 m×20 m 或 24 m×16 m 的网格；当建筑物高度超过 60 m 时，首先沿屋顶周边敷设接闪带，接闪带设在外墙外表面或屋檐边垂直面上，也可设在外墙外表面或屋檐边垂直面外。接闪器之间需互相连接。

(2) 突出屋面物体的保护措施需满足 6.2.2(2)的要求。

(3) 专设引下线不少于 2 根，并沿建筑物四周和内庭园四周均匀对称布置，其间距沿周长计算不大于 25 m。当建筑物的跨度较大，无法在跨距中间设引下线时，则在跨距两端设引下线并减小其他引下线的间距，专设引下线的平均间距不大于 25 m。

(4) 防雷装置的接地与电气和电子系统等接地共用接地装置，并与引入的金属管线做等电位连接。外部防雷装置的专设接地装置则围绕建筑物敷设成环形接地体。

(5) 建筑物一般利用钢筋混凝土屋面、梁、柱、基础内的钢筋作为引下线和接地装置。

(6) 共用接地装置的接地电阻按 50 Hz 电气装置的接地电阻确定，且不大于按人身安全所确定的接地电阻值。

(7) 防止雷电流流经引下线和接地装置时产生的高电位对附近金属物或电气和电子系统线路的反击需符合下列规定：

① 低压电源线路引入的总配电箱、配电柜处装设Ⅰ级试验的电涌保护器。

② 电子系统的室外线路采用金属线时，在其引入的终端箱处安装 D1 类高能量试验类型的电涌保护器。

③ 在电子系统的室外线路采用光缆时，其引入的终端箱处的电气线路侧，当无金属线路引出本建筑物至其他有自己接地装置的设备时可安装 B2 类慢上升率试验类型的电涌保护器。

6.2.4 其他防雷措施

(1) 当一座防雷建筑物中兼有第一、二、三类防雷建筑物时，其防雷分类和防雷措施一般需符合下列规定：

① 当第一类防雷建筑物部分的面积占建筑物总面积的30%及以上时，该建筑物可确定为第一类防雷建筑物。

② 当第一类防雷建筑物部分的面积占建筑物总面积的30%以下，且第二类防雷建筑物部分的面积占建筑物总面积的30%及以上时，或当这两部分防雷建筑物的面积均小于建筑物总面积的30%，但其面积之和又大于建筑总面积的30%时，该建筑物可确定为第二类防雷建筑物；但对第一类防雷建筑物部分的防闪电感应和防闪电电涌侵入设计，则需采取第一类防雷建筑物的保护措施。

③ 当第一、二类防雷建筑物部分的面积之和小于建筑物总面积的30%，且不可能遭遇直接雷击时，该建筑物可确定为第三类防雷建筑物；但对第一、二类防雷建筑物部分的防闪电感应和防闪电电涌侵入设计，需采取各自类别的保护措施。

(2) 当一座防雷建筑物中仅有一部分为第一、二、三类防雷建筑物时，其防雷措施一般符合下列规定：

① 当防雷建筑物部分可能遭直接雷击时，需按各自类别采取防雷措施。

② 当防雷建筑物部分不可能遭直接雷击时，可不采取防直击雷措施，仅按各自类别采取防闪电感应和防闪电电涌侵入的措施。

③ 当防雷建筑物部分的面积占建筑物总面积的50%以上时，该建筑物则按6.2.4(1)的规定采取防雷措施。

(3) 当采用接闪器保护建筑物、封闭气罐时，其外表面外的2区爆炸危险场所可不在滚球法确定的保护范围内。

(4) 固定在建筑物上的节日彩灯、航空障碍信号灯及其他用电设备和线路一般根据建筑物的防雷类别采取相应的防止闪电电涌侵入的措施，并符合下列规定：

① 无金属外壳或保护网罩的用电设备需处在接闪器的保护范围内。

② 从配电箱引出的配电线路穿钢管，钢管的一端与配电箱和PE线相连，另一端与用电设备外壳、保护罩相连，并就近与屋顶防雷装置相连。当钢管因连接设备而中间断开时可设跨接线。

③ 在配电箱内需在开关的电源侧装设Ⅱ级试验的电涌保护器。

(5) 在建筑物引下线附近保护人身安全需采取的防接触电压和跨步电压的措施，一般需符合下列规定：

① 防接触电压需满足以下相关规定的要求，包括利用建筑物金属架构和建筑物互相连接的钢筋在电气上是贯通且不少于10根柱子组成的自然引下线(包括位于建筑物四周和建筑物内的)；引下线3 m范围内，地表层的电阻率不小于50 k Ω · m，或敷设5 cm厚沥青层或15 cm砾石层；外露引下线，其距地面2.7 m以下的导体用耐1.2/50 μs冲击电压100 kV的绝缘层隔离，或用至少3 mm厚的交联聚乙烯层隔离；用护栏、警告牌等装置使接触引下线的可能性降至最低限度。

② 防跨步电压需满足以下相关规定的要求，包括利用建筑物金属架构和建筑物互相连接的钢筋在电气上是贯通且不少于10根柱子组成的自然引下线(包括位于建筑物四周和建筑物内的)引下线3 m范围内地表层的电阻率不小于50 kΩ · m，或敷设5 cm厚沥青层或15 cm砾石层；用网状接地装置对地面做均衡电位处理；用护栏、警告牌使进入距引下线3 m范围内地面的可能性减小到最低限度。

(6) 对第二类和第三类防雷建筑物，还需符合下列规定：

① 没有得到接闪器保护的屋顶孤立金属物的尺寸不超过相关规定，包括高出屋顶平面不超过 0.3 m、上层表面总面积不超过 1.0 m^2、上层表面的长度不超过 2.0 m 时，可不要求附加的保护措施。

② 不处在接闪器保护范围内的非导电性屋顶物体，当它没有突出由接闪器形成的平面 0.5 m 以上时，可不要求附加增设接闪器等保护措施。

(7) 在独立接闪杆、架空接闪线、架空接闪网的支柱上，严禁悬挂电话线、广播线、电视接收天线及低压架空线等。

6.2.5 建筑物年预计雷击次数

(1) 建筑物年预计雷击次数通常按下式计算：

$$N = k \times N_g \times A_e \tag{6-9}$$

式中 N——建筑物年预计雷击次数，次/年；

k——校正系数，在一般情况下取 1；位于河边、湖边、山坡下或山地中土壤电阻率较小、地下水露头、土山顶部、山谷风口等处，以及特别潮湿的建筑物取 1.5；金属屋面没有接地的砖木结构建筑物取 1.7；位于山顶上或旷野的孤立建筑物取 2；

N_g——建筑物所处地区雷击大地的年平均密度，次/(km^2·年)；

A_e——与建筑物截收相同雷击次数的等效面积，km^2。

(2) 雷击大地的年平均密度，首先按当地气象台、站资料确定；若无此资料，可按下式计算：

$$N_g = 0.1 \times T_d \tag{6-10}$$

式中 T_d——年平均雷暴日，根据当地气象台、站资料确定，天/年。

(3) 与建筑物截收相同雷击次数的等效面积为其实际平面积向外扩大后的面积，其计算方法需符合下列规定：

① 当建筑物的高度小于 100 m 时，如图 6-2 所示，其每边的扩大宽度和等效面积按下列公式计算：

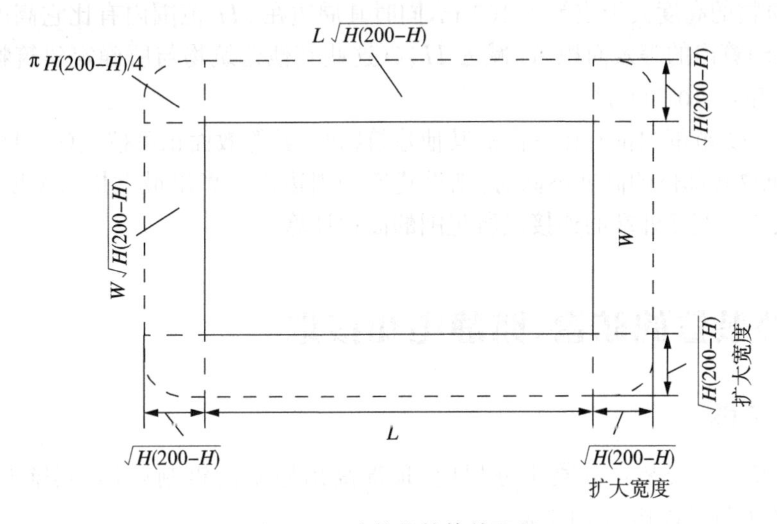

图 6-2 建筑物的等效面积

注：建筑物平面面积扩大后的等效面积如图中周边虚线所包围的面积。

$$D=\sqrt{H(200-H)} \tag{6-11}$$

$$A_e=[LW+2(L+W)\sqrt{H(200-H)}+\pi H(200-H)]\times10^{-6} \tag{6-12}$$

式中　D——建筑物每边的扩大宽度，m；

L、W、H——分别为建筑物的长、宽、高，m。

② 当建筑物的高度小于 100 m，同时其周边在 $2D$ 范围内有等高或比它低的其他建筑物，这些建筑物不在所考虑建筑物以 $h_r=100$ m 的保护范围内时，按式(6－12)算出的 A_e 可减去 $(D/2)\times$(这些建筑物与所考虑建筑物边长平行以米计的长度总和)$\times10^{-6}$(km^2)。

当四周在 2D 范围内都有等高或比它低的其他建筑物时，其等效面积可按下式计算：

$$A_e=\left[LW+(L+W)\sqrt{H(200-H)}+\frac{\pi H(200-H)}{4}\right]\times10^{-6} \tag{6-13}$$

③ 当建筑物的高度小于 100 m，同时其周边在 $2D$ 范围内有比它高的其他建筑物时，按式(6－12)算出的等效面积可减去 $D\times$(这些建筑物与所考虑建筑物边长平行以米计的长度总和)$\times10^{-6}$(km^2)。

当四周在 $2D$ 范围内都有比它高的其他建筑物时，其等效面积可按下式计算：

$$A_e=LW\times10^{-6} \tag{6-14}$$

④ 当建筑物的高度大于或等于 100m 时，其每边的扩大宽度按等于建筑物的高度计算，建筑物的等效面积则按下式计算：

$$A_e=[LW+2H(L+W)+\pi H^2]\times10^{-6} \tag{6-15}$$

⑤ 当建筑物的高度大于或等于 100 m，同时其周边在 $2H$ 范围内有等高或比它低的其他建筑物，且不在所确定建筑物以滚球半径等于建筑物高度(m)的保护范围内时，按式(6－15)算出的等效面积 A_e 减去 $(H/2)\times$(这些建筑物与所确定建筑物边长平行以米计的长度总和)$\times10^{-6}$(km^2)。

当四周在 $2H$ 范围内都有等高或比它低的其他建筑物时，其等效面积可按下式计算：

$$A_e=\left[LW+H(L+W)+\frac{\pi H^2}{4}\right]\times10^{-6} \tag{6-16}$$

⑥ 当建筑物的高度大于或等于 100 m，同时其周边在 $2H$ 范围内有比它高的其他建筑物时，按式(6－15)算出的等效面积 A_e 减去 $H\times$(这些其他建筑物与所确定建筑物边长平行以米计的长度总和)$\times10^{-6}$(km^2)。

当四周在 $2H$ 范围内都有比它高的其他建筑物时，其等效面积可按式(6－14)计算。

⑦ 当建筑物各部位的高度不同时，则沿建筑物周边逐点算出最大扩大宽度，其等效面积仍按每点最大扩大宽度外端的连接线所包围的面积计算。

6.3　户外装置的防雷、防静电和接地

6.3.1　塔区

(1) 独立安装或安装在混凝土框架内、顶部高出框架的钢制塔体，其壁厚大于或等于 4 mm 时，塔体本身可以作为接闪器。

(2) 安装在塔顶和外侧上部突出的放空管，均需处于接闪器的保护范围内。

(3) 塔体作为接闪器时，接地点不少于 2 处，并沿塔体周边均匀布置，引下线的间距不大于 18 m。引下线与塔体金属底座上预设的接地耳相连。与塔体相连的非金属物体或管道，当处于塔体本身保护范围之外时，可在合适的地点安装接闪器加以保护。

(4) 每根引下线的冲击接地电阻不大于 10 Ω。接地装置可围绕塔体敷设成环形接地体。

(5) 用于安装塔体的混凝土框架，每层平台金属栏杆需连接成良好的电气通路，并通过引下线与塔体的接地装置相连。引下线一般采用沿柱明敷的金属导体或直径不小于 10 mm 的柱内主钢筋。利用柱内主钢筋作为引下线时，柱内主钢筋需采用箍筋绑扎或焊接，并在每层柱面预埋 100 mm×100 mm 钢板，作为引下线引出点，与金属栏杆或接地装置相连。

6.3.2 罐区

(1) 金属罐体一般做防直击雷接地，接地点不少于 2 处，并沿罐体周边均匀布置，引下线的间距不大于 18 m。每根引下线的冲击接地电阻不大于 10 Ω。

(2) 储存可燃物质的储罐，其防雷设计需符合下列规定：

① 钢制储罐的罐壁厚度大于或等于 4 mm，并在罐顶装有带阻火器的呼吸阀时，可利用罐体本身作为接闪器；

② 钢制储罐的罐壁厚度大于或等于 4 mm，并在罐顶装有无阻火器的呼吸阀时，可在罐顶装设接闪器，且接闪器的保护范围需满足表 6－1 的规定；

③ 钢制储罐的罐壁厚度小于 4 mm 时，需在罐顶装设接闪器，使整个储罐在保护范围之内。罐顶装有呼吸阀(无阻火器)时，接闪器的保护范围需满足表 6－1 的规定；

④ 非金属储罐需装设接闪器，使被保护储罐和突出罐顶的呼吸阀等均处于接闪器的保护范围之内，接闪器的保护范围需满足表 6－1 的规定；

⑤ 覆土储罐当埋层大于或等于 0.5 m 时，罐体可不考虑防雷设施。储罐的呼吸阀露出地面时，需采取局部防雷保护，接闪器的保护范围需满足表 6－1 的规定。

(3) 浮顶储罐可利用罐体本身作为接闪器，浮顶与罐体需有可靠的电气连接。

6.3.3 静设备区

(1) 独立安装或安装在混凝土框架顶层平面、位于其他物体的防雷保护范围之外的封闭式钢制静设备，其壁厚大于或等于 4 mm 时，可利用设备本体作为接闪器。

(2) 非金属静设备、壁厚小于 4 mm 的封闭式钢制静设备，当其位于其他物体的防雷保护范围之外时，可设置接闪器加以保护。

(3) 安装在静设备上突出的放空管需处于接闪器的保护范围内。

(4) 金属静设备本体作为接闪器时，接地点不少于 2 处，并沿静设备周边均匀布置，引下线的间距不大于 18 m。引下线需与静设备底座预设的接地耳相连。

(5) 每根引下线的冲击接地电阻不大于 10 Ω。接地装置围绕静设备敷设成环形接地体。

(6) 当金属静设备近旁有其他防雷引下线或金属塔体时，可将静设备的接地装置与后者的接地装置相连。

(7) 安装有静设备的混凝土框架顶层平面，其平台金属栏杆需被连接成良好的电气通路，并通过沿柱明敷的引下线或柱内主钢筋与接地装置相连。

6.3.4 管廊和框架

（1）钢框架、管架可通过立柱与接地装置相连，其连接一般采用接地连接件，连接件焊接在立柱上高出地面不低于450 mm的地方，接地点间距不大于18 m。每组框架、管架的接地点不少于2处。

（2）混凝土框架及管架上的爬梯、电缆支架、栏杆等钢制构件，需与接地装置直接连接或通过其他接地连接件进行连接，接地间距不大于18 m。

（3）管道防雷设计一般符合下列规定：

① 每根金属管道均需与已接地的管架做等电位连接，其连接可采用接地连接件；多根金属管道互相连接后，需再与已接地的管架做等电位连接。

② 平行敷设的金属管道，其净间距小于100 mm时，需每隔30 m用金属线连接；管道交叉点净距小于100 mm时，其交叉点需用金属线跨接。

③ 管架上敷设输送可燃性介质的金属管道，在始端、末端、分支处，均需设置防雷电感应的接地装置，其工频接地电阻不大于30 Ω。

④ 进、出生产装置的金属管道，一般在装置的外侧接地，并与电气设备的保护接地装置和防雷电感应的接地装置相连接。

6.3.5 户外灯具和电器

安装在塔顶层（高塔、冷却塔）平台上的照明灯、现场操作箱、航空障碍灯等易遭受直击雷的电气设备，一般采用金属外壳。配电线路则穿镀铸钢管，镀钵钢管需与电气设备的外壳、保护罩相连，保护用镀铸钢管还可就近与钢平台或金属栏杆相连。

6.4 交流电气装置的接地

6.4.1 接地的分类

1. 功能接地

出于电气安全之外的目的，将系统、装置或设备的一点或多点接地。

（1）电力系统接地。根据系统运行的需要进行的接地，如交流电力系统的中性点接地、直流系统中的电源正极或中点接地等。

（2）信号电路接地。为保证信号具有稳定的基准电位而设置的接地。

2. 保护接地

出于电气安全，将系统、装置或设备的一点或多点接地。

（1）电气装置保护接地。电气装置的外露可导电部分、配电装置的金属架构和线路杆塔等，由于绝缘损坏或爬电有可能带电，为防止其危及人身安全和造成设备损坏而设置的接地。

（2）作业接地。将已停电的带电部分接地，以便在无电击危险情况下进行作业。

（3）雷电防护接地。为雷电防护装置（接闪杆、接闪线和过电压保护器等）向大地泄放雷电流而设的接地，用以消除或减轻雷电危及人身安全和设备损坏。

（4）防静电接地。将静电荷导入大地的接地。如对易燃易爆管道、贮罐以及电子器件、设备为防止静电的危害而设的接地。

(5) 阴极保护接地。使被保护金属表面成为电化学原电池的阴极,以防止该表面被腐蚀的接地。

3. 功能和保护兼有的接地

电磁兼容性(EMC)是指为装置、设备或系统在其工作的电磁环境中能不降低性能地正常工作,且对该环境中有生命体和无生命体的其他事物不构成电磁危害或干扰的能力。为实现电磁兼容性所作的接地称为电磁兼容性接地。电磁兼容性接地,既有功能接地(抗干扰)又有保护接地(抗损害)的含义。屏蔽是电磁兼容性要求的基本保护措施之一。

6.4.2 接地电阻的计算

1. 接地电阻的基本概念

(1) 流散电阻。电流自接地体的周围向大地流散所遇到的全部电阻称为流散电阻。理论上为自接地体表面至无穷远处的电阻,工程上一般取20～40m。

(2) 接地电阻。接地体的流散电阻与接地体至总接地端子的接地导体电阻的总和称为接地装置的接地电阻。由于在工频下接地导体电阻远小于流散电阻,通常将流散电阻作为接地电阻。

(3) 工频接地电阻和冲击接地电阻。按通过接地极流入地中工频交流电流求得的接地电阻称为工频接地电阻;按通过接地极流入地中冲击电流(如雷电流)求得的接地电阻称为冲击接地电阻。当冲击电流从接地极流入土壤时,接地极附近形成很强的电场,将土壤击穿并产生火花,相当于增加了接地极的截面,减小了接地电阻。另一方面雷电冲击电流具有高频特性,使接地极本身电抗增大;一般情况下冲击接地电阻一般小于工频接地电阻。工频接地电阻只在需区分冲击接地电阻(如防雷接地等)时才注明工频接地电阻。值得指出的是,冲击接地电阻仅在概念上存在,目前还无法实测考核。

2. 土壤和水的电阻率

决定土壤电阻率的因素主要有土壤的类型、含水量、温度、溶解在土壤中的水中化合物的种类和浓度、土壤的颗粒大小及分布、密集性和压力、电晕作用等。

土壤电阻率一般以实测值作为设计依据。当缺少实测数据时,可参考表6-2。

表6-2　土壤和水的电阻率参考值

类别	名称	电阻率近似值/(Ω·m)	不同情况下电阻率的变化范围/(Ω·m)		
			较湿时(一般地区、多雨区)	较干时(少雨区、沙漠区)	地下水含盐碱时
土	陶黏土	10	5～20	10～100	3～10
	黑土、园田土、陶土	50	30～100	50～300	10～30
	砂质黏土	100	30～300	80～1000	10～80
	黄土	200	100～200	250	30
	煤	—	350	—	—
	多石土壤	400	—	—	—
	上层红色风化黏土、下层红色页岩	500(30%湿度)	—	—	—

续表

类别	名称	电阻率近似值/(Ω·m)	不同情况下电阻率的变化范围/(Ω·m)		
			较湿时（一般地区、多雨区）	较干时（少雨区、沙漠区）	地下水含盐碱时
砂	砂、砂砾	1 000	250～1 000	1 000～2 500	
	砂层深度＞10 m	1 000	—	—	—
岩石	砾石、碎石	5 000	5 000	—	—
	多岩山地				
混凝土	在水中	40～55	—	—	—
	在湿土中	100～200			
	在干土中	500～1 300			
水	海水	1～5	—	—	—
	湖水、池水	30			
	地下水	20～70			
	溪水	50～100			
	河水	30～280			

3. 均匀土壤中接地电阻的计算

(1) 自然接地体的接地电阻计算

一般采用表 6－3 的简易公式作为估算用。

表 6－3 自然接地体的工频接地电阻简易计算式

接地极	计算公式	备注
金属管道	$R=\frac{2\rho}{L}$	L 约为 60 m
钢筋混凝土基础	$R=\frac{0.2\rho}{\sqrt[3]{V}}$	V 约为 1 000 m^3

注：R 为接地电阻，单位为 Ω；L 为接地体长度，单位为 m；V 为基础所包围的体积，单位为 m^3；ρ 为土壤电阻率，单位为 Ω·m。

(2) 人工接地极的接地电阻计算

理论计算公式见表 6－4。

表 6-4　常用人工接地极接地电阻计算公式

接地体类型	埋设简图	接地电阻计算公式	备注
垂直管形接地极 1	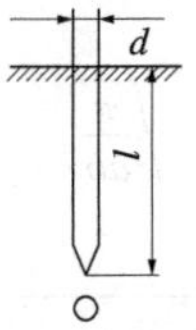	$R=\frac{\rho}{2\pi L}\ln\frac{4L}{d}$ ①	$L\gg d$
	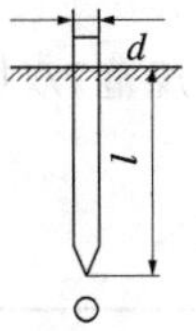	$R=\frac{\rho}{2\pi l}(\ln\frac{8l}{d}-1)$ ②	$L\gg d$
垂直管形接地极 2	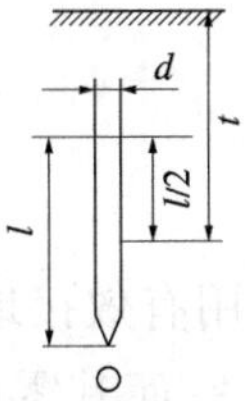	$R=\frac{\rho}{2\pi l}\left(\ln\frac{2l}{d}+\frac{1}{2}\ln\frac{4t+l}{4t-l}\right)$	$L\gg d$ $4t>l$
垂直角钢接地极	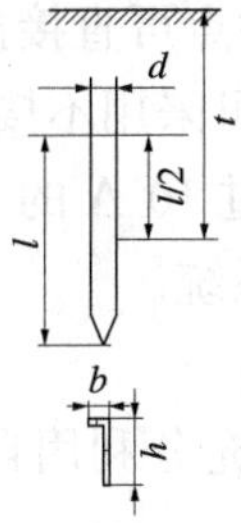	$R=\frac{\rho}{2\pi l}\left(\ln\frac{2l}{0.708\sqrt[4]{bh(b^2+h^2)}}+\frac{1}{2}\ln\frac{4t+l}{4t-l}\right)$	$4t>l$ $b\ll l$ $h\ll l$
垂直槽钢接地极	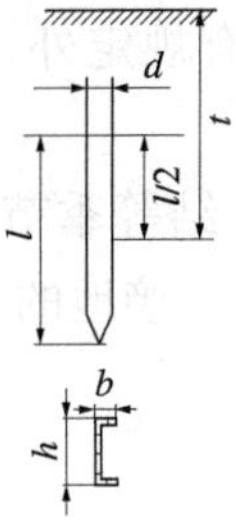	$R=\frac{\rho}{2\pi l}\left(\ln\frac{2l}{0.92\sqrt[4]{b^2h^3(b^2+h^2)^2}}+\frac{1}{2}\ln\frac{4t+l}{4t-l}\right)$	$4t>l$ $b\ll l$ $h\ll l$
平放圆钢接地极	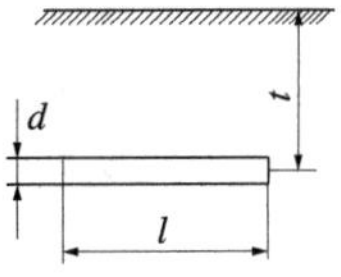	$R=\frac{\rho}{2\pi l}\left(\ln\frac{2l}{d}+\ln\frac{\sqrt{16t^2+l^2}+l}{4t}\right)$	$l>d$ $t>d$
平放扁钢接地极	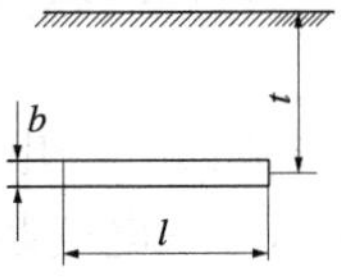	$R=\frac{\rho}{2\pi l}\left(\ln\frac{4l}{b}+\ln\frac{\sqrt{16t^2+l^2}+l}{4t}\right)$	$l>b$ $t>b$

续表

接地体类型	埋设简图	接地电阻计算公式	备注
水平板状接地极	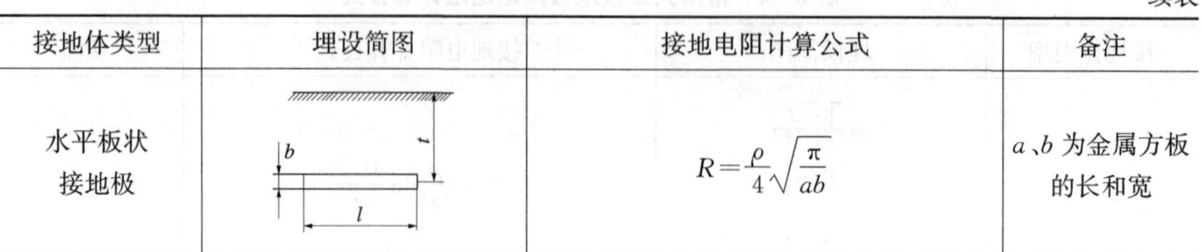	$R=\frac{\rho}{4}\sqrt{\frac{\pi}{ab}}$	a、b 为金属方板的长和宽

注：① 电阻 R 的单位为 Ω，电阻率 ρ 单位为 Ω·m，尺寸单位均为 m；

② 公式①实质与 GB/T 50065—2011《交流电气装置的接地设计规范》双层土壤中垂直接地极计算式一致；

③ 公式②引自 GB/T 50065—2011《交流电气装置的接地设计规范》。

6.4.3 高压电气装置的接地

1. 高压系统中性点接地方式

(1) 中性点直接接地方式。110 kV 及以上系统一般采用有效接地方式，即系统在各种条件下的零序与正序电抗之比（$X_{(0)}/X_{(1)}$）为正值且不大于 3，而其零序电阻与正序电抗之比（$R_{(0)}/X_{(1)}$）不大于 1；110 kV 及 220 kV 系统中变压器中性点可直接接地，为限制系统短路电流，在不影响中性点有效接地方式时，部分变压器中性点也可采用不接地方式。

(2) 中性点不接地方式。单相接地故障电容电流不超过 10 A 的 35 kV、66 kV 电力系统和不直接连接发动机的 6～20 kV 电力系统可采用不接地系统。

2. 高压电气装置接地的一般规定

(1) 电力系统、装置或设备需按规定接地，接地装置可充分利用自然接地体，但需校验自然接地体的热稳定性。

(2) 不同途径、不同额定电压的电气装置或设备，除另有规定外，一般使用一个总的接地网，接地电阻则符合其中最小值的要求。

(3) 设计接地装置时，将充分考虑土壤干燥或降雨和冻结等季节变化的影响，接地电阻、接触电位差和跨步电位差在四季中均需符合要求，但雷雨保护接地的接地电阻，可只考虑在雷雨季中土壤干燥状态的季节变化影响。

6.4.4 低压电气装置的接地

1. 低压系统的接地型式

(1)低压系统接地型式的表示方法

以拉丁字母作为代号，其意义如下：

第一个字母表示电源端对地的关系：T——电源端有一点直接接地；I——电源端所有带电部分不接地或有一点经高阻抗接地。

第二个字母表示电气装置的外露可导电部分对地的关系：T——电气装置的外露可导电部分直接接地，此接地点在电气上独立于电源端的接地点；N——电气装置的外露可导电部分与电源端接地有直接电气连接。

短横线后的字母(如果有)用来表示中性导体与保护导体的配置情况:S——中性导体和保护导体(PE 导体)是分开的;C——中性导体和保护导体(PE 导体)是合一的。

(2) TN 系统

TN 系统分为单电源系统和多电源系统。

① 单电源系统

电源端有一点直接接地(通常是中性点),电气装置的外露可导电部分通过 PEN 导体(保护接地中性导体)或 PE 导体(保护接地导体)连接到此接地点。

根据中性导体(N)和 PE 导体的组合情况,TN 系统的型式有以下三种:

a. TN-S 系统:整个系统全部采用单独的 PE(图 6-3~图 6-5),装置的 PE 可另外增设接地。

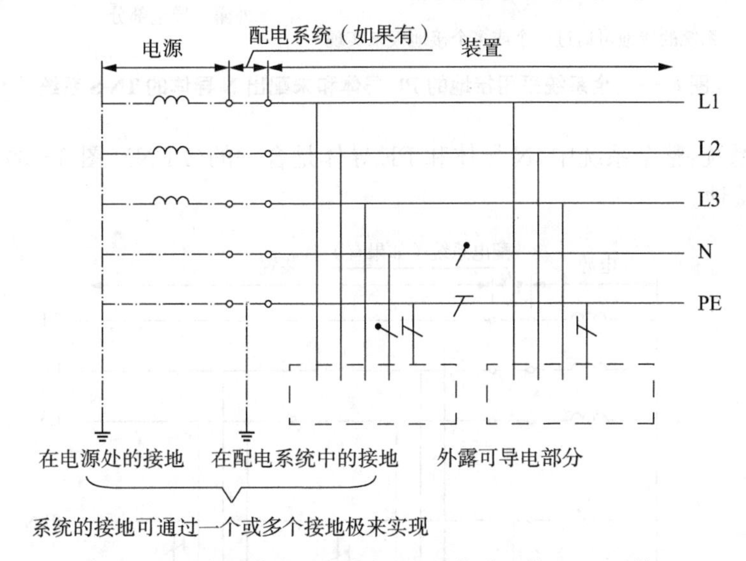

图 6-3　全系统将 N 导体与 PE 导体分开的 TN-S 系统

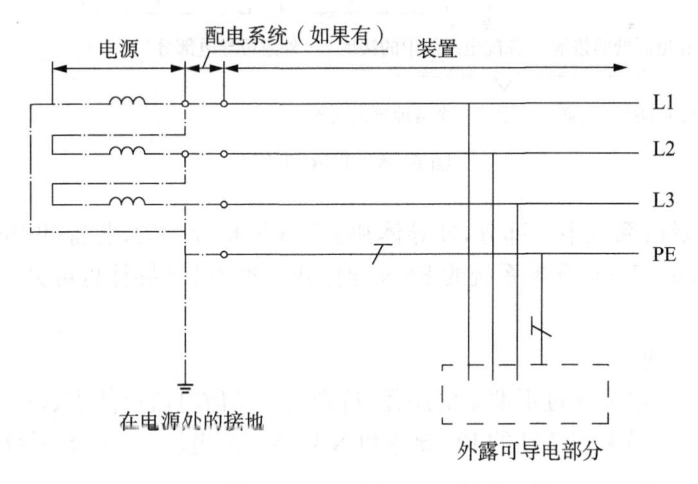

6-4　全系统将被接地的相导体与 PE 导体分开的 TN-S 系统

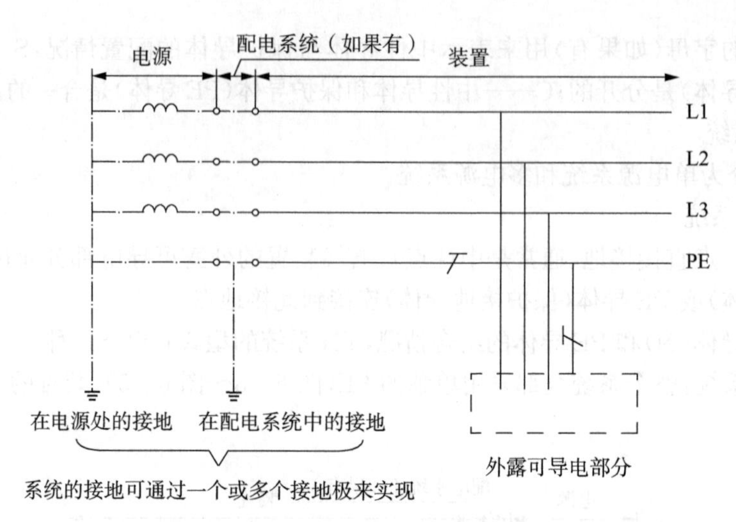

图 6-5　全系统采用接地的 PE 导体和未配出 N 导体的 TN-S 系统

b. TN-C 系统：整个系统中，N 导体和 PE 导体是合一的(PEN)(图 6-6)。装置的 PEN 也可另外增设接地。

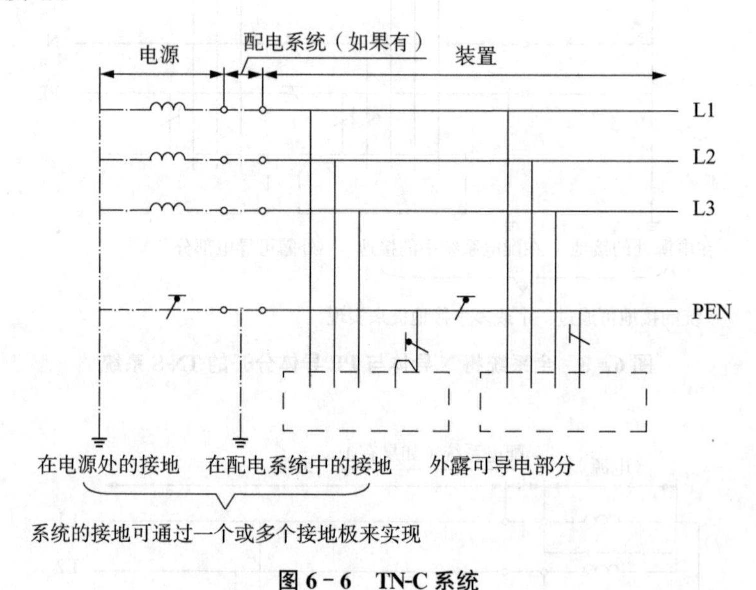

图 6-6　TN-C 系统

c. TN-C-S 系统：系统中一部分，N 导体和 PE 导体是合一的；装置的 PEN 或 PE 导体可另外增设接地(图 6-7)；对配电系统的 PEN 导体和装置的 PE 导体也可另外增设接地(图 6-8～图 6-9)。

② 具有多电源的 TN 系统

一般避免其工作电流流过不期望的路径；特别是在杂散电流可能引起火灾、腐蚀及电磁干扰的场所。对用电设备采用单独的 PE 导体和 N 导体的多电源 TN-C-S 系统见图 6-10，并需符合下列要求：

a. 不在变压器的中性点或发电机的星形点直接对地连接；

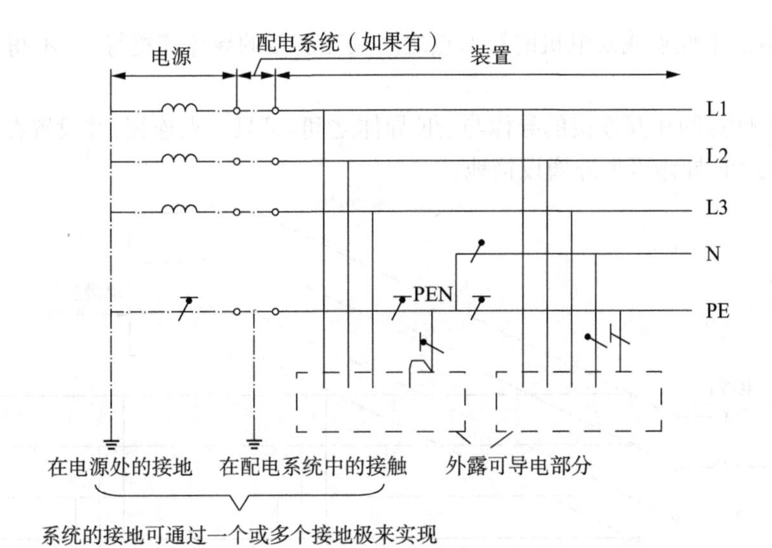

图 6-7　在装置的非受电点的某处将 PEN 导体分成 PE 导体和 N 导体的三线四相制的 TN-C-S 系统

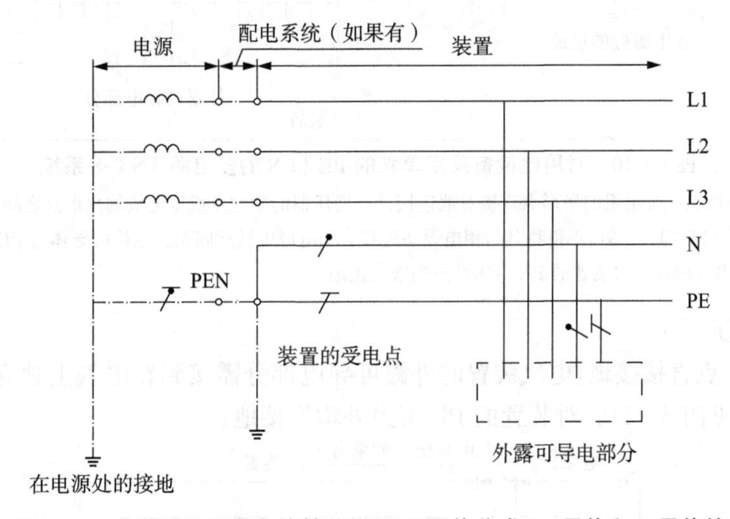

图 6-8　在装置的受电点的某处将 PEN 导体分成 PE 导体和 N 导体的三线四相制的 TN-C-S 系统

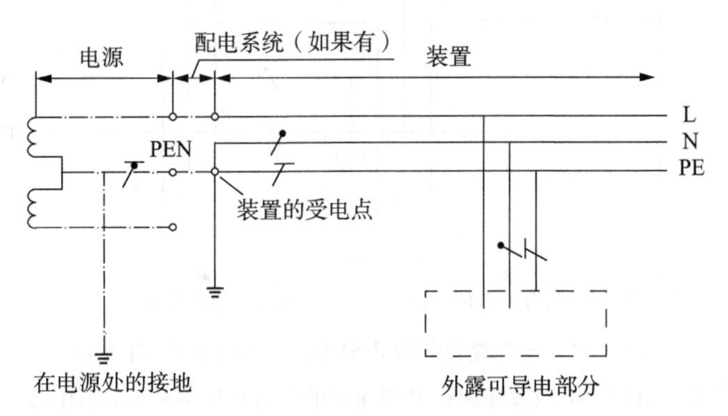

图 6-9　在装置的受电点的某处将 PEN 导体分成 PE 导体和 N 导体的单相二线制的 TN-C-S 系统

b. 变压器的中性点或发电机的星形点之间相互连接的导体需绝缘，且不得将其与用电设备连接；

c. 电源中性点间相互连接的导体与 PE 导体之间，可只一点连接，并设置在总配电屏内；

d. 装置的 PE 导体可另外增设接地。

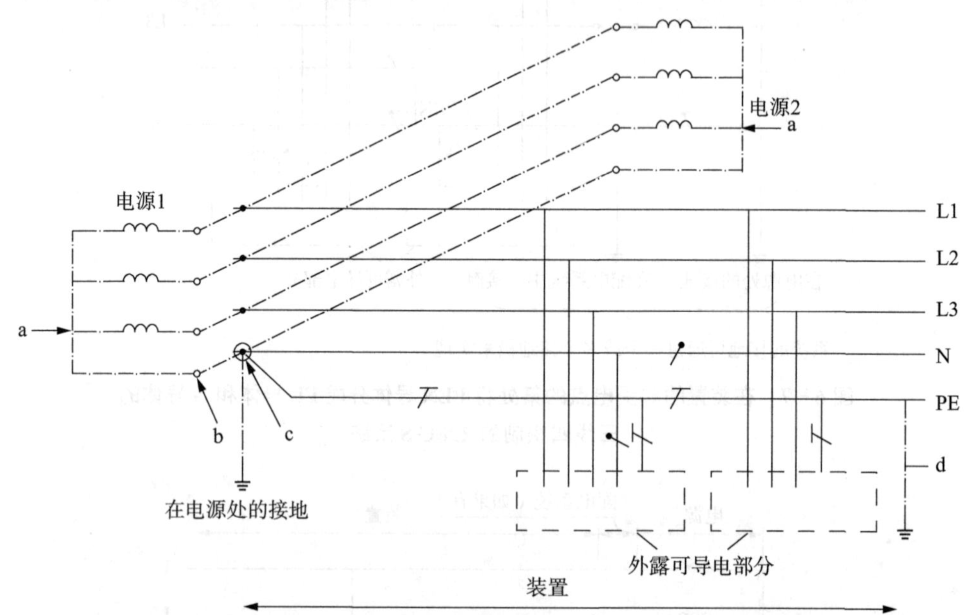

图 6-10　对用电设备采用单独的 PE 和 N 的多电源 TN-C-S 系统

a—不在变压器的中性点或发电机的星形点直接对地连接；b—变压器的中性点或发电机的星形点之间相互连接的导体需绝缘，导体的功能类似于 PEN，然而不得将其与用电设备连接；c—电源中性点间相互连接的导体与 PE 导体之间作一点连接并设置在总配电屏内；d—对装置的 PE 导体可另外增设接地

(3) TT 系统

电源端有一点直接接地，电气装置的外露可导电部分需接到在电气上独立于电源系统接地的接地极上，见图 6-11。对装置的 PE 可另外增设接地。

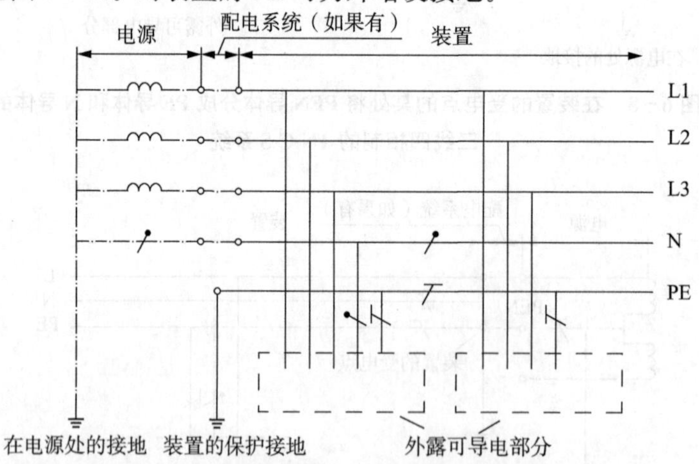

图 6-11　全部装置都采用分开的 N 和 PE 的 TT 系统

注：TT 系统配电线路内由同一接地故障保护电器保护的外露可导电部分，需用 PE 导体连接至共用的接地极上。当有多极保护时，且在总等电位联结作用范围外，各级可有各自的接地极。

(4) IT 系统

电源端系统的所有带电部分需与地隔离，或系统某一点(一般为中性点)通过足够高的阻抗接地。电气装置的外露可导电部分被单独或集中地接地(图 6－12)，或在满足电击安全防护的条件下集中接到系统的保护接地上(图 6－13)。IT 系统可配出但一般不配出 N 导体。对装置的 PE 导体可另外增设接地。

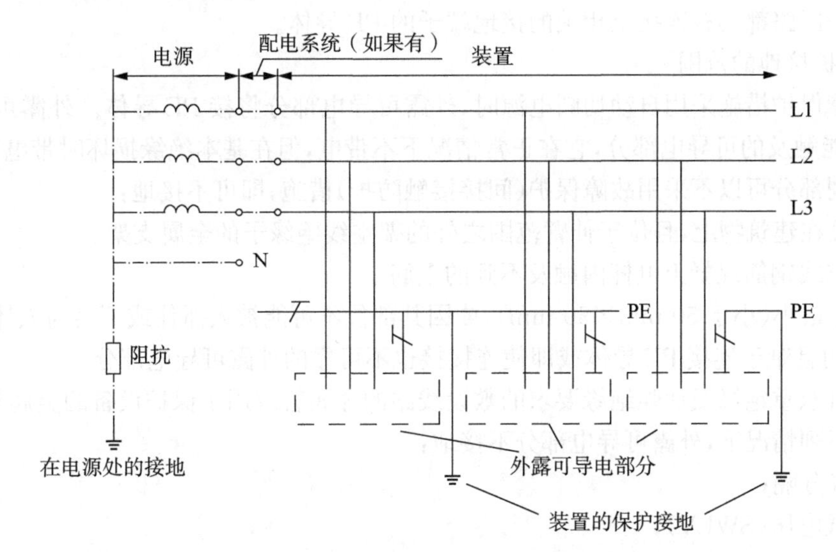

图 6－12　将装置外露可导电部分成组接地或独立接地的 IT 系统

注:① 该系统可经足够高的阻抗接地;② 可以配出中性导体也可以不配出中性导体。

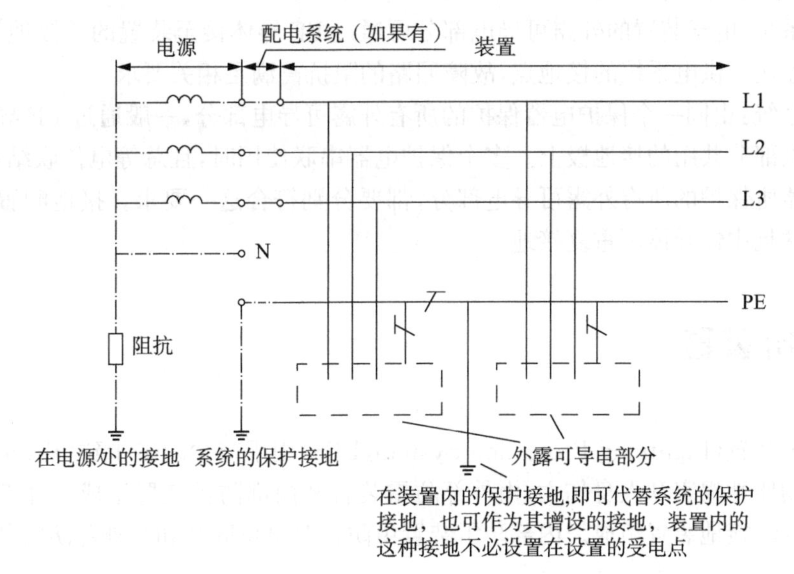

图 6－13　将所有外露可导电部采用 PE 相连后集中接地的 IT 系统

注:① 该系统可经足够高的阻抗接地;② 可以配出中性导体也可以不配出中性导体。

2. 低压电气装置的保护接地

保护接地和保护等电位联结是电击防护中故障保护措施的重要组成部分。

(1) 通则

① 外露可导电部分可按上述1.(2)～(4)所述的各种系统接地型式的具体条件，与PE导体连接。

② 可同时触及的外露可导电部分单独、成组或共同连接到同一个接地系统。

③ 保护接地的导体符合下述(3)的要求。

④ 每一回路都具有连接至相关的接地端子的PE导体。

(2) 保护接地的范围

① 故障保护措施采用自动切断电源时，外露可导电部分将接PE导体。外露可导电部分是"设备上能触及的可导电部分，它在正常情况下不带电，但在基本绝缘损坏时带电"。

② 下列部分可以不采用故障保护(间接接触防护)措施，即可不接地：

a. 敷设在建筑物上，且位于伸臂范围之外的架空线绝缘子的金属支架。

b. 架空线钢筋混凝土电杆内触及不到的钢筋。

c. 尺寸很小(小于50 mm×50 mm)，或因其部位不可能被人抓住或不会与人体部位有大面积接触，而且难于连接PE导体或即使连接接也不可靠的外露可导电部分。

d. 符合双重绝缘或加强绝缘要求的敷设线路的金属管或用于保护设备的金属外护物。

③ 在下列情况下，外露可导电部分不接地：

a. 电气分隔；

b. 特低电压(SWLV)；

c. 非导电场所；

d. 不接地的局部等电位联结。

(3) 保护接地的要求

a. TN系统：电气装置的外露可导电部分可通过PE导体接至装置的总接地端子，该总接地端子一般连接至供电系统的接地点，故障回路的阻抗需满足相关要求。

b. TT系统：由同一个保护电器保护的所有外露可导电部分，一般通过PE导体连接至这些外露可导电部分共用的接地极上。多个保护电器串联使用时，且总等电位联结作用范围外，每个保护电器所保护的所有外露可导电部分，都要分别符合这一要求。接地配置的电阻也需满足相关条件且中性导体不重复接地。

6.5 防雷装置

雷电防护装置(Lightning Protection System，LPS)用于减少闪击于建(构)筑物上或其附近所造成的物质性损害和人身伤亡，由外部防雷装置和内部防雷装置组成。外部防雷装置由接闪器、引下线、接地装置组成。内部防雷装置由防雷等电位联结和与外部防雷装置的间隔距离组成。

6.5.1 接闪器

1. 建筑物防雷接闪器的种类和滚球半径

建筑物防雷接闪器由一种或多种设施组合而成，包括独立接闪杆，架空接闪线或架空接闪网，直接装在建筑物上的接闪杆、接闪带或接闪网（包括被利用作为接闪器的建筑物金属体和结构钢筋）。

布置接闪器时，可采用滚球法对接闪杆、接闪线、接闪带（网）进行保护范围计算。

滚球法是以 h_r 为半径的一个球体，沿需要防直击雷的部位滚动，当球体只触及接闪器，包括被利用作为接闪器的金属物，或只触及接闪器和地面，包括与大地接触能承受雷击的金属物，而不触及需要保护的部位时，或者接闪网的网格不大于规定的尺寸时，则该部分就得到接闪器的保护。我国不同类别的防雷建筑物的滚球半径及接闪网的网格尺寸见表 6-9。

表 6-9　建筑物防雷接闪器布置的滚球半径与接闪网网格尺寸

建筑物防雷装置(LPS)	滚球半径 h_r/m	接闪网格尺寸/(m×m)
第一类防雷建筑物	30	不大于 5×5 或 6×4
第二类防雷建筑物	45	不大于 10×10 或 12×8
第三类防雷建筑物	60	不大于 20×20 或 24×16

2. 接闪器的材料和装设要求

(1) 接闪器的材料、结构和最小截面等要求需符合表 6-10 的要求。

表 6-10　接闪线（带）接闪杆和引下线的材料、结构、最小截面及最小厚度或直径

材料	结构	最小截面/mm^2	最小厚度或直径
铜、镀锡铜	单根扁铜	50	最小厚度 2 mm
	单根圆铜	50	直径 8 mm
	铜绞线	50	每股线最小直径 1.7 mm
	单根圆铜	176	直径 15 mm
铝	单根扁铝	70	最小厚度 3 mm
	单根圆铝	50	直径 8 mm
	铝绞线	50	每股线最小直径 1.7 mm
铝合金	单根扁形导体	50	最小厚度 2.5 mm
	单根圆形导体	50	直径 8 mm
	绞线	50	每股线最小直径 1.7 mm
	单根圆形导体	176	直径 15 mm
	外表面镀铜的单根圆形导体	50	直径 8 mm，径向镀铜厚度至少 70 μm，铜纯度 99.9%
热浸镀锌钢	单根扁钢	50	最小厚度 2.5 mm
	单根圆钢	50	直径 8 mm
	绞线	50	每股线最小直径 1.7 mm
	单根圆钢	176	直径 15 mm

续表

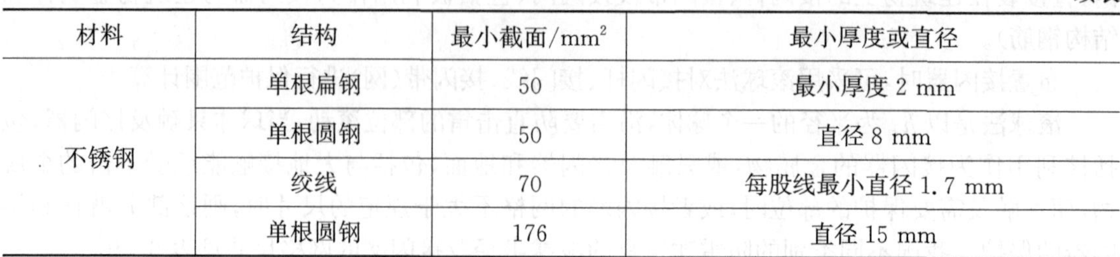

材料	结构	最小截面/mm²	最小厚度或直径
不锈钢	单根扁钢	50	最小厚度 2 mm
	单根圆钢	50	直径 8 mm
	绞线	70	每股线最小直径 1.7 mm
	单根圆钢	176	直径 15 mm

(2) 接闪杆可采用热镀锌圆钢或焊接钢管。当杆长<1 m 时，圆钢直径≥12 mm，钢管直径≥20 mm；当杆长为 1～2m 时，圆钢直径≥16 mm，钢管直径≥25 mm；当在独立烟囱顶上装设接闪杆时，圆钢直径≥12 mm，钢管直径≥40 mm；当烟囱采用热镀锌环形接闪带时，其圆钢直径≥12 mm；扁钢截面≥100 mm^2，扁钢厚度≥4 mm。

(3) 接闪杆的顶端可做成半球状，其弯曲半径最小为 4.8 mm，最大为 12.7 mm。

(4) 空接闪线和接闪网一般采用截面不于 50 mm^2 的热镀锌钢绞线或铜绞线。

(5) 一般情况下，明敷接闪导体固定支架的间距不大于表 6-11 的规定。

表 6-11 明敷接闪导体和引下线固定支架的间距

布置方式	扁形导体和绞线固定支架的间距 /mm	单根圆形导体固定支架的间距 /mm
水平面上的水平导体	500①	1 000
垂直面上的水平导体	500	1 000
地面至 20m 处的垂直导体	1 000	1 000
从 20 m 处起往上的垂直导体	500	1 000

注：① GB/T 21714.3—2015/IEC 62305-3:2010《雷电防护 第 3 部分：建筑物的物理损坏和生命危险》中建议此间距为 1 000。

(6) 除第一类防雷建筑物外，金属屋面的建筑物可利用屋面作自然接闪器，但需符合表 6-12 的要求。

表 6-12 金属屋面接闪器的最小厚度及连接要求

金属屋面板材料		铅板	不锈钢板 镀锌钢板	钛板	铜板	铝板	锌板
板厚 /mm	屋面板下无易燃物（不防止击穿）	2	0.5	0.5	0.5	0.65	0.7
	屋面板下有易燃物（防止击穿）	—	4	4	5	7	—

注：屋面板间的连接需作持久的电气贯通，如采用铜锌合金焊、熔焊、卷边压接、缝接、螺钉或螺栓连接；金属板需无绝缘被覆层，但薄的油漆保护层或 1 mm 厚的沥青层或 0.5 mm 厚的聚氯乙烯层均不属于绝缘被覆层；双层夹芯（非易燃物）板，上层厚度需满足本表要求。

(7) 除第一类防雷建筑物及第二类防雷建筑物突出屋面的排放爆炸危险气体、蒸汽或粉尘的放散管、呼吸阀、排风管等需符合防直击雷要求外，屋顶上的永久性金属物，如旗杆、栏杆、装饰物、女儿墙上的盖板等可作为接闪器，但其各部件之间均连成电气通路。

输送和储存物质的钢管、钢罐的壁厚不小于 2.5 mm，若被雷击穿后将导致其内的介质泄漏，对周围环境造成危害时，其壁厚不小于 4 mm。

利用屋顶建筑构件内钢筋作接闪器时，需符合防直击雷的要求。

(8) 外露钢质接闪器为热镀锌，其在腐蚀性较强的场所，接闪器需适当加大截面或采取其他防腐措施。利用混凝土构件内金属体作接闪器时，其引出接地线处也需采取防腐措施。

(9) 不得利用安装在接收无线电视广播天线杆顶上的接闪杆等非永久性接闪器保护建筑物。

(10) 目前市售的各种非常规接闪杆，还不能证明其效果和经济性优于常规接闪杆，因此我国防雷标准及 IEC 标准均未推荐使用非常规接闪杆。IEC 标准还规定不允许采用具有放射性的接闪器。

3. 接闪杆的保护范围

(1) 单支接闪杆的保护范围

单支接闪杆的保护范围可按下列方法确定(图 6-22)。

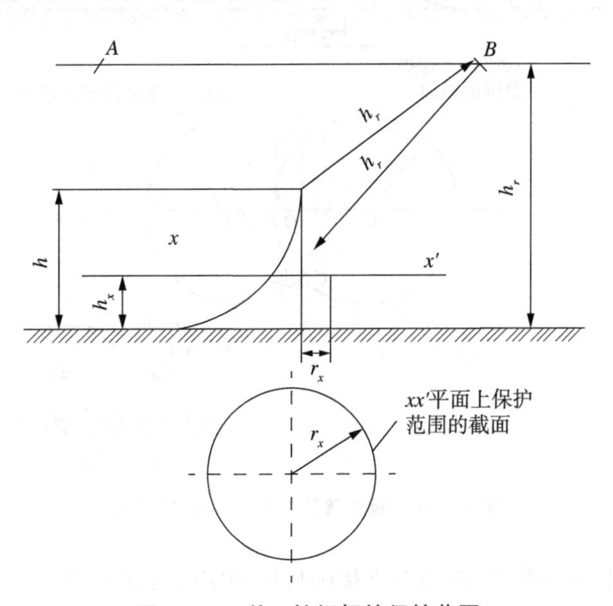

图 6-22　单只接闪杆的保护范围

① 当接闪杆高度 $h \leqslant h_r$ 时，具体确定方法如下：

a. 距地面 h_r 处作一平行于地面的平行线；

b. 以杆尖为圆心，h_r 为半径，作弧线交于平行线的 A、B 两点；

c. 以 A、B 为圆心，h_r 为半径，该弧线与杆尖相交并与地面相切，此弧线从杆尖起到地面止就是保护范围。保护范围是一个对称的锥体；

d. 接闪杆在 h_r 高度的 xx' 平面上的保护半径，按下式计算

$$r_x=\sqrt{h(2h_r-h)}-\sqrt{h_x(2h_r-h_x)} \quad (6-19)$$

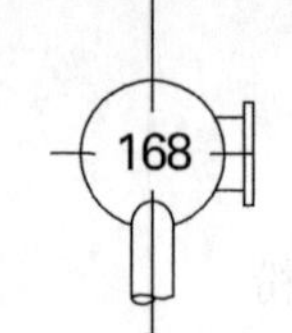

接闪杆在地面上的保护半径 r_0 为

$$r_0=\sqrt{h(2h_r-h)} \tag{6-20}$$

式中 r_x——接闪杆在高度的平面上的保护半径，m；

r_0——接闪杆在地面上的保护半径，m；

h_r——滚球半径，m；

h——接闪杆高度，m；

h_x——被保护物的高度，m。

② 当 $h>h_r$ 时，除在接闪杆上取高度 h_r 的一点代替接闪杆杆尖作为圆心外，其余的做法同①项。但式(6-19)及式(6-20)中的 h 用 h_r 代入。

(2) 两支等高按闪杆的保护范围

两支等高接闪杆的保护范围，在 $h\leqslant h_r$ 的情况下，当两针之间的距离 $D\geqslant 2\sqrt{h(2h_r-h)}$ 时，各按单支接闪杆所规定的方法确定；当 $D<2\sqrt{h(2h_r-h)}$ 时，按下列方法确定，见图 6-23。

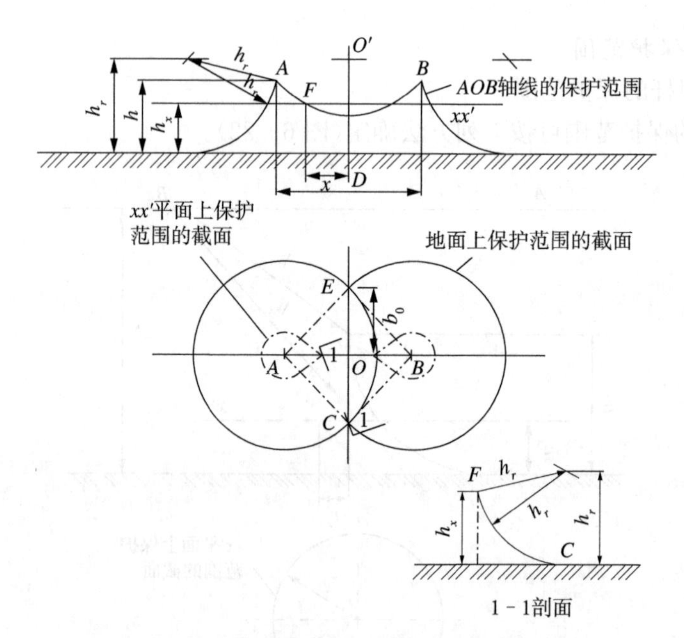

图 6-23 两支等高接闪杆的保护范围

a. $AEBC$ 外侧的保护范围，按照单支接闪杆所规定的方法确定。

b. C、E 点位于两针间的垂直平分线上。在地面每侧的最小保护宽度 b_0 按下式计算

$$b_0=\sqrt{h(2h_r-h)-\left(\frac{D}{2}\right)^2} \tag{6-21}$$

在 AOB 轴线上，距中心线距离 x 处，其在保护范围上边线上的保护高度按下式确定

$$h_x=h_r-\sqrt{(h_r-h)^2+\left(\frac{D}{2}\right)^2-x^2} \tag{6-22}$$

式中 b_0——最小保护宽度，m；

h——接闪杆高度，m；

h_r——滚球半径，m；

h_x——被保护物的高度，m；

D——接闪杆间的距离，m；

x——计算点距 CE 线或 OO' 线的距离，m。

该保护范围上边线是以中心线距地面 h_x 的一点 O' 为圆心，以 $\sqrt{(h_r-h)^2+\left(\frac{D}{2}\right)^2}$ 为半径所作的圆弧 AB。

c. 两杆间 $AEBC$ 内的保护范围，ACO 部分的保护范围按以下方法确定：在 h_x 保护高度 F 点和 C 点所处的垂直平面上，以 h_x 作为假想接闪杆，按单支接闪杆的方法逐点确定(图 6-23 的 1—1 剖面图)。确定 BCO、AEO、BEO 部分的保护范围的方法与 ACO 部分的相同。

d. 确定 xx' 平面上保护范围截面的方法：以单支接闪杆的保护半径 r_x 为半径，以 A、B 为圆心作弧线与四边形 $AEBC$ 相交；以单支接闪杆的(r_0-r_x)为半径，以 E、C 为圆心作弧线与上述弧线相接，见图 6-23 中的点划线。

(3) 两支不等高接闪杆的保护范围

两支不等高接闪杆的保护范围，在 $h_1 \leqslant h_r$ 和 $h_2 \leqslant h_r$ 的情况下，当 $D \geqslant \sqrt{h_1(2h_r-h_1)}+\sqrt{h_2(2h_r-h_2)}$ 时，各按单支接闪杆所规定的方法确定；当 $D < \sqrt{h_1(2h_r-h_1)}+\sqrt{h_2(2h_r-h_2)}$ 时，按下列方法确定，见图 6-24。

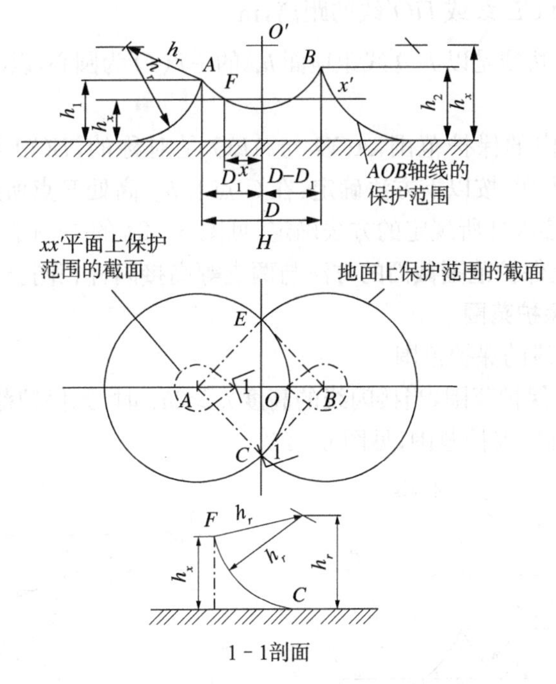

图 6-24　两支等高接闪杆的保护范围

a. $AEBC$ 外侧的保护范围，按单支接闪杆所规定的方法确定。

b. CE 线或 HO' 线的位置按下式计算

$$D_1=\frac{(h_r-h_2)^2-(h_r-h_1)^2+D^2}{2D} \tag{6-23}$$

式中　D_1——较低的接闪杆与两支接闪杆在地面保护范围交点连线的垂直距离，m；

h_1——较低的接闪杆高度，m；

h_2——较高的接闪杆高度，m；

h_r——滚球半径，m；

D——接闪杆间的距离，m。

c. 在地面上每侧的最小保护宽度 b_0（CO 或 EO）按下式计算

$$b_0=\sqrt{h_1(2h_r-h_1)-(D_1)^2} \quad (6-24)$$

式中 b_0——最小保护宽度，m；

h_1——较低的接闪杆高度，m；

h_r——滚球半径，m；

D_1——较低的接闪杆与两支接闪杆在地面保护范围交点连线的垂直距离，m。

在 AOB 轴线上，在距 HO' 线距离 x 处其在保护范围上边线上的保护高度按下式确定

$$h_x=h_r-\sqrt{(h_r-h_1)^2+(D_1)^2-x^2} \quad (6-25)$$

式中 h_x——被保护物的高度，m；

h_r——滚球半径，m；

h_1——较低的接闪杆高度，m；

D_1——较低的接闪杆与两支接闪杆在地面保护范围交点连线的垂直距离，m；

x——计算点距 CE 线或 HO' 线的距离，m。

A、B 间保护范围上边线是以 HO' 线距地面 h_r 的一点 O′为圆心，以 $\sqrt{(h_r-h_1)^2+(D_1)^2}$ 为半径作的圆弧 AB。

d. 两杆间 $AEBC$ 内的保护范围，ACO 与 AEO 是对称的，BCO 与 BEO 是对称的。以 ACO 部分的保护范围为例，按以下方法确定：在 C 点和 h_x 高处 F 点所处的垂直平面上，以 h_x 为假想接闪杆，按单支接闪杆所规定的方法确定，见图 6-24 的 1-1 剖面。

e. 确定 xx' 平面上保护范围截面的方法与两支等高接闪杆相同。

4. 架空接闪线的保护范围

(1) 单根架空接闪线的保护范围

单根架空接闪线的保护范围，当接闪线的高度 $h\geqslant 2h_r$ 时，无保护范围；当接闪线离度 $h<2h_r$ 时，可按下列方法确定保护范围，见图 6-25。

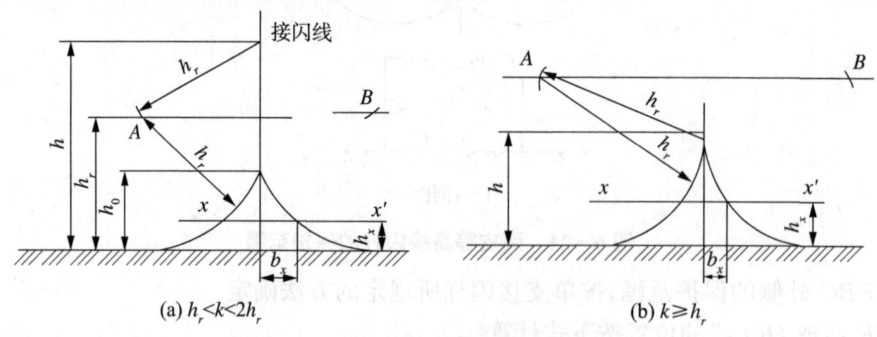

图 6-25　单根架空接闪线的保护范围

距地面 h_r 处作一平行于地面的平行线；以接闪线为圆心，h_r 为半径，作弧线交平行线的 A、B 两点；以 A、B 为圆心，h_r 为半径作弧线，该两弧线相交或相切并与地面相切。从该两弧

线起到地面止就是保护范围。

当 $h_r < h < 2h_r$ 时，保护范围最低点的高度 h_0 按下式计算

$$h_0 = 2h_r - h \tag{6-26}$$

式中　h_0——保护范围最低点的高度，m；

h_r——滚球半径，m；

h——接闪线高度，m。

接闪线在 h_x 高度的 xx' 平面上的保护宽度，按下式计算

$$b_x = \sqrt{h(2h_r - h)} + \sqrt{h_x(2h_r - h_x)} \tag{6-27}$$

式中　b_x——接闪线在 h_x 高度的 xx' 平面上的保护宽度，m；

h_r——滚球半径，m；

h——接闪线的高度，m；

h_x——被保护物的高度，m。

接闪线两端的保护范围按单支接闪杆的方法确定。

(2) 两根等高架空接闪线的保护范围

两根等高架空接闪线的保护范围，按下列方法确定。

① 在接闪线高度 $h \leqslant h_r$ 的情况下，当 $D \geqslant 2\sqrt{h(2h_r - h)}$ 时，各按单根接闪线所规定的方法确定；当 $D < 2\sqrt{h(2h_r - h)}$ 时，可按下列方法确定保护范围，见图 6-26。

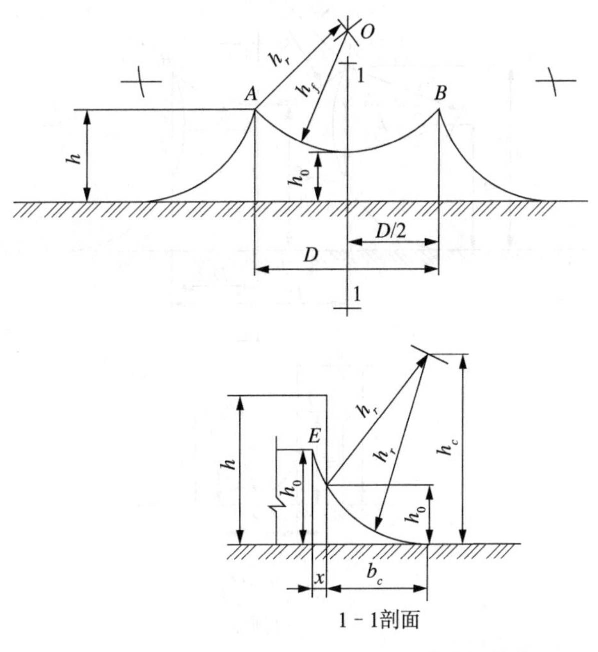

图 6-26　两根等高接闪杆在 $h \leqslant h_r$ 时的保护范围

两根接闪线的外侧，各按单根接闪线的方法确定；两根接闪线之间的保护范围按以下方法确定：以 A、B 两根接闪线为圆心，h_r 为半径作圆弧交于 O 点，以 O 点为圆心、h_r 为半径作圆弧交于 A、B 两点，圆弧 AB 即为两接闪线间的保护范围上边线。

两接闪线之间保护范围最低点的高度 h_0 按下式计算

$$h_0=\sqrt{h_r^2-\left(\frac{D}{2}\right)^2}+h-h_r \tag{6-28}$$

式中　h_0——保护范围最低点的高度，m；

h_r——滚球半径，m；

h——接闪线的高度，m；

D——两接闪线之间的距离，m。

接闪线两端的保护范围按两支接闪杆所规定的方法确定，但在中线上 h_0 线的内移位置按以下方法确定（图 6-26 的 1-1 剖面）：以两支接闪杆所确定的中点保护范围最低点的高度 $h_0'=h_r-\sqrt{(h_r-h)^2+\left(\frac{D}{2}\right)^2}$ 作为假想接闪杆的高度，将其保护范围的延长弧线与 h_0 线交于 E 点。距离 x 可按下式计算

$$x=\sqrt{h_0(2h_r-h_0)}-b_0 \tag{6-29}$$

式中　x——内移距离，m；

b_0——最小保护宽度，m。

② 在接闪线高度 $h_r<h\leqslant 2h_r$，而且按闪线之间的距离 $2[h_r-\sqrt{h(2h_r-h)}]<D<2h_r$ 的情况下，按下列方法确定保护范围，见图 6-27。

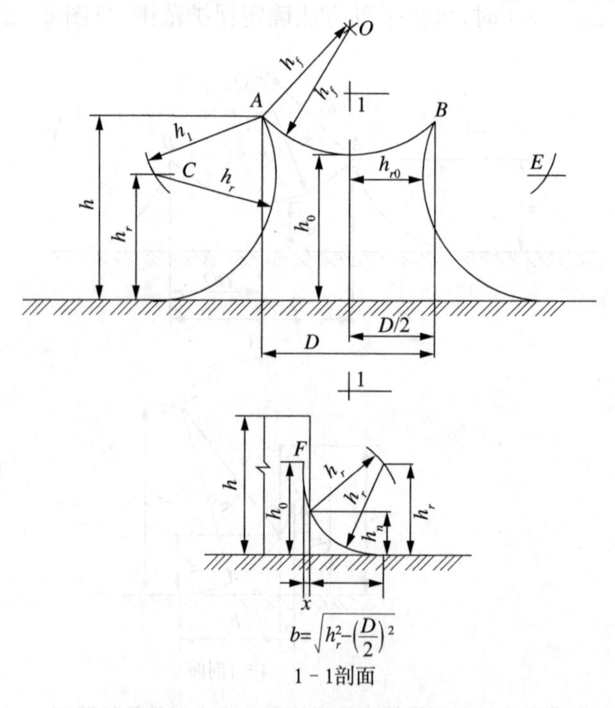

图 6-27　两根等高接闪杆在 $h_r<h\leqslant 2h_r$ 时的保护范围

距地面 h_r 处作一与地面平行的线；以接闪线 A、B 为圆心，以 h_r 为半径作弧线，相交 O 点并与平行线相交或相切于 C、E 点；以 O 点为圆心，以 h_r 为半径作弧线交于 A、B 点；以 C、E 为圆心，以 h_r 为半径作弧线交于 A、B 并与地面相切。两接闪线之间保护范围最低点的高度 h_0 按下式计算

$$h_0=\sqrt{h_r{}^2-\left(\frac{D}{2}\right)^2}+h-h_r \tag{6-30}$$

式中　h_0——两接闪线之间保护范围最低点的高度，m；

h_r——滚球半径，m；

h——接闪线的高度，m；

D——两接闪线之间的距离，m。

最小保护宽度 b_m 位于 h_r 高度处，其值为

$$b_m=\sqrt{h(2h_r-h)}+\frac{D}{2}-h_r \tag{6-31}$$

式中　b_m——最小保护宽度，m；

h_r——滚球半径，m；

h——接闪线的高度，m；

D——两接闪线之间的距离，m。

接闪线两端的保护范围按两支高度 h_r 的接闪杆确定，但在中线上 h_0 线的内移位置按以下方法确定：以两支高度 h_r 的接闪杆所确定的中点保护范围最低点的高度 $h_0'=\left(h_r-\frac{D}{2}\right)$ 作为假想接闪杆，将其保护范围的延长弧线与 h_0 线交于 F 点。内移距离 x 可以按下式计算

$$x=\sqrt{h_0(2h_r-h_0)}-\sqrt{h_r{}^2-\left(\frac{D}{2}\right)^2} \tag{6-32}$$

式中　x——内移距离，m；

h_r——滚球半径，m；

h_0——两接闪线之间保护范围最低点的高度，m；

D——两接闪线之间的距离，m。

6.5.2　引下线

1. 引下线的材料和装设要求

(1) 引下线的材料、结构和最小截面等要求同接闪器，即符合表 6－10 的要求。

(2) 明装引下线一般采用热镀锌圆钢或扁钢，优先采用圆钢。装在烟囱上的引下线，圆钢直径≥12 mm；扁钢截面≥100 mm²，扁钢厚度≥4 mm。明装引下线的固定支架间距同接闪器(表 6－11)，其防腐措施亦同接闪器。当利用建筑构件内钢筋做引下线时，也需符合防直击雷的要求。

(3) 专设引下线可沿建筑物外墙敷设，并经最短路径接地；当建筑艺术要求较高时也可暗敷，但截面要加大一级，即圆钢直径≥10 mm；扁钢截面≥20 mm×4 mm。

防直击雷的专设引下线距出入口或人行道边沿≥3 m。

(4) 符合引下线截面要求的建筑物的金属构件，如建筑物的钢梁、钢柱、消防梯、幕墙的金属立柱等可作为引下线，但其各部件之间需构成电气贯通，金属构件可被覆有绝缘材料。

(5) 采用多根引下线时，为了便于测量接地电阻以及检查引下线、接地线的连接状况，可在各引下线距地面 0.3 m 至 1.8 m 之间设置断接卡。

当利用混凝土内的钢筋、钢柱作自然引下线并同时兼作基础接地体时，可不设断接卡，但

被利用作为引下线的钢筋需在室内外的适当地点设置供测量、接人工接地体和做等电位联结用的连接板。当仅利用钢筋作引下线，接地采用人工接地体时，需在每根引下线距地面≥0.3 m处设置接地体的连接板。当采用埋于土壤中的人工接地体时，需设断接卡，其上端与连接板或钢柱焊接，连接板处需有明显标志。

供测量接地电阻用的连接板可布置在建筑物接地网的最外缘。检测点伸入接地网内部时，将造成较大的测量误差。必要时，还可在户外适当地点设置接地测量井。

(6) 在易受机械损伤的地方，地面上约1.7 m至地下0.3 m的一段接地线需采取暗敷或加镀锌角钢、耐日光老化的改性塑料管或橡胶管等措施加以保护。

2. 引下线附近防接触电压和跨步电压的措施

为保护人身安全在建筑物引下线附近，防接触电压和跨步电压需至少采取以下任一措施：

(1) 利用建筑物金属构架或互相连接且满足电气贯通要求的钢筋构成的自然引下线需由位于建筑物四周及其内部的不少于10根柱子组成。

(2) 专设引下线附近3 m范围内土壤地表层的电阻率≥50 kΩ·m；如采用5 cm厚沥青层或采用15 cm厚砾石层地面。

(3) 将外露引下线在其距地面2.7 m以下的导体部分采用耐1.2/50 μs冲击电压100 kV的绝缘层隔离，例如采用至少3 mm厚的交联聚乙烯层绝缘，以防接触电压伤害；并用网状接地装置对地面作均衡电位处理，以防跨步电压伤害。

(4) 距专设引下线3 m的范围内用护栏、警告牌以限制人员进入该区域或接触引下线。

6.5.3 接地装置

1. 接地体的材料和规格

(1) 接地体的材料、结构和最小截面等要求见表6-13。

表6-13 考虑腐蚀和机械强度要求的埋入土壤或混凝土内的常用接地体的最小尺寸

接地体材料及外表面材料	形状	直径/mm	截面积/mm^2	厚度/mm	镀层重量/(g/m^3)	镀层/外护层厚度/μm
埋在混凝土内的钢材（裸、热镀锌或不锈钢）	圆线	10				
	条状或带状		75	3		
热浸镀锌钢	带状或成型带/板-实体板-花格板		90	3	500	63
	垂直安装的圆棒	16			350	45
	水平安装的圆线	10			350	45
	垂直安装的型材		(290)	3		
铜包钢	垂直安装的圆棒	(15)				2 000
电沉积铜包钢	垂直安装的圆棒	14				250
	水平安装的圆线	(8)				70
	水平安装的带		90	3		70

续表

接地体材料及外表面材料	形状	直径/mm	截面积/mm^2	厚度/mm	镀层重量/(g/m^3)	镀层/外护层厚度/μm
不锈钢	带状或成型带/板		90	3		
	垂直安装的圆棒	16				
	水平安装的圆线	10				
铜	水平安装的圆线		(25)50			
	垂直安装的圆棒	(12)15				
	绞线	每股1.7	(25)50			

(2) 用建筑构件内钢筋作接地装置时，还需符合防直击雷的要求。

(3) 在建筑物周边的无钢筋的闭合条形混凝土基础内敷设人工基础接地体时，接地体的最小规格尺寸见表6-14。

表6-14　环形人工基础接地极的最小规格尺寸

闭合条形基础的周长 C/m	第二类防雷建筑物		第三类防雷建筑物	
	扁钢/mm	圆钢 根数×直径/mm	扁钢/mm	圆钢 根数×直径/mm
$C \geqslant 60$	25×4	2×ϕ10		1×ϕ10
$40 \leqslant C < 60$	50×4	4×ϕ10或3×ϕ12	20×4	2×ϕ8
$C < 40$	钢材表面积总和≥4.24 mm^2		钢材表面积总和≥1.89 mm^2	

(4) 在符合防雷装置的材料及应用条件的规定下，埋设于土壤中的人工垂直接地体可采用热镀锌角钢、钢管、圆钢；埋设于土壤中的人工水平接地体可采用热镀锌扁钢。在腐蚀性较强的土壤中，还需适当加大截面。接地线与水平接地体的截面则相同。

(5) 在敷设于土壤中的接地体连接到混凝土基础内起基础接地体作用的钢筋或钢材的情况下，为防止对接地体的电化学腐蚀，土壤中的接地体可采用铜质或镀铜钢或不锈钢导体，也可把钢材用混凝土包覆。

2. 接地装置的类型

为将雷电流泄散入大地而不会产生危险的过电压，接地装置的布置形状和尺寸比接地电阻值更重要，虽然通常建议用较小的接地电阻值。GB/T 21714.3—2015《雷电防护 第3部分：建筑物的物理损坏和生命危险》将建筑物防雷接地装置分为以下两种基本的类型。

(1) A型接地装置：安装在受保护建筑物外，且由与引下线相连的水平接地极与垂直接地极构成。接地极的总数不小于2，在引下线底部所连接的每个接地极的最小长度为l_1(水平接地体)或$0.5l_1$(垂直/倾斜接地体)。

各类LPL在不同的土壤电阻率中的接地体最小长度l_1见图6-28。

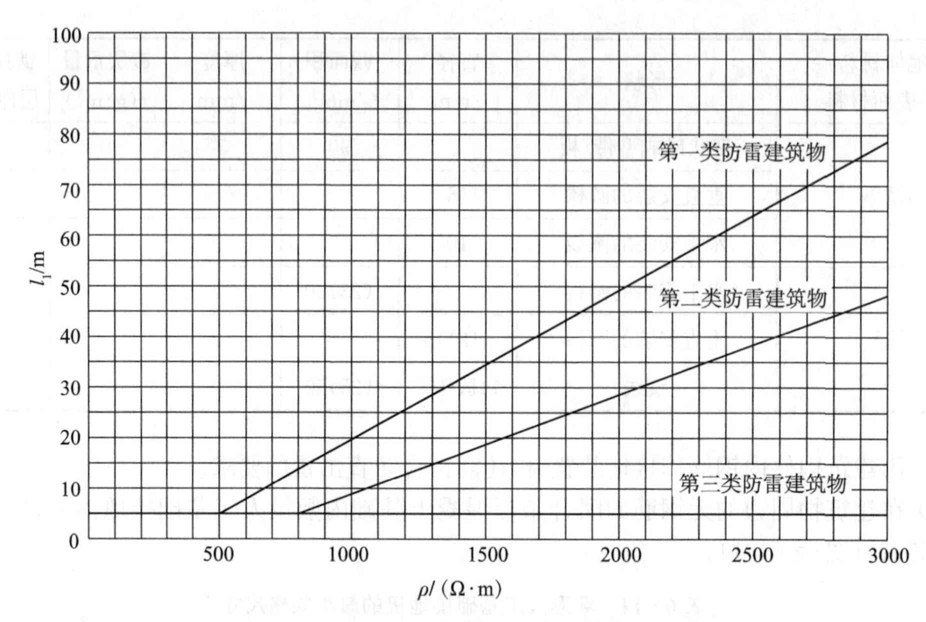

图 6-28　各类 LPL 的每一接地体的最小长度l_1

注:对水平和垂直接地极组合的接地体需考虑总长度;如接地装置的接地电阻小于 10 Ω,则可不考虑图中的最小长度。

A 型接地装置一般适用于高度比较低的建筑物及已有建筑物,以及采用接闪杆或接闪线的 LPS 或分离的 LPS。当土壤电阻率高于 3 000 Ω·m,长度超过 60 m 时,则需采用 B 型接地装置。

(2) B 型接地装置:位于建筑物外且总长至少 80%与土壤接触的环形接地体或基础接地体。可以是网状接地装置。环形接地体(或基础接地体)所包围区域的平均半径 r_e 不小于图 6-28 所示的最小长度 l_1,如果 $r_e < l_1$,则需附加放射形水平接地体或垂直(或倾斜)接地极,其水平接地体长度 l_r 为 $l_r = l_1 - r_e$,或垂直接地极长度 l_v 为 $l_v = (l_1 - r_e)/2$。附加接地体的数量不少于引下线的数量且最少为 2 个,并尽可能与环形接地体进行多点等距离连接。GB 50057—2010《建筑物防雷设计规范》亦基于上述原理而推导出了对各类防雷建筑物的环形接地体所包围面积及补加接地体的规定。

B 型接地装置适用于网状接闪器及岩石地基的地区,相比 A 型接地装置,能较好地满足引下线之间的等电位联结和对地电位控制的要求。对装有电子系统或存在高风险的建筑物,则优先采用 B 型接地装置。

3. 接地装置的敷设安装要求

(1) 人工垂直接地体的长度一般采用 2.5 m。为减小相邻接地体的屏蔽效应,人工垂直接地体及水平接地体间的距离一般为 5 m,当受场地限制时可适当减少,但一般不小于垂直接地体的长度。

(2) 人工接地体在土壤中的埋深≥0.5 m,并敷设于冻土层以下,其距外墙或基础≥1 m。接地体则远离由于高温影响(如炉窑、烟道等)使土壤电阻率升高的场所。

(3) 高土壤电阻率地区,降低防直击雷接地装置冲击接地电阻的措施参见 6.4。

(4) 埋在土壤中的接地装置,其连接可采用放热焊接,当采用常规焊接时,需在焊接处作防腐处理。

(5) 接地装置的安装需考虑便于在施工中进行检查。接地装置优先采用混凝土基础中的钢筋或埋设于基础中的导体,且当混凝土基础钢筋需要外接人工接地体时,人工接地体可采用铜、镀铜钢或不锈钢的接地导体以避免电化学腐蚀。

4. 降低跨步电压的措施

接地装置除满足上述对于引下线附近防接触电压和跨步电压的要求外,还需采取以下降低跨步电压的措施:

(1) 建筑物内可利用地基和基础内的钢筋网或在距地面 0.5 m 以下另敷水平均压带做防雷均压网以均衡地面电位,其网孔≤10 m×10 m。

(2) 为降低跨步电压危害,防直击雷的专设引下线及人工接地装置距建筑物出入口及人行道边沿≥3 m。否则需采取措施,包括水平接地体局部埋深≥1 m;水平接地体局部包以绝缘物(如 50~80 mm 厚的沥青层);采用沥青碎石地面或在接地装置上面敷设 50~80 mm 厚的沥青层,其宽度超过接地装置 2 m;还可以采取降低接地装置的接地电阻、埋设均压网等措施。

6.6 防雷击电磁脉冲

当雷击于建筑物或入户线路或击于附近地面时,闪电电流及闪电高频电磁场所形成的闪电电磁脉冲(Lightning Eletromagnetic Impulse,LEMP)通过接地装置或电气线路的电阻性传导耦合以及空间辐射电磁场的感应耦合,在电气及电子设备中产生危险的瞬态过电压和过电流。这种瞬态"电涌(Surge)"释放出的高能量及高电压,对电气设备特别是电子设备可产生致命的伤害。此外,由电力系统内部开关操作以及高压系统故障亦会在低压配电系统中产生电涌,从而对电气及信息设备造成损害。为了对电子及信息系统提供更为全面的保护,需要采取对闪电电磁脉冲损害及干扰的防护措施,综合运用分流、均压(等电位)、接地、屏蔽、合理布线、保护(器件)等技术手段对电子系统实施全面的 LEMP 防护。建筑物防雷设计除按本章前述各节考虑外部防雷装置(LPS)外,还需对内部电气和电子系统考虑防雷击电磁脉冲的防护措施。

6.6.1 防雷区(LPZ)的划分

防雷区(Lightning Protection Zone,LPZ)是指雷击时,在建筑物或装置的内、外空间形成的闪电电磁环境需要限定和控制的那些区域。

将被保护的空间划分为不同的防雷区是为了限定各部分空间不同的闪电电磁脉冲强度以界定各不同空间内被保护设备相应的防雷击电磁干扰水平,并界定等电位联结点及保护器件 SPD 的安装位置。

各防雷区的定义及划分原则参见表 6-15。

表 6-15　防雷区(LPZ)的定义及划分原则

防雷区	定义及划分原则	举例
$LPZ0_A$	本区内的各物体都可能遭受直接雷击及导走全部雷电流。 本区内的雷击电磁场强度无衰减。	建筑物接闪器保护范围以外的外部空间区域。
$LPZ0_B$	本区内的各物体不可能遭受大于所选滚球半径对应的雷电流的直接雷击。 本区内的雷击电磁场仍无衰减。	接闪器保护范围内的建筑物外部空间或没有采取电磁屏蔽措施的室内空间，如建筑物窗洞处。
LPZ1	本区内的各物体不可能遭受直接雷击；由于界面处的分流，流经各导体的雷击电涌电流比 $LPZ0_B$ 区进一步减小。 本区内的雷击电磁场强度是否衰减，取决于屏蔽措施。	建筑物的内部空间，其外墙有钢筋或金属壁板等屏蔽设施。
LPZ($n+1$) ($n=1,2,3$……) 后续防雷区	当需要进一步减小流入的雷电流和雷击电磁场强度而增设的后续防雷区。 本区域内的电磁环境条件需根据需要保护的电子/信息系统的要求及保护装置(SPD)的参数配合要求而定。通常，防雷区的区数越大，电磁场强度的参数越低	建筑物内装有电子系统设备的房间(如计算机房)，该房间六面体可能设置有电磁屏蔽(LPZ2)。 设置于电磁屏蔽室内且具有屏蔽外壳的电子/信息设备内部空间(LPZ3)。

防雷区划分的一般原则如图 6-29 所示。

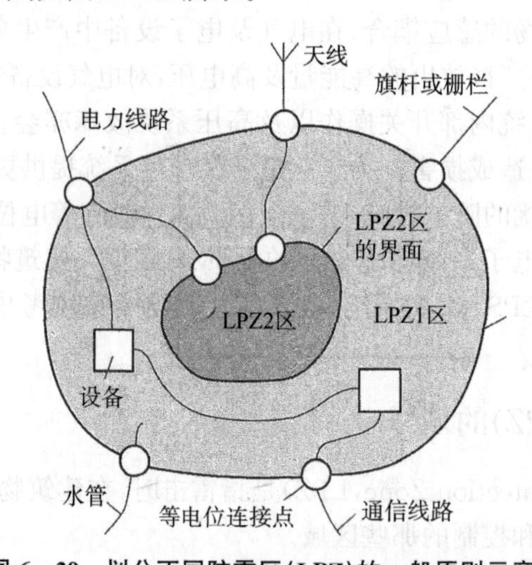

图 6-29　划分不同防雷区(LPZ)的一般原则示意图

6.6.2　接地和等电位联结

1. 防 LEMP 的接地要求

良好和恰当的接地不仅是防直击雷，也是防雷击电磁脉冲的基本措施之一，此处的接地专指接大地，而非电子设备中的“零电位点”。因此接地装置和接地系统不仅需符合本章前面各节对防直击雷、防闪电感应及防闪电电涌侵入的相关要求，还需符合本节防 LEMP 的下列要求：

每幢建筑物本身采用一个共用接地系统，即将防雷接地与设备的电源系统中性点工作接地、安全保护接地以及电力和信息线路的 SPD 接地等采用共用接地装置，而电子设备的等电位联结网络是一个电位大体上相等的低阻抗网络，通过与接地装置的连接而共同组成了共用接地系统，其原则构成如图 6－30 所示。

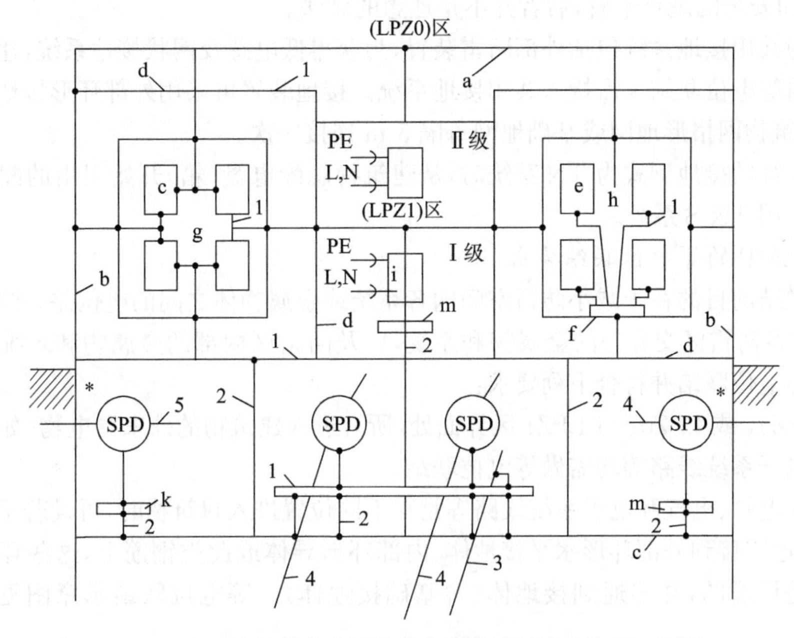

图 6－30　接地、等电位联结和共用接地系统的构成示意图

a—防雷装置的接闪器以及可能是建筑物空间屏蔽的一部分，如金属屋顶；

b—防雷装置的引下线以及可能是建筑物空间屏蔽的一部分，如金属立面、墙内钢筋；

c—防雷装置的接地装置（接地体网络、共用接地体网络）以及可能是建筑物空间屏蔽的一部分，如基础内钢筋和基础接地体；

d—内部导电物体，在建筑物内及其上不包括电气装置的金属装置，如电梯轨道，起重机，金属地面，金属门框架，各种服务性设施的金属管道，金属电缆托盘或梯架，地面、墙和天花板内的钢筋；

e—局部电子系统的金属组件，如箱体、壳体、机架；

f—局部等电位联结带单点连接的接地基准点（Earthing Reference Point，ERP）；

g—局部电子系统的网形等电位联结结构；

h—局部电子系统的星形等电位联结结构；

i—固定安装引入 PE 导体的Ⅰ类设备和无 PE 导体的Ⅱ类设备；

k—主要供电气系统等电位联结用的总接地带、总接地母线、总等电位联结带，也可用作共用等电位联结带；

l—主要供电子系统等电位联结用的环形等电位联结带、水平等电位联结导体，在特定情况下：采用金属板；也可用作共用等电位联结带；用接地线多次接到接地系统上做等电位联结，可每隔 5 m 连一次；

m—局部等电位联结带；

1—等电位联结导体；

2—接地线；

3—服务性设施的金属管道；

4—电子系统的线路或电缆；

5—电气系统的线路或电缆；

＊—进入 LPZ1 区处，用于管道、电气和电子系统的线路或电缆等外来服务性设施的等电位联结。

当互相邻近的建筑物之间有电气和电子系统的线路连通时，可将其接地装置也互相连通，并通过接地线、PE 导体、屏蔽层、穿线钢管、电缆沟的钢筋、金属管道等连接，构成网状的接地系统。

电子设备的“信号接地”，即信号电路接“基准电位参考点”或“等位面”，一般是直接与大地或已接地机壳相连接，即接大地。因此需与防雷及电源系统功能及保护接地共用接地装置相连，即采取等电位联结措施；也可以接至与地绝缘的接地母线或不接地的机壳，即“悬浮地”。从防 LEMP 和安全的观点来看，后者并不是理想的做法。

建筑物的共用接地系统包括外部防雷装置，为获得低电感及网状接地系统，建筑物内金属装置和物体的等电位联结也需接入共用接地系统。接地装置可采用外部环形接地体或基础接地体，并与建筑物网格形地网或基础地网每隔 5 m 连接一次。

当电源系统的接地型式为 TN 系统时，从建筑物总配电盘(箱)开始引出的配电线路和分支线路必须采用 TN-S 系统。

2. 防 LEMP 的等电位联结要求

等电位联结的目的在于减小防雷空间内各系统或金属物体之间的电位差，并减小磁场。

(1) 穿过各防雷区交界处的金属物和系统，以及防雷区内部的金属物和系统均需在防雷区界面处做等电位联结并符合下列要求：

① 在 $LPZ0_A$ 或 $LPZ0_B$ 与 LPZ1 区界面处，所有进入建筑物的外来导电物(如各种金属管道)、电气和电子系统线路等均需做等电位联结。

当外来导电物、电气和电子系统线路等是在不同位置进入建筑物时，可设若干等电位联结带，并将其就近连接到外部环形水平接地体、内部环形导体或此类钢筋上，这些环形导体或钢筋在电气上是贯通的，并连通到接地体(含基础接地体)。等电位联结示意图见图 6－31～图 6－33。

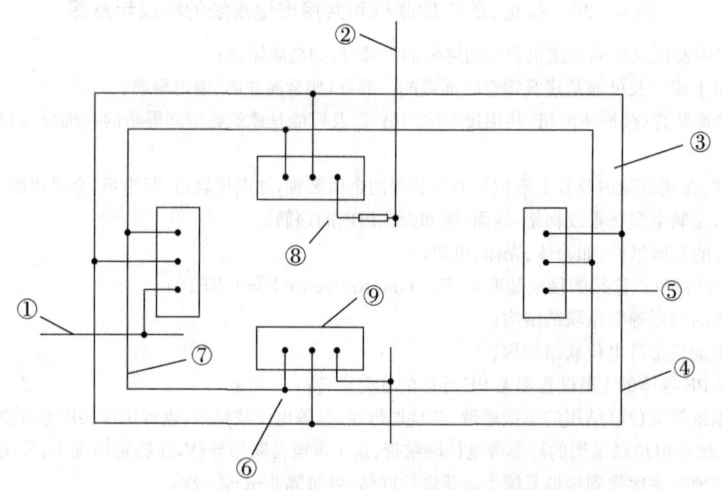

图 6－31　外部导电部件利用外部环形接地极多点进入建筑物时等电位联结带互连的连接配置的示例

①—外来导电物，如金属水管；②—电力或电子系统线路；③—混凝土外墙和地基内的钢筋；④—外部环形接地极；⑤—至附加接地极；⑥—附加连接；⑦—混凝土墙内的钢筋，外墙见③；⑧—电涌保护器(SPD)；⑨—等电位联结带

注：地基中的钢筋可以用作自然接地极。

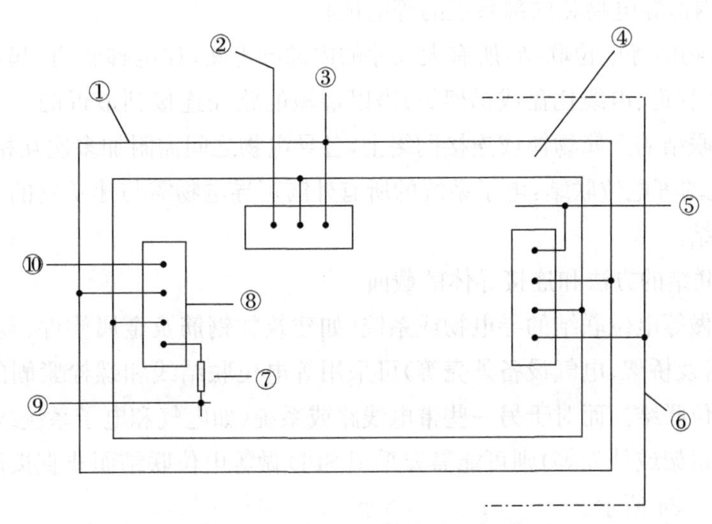

图 6－32　外来导电物和电力或电子系统线路利用内部和外部环形导体多点进入建筑物时等电位联结带互连示例

①—混凝土外墙或地基内的钢筋；②—其他接地极；③—附加连接；④—内部环形导体；⑤—外来导电物，例如：金属水管；⑥—外部环形接地极，B 型接地装置；⑦—电涌保护器(SPD)；⑧—等电位联结带；⑨—电力或电子系统线路；⑩—至附加的接地极，A 型接地装置

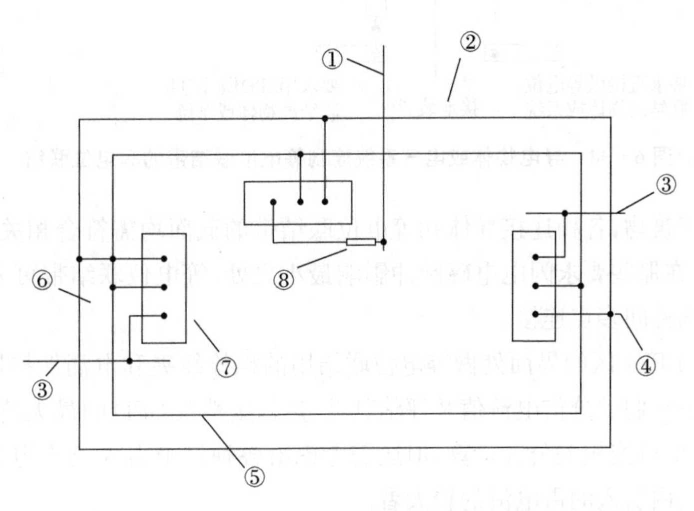

图 6－33　外来导电物在地面以上多点进入建筑物时的等电位联结配置的示例

①—电力或电子系统线路；②—外部水平环形导体(高于地面)；③—外来导电物；
④ —引下线接头；⑤—墙内钢筋；⑥—附加连接；⑦—等电位联结带；⑧—电涌保护器(SPD)

② 各后续防雷区(LPZ1 与 LPZ2…LPZn)界面处的等电位联结，需和 LPZ0_A 或 LPZ0_B 与 LPZ1 区界面处的等电位联结的原则相同。穿过各后续防雷区界面的所有导电物、电气和电子系统线路均在界面处做等电位联结，并采用局部等电位联结带做等电位联结，且与各种屏蔽结构、设备外壳及其他局部金属物相连通。

(2) 防雷区内部导电物和内部系统的等电位联结

① 内部导电物的等电位联结:所有大尺寸的内部导电物(如电梯轨道、起重机、金属地板、金属门框架、设施管道、电缆托盘或梯架等)需以最短的路径连接到最近的等电位联结带或其他已做了等电位联结的金属物体或连接网络上,各导电物之间需附加多次互相连接。

② 电子系统的等电位联结:电子系统的所有外露可导电物需与建筑物的等电位联结网络做功能等电位联结。

(3) 等电位联结的方法和连接导体的截面

对要求直接做等电位联结的导电物或系统(如建筑物钢筋及金属构件、金属管道、电梯轨道、电缆金属导管及桥架、电气设备外壳等)可采用等电位联结线和螺栓紧固的线夹在等电位联结带处做等电位联结。而对于另一些带电线路或系统(如电气和电子系统线路的金属芯线、特殊电子设备的机架或外壳等)则可能需要采用 SPD 做等电位联结而非直接用等电位联结线进行连接,如图 6-34 所示。

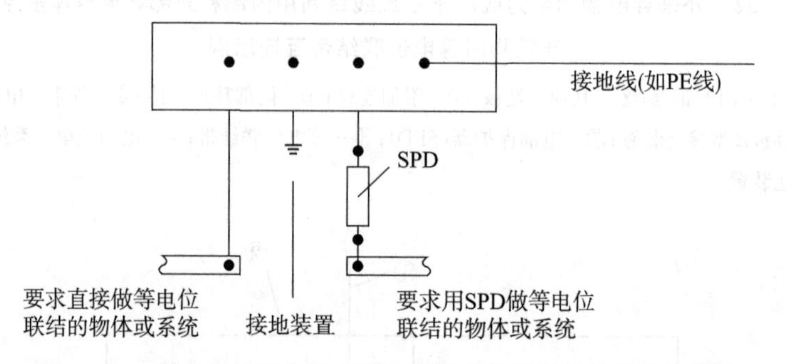

图 6-34 导电物体或电气系统连到等电位联结带的等电位联结

对各类防雷建筑物,各种连接导体和等电位联结带的截面均需符合相关规定。当建筑物内有电子系统时,在那些要求闪电电磁脉冲影响最小之处,等电位联结带可采用金属板,并与钢筋或其他屏蔽构件间多点连接。

在 $LPZ0_A$ 与 LPZ1 区的界面处做等电位联结用的螺栓线夹和电涌保护器 SPD 可按雷电流参量来估算通过它们的分雷电流值并评估其动、热稳定性及 SPD 的最大箝压要求。当无法估算时,分雷电流值可按相关公式计算,但还需考虑沿各种设施引入建筑物的雷电流,并采用上述向外分流或向内引入的雷电流的较大者。

在靠近地面于 $LPZ0_B$ 与 LPZ1 区的界面处做等电位联结用的接线夹和 SPD 仅按上述方法估算雷闪击中建筑物防雷装置时通过的分雷电流,可不考虑沿全长处于 $LPZ0_B$ 区内的各种设施引入建筑物的雷电流,其值仅为感应电流和小部分雷电流。对 LPZ1 区及以后的后续防雷区界面处的等电位联结的接线夹和 SPD 需分别单独评估通过的雷电流。

图 6-35 为一建筑物设计防雷区、屏蔽、等电位联结和接地的例子。

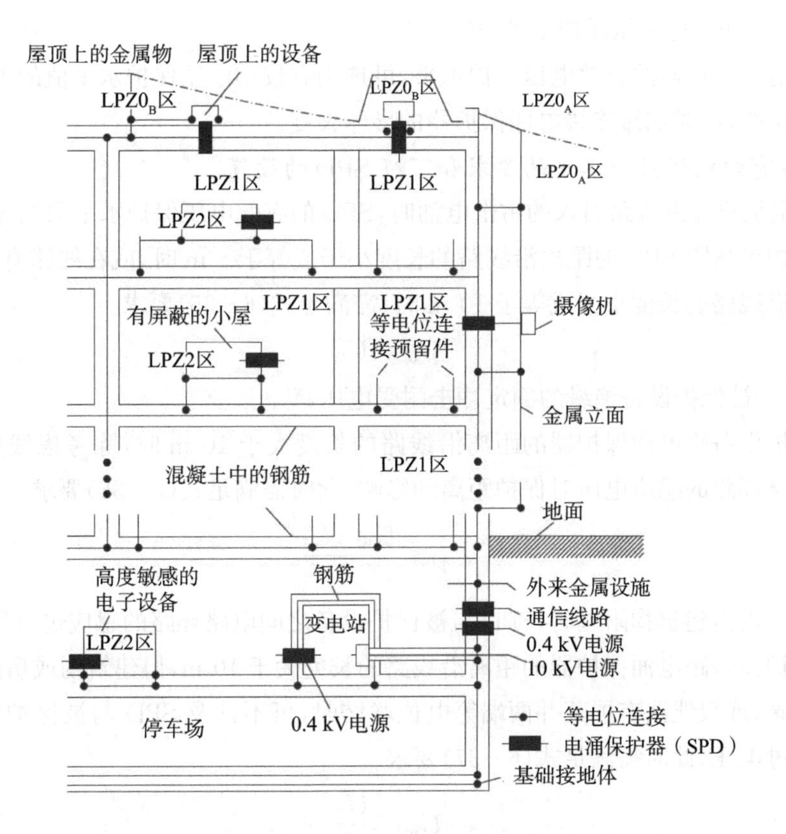

图 6-35　建筑物设计防雷区、屏蔽、等电位联结和接地示例

6.6.3　电涌保护器

1. SPD装设的一般要求

复杂的电气和电子系统中，在入户线路进入建筑物处，$LPZ0_A$ 或 $LPZ0_B$ 与 LPZ1 区，可按相关要求安装电涌保护器；在其后的配电和信号线路上，则需通过计算来确定是否选择和安装与其协调配合的下级电涌保护器。

LPZ1 区内两个 LPZ2 区之间用有屏蔽的线路连接在一起，当该线路没有引出 LPZ2 区时，其两端可不安装电涌保护器。屏蔽的线路包括屏蔽电缆、屏蔽的电缆沟、线槽或钢管内的线路。这些屏蔽层内属于 LPZ2 区。

2. SPD有效电压保护水平的计算

对限压型 SPD，

$$U_{p/f}=U_p+\Delta U \tag{6-33}$$

对电压开关型 SPD，则取下列两式中的较大者

$$U_{p/f}=U_p \text{ 或 } U_{p/f}=\Delta U \tag{6-34}$$

式中　$U_{p/f}$——SPD的有效电压保护水平，V。

ΔU——SPD两端引线的感应电压降，V；户外线路进入建筑物处可按 1 kV/m 计算，在其后的可按 $\Delta U=0.2U_p$ 计算，仅是感应电涌时可略去不计。

U_p——SPD过电压保护水平，V。

为降低电涌保护器的有效电压保护水平，可选用有较小电压保护水平值的电涌保护器，并采用合理的接线，同时缩短连接电涌保护器的导体长度。

3. SPD有效电压保护水平的要求和下级SPD的设置

(1) 确定从户外沿线路引入的雷击电涌时，SPD的有效电压保护水平值的选取如下：

当被保护设备距SPD的距离沿线路的长度小于或等于5 m时，或在线路有屏蔽并两端等电位联结下沿线路的长度小于或等于10 m时，需满足式(6-35)要求。

$$U_{p/f} \leqslant U_W \tag{6-35}$$

式中 U_W——被保护设备绝缘的额定冲击耐受电压，V。

当被保护设备距电涌保护器的距离沿线路的长度大于10 m时，除考虑线路振荡现象外还需考虑电路环路的感应电压对保护距离的影响，此时需满足式(6-36)要求。

$$U_{p/f} \leqslant \frac{U_W - U_i}{2} \tag{6-36}$$

式中 U_i——雷击建筑物附近时，SPD与被保护设备之间电路环路的感应过电压，kV。

当被保护设备距电涌保护器的距离沿线路的长度大于10 m，但建筑物或房间有空间屏蔽和线路有屏蔽，或仅线路有屏蔽并两端等电位联结时，可不计及SPD与被保护设备之间电路环路的感应过电压，此时需满足式(6-37)要求。

$$U_{p/f} \leqslant \frac{U_W}{2} \tag{6-37}$$

(2) 当不能满足上述要求时，需在下级配电箱加装第二级SPD；对电子设备，可能还需要在设备处装设第三级SPD，直至符合要求。

(3) 电涌保护器的设置示例。某建筑物的低压电源进线总配电箱处安装了一组Ⅰ级试验的SPD，其$U_{p/f}=2$ kV。有多回路分干线；分干线有屏蔽。其中一回路分干线为树干式线路(或为环链线路)，配电给多台分配电箱。

第一台分配电箱所接设备的U_W为Ⅲ类，即$U_W=4$ kV。分支回路均有屏蔽；用电设备的开关按断开考虑，在这种情况下，第一台分配电箱及用电设备处都不用安装SPD。

第二台分配电箱所接的多数设备为Ⅲ类，即$U_W=4$ kV。配电给这些设备的分支回路均有屏蔽；用电设备的开关按断开考虑，在这种情况下，第二台分配电箱处可不用安装SPD。但本配电箱又配电给一台Ⅰ类设备，即$U_W=1.5$ kV。这时，仅需在这台Ⅰ类设备处安装$U_{p/f}<1.5$ kV的Ⅲ级试验的SPD。

第三台分配电箱所接的设备均为Ⅰ类，$U_W=1.5$ kV。配电给这些设备的分支回路的长度没有大于10 m。当长度≤5 m的可以无屏蔽；当长度>5 m且≤10 m时，需有屏蔽。在这种情况下满足式(6-35)，故仅在第三台分配电箱处安装一组$U_{p/f}<1.5$ kV的Ⅱ级试验的SPD。

(4) 由于工艺要求或其他原因，被保护设备的安装位置不会正好设在界面处而是设在其附近，在这种情况下，当线路能承受所发生的电涌电压时，电涌保护器可安装在被保护设备处，而线路的金属保护层或屏蔽层则首先于界面处做一次等电位联结。

6.7 仪表防雷接地

6.7.1 仪表系统防雷

(1) 设计原则:一般根据防护目标的具体情况,确定合适的防护范围,采用适宜的防护方案,使雷击事件的风险降低到可容忍的程度,并符合防灾减灾的投资条件,经济有效地防护和减少仪表系统雷击事故的损失。

(2) 基本方法:一般采用图 6 - 36 所示的全部防护方法,其每一种基本方法虽都是有效的,但不能代替其他方法,若想取得良好的防护效果,就需要把其当作一项系统工程,采取综合的方法。另外,仪表系统防雷的基本方法是综合防护工程的各种方法的结合,不可片面地忽略或强调某一种或几种方法。

爆炸危险环境中的现场仪表以及与爆炸危险环境相关的仪表系统的防雷需考虑爆炸危险环境的特殊性,除避免或减少现场仪表和仪表系统的雷电事故的损害外,还需考虑避免雷电对爆炸危险环境的影响和破坏。

仪表系统的防雷接地、保护接地、工作接地、本质安全接地、屏蔽接地、防静电接地、电涌防护器接地等均共用电气设备的接地装置。

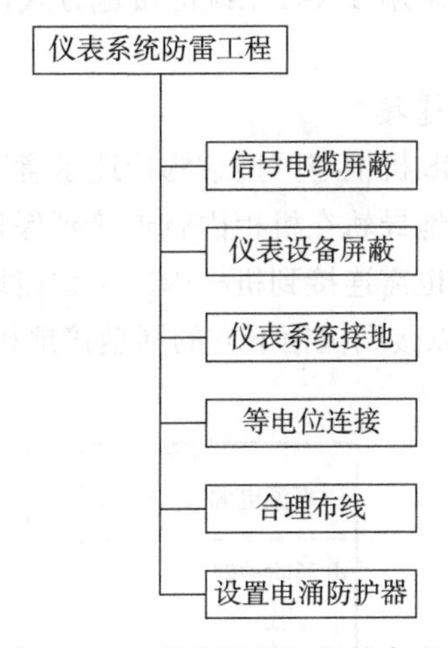

图 6 - 36 仪表防雷工程的内容

6.7.2 仪表接地系统

1. 控制室仪表接地系统

(1) 控制室仪表防雷接地系统一般采用网型结构的接地系统,适用于各类控制室、机柜室、仪表间等(统称为控制室)。

(2) 仪表系统的防雷接地、保护接地、工作接地、本质安全接地、屏蔽接地、防静电接地、电涌防护器接地等仪表系统接地均需接到网型结构接地系统。

(3) 网型结构可采用多根接地排连接成网格的方式,网格的设置需根据仪表机柜的排列在机柜下方成行设置,两排及以上机柜的接地网格至少在两端及中间连接;典型的网型结构需

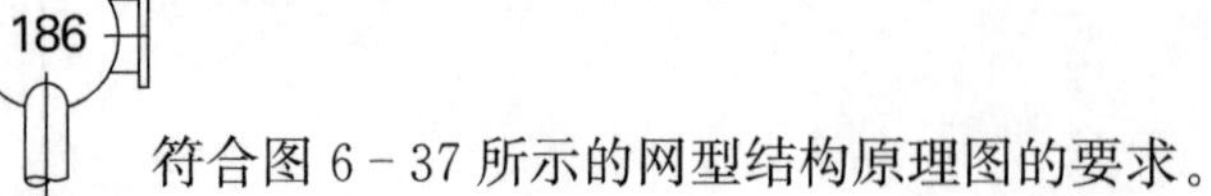

符合图 6－37 所示的网型结构原理图的要求。

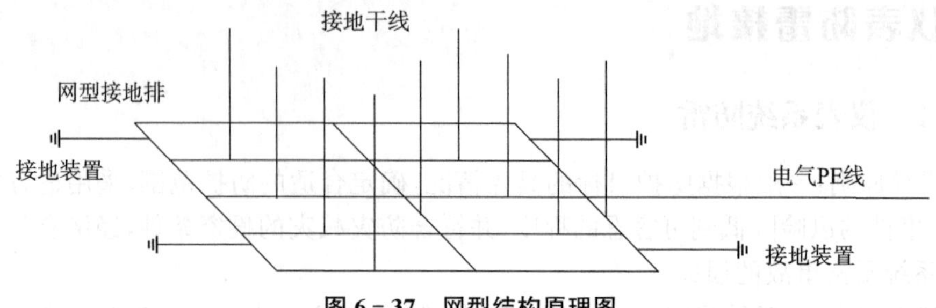

图 6－37　网型结构原理图

（4）仪表及控制系统的工作接地和保护接地均就近接到网型接地排。

（5）网型接地结构可在机柜底部的支撑上安装接地排，一般采用截面积≥40 mm×4 mm（宽×厚）的铜材或热镀锌扁钢焊接制作接地排，不得采用以导线连接的多段式接地排。

（6）接地排可采用绝缘安装支架，也可采用非绝缘安装支架。

（7）网型结构的室内接地网一般采用至少 4 条的接地连接导体经不同路径、不同方向的连接方式接到室外接地装置。

（8）网型结构不可设置接地汇总板和总接地板。

（9）仪表交流电源配电通常采用 TN-S 系统的接地方式，来自供配电系统的 PE 线需在仪表配电柜处接到网型接地排。

2. 仪表机柜及操作台接地连接

（1）机柜接地需按照图 6－38 机柜与网型结构接地示意图就近直接接到下方的接地排。

（2）机柜内的电涌防护器接地导轨在机柜内就近接到保护接地汇流条。

（3）机柜的柜体和柜门一般也需连接到机柜内的保护接地汇流条。机柜内的工作接地可以在机柜内接到安全接地，也可以接到机柜下方的网型接地排。

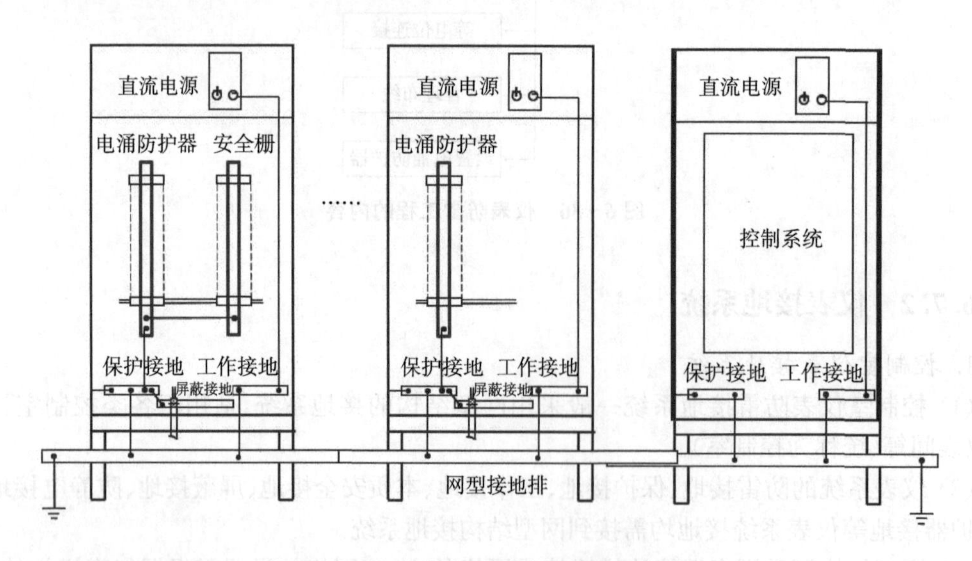

图 6－38　机柜与网型结构接地示意图

(4) 控制室可在操作台下或电缆沟里敷设截面积≥40 mm×4 mm(宽×厚)的铜材或热镀锌扁钢作为接地排,操作台接地则就近按照图 6-39 操作台接地示意图接到下方的接地排。

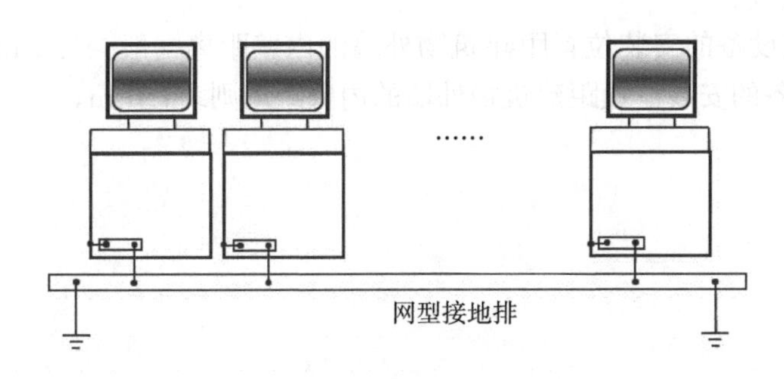

图 6-39 操作台接地示意图

(5) 金属操作台也需连接到保护接地汇流条。

3. 等电位连接

(1) 控制室内所有仪表相关的金属结构、支架、框架、金属活动地板等需连接到网型接地排。

(2) 网型接地排的延伸或接地连接导体一般采用截面为 4 mm×40 mm(厚×宽)的热镀锌扁钢或不锈钢,并用焊接的方式连接,焊接处的有效截面积大于 240 mm^2,不得采用导线及接线片压接的方式。

4. 接地连接导体及导线

(1) 金属设备、框架的等电位连接、控制室内的等电位连接一般采用截面积为 4 mm×40 mm(厚×宽)的热镀锌扁钢(或不锈钢)作为连接导体。

(2) 接地连接导线则采用绝缘多股铜芯电缆或电线,其截面积如下:

室内安装的单台仪表的接地导线:2.5 mm^2;

现场仪表的接地连接导线:4~6 mm^2;

机柜内汇流导轨或汇流条之间的连接导线:4~6 mm^2;

机柜与网型接地排之间的接地干线:6~16 mm^2。

(3) 与接地排相连接或连接室外接地装置的连接导体一般采用缠绕防腐绝缘带的截面积为 4 mm×40 mm(厚×宽)的热镀锌扁钢(也可采用不锈钢或铜材),也可以采用截面积为 50~100 mm^2 的绝缘多股铜芯电缆。

6.7.3 控制室建筑物防雷设计

1. 控制室建筑物防直击雷设计

(1) 控制室建筑物一般按第二类防雷建筑物的规定,采取防直击雷措施。

(2) 控制室建筑物接闪器采用第二类防雷建筑物的接闪网方式,接闪网沿控制室建筑物的外墙四周均匀对称布置不少于四根专用引下线,间距≤18 m。

(3) 围绕控制室建筑物设置环形接地装置,接闪网引下线就近直接接入接地装置。

(4) 控制室建筑物的钢筋等金属体不作为防直击雷装置的专用引下线。

2. 控制室内的相关设计

(1) 控制室建筑物一般采用钢筋混凝土结构。建筑物的金属构件、门窗框架及建筑钢筋等则进行等电位连接。

(2) 仪表系统设备的安装位置距建筑物外墙的内壁距离一般>1.5 m。对于抗爆结构建筑物,仪表系统设备的安装位置距建筑物外墙的内壁距离则>1.0 m。

第7章　继电保护和自动装置

本章讨论石油化工电力系统的继电保护和自动装置，其功能是在合理的电网结构前提下，保证电力系统和电力设备的安全运行。继电保护和自动装置一般能及时反映设备和线路的故障和异常运行状态，并可尽快切除故障和恢复供电。

7.1　概述

7.1.1　一般原则和要求

石油化工电力系统中的电力设备和线路，一般装设短路故障和异常运行的保护装置。电力设备和线路短路故障的保护一般有主保护和后备保护，必要时还可增设辅助保护。

主保护是满足系统稳定和设备安全要求，能以最快速度有选择地切除被保护设备和线路故障的保护。后备保护是主保护或断路器拒动时，用以切除故障的保护，后备保护还分为远后备和近后备两种方式。远后备是当主保护或断路器拒动时，由相邻电力设备或线路的保护实现后备；近后备是当主保护拒动时，由该电力设备或线路的另一套保护实现后备的保护；当断路器拒动时，则由断路器失灵保护来实现后备保护。

7.1.2　特性与选择

石油化工电力系统继电保护和自动装置一般需满足可靠性、选择性、灵敏性和速动性的要求。

1. 可靠性

可靠性是指保护该动作时动作，不该动作时不动作；为保证可靠性，一般选用性能满足要求、原理尽可能简单的保护方案，采用由可靠的硬件和软件构成的装置，并具有必要的自动检测、闭锁、告警等措施，以及便于整定、调试和运行维护。

2. 选择性

选择性是指首先由故障设备或线路本身的保护切除故障，当故障设备或线路本身的保护或断路器拒动时，才允许由相邻设备、线路的保护或断路器失灵保护切除故障；为保证选择性，对相邻设备和线路有配合要求的保护和同一保护内有配合要求的两元件（如启动与跳闸元件、闭锁与动作元件），其灵敏系数及动作时间需相互配合。当重合于本线路故障，或在非全相运行期间健全相又发生故障时，相邻元件的保护需保证选择性；在重合闸后加速的时间内以及单相重合闸过程中发生区外故障时，允许被加速的线路保护无选择性；在某些条件下必须加速切除短路时，可使保护无选择动作，但必须采取补救措施，例如采用自动重合闸或备用电源自动

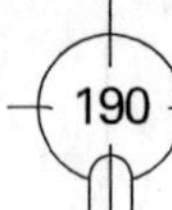

投入来补救。发电机、变压器保护与系统保护有配合要求时,也需满足选择性要求。

3. 灵敏性

灵敏性是指在设备或线路的被保护范围内发生故障时,保护装置具有的正确动作能力的裕度,一般以灵敏系数来描述,灵敏系数则根据不利正常(含正常检修)运行方式和不利故障类型(仅考虑金属性短路和接地故障)计算,但可忽略可能性很小的情况。

灵敏系数 K_m 是被保护区发生短路时,流过保护安装处的最小短路电流 $I_{k \cdot min}$ 与保护装置一次动作电流 I_{dz} 的比值,即

$$K_m = I_{k \cdot min} / I_{dz} \tag{7-1}$$

对多相短路保护,$I_{k \cdot min}$ 取两相短路电流最小值 $I_{k2 \cdot min}$;对中性点不接地系统的单相短路保护,取单相接地电容电流最小值 $I_{c \cdot min}$;对中性点接地系统的单相短路保护,取单相接地电流最小值 $I_{k1 \cdot min}$。

各类短路保护的灵敏系数,一般不低于表 7-1 内所列数值。

表 7-1　短路保护的最小灵敏系数

保护分类	保护类型	组成元件	最小灵敏系数	备注
主保护	带方向和不带方向的电流保护或电压保护	电流元件和电压元件	1.3～1.5	200 km 以上线路,不小于 1.3;50～200 km 线路,不小于 1.4;50 km 以下线路,不小于 1.5
		零序或负序方向元件	1.5	
	线路纵联保护	跳闸元件	2.0	
		对高阻接地故障的测量元件	1.5	个别情况下,为 1.3
	变压器、电动机的纵联差动保护	差动电流元件的启动电流	1.5	按照保护安装处短路计算
	变压器、线路和电动机的电流速断保护	电流元件	1.5	
后备保护	远后备保护	电流、电压和阻抗元件	1.2	按照相邻电力设备和线路末端短路计算(短路电流为阻抗元件精确工作电流 1.5 倍以上),可考虑相继动作
		零序和负序方向元件	1.5	
	近后备保护	电流、电压元件	1.3	按照线路末端短路计算
		零序和负序方向元件	2.0	
辅助保护	电流速断保护		1.2	按照正常运行方式保护安装处短路计算

注:① 保护的灵敏系数除表中注明者外均按被保护线路(设备)末端短路计算;

② 保护装置如反映故障时增长的量,其灵敏系数为金属性短路计算值与保护整定值之比;如反映故障时减少的量,则为保护整定值与金属性短路计算值之比;

③ 各种类型的保护中,接于全电流和全电压的方向元件的灵敏系数不作规定;

④ 本表内未包括的其他类型的保护,其灵敏系数另作规定。

4. 速动性

速动性是指保护装置能尽快地切除短路故障，其目的是提高系统稳定性，减轻故障设备和线路的损坏程度，缩小故障波及范围，提高自动重合闸和备用电源或备用设备自动投入的效果。

7.1.3 微机保护装置

目前石油化工采用的都是微机保护，也就是将被保护设备输入的模拟量经模数转换器后变为数字量，再送入计算机进行分析和处理的保护装置。一般常规保护装置是使输入的电流、电压信号直接在模拟量之间进行比较和运算处理，使模拟量与给定的机械量(如弹簧力矩)或电气量(如门槛电压)进行比较和运算处理；而微机保护则由于计算机只能做数字运算或逻辑运算，因此，首先要求以模拟量输入的电流、电压的瞬时值变换为离散的数字量，然后才送入计算机的中央处理器，按规定的算法和程序进行运算，且将运算结果随时与给定的数字进行比较，最后做出是否跳闸的判断。微机保护构成的基础可以看作硬件和软件两部分，硬件通常是用单独的专用机箱组装，包括数据采集系统、CPU主系统、开关量输入/输出系统及外围设备等；软件由初始化模块、数据采集管理模块、故障检测模块、故障计算模块与自检模块等组成。

7.2 继电保护

7.2.1 电力变压器保护

1. 石油化工对保护装置的要求

(1) 电压为3～110 kV，容量为63 MVA及以下的电力变压器，对下列故障及异常运行方式，需装设相应的保护装置：

① 绕组及其引出线的相间短路和在中性点直接接地或经小电阻接地侧的单相接地短路；

② 绕组的匝间短路；

③ 外部相间短路引起的过电流；

④ 中性点直接接地或经小电阻接地的电力网中外部接地短路引起的过电流及中性点过电压；

⑤ 过负荷；

⑥ 油面降低；

⑦ 变压器油温过高、绕组温度过高、油箱压力过高、产生瓦斯或冷却系统故障。

(2) 容量为0.4 MVA及以上的车间内油浸式变压器、容量为0.8 MVA及以上的油浸式变压器，以及带负荷调压变压器的充油调压开关均需装设瓦斯保护。当壳内故障产生轻微瓦斯或油面下降时，能瞬时动作于信号；当产生大量瓦斯时，可动作于断开变压器各侧断路器。瓦斯保护一般采取防止因震动、瓦斯继电器的引线故障等引起瓦斯保护误动作的措施。当变压器安装处电源侧无断路器或短路开关时，保护动作后则作用于信号并发出远跳命令，同时断开线路对侧断路器。保护6.3 MVA及以下单独运行的变压器，亦可装设纵联差动保护。

(3) 对变压器引出线、套管及内部的短路故障，需装设下列保护作为主保护，且能瞬时动作于断开变压器的各侧断路器，并符合下列规定：

① 电压为 10 kV 及以下、容量为 10 MVA 以下单独运行变压器，采用电流速断保护。

② 电压为 10 kV 以上、容量为 10 MVA 及以上单独运行的变压器，以及容量为 6.3 MVA 及以上并列运行的变压器，采用纵联差动保护。

③ 容量为 10 MVA 以下单独运行的重要变压器，装设纵联差动作保护。

④ 电压为 10 kV 的重要变压器或容量为 2 MVA 及以上的变压器，当电流速断保护灵敏度不符合要求时，采用纵联差动保护。

⑤ 容量为 0.4 MVA 及以上，一次电压为 10 kV 及以下，且绕组为三角-星形连接的变压器，采用两相三继电器式的电流速断保护。

(4) 变压器的纵联差动保护需符合下列要求：

① 能躲过励磁涌流和外部短路产生的不平衡电流。

② 具有电流回路断线的判别功能，并能选择报警或允许差动保护动作跳闸。

③ 差动保护范围包括变压器套管及其引出线，如不能包括引出线时，则采取快速切除故障的辅助措施。但在 66 kV 或 110 kV 电压等级的终端变电站和分支变电站，以及具有旁路母线的变电站在变压器断路器退出工作由旁路断路器代替时，纵联差动保护可短时利用变压器套管内的电流互感器，此时套管和引线故障可由后备保护动作切除；如电网安全稳定运行有要求时，可将纵联差动保护切至旁路断路器的电流互感器。

(5) 对由外部相间短路引起的变压器过电流，需装设下列保护作为后备保护，并能带时限动作于断开相应的断路器，同时符合下列规定：

① 过电流保护可用于降压变压器。

② 复合电压启动的过电流保护或低电压闭锁的过电流保护，可用于升压变压器、系统联络变压器和过电流保护不符合灵敏性要求的降压变压器。

(6) 外部相间短路保护需符合下列规定：

① 单侧电源双绕组变压器和三绕组变压器，相间短路后备保护需装于各侧；非电源侧保护可带两段或三段时限；电源侧保护可带一段时限。

② 两侧或三侧有电源的双绕组变压器和三绕组变压器，相间短路需根据选择性的要求装设方向元件，方向需指向本侧母线，但断开变压器各侧断路器的后备保护不能带方向。

③ 低压侧有分支，且接至分开运行母线段的降压变压器，需在每个分支装设相间短路后备保护。

④ 当变压器低压侧无专用母线保护，高压侧相间短路后备保护对低压侧母线相间短路灵敏度不够时，则在低压侧配置相间短路后备保护。

(7) 三绕组变压器的外部相间短路保护，可按下列原则进行简化：

① 除主电源侧外，其他各侧保护可仅作本侧相邻电力设备和线路的后备保护；

② 保护装置作为本侧相邻电力设备和线路保护的后备时，灵敏系数可适当降低，但对本侧母线上的各类短路需符合灵敏性要求。

(8) 中性点直接接地的 110 kV 电力网中，当低压侧有电源的变压器中性点直接接地运行时，对外部单相接地引起的过电流，需装设零序电流保护，并符合下列规定：

① 零序电流保护可由两段组成，其动作电流与相关线路零序过电流保护相配合，每段各带两个时限，并均以较短的时限动作于缩小故障影响范围，或动作于断开本侧断路器，同时以

较长的时限动作于断开变压器各侧断路器。

② 双绕组及三绕组变压器的零序电流保护需接到中性点相出线上的电流互感器上。

(9) 110 kV 中性点直接接地的电力网中，当低压侧有电源的变压器中性点可能接地运行或不接地运行时，对外部单相接地引起的过电流，以及对因失去中性点接地引起的电压升高，需装设后备保护，并符合下列规定：

① 全绝缘变压器的零序保护可按上述(8)装设零序电流保护，并增设零序过电压保护。当变压器所连接的电力网选择断开变压器中性点接地时，零序过电压保护则经 0.3～0.5 s 时限动作于断开变压器各侧断路器。

② 分级绝缘变压器的零序保护，可在变压器中性点装设放电间隙，并装设用于中性点直接接地和经放电间隙接地的两套零序过电流保护，且增设零序过电压保护。用于中性点直接接地运行的变压器可按上述(8)装设零序电流保护；用于经间隙接地的变压器，则装设反映间隙放电的零序电流保护和零序过电压保护。当变压器所接的电力网失去接地中性点，且发生单相接地故障时，此零序电流电压保护需经 0.3～0.5 s 时限动作于断开变压器各侧断路器。

(10) 变压器低压侧中性点经小电阻接地时，低压侧需配置三相式过电流保护，同时在变压器低压侧装设零序过电流保护，保护设置两个时限。零序过电流保护可接在变压器低压侧中性点回路的零序电流互感器上。

(11) 专用接地变压器可按上述(3)配置主保护，并配置过电流保护和零序过电流保护作为后备保护。

(12) 变压器中性点经消弧线圈接地时，需在中性点设置零序电流或过电压保护，并动作于信号。

(13) 容量在 0.4 MVA 及以上、绕组为星形-星形接线，且低压侧中性点直接接地变压器，对低压侧单相接地短路需选择下列保护方式，保护装置带时限动作于跳闸：

① 利用高压侧的过电流保护时，保护装置需采用三相式；

② 在低压侧中性线上装设零序电流保护；

③ 在低压侧装设三相过电流保护。

(14) 容量在 0.4 MVA 及以上、一次电压为 10 kV 及以下、绕组为三角-星形接线，且低压侧中性点直接接地的变压器，对低压侧单相接地短路，可利用高压侧的过电流保护，当灵敏度符合要求时，保护装置可带时限动作于跳闸；当灵敏度不符合要求时，可按上述(13)②、③装设保护装置，并带时限动作于跳闸。

(15) 容量在 0.4 MVA 及以上并列运行的变压器或作为其他负荷备用电流的单独运行的变压器，需装设过负荷保护。对多绕组变压器，保护装置能反映变压器各侧的过负荷。过负荷保护则带时限动作于信号。

(16) 在无经常值班人员的变电站，过负荷保护可动作于跳闸或断开部分负荷。

(17) 对变压器油温度过高、绕组温度过高、油面过低、油箱内压力过高、产生瓦斯和冷却系统故障，需装设可作用于信号或动作于跳闸的装置。

2. 保护配置

电力变压器的继电保护配置见表 7-2。

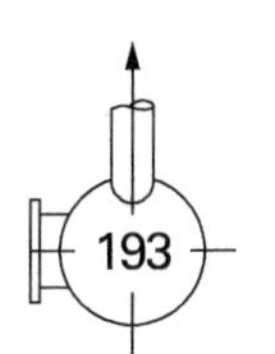

表 7-2　电力变压器的继电保护配置

<table>
<tr><th rowspan="2">变压器容量/kV·A</th><th colspan="7">保护装置名称</th><th rowspan="2">备注</th></tr>
<tr><th>带时限的①过电流保护</th><th>电流速断保护</th><th>纵联差动保护</th><th>单相低压侧接地保护②</th><th>过负荷保护③</th><th>瓦斯保护</th><th>温度保护④</th></tr>
<tr><td><400</td><td>—</td><td>—</td><td>—</td><td>—</td><td>—</td><td>≥315 kV·A的车间内油浸变压器装设</td><td>—</td><td>一般用高压熔断器保护</td></tr>
<tr><td>400～630</td><td rowspan="2">高压侧采用断路器时装设</td><td rowspan="2">高压侧采用断路器且过电流保护时限>0.5 s时装设</td><td>—</td><td rowspan="3">装设</td><td rowspan="2"></td><td rowspan="2">车间内变压器装设</td><td>—</td><td rowspan="2">一般采用GL型继电器兼作过电流及电流速断保护</td></tr>
<tr><td>800</td><td>—</td><td>—</td></tr>
<tr><td>1 000～1 600⑤</td><td rowspan="4">装设</td><td rowspan="2">过电流保护时限>0.5 s时装设</td><td>—</td><td rowspan="3">并联运行的变压器装设，作为其他备用电源的变压器根据过负荷的可能性装设</td><td rowspan="3">装设</td><td rowspan="3">装设</td><td></td></tr>
<tr><td>2 000～5 000</td><td>当电流速断保护不能满足灵敏性要求时装设</td><td>—</td><td>≥5 000 kV·A的单相变压器需装设远距离测温装置
≥8 000 kV·A的变压器需装设远距离测温装置</td></tr>
<tr><td>6 300～8 000</td><td>单独运行的变压器或负荷不太重要的变压器装设</td><td>并列运行的变压器或重要变压器或当电流速断保护不能满足灵敏性要求时装设</td><td>—</td><td></td></tr>
<tr><td>≥10 000</td><td></td><td>装设</td><td>—</td><td></td><td>装设</td><td>装设</td><td></td></tr>
</table>

注：① 当带时限的过电流保护不能满足灵敏性要求时，可采用低电压闭锁的带时限过电流保护，或复合电压启动的过电流保护；

② 当利用高压侧过电流保护及低压侧出线断路器保护不能满足灵敏性要求时，可装设变压器中性线上的零序过电流保护；

③ 低压电压为230/400 V的变压器，当低压侧出线断路器带有过负荷保护时，可不装设专用的过负荷保护；

④ 干式变压器为温度保护；

⑤ 干式配电变压器容量至2 500 kV·A。

(3) 整定计算

电力变压器的整定计算见表 7－3。

表 7－3　电力变压器的整定计算表

<table>
<tr><th>保护名称</th><th>计算项目和公式</th><th>符号说明</th></tr>
<tr><td>过电流保护</td><td>保护装置的动作电流(需躲过可能出现的过负荷电流)
$I_{dz\cdot j}=K_kK_{jx}K_{gh}I_{1rt}/K_hn_1$
保护装置的灵敏系数[按电力系统最小运行方式下,低压侧两相短路时流过高压侧(保护安装处)的短路电流校验]
$K_m=I_{2k2\cdot min}/I_{dz}\geqslant 1.3$
保护装置的动作时限(需与下一级保护动作时限相配合),一般取 0.3～0.5 s</td><td rowspan="4">K_k——可靠系数,用于过电流保护时取 1.2,用于电流速断保护时取 1.3,用于过负荷保护时取 1.05～1.1;
K_{jx}——接线系数,接于相电流时取 1,接于相电流差时取$\sqrt{3}$;
K_h——继电器返回系数,取 0.9;
K_{gh}——过负荷系数[①],包括电动机自启动引起的过电流倍数,一般取 2～3,当无自启动电动机时取 1.3～1.5;
n_1——电流互感器电流比;
I_{1rT}——变压器高压侧额定电流,A;
$I_{2k2\cdot min}$——最小运行方式下变压器低压侧两相短路时,流过高压侧(保护安装处)的稳态电流,A;
Y. yn0　$I_{2k2\cdot min}=I_{22k2\cdot min}/n_T$
D. yn11　$I_{2k1\cdot min}=2I_{22k2\cdot min}/\sqrt{3}n_T$
$I_{22k2\cdot min}$——最小运行方式下变压器低压侧母线或母干线末端两相稳态短路电流,A;
I_{dz}——保护装置一次动作电流,A;
$I_{dz}=I_{dz\cdot j}n_1/K_{jx}$;
$I''_{2k3\cdot min}$——最大运行方式下变压器低压侧三相短路时,流过高压侧(保护安装处)的超瞬态电流,A;
$I''_{1k2\cdot min}$——最小运行方式下保护装安装处两相短路超瞬态电流[②],A;
$I_{2k1\cdot min}$——最小运行方式下变压器低压侧母线或母干线末端单相接地短路时,流过高压侧(保护安装处)的稳态电流,A;
Y. yn0　$I_{2k1\cdot min}=2I_{22k1\cdot min}/3n_T$
D. yn11　$I_{2k1\cdot min}=\sqrt{3}I_{22k1\cdot min}/3n_T$
$I_{22k1\cdot min}$——最小运行方式下变压器低压侧母线或母干线末端单相接地稳态短路电流,A;</td></tr>
<tr><td>电流速断保护</td><td>保护装置的动作电流(需躲过低压侧短路时,流过保护装置的最大短路电流)
$I_{dz\cdot j}=K_kK_{jx}I''_{2k3\cdot max}/n_1$
保护装置的灵敏系数(按系统最小运行方式下,保护装置安装处两相短路电流校验)
$K_m=I''_{1k2\cdot min}/I_{dz}\geqslant 1.5$</td></tr>
<tr><td>低压侧单相接地保护(利用高压侧三相式过流保护)</td><td>保护装置的动作电流和动作时限与过电流保护相同保护装置的灵敏系数[按最小运行方式下,低压侧母线或母干线末端单相接地时,流过高压侧(保护安装处)的短路电流校验]
$K_m=I_{2k1\cdot min}/I_{dz}\geqslant 1.3$</td></tr>
<tr><td>低压侧单相接地保护[③](采用在低压侧中性线上装设专用的零序保护)</td><td>保护装置的动作电流(需躲过正常运行时,变压器中性线上流过的最大不平衡电流,其值参照标准 DL/T 1102—2021《配电变压器运行规程》规定)
$I_{dz\cdot j}=K_k0.25I_{2rT}/n_1$
保护装置的动作电流需与低压出线上的零序保护相配合
$I_{dz\cdot j}=K_{ph}I_{dz\cdot fz}/n_1$
保护装置的灵敏系数(按最小运行方式下,低压侧母线或母干线末端单相接地稳态短路电流校验)
$K_m=I_{22k1\cdot min}/I_{dz}\geqslant 1.3$
保护装置的动作时限一般取 0.3～0.5 s</td></tr>
</table>

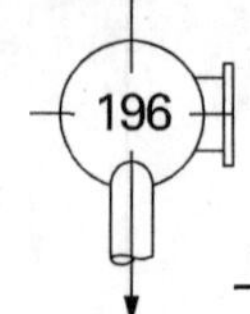

续表

保护名称	计算项目和公式	符号说明
过负荷保护	保护装置的动作电流(需躲过变压器额定电流) $I_{dz\cdot j}=K_k K_{jx} I_{1rT}/K_h n_1$ 保护装置的动作时限(需躲过允许的短时工作过负荷时间,如电动机启动或自启动的时间)一般定时限取 9~15 s	n_T——变压器电压比; K_{ph}——配合系数,取 1.1; $I_{dz\cdot fz}$——低压分支线上零序保护的动作电流,A; I_{2rT}——变压器低压侧额定电流; K_K——可靠系数,取 1.1;
低电压启动的带时限过电流保护	保护装置的动作电流(需躲过变压器额定电流) $I_{dz\cdot j}=K_k K_{jx} I_{1rT}/K_h.n_1$ 保护装置的动作电压 $U_{dz\cdot j}=U_{min}/K_k K_h n_y$ 保护装置的灵敏系数(电流部分)与过电流保护相同。 保护装置的灵敏系数(电压部分) $K_m=U_{dz\cdot 1}/U_{sh\cdot max}=U_{dz\cdot j}n_y/U_{sh\cdot max}$ 保护装置动作时限与过电流保护相同。	K_h——低电压继电器返回系数,取 1.15; n_y——电压互感器电压比; U_{min}——运行中可能出现的最低工作电压(如电力系统电压降低,大容量电动机启动及电动机自启动时引起的电压降低),一般取 0.5~0.7U_{rT}(变压器高压侧母线额定电压); $U_{sh\cdot max}$——保护安装处的最大剩余电压,V

注:① 带有自启动电动机的变压器,其过负荷系数按电动机的自启动电流确定。当电源侧装设自动重合闸或备用电源自动投入装置时,可近似地用下式计算

$$K_{gh}=1/[u_k+S_{rT}(380/400)^2/K_q S_{M\Sigma}]$$

式中,u_k 为变压器的阻抗电压相对值;S_{rT} 为变压器的额定容量,kV·A;$S_{M\Sigma}$ 为需要自启动的全部电动机的总容量,kV·A;K_q 为电动机的启动电流倍数,一般取 5;

② 两相短路超瞬态电流 I''_{k2} 等于三相短路超瞬态电流 I''_{k3} 的 0.866 倍;

③ Y,yn0 接线变压器采用在低压侧中性线上装设专用零序互感器的低压侧单相接地保护,而 D,yn11 接线变压器可不装设。

7.2.2 电力线路保护

1. 石油化工对保护配置要求

(1) 对 3~66 kV 线路的相间短路、单相接地、过负荷等故障或异常运行,需装设相应的保护装置。

(2) 对 3~10 kV 线路装设相间短路保护装置,需符合下列规定:

① 一般考虑电流保护装置接于两相电流互感器上,同一网络的保护装置装在相同的两相上。

② 后备保护采用远后备方式。

③ 快速切除故障,包括当线路短路使发电厂厂用母线或重要用户母线电压低于额定电压的 60%时,线路导线截面过小,线路的热稳定不允许带时限切除短路时等。

④ 当过电流保护的时限不大于 0.5~0.7 s 时,且无快切所列的情况,或没有配合上的要求时,可不装设瞬动的电流速断保护。

⑤ 对单侧电源线路可装设两段过电流保护：第一段为不带时限的电流速断保护；第二段为带时限的过电流保护，两段保护均可采用定时限或反时限特性的继电器，对单侧电源带电抗器的线路，当其断路器不能切断电抗器前的短路时，可不装设电流速断保护，此时，则由母线保护或其他保护切除电抗器前的故障，保护装置仅在线路的电源侧装设。

⑥ 对双侧电源线路，可装设带方向或不带方向的电流速断和过电流保护，当采用带方向或不带方向的电流速断和过电流保护不能满足选择性、灵敏性或速动性的要求时，需采用光纤纵联差动保护作主保护，并装设带方向或不带方向的电流保护作后备保护，对并列运行的平行线路可装设横联差动保护作为主保护，并以接于两回线电流之和的电流保护作为两回线同时运行的后备保护及一回线路断开后的主保护及后备保护。

(3) 3～10 kV 线路经低电阻接地单侧电源线路，除配置相间故障保护外，还需配置零序电流保护。零序电流保护一般设二段，第一段为零序电流速断保护，时限与相间速断保护相同；第二段为零序过电流保护，时限与相间过电流保护相同。当零序电流速断保护不能满足选择性要求时，也可配置两套零序电流保护。零序电流可取自三相电流互感器组成的零序电流滤过器，也可取自加装的独立零序电流互感器，一般根据接地电阻阻值、接地电流和整定值大小确定。

(4) 中性点非有效接地的 35～66 kV 线路装设相间短路保护装置，需符合下列要求：

① 电流保护装置接于两相电流互感器上，同一网络的保护装置装在相同的两相上。

② 后备保护采用远后备方式。

③ 快速切除故障，包括当线路短路使发电厂厂用母线或重要用户母线电压低于额定电压的 60%时，线路导线截面过小，线路的热稳定不允许带时限切除短路时，切除故障时间长，可能导致高压电网产生电力系统稳定问题时；为保证供电质量需要时等。

(5) 35～66 kV 线路装设相间短路保护装置，需符合下列要求：

① 对单侧电源线路可采用一段或两段电流速断或电压闭锁过电流速断作主保护，并以带时限过电流保护作后备保护，线路发生短路时，使发电厂厂用母线电压或重要用户母线电压低于额定电压的 60%时，同时快速切除故障。

② 对双侧电源线路，可装设带方向或不带方向的电流电压保护，当采用电流电压保护不能满足选择性、灵敏性和速动性要求时，可采用距离保护或光纤纵联差动保护装置作主保护，并装设带方向或不带方向的电流电压保护作后备保护。

③ 对并列运行的平行线路可装设横联差动保护作主保护，并以接于两回线电流之和的电流保护作为两回线路同时运行的后备保护及一回线路断开后的主保护及后备保护。

④ 低电阻接地单侧电源线路，可装设一段或两段三相式电流保护，装设一段或两段零序电流保护，作为接地故障的主保护和后备保护。

(6) 对中性点非直接接地 3～66 kV 线路的单相接地故障，需装设接地保护装置，并符合下列规定：

① 在发电厂和变电所母线上，考虑装设接地监视装置，并动作于信号。

② 线路上装设有选择性的接地保护，并动作于信号，而当危及人身和设备安全时，保护装置则动作于跳闸。

③ 在出线回路数不多，或难以装设选择性单相接地保护时，可采用依次断开线路的方法寻找故障线路。

④ 经低电阻接地单侧电源线路，需装设一段或两段零序电流保护。

(7) 电缆线路或电缆架空混合线路，需装设过负荷保护，保护装置可带时限动作于信号，而当危及设备安全时，则需动作于跳闸。

2. 保护配置

3～66 kV 线路的继电保护配置见表 7-4。

表 7-4　3～66 kV 线路的继电保护配置

被保护线路	保护装置名称					
	无时限或带时限电流电压速断	无时限电流速断保护[1]	带时限速断保护	过电流保护[2]	单相接地保护	过负荷保护
单侧电源放射式单回线路	35～66 kV 线路装设	自重要配电所引出的线路装设	当无时限电流速断不能满足选择性动作时装设	装设	根据需要装设	装设

注：① 无时限电流速断保护范围，需保证切除所有使该母线残压低于 50%～60%额定电压的短路，为满足这一要求，必要时保护装置可无选择地动作，并以自动装置来补救；

② 当过电流保护灵敏系数不满足要求时，采用低电压闭锁过电流保护或复合电压启动的过电流保护。

3. 整定计算

6～10 kV 线路的继电保护整定计算见表 7-5；35～66 kV 线路的继电保护整定计算见表 7-6。

表 7-5　6～10 kV 线路的继电保护整定计算

保护名称	计算项目和公式	符号说明
过电流保护	保护装置的动作电流(需躲过线路的过负荷电流，单位为 A) $I_{dz\cdot j}=K_k K_{jx} I_{gh}/K_h n_1$ 保护装置的灵敏系数(按最小运行方式下线路末端两相短路电流校验) $K_m=I_{2k2\cdot min}/I_{dz}\geqslant 1.3$ 保护装置的动作时限，需较相邻元件的过电流保护大一时限阶段，一般大 0.3～0.5s	K_k——可靠系数，用于过电流和电流速断保护时，取 1.1，过负荷保护取 1.05～1.1； K_{jx}——接线系数，接于相电流时取 1，接于相电流差时取$\sqrt{3}$ K_h——继电器返回系数，取 0.9； n_1——电流互感器电流比； I_{gh}[3]——线路过负荷(包括电动机启动所引起的)电流，A；
无时限电流速断保护	保护装置的动作电流(需躲过线路末端短路时最大三相短路电流[1][2]，单位为 A) $I_{dz\cdot j}=K_k K_{jx} I''_{2k3\cdot max}/n_1$ 保护装置的灵敏系数(按最小运行方式下线路始端两相短路电流校验) $K_m=I_{1k2\cdot min}/I_{dz}\geqslant 1.5$	$I_{2k2\cdot min}$——最小运行方式下，线路末端两相短路稳态电流，A； I_{dz}——保护装置一次动作电流，A； $I_{dz}=I_{dz\cdot j}n_1/K_{jx}$ $I''_{2k3\cdot max}$——最大运行方式下线路末端三相短路超瞬态电流，A；

续表

保护名称	计算项目和公式	符号说明
带时限电流速断保护	保护装置的动作电流(单位为A,需躲过相邻元件末端短路时的最大三相短路电流或与相邻元件的电流速断保护的动作电流相配合,按两个条件中较大者整定) $I_{dz \cdot j}=K_k K_{jx} I_{3k3 \cdot max}/n_1$ 或 $I_{dz \cdot j}=K_{ph} K_{jx} I_{dz \cdot 3}/n_1$ 保护装置的灵敏系数与无时限电流速断保护的公式相同 保护装置的动作时限,需较相邻元件的电流速断保护大一个时限阶段,一般大0.3～0.5 s	$I''_{1k2 \cdot min}$——最小运行方式下线路始端两相短路超瞬态电流④,A; K_{ph}——配合系数,取1.1; $I_{dz \cdot 3}$——相邻元件的电流速断保护的一次动作电流,A; $I_{3k3 \cdot max}$——最大运行方式下相邻元件末端三相短路稳态电流,A; I_{cx}——被保护线路外部发生单相接地故障时,从被保护元件流出的电容电流,A; $I_{c\Sigma}$——电网的总单相接地电容电流⑤,A; $I_{fh \cdot max}$——被保护线路最大负荷电流,A
单相接地保护	保护装置的一次动作电流(单位为A,需按躲过被保护线路外部单相接地故障时,从被保护元件流出的电容电流及按最小灵敏系数1.3整定) $I_{dz} \geqslant K_k I_{cx}$ 和 $I_{dz} \leqslant (I_{c\Sigma}-I_{cx})/1.3$	
过负荷保护	保护装置动作电流(单位为A,需按线路最大负荷电流整定) $I_{dz \cdot j} \leqslant k_k k_{jx} I_{fh \cdot max}/k_h \cdot n_1$	

注:① 如为线路变压器组,需按配电变压器整定计算;

② 当保证母线上具有规定的残余电压时,线路的最小允许长度按下式计算

$$K_x=(-\beta K_1+\sqrt{1+\beta^2-K_1^2})/\sqrt{1+\beta^2}$$

$$l_{min}=(X_{x \cdot min}/R_1)\left[-\beta+\sqrt{K_k^2 a^2(1+\beta^2)/K_x^2-1}\right]/(1+\beta^2)$$

式中,K_x 为计算运行方式下电力系统最小综合电抗 $X_{x \cdot min}$ 上的电压与额定电压之比;β 为每千米线路的电抗 X_1 与有效电阻 R_1 之比;K_1 为母线上残余相间电压与额定相间电压之比,其值等于母线上最小允许残余电压与额定电压之比,取0.6;R_1 为每千米线路的有效电阻,Ω/km;$X_{x \cdot min}$ 为按电力系统在最大运行方式下,在母线上的最小综合电抗,Ω;K_k 为可靠系数,一般取1.2;α 为表示电力系统运行方式变化的系数,其值等于电力系统最小运行方式时的综合电抗 $X_{*x \cdot max}$ 与最大运行方式时的综合电抗 $X_{*x \cdot min}$ 之比;

③ 电动机自启动时的过负荷电流按下式计算

$$I_{gh}=K_{gh} I_{g \cdot xl}=I_{g \cdot xl}/(u_k+Z_{*ll}+S_{rT}/K_q S_{M\Sigma})$$

式中,$I_{g \cdot xl}$ 为线路工作电流,A;K_{gh} 为需要自启动的全部电动机,在启动时所引起的过电流倍数;u_k 为变压器阻抗电压相对值;Z_{*ll} 为以变压器额定容量为基准的线路阻抗标幺值;S_{rT} 为变压器额定容量,kV·A;$S_{M\Sigma}$ 为需要自启动的全部电动机容量,kV·A;K_q 为电动机启动时的电流倍数;

④ 两相短路超瞬态电流 I''_{k2} 等于三相短路超瞬态电流 I''_{k3} 的0.866倍;

⑤ 电网单相接地电容电流计算。

表 7-6　35～66 kV 线路的继电保护整定计算

保护名称	计算项目和公式	符号说明
无时限电流和电压速断	按保护动作范围的条件整定(电流单位为 A,电压单位为 V) $I_{dzj}=K_{jx}I_j/n_1(X_{*s}+X_{*dz})$ $I_{dz}=I_{dzj}\cdot n_1/K_{jx}$ $U_{dz\cdot j}=I_{dz}\cdot X_{*dz}\cdot U_j/I_k n_y$ $U_{dz}=U_{dzj}\cdot n_y$	K_{jx}——接线系数,接于相电流时 $K_{jx}=1$ n_1——电流互感器电流比; I_j——基准电流; X_{*s}——系统电抗标幺值; X_{*dz}——相当于电流元件或电压元件动作范围长度的线路电抗标幺值 $X_{*dz}=X_{*l}/K_k$ $X_{*\cdot l}$——被保护线路的电抗标幺值; K_k——可靠系数取 1.1; n_y——电压互感器电压比; U_j——基准电压
带时限电流和电压速断	保护装置动作电流: (需与相邻元件的无时限电流速断保护的动作电流相配合,单位为 A) $I_{dz\cdot j}=K_{jx}\cdot K_{ph}\cdot I_{dz\cdot 3}/n_1$ $I_{dz}=I_{dz\cdot j}\cdot n_1/K_{jx}$ (需躲过相邻元件末端的最大三相短路电流,单位为 A) $I_{dz\cdot j}=K_{jx}\cdot K_k\cdot I_{3k3\cdot max}/n_1$ $I_{dz}=I_{dz\cdot j}\cdot n_1/K_{jx}$ 保护装置动作电压(需与相邻元件的无时限电压速断保护的动作电压相配合,单位为 V) $U_{dz\cdot j}=(\sqrt{3}I_{dz}X+U_{dz\cdot 3})/n_y K_{ph}$ $U_{dz}=U_{dzj}\cdot n_y$ 保护装置灵敏系数(电流部分) $K_m=I_{2k2\cdot min}/I_{dz}\geqslant 1.3\sim 1.5$ 保护装置灵敏系数(电压部分) $K_m=U_{dz}/U_{sh\cdot max}$ 保护装置的动作时限,需较相邻元件的电流和电压速断保护大一时限阶段,一般时限取 0.3～0.5 s	K_{jx}——接线系数,接于相电流时 $K_{jx}=1$; n_1——电流互感器电流比; K_{ph}——配合系数,取 1.1; $I_{dz\cdot 3}$——相邻元件的无时限电流速断保护的一次动作电流; K_k——可靠系数,取 1.2～1.3; $I_{3k3\cdot max}$——系统最大运行方式时,相邻元件末端的三相短路电流; X——被保护线路的电抗; $U_{dz\cdot 3}$——相邻元件的无时限电压速断保护的一次动作电压,V; n_y——电压互感器电压比; $I_{2k2\cdot min}$——最小运行方式下,被保护线路末端两相短路稳态电流,A; $U_{sh\cdot max}$——最大运行方式下,被保护线路末端三相短路,保护安装处的剩余电压,V

注:多段电流保护、单相接地保护、过负荷保护见 6～10 kV 线路继电保护整定计算。

4. 线路光纤纵联差动保护

线路光纤电流差动保护是利用光纤传送信息,比较线路两侧流过电流的幅度和相位的保护。其特点是快速保护线路全长,不受单侧电源运行方式的限制和影响,不受电力系统震荡的影响,能正确反映被保护线路上发生的任何类型短路故障,装置构成简单、运行可靠、维护工作量少、投运率高,在高压电网中能满足动作的快速性和灵敏性要求。在中央电网中,短距离线路的一般电流保护不能满足动作的快速性和灵敏性要求时,则采用光纤电流差动保护。

中压非直接接地系统或低电阻接地系统中的光纤电流差动保护，由于装置的通信方式为异步通信方式，且采用较低的通信波特率，为提高差动继电器可利用的数据采集密度，装置必须压缩两侧需校核的数据量，故差动继电器实现时取两侧电流综合量，并要求线路两侧电流互感器的变比及特性一致。

线路光纤差动保护构成如图 7－1 所示。

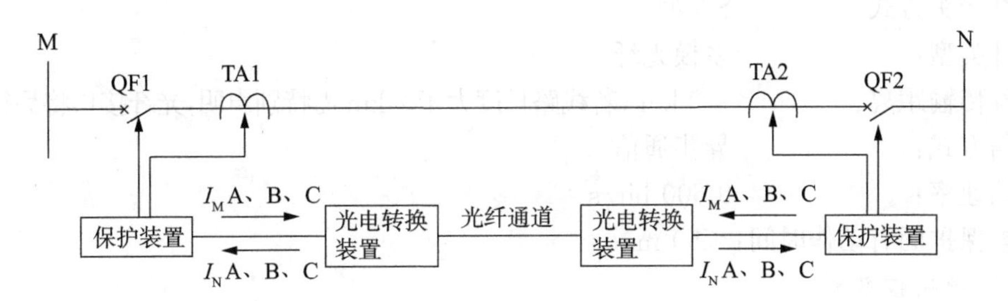

图 7－1　线路光纤差动保护构成

由于装置的通信方式为异步通信方式且采用较低的通讯波特率，为提高差动继电器可利用的数据采样密度，装置必须压缩两侧需交换的数据量，故差动继电器实现时取两侧电流综合量而未采用分相电流差动。

差动方程如下：

$$DI_{\Sigma}=|\dot{I}_{\Sigma L}+\dot{I}_{\Sigma R}|-0.7(|\dot{I}_{\Sigma L}|+|\dot{I}_{\Sigma R}|)\geqslant 0.3\dot{I}_{\Sigma N} \tag{7-2}$$

式中　$\dot{I}_{\Sigma L}$——本侧电流综合量，A；

$\dot{I}_{\Sigma R}$——对侧电流综合量，A；

$\dot{I}_{\Sigma N}$——额定工况下的电流综合量，A。

$$I_{\Sigma}=I_1+6I_2 \tag{7-3}$$

式中　I_{Σ}——电流综合量，A；

I_1——正序电流，A；

I_2——负序电流，A。

差动保护实现逻辑如图 7－2 所示。

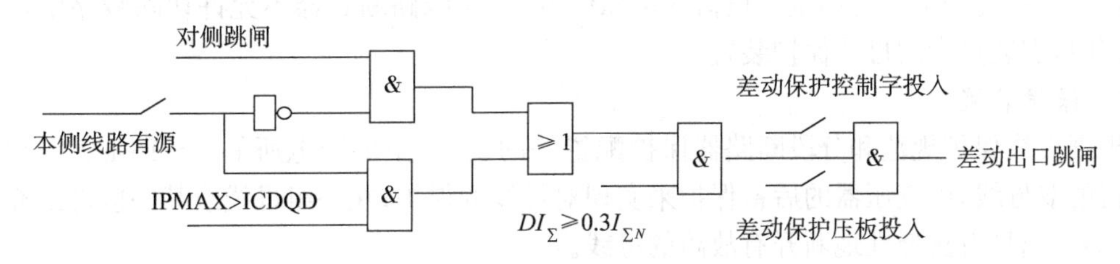

图 7－2　线路光纤差动保护的逻辑框图

当本侧线路为电源端时，差动保护由差动启动电流定值启动开放；当本侧线路为负荷端时，差动保护由对侧通过光纤通道远传过来的保护跳闸信号开放，从而实现全线路的快速故障切除。由于差动保护受稳态过量保护判据闭锁，故增加了差动继电器本身的安全性。

当装置未达到差动启动电流定值而差流大于 $0.3I_n$ 时，装置延时 5 s 发差流报警信号。光通信系统本身具有通信误码检测，当误码率超过一定值时，装置将发通道故障信号，并闭锁差动保护，一旦通信恢复，差动保护将自动投入，当装置误码率较高时可能将导致保护固有动作时间加长。

光纤纵差保护主要技术指标：

光纤接头方式：　　　ST 型

光纤类型：　　　多模光纤

推荐传输距离：　　　<2 km（若线路长度大于 2 km 需特别声明，光纤接口将另行处理）

通信方式：　　　异步通信

传输速率：　　　9 600 bit/s

纵差保护固有动作时间：<50 ms

5. 保护测控装置

适用于 110 kV 以下电压等级的非直接接地系统或小电阻接地系统中的短线路光纤纵差和电流电压保护及测控装置。

(1) 保护方面的主要功能有：短线路光纤纵差保护；三段式可经低电压闭锁的定时限方向过流保护，其中第三段可整定为反时限段；零序过流保护/小电流接地选线；三相一次重合闸（检无压、检同期、非同期三种方式）；一段定值可分别独立整定的合闸加速保护（可选前加速或后加速）；低周减载保护等；独立的操作回路及故障录波。

(2) 测控方面的主要功能有：8 路遥信开入采集、装置遥信变位、事故遥信；正常断路器遥控分合、小电流接地探测遥控分合；U_A、U_B、U_C、U_0、U_{AB}、U_{BC}、U_{CD}、I_A、I_C、P、Q、$\cos\alpha$、F 等 14 个模拟量的遥测；开关事故分合次数统计及事件 SOE 等；4 路脉冲输入。

110 kV 终端变电所进线断路器装设光纤纵差保护为比率制动分相电流纵差动保护，其保护需与电源侧保护相配合。

7.2.3　6～10 kV 母线和分段断路器保护

1. 石油化工对保护配置要求

发电厂和主要变电所的 3～10 kV 母线及并列运行的双母线，由发电机和变压器的后备保护实现对母线的保护。碰到需快速且选择性地切除一段或一组母线上的故障，从而保证发电厂及电力系统安全运行和重要负荷的可靠供电，且当线路断路器不允许切除线路电抗器前的短路时，需装设专用母线保护装置。

2. 保护装置

根据母线保护规范和分段断路器保护配置等的要求，主要变电所的 3～10 kV 母线及并列运行的双母线，由变压器的后备保护来实现对母线的保护；在一组母线或某一段母线充电合闸时，需快速且有选择性地断开有故障的母线。

6～10 kV 母线分段断路器的继电保护配置见表 7-7。

表 7-7　6～10 kV 母线分段断路器的继电保护配置

被保护设备	保护装置名称		备　注
	电流速断保护	过电流保护	
不并列运行的分段母线	仅在分段断路器合闸瞬间投入，合闸后自动解除	装设	对出线不多的二级、三级负荷供电的配电所母线分段断路器，可不设保护装置

3. 整定计算

6～10 kV 母线分段断路器的继电保护整定计算见表 7-8。

表 7-8　6～10 kV 母线分段断路器的继电保护整定计算

保护名称	计算项目和公式	符号说明
过电流保护	保护装置的动作电流（需躲过任一母线段的最大负荷电流，单位为 A） $I_{dz\cdot j}=K_kK_{jx}I_{fh}/K_hn_1$ 保护装置的灵敏系数（按最小运行方式下母线两相短路时，流过保护安装处的短路电流校验。对后备保护，则按最小运行方式下相邻元件末端两相短路时，流过保护安装处的短路电流校验。） $K_m=I_{k2\cdot min}/I_{dz}\geqslant 1.3$ $K_m=I_{3k2\cdot min}/I_{dz}\geqslant 1.2$ 保护装置的动作时限，需较相邻元件的过电流保护大一时限阶段，一般大 0.3～0.5 s	K_k——可靠系数，用于过电流保护时取 1.2，用于电流速断保护时取 1.3； K_{jx}——接线系数，接于相电流时取 1，接于相电流差时取$\sqrt{3}$； K_h——继电器返回系数，取 0.9； I_{fh}——一段母线最大负荷（包括电动机自动启动引起的）电流，A； n_1——电流互感器电流比； $I_{k2\cdot min}$——最小运行方式下母线两相短路时，流过保护安装处的稳态电流，A； $I_{3k2\cdot min}$——最小运行方式下相邻元件末端两相短路时，流过保护安装处的稳态电流，A； I_{dz}——保护装置一次动作电流，A， $I_{dz}=I_{dz\cdot j}n_1/K_{jx}$； $I''_{k2\cdot min}$——最小运行方式下母线两相短路时，流过保护安装处的超瞬态电流①，A
电流速断保护	保护装置的动作电流（需按最小灵敏系数 1.5 整定，单位为 A） $I_{dz\cdot j}\leqslant I''_{k2\cdot min}/1.5n_1$	

注：两相短路超瞬态电流 I''_{k2} 等于三相短路超瞬态电流 I''_{k3} 的 0.866 倍。

7.2.4　电力电容器保护

1. 石油化工对保护配置要求

(1) 3 kV 及以上的并联补偿电容器组

① 电容器内部故障及其引出线短路；

② 电容器组和断路器之间连接线短路；

③ 电容器组中某一故障电容器切除后所引起的剩余电容器的过电压；

④ 电容器组的单相接地故障；

⑤ 电容器组过电压；

⑥ 电容器组所连接的母线失压；

⑦ 中性点不接地的电容器组，各组对中性点的单相短路。

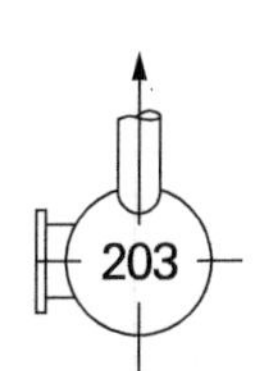

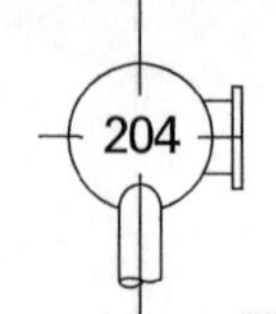

(2) 并联补偿电容器组需装设相应的保护,并符合下列规定:

① 电容器组和断路器之间连接线的短路,可装设带有短时限的电流速断和过电流保护,并动作于跳闸。速断保护的动作电流,需按最小运行方式下,电容器端部引线发生两相短路时有足够的灵敏度,保护的动作时限则确保电容器充电产生涌流时不误动。过电流保护装置的动作电流,需按躲过电容器组长期允许的最大工作电流整定。

② 电容器内部故障及其引出线的短路,需对每台电容器分别装设专用的熔断器。熔丝的额定电流可为电容器额定电流的 1.5～2.0 倍。

③ 当电容器组中故障电容器切除到一定数量后,引起剩余电容器端电压超过 105%额定电压时,保护需带时限动作于信号;过电压超过 110%额定电压时,保护需将整组电容器断开,对不同接线的电容器组,可采用下列保护之一:

a. 中性点不接地单星形接线的电容器组,可装设中性点电压不平衡保护;

b. 中性点接地单星形接线的电容器组,可装设中性点电流不平衡保护;

c. 中性点不接地双星形接线的电容器组,可装设中性点间电流或电压不平衡保护;

d. 中性点接地双星形接线的电容器组,可装设中性点回路电流差的不平衡保护;

e. 多段串联单星形接线的电容器组,可装设段间电压差动或桥式差电流保护。

f. 三角形接线的电容器组,可装设零序电流保护。

④ 不平衡保护需带有短延时的防误动的措施。

(3) 电容器组单相接地故障,可利用电容器组所连接母线上的绝缘监察装置进行检出;当电容器组所连接母线有引出线路时,可装设有选择性的接地保护,并动作于信号;必要时,保护动作于跳闸。安装在绝缘支架上的电容器组,可不再装设单相接地保护。

(4) 电容器组一般装设过电压保护,并需带时限动作于信号或跳闸。

(5) 电容器组一般装设失压保护,当母线失压时,需带时限跳开所有接于母线上的电容器。

(6) 电网中出现的高次谐波可能导致电容器过负荷时,电容器组可装设过负荷保护,并需带时限动作于信号或跳闸。

2. 保护配置

6～10 kV 电力电容器的继电保护配置见表 7-9。

表 7-9　6～10 kV 电力电容器的继电保护配置

<table>
<tr><td>保护名称</td><td>带短延时的速断保护</td><td>过电流保护</td><td>过负荷保护</td><td>单相接地保护</td><td>过电压保护</td><td colspan="2">低电压保护</td></tr>
<tr><td>装设情况</td><td>装设</td><td>装设</td><td>可装设</td><td>电容器与支架绝缘时可不装设</td><td>当电压可能超过 110%额定值时装设</td><td colspan="2">装设</td></tr>
<tr><td>保护名称</td><td colspan="3">单星形零序电压保护</td><td>单星形桥式差电流保护</td><td>单星形电压差动保护</td><td>双星形中性点不平衡电压保护</td><td>双星形中性线不平衡电流保护</td></tr>
<tr><td>装设情况</td><td colspan="7">对电容器内部故障及其引出线短路装设</td></tr>
</table>

3. 整定计算

6～10 kV 电力电容器组的继电保护整定计算见表 7－10。

表 7－10　6～10 kV 电力电容器组的继电保护整定计算

保护名称	计算项目和公式	符号说明
带有短延时的速断保护	保护装置的动作电流（需按电容器组端部引线发生两相短路时，保护的灵敏系数需符合要求整定，单位为 A） $I_{dz\cdot j} \leqslant I''_{k2\cdot min} K_{jx}/(1.5n_1)$ 保护装置的动作时限需大于电容器组合闸涌流时间，为 0.2 s。	K_{jx}——接线系数，接于相电流时取 1，接于相电流差时取 $\sqrt{3}$； n_1——电流互感器电流比； $I''_{k2\cdot min}$——最小运行方式下，电容器组端部两相短路时，流过保护安装处的超瞬态电流①，A； K_k——可靠系数，过电流取 1.1，过负荷取 1.05～1.1； K_h——继电器返回系数，取 0.9； K_{gh}——过负荷系数，取 1.3； I_{rC}——电容器组额定电流，A； K_m——保护装置的灵敏系数； I_{dz}——保护装置一次动作电流，A； $I_{dz} = I_{dz\cdot j} n_1 / K_{jx}$
过电流保护	保护装置的动作电流（需按大于电容器组允许的长期最大过电流整定，单位为 A） $I_{dz\cdot j} = K_k K_{jx} K_{gh} I_{rC}/(K_h n_1)$ 保护装置的灵敏系数（按最小运行方式下电容器组端部两相短路时，流过保护安装处的短路电流校验） $K_m = I''_{k2\cdot min}/I_{dz} \geqslant 1.3$ 保护装置的动作时限需较电容器组短延时速断保护的时限大一时限阶段，一般大 0.3～0.5s	
过负荷保护	保护装置的动作电流（需按电容器组负荷电流整定，单位为 A） $I_{dz\cdot j} = K_k K_{jx} I_{rC}/(K_h n_1)$ 保护装置的动作时限需较过电流保护时限大一时限阶段，一般大 0.3 s	
过电压保护	保护装置的动作电压（按母线电压不超过 110％额定电压值整定，单位为 V） $U_{dz\cdot j} = 1.1U_{r2}$ 保护装置动作于信号或带 3～5 min 时限动作于跳闸	
低电压保护	保护装置的动作电压（按母线电压可能出现的低电压整定，单位为 V） $U_{dz\cdot j} = K_{min} U_{r2}$	U_{r2}——电压互感器二次额定电压，V，其值为 100； K_{min}——系统正常运行时母线电压可能出现的最低电压系数，一般取 0.5； $I_{C\Sigma}$——电网的总单相接地电容电流，A；
单相接地保护	保护装置的一次动作电流（按最小灵敏系数 1.3 整定，单位为 A） $I_{dz} \leqslant I_{C\Sigma}/1.3$	

续表

保护名称	计算项目和公式	符号说明
开口三角电压保护（单星形接线）	保护装置的动作电压（单位为 V，需躲过由于三相电容的不平衡及电网电压的不对称，正常时所存在的不平衡零序电压，及当单台电容器内部 50%～70%串联元件击穿时，或因故障切除同一并联段中的 K 台电容器时，使保护装置有一定的灵敏系数，即 $K_m\geqslant1.5$） $U_{dz\cdot j}\geqslant K_k U_{bp}$ $U_{dz\cdot j}\leqslant(1/K_m n_y)(3\beta_c U_{rph})/\{3n[m(1-\beta_c)+\beta_c]-2\beta_c$ （每台电容器未装设专用熔断器） $U_{dz\cdot j}\leqslant(1/K_m n_y)\{3KU_{rph}/[3n(m-K)+2k]\}$ $K\geqslant(3/11)mn/(3n-2)$ （每台电容器装设专用熔断器） 保护动作时限 0.1～0.2 s	I_{bp}——最大不平衡电流，A，由测试决定； Q——单台电容器额定容量，kvar； βc——单台电容器元件击穿相对数，取 0.5～0.75； U_{rc}——电容器额定电压，kV； m——每相各串联段电容器并联台数； n——每相电容器的串联段数； U_{bp}——最大不平衡零序电压，V，由测试决定； U_{rph}——电容器组的额定相电压，V； n_y——电压互感器变比； I'_{rc}——单台电容器额定电流，A； m_b——每项各串联段电容器并联台数
桥式差电流保护（单星形接线）	保护装置的动作电流（单位为 A，需躲过正常时，桥中性线上电流互感器二次回路中的最大不平衡电流，及当单台电容器内部 50%～70%串联元件击穿时，或因故障切除同一并联段中的 K 台电容器时，使保护装置有一定的灵敏系数，即 $K_m\geqslant1.5$） $I_{dz\cdot j}\geqslant K_k I_{bp}$ $I_{dz\cdot j}\leqslant(1/K_m n_1)(3m\beta_c I'_{rc})/\{3n[m(1-\beta_c)+2\beta_c]-8\beta_c\}$ （每台电容器未装设专用熔断器） $I_{dz\cdot j}\leqslant(1/K_m n_1)(3mKI'_{rc})/\{3n(m-2K)+8K\}$ $K\geqslant(1.5/11)mn/(3n-4)$ （每台电容器装设专用熔断器） 保护动作时限 0.1～0.2 s	
电压差动保护（单星形接线）	保护装置的动作电压（单位为 V，需躲过正常时，电容器组两串联段上不平衡电压，及当单台电容器内部 50%～70%串联元件击穿时，或因故障切除同一并联段中的 K 台的电容器时，使保护装置有一定的灵敏系数，即 $K_m\geqslant1.5$） $U_{dz\cdot j}\geqslant K_k U_{bp}$ $U_{dz\cdot j}\leqslant(1/K_m n_Y)(3\beta_c U_{rph})/\{3n[m(1-\beta_c)+\beta_c]-2\beta_c\}$ （每台电容器未装设专用熔断器） $U_{dz\cdot j}\leqslant(1/K_m n_Y)(3KU_{rph})/[3n(m-K)+2K]$ $K\geqslant3.3mn/(6.3n-2.2)$ （每台电容器装设专用熔断器） 保护动作时限 0.1～0.2 s	

续表

保护名称	计算项目和公式	符号说明
中性线不平衡电压保护(双星形接线)	保护装置的动作电压(单位为V,需躲过正常时,中性线上电压互感器二次回路中的最大不平衡电压,及当单台电容器内部50%～70%串联元件击穿时,或因故障切除同一并联段中的K台电容器时,使保护装置有一定的灵敏系数,即$K_m \geqslant 1.5$) $U_{dz \cdot j} \geqslant K_k U_{bp}$ $U_{dz \cdot j} \leqslant (1/K_m n_Y)\beta_c U_{rph}/\{3n[m_b(1-\beta_c)+\beta_c]-2\beta_c\}$ (每台电容器未装设专用熔断器) $U_{dz \cdot j} \leqslant (1/K_m n_Y)KU_{rph}/[3n(m_b-K)+2K]$ $K \geqslant 3.3nm_b/(6.3m-2.2)$ (每台电容器装设专用熔断器) 保护动作时限0.1～0.2 s	
中性线不平衡电流保护(双星形接线)	保护装置的动作电流(单位为A,需躲过正常时,中性线上电流互感器二次回路中的最大不平衡电流,及当单台电容器内部50%～70%串联元件击穿时,或因故障切除同一并联段中的K台电容器时使保护装置有一定的灵敏系数即$K_m \geqslant 1.5$) $I_{dz \cdot j} \geqslant K_k I_{bp}$ $I_{dz \cdot j} \leqslant (1/K_m n_1)(3m_b\beta_c I'_{rc})/\{6n[m_b(1-\beta_c)+\beta_c]-5\beta_c\}$ (每台电容器未装设专用熔断器) $I_{dz \cdot j} \leqslant (1/K_m n_1)(3m_b K I'_{rc})/[6n(m_b-K)+5K]$ $K \geqslant (6.6m_b n)/(12.6n-5.5)$ (每台电容器装设专用熔断器) 保护动作时限0.1～0.2 s	

4. **电容器组成的接线**

(1) 电容器组的零序电压保护接线如图7-3所示。

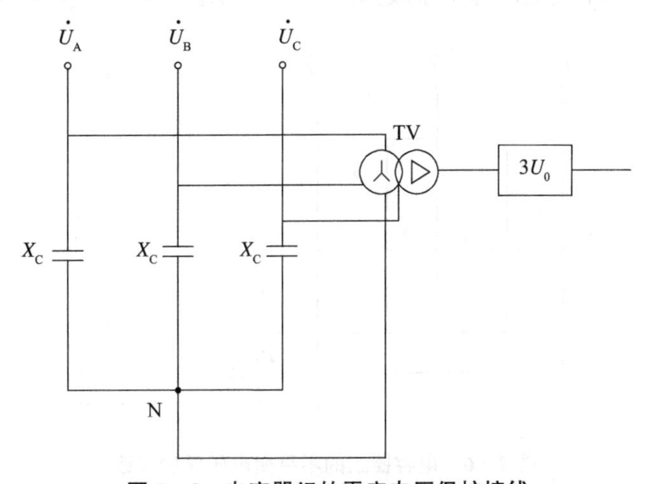

图7-3 电容器组的零序电压保护接线

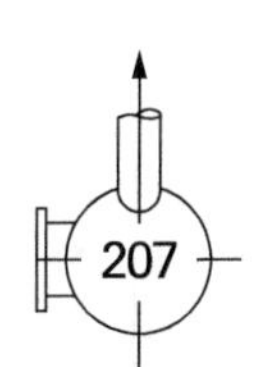

(2) 电容器组的中性线不平衡电流保护接线如图 7-4 所示。

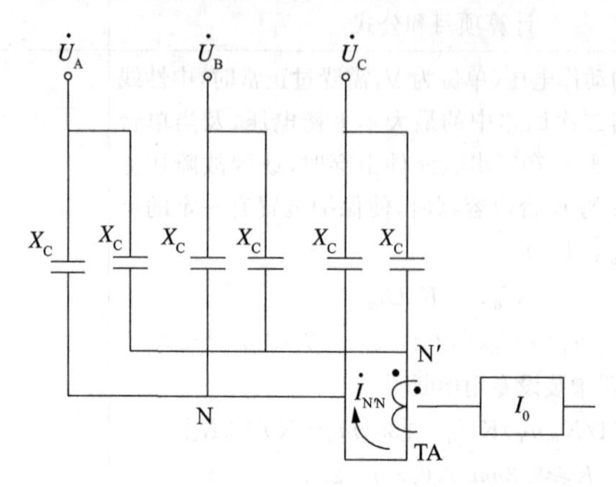

图 7-4　电容器组的中性线不平衡电流保护接线

(3) 电容器组的电压差动保护接线如图 7-5 所示。

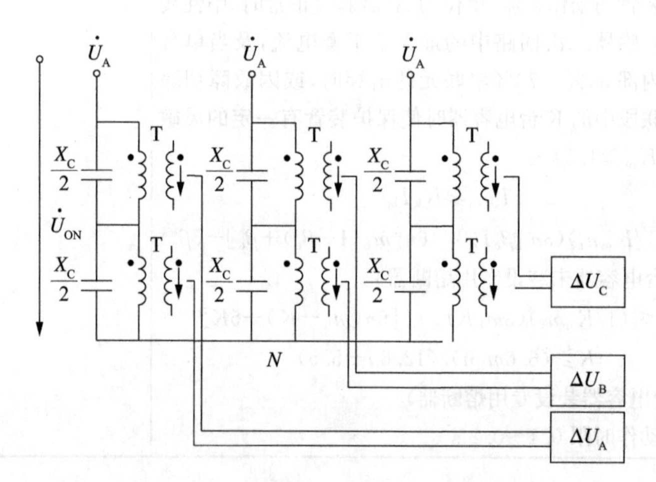

图 7-5　电容器组的电压差动保护接线

(4) 电容器组的不平衡电压保护接线如图 7-6 所示。

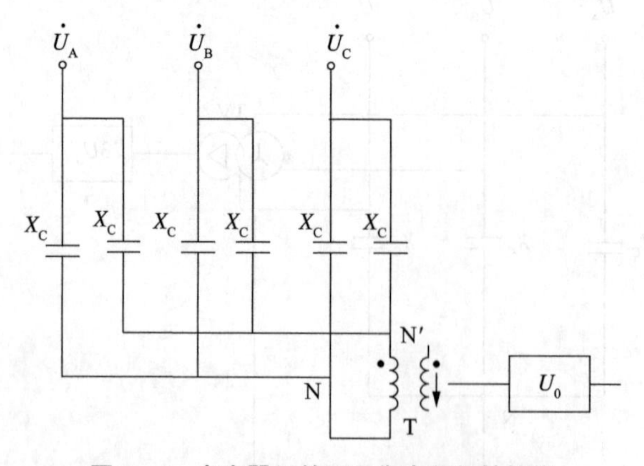

图 7-6　电容器组的不平衡电压保护接线

(5) 电容器组的桥式差电流保护接线如图 7-7 所示。

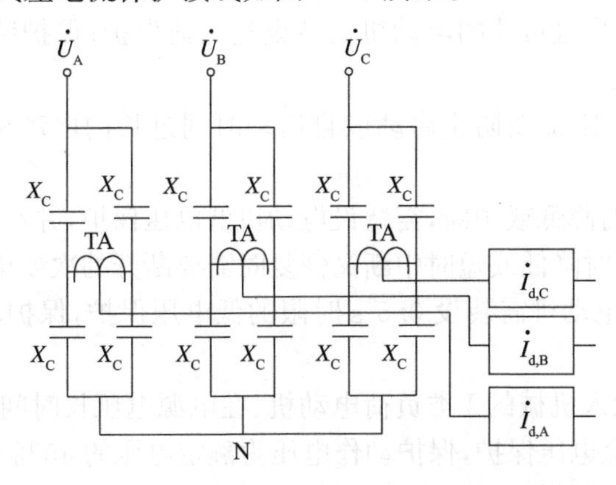

图 7-7 电容器组的桥式差电流保护接线

5. 电容器保护测控装置

(1) 电容器保护功能包括三段定时限过流保护(其中第三段可整定为反时限段)或二段定时限过流保护、过电压保护、低电压保护、不平衡电压(零序电压)保护、不平衡电流(零序电流)保护、桥差电流保护、差电压保护、零序过流保护/小电流接地选线、非电量保护(瓦斯、温度)、自动投切功能、独立的操作回路及故障录波等。

(2) 装置闭锁和装置告警功能包括当装置检测到本身硬件故障,涉及 RAM 出错、EPROM 出错、定值出错、电源故障等时,需发出故障闭锁信号,同时闭锁整套保护;当装置检测到过电压报警、电压互感器断线、频率异常、电流互感器断线、跳闸位置继电器异常、控制回路断线、弹簧未储能、零序电流报警、接地报警、超温报警、轻瓦斯报警等时,需发出运行异常信号。

(3) 电容器测控功能包括含有正常遥控跳闸操作、正常遥控合闸操作、接地选线遥控跳闸的遥控功能,带有电流、无功功率、功率因数和无功电度的遥测功能,且所有这些量都在当地实时计算、实时累加,计算不依赖于网络;含有遥信开入采集、装置变位遥信及事故遥信的遥信功能,并包含事件顺序记录。

7.2.5 电动机保护

1. 石油化工对保护配置要求

(1) 对电压为 3 kV 及以上的异步电动机和同步电动机的定子绕组相间短路、定子绕组单相接地、定子绕组过负荷、定子绕组低电压、同步电动机失步、同步电动机失磁、同步电动机出现非同步冲击电流、相电流不平衡及断相等故障及异常运行方式,需装设相应的保护装置。

(2) 对电动机绕组及引出线的相间短路,装设相应的保护装置,并符合下列规定:

① 2 MW 以下的电动机,一般采用电流速断保护;2 MW 及以上或电流速断保护灵敏系数不符合要求的 2 MW 以下电动机,需装设纵联差动保护;保护装置可采用两相或三相接线,并瞬时动作于跳闸;具有自动灭磁装置的同步电动机,保护装置还需瞬时动作于灭磁。

② 作为纵联差动保护的后备,还需装设过电流保护;保护装置可采用两相或三相接线,并延时动作于跳闸;具有自动灭磁装置的同步电动机,保护装置还需延时动作于灭磁。

(3) 对电动机单相接地故障,当接地电流大于 5 A 时,需装设有选择性的单相接地保护;当接地电流小于 5 A 时,可装设接地检测装置;当单相接地电流为 10 A 及以上时,保护装置需动作于跳闸;当单相接地电流为 10 A 以下时,保护装置可动作于信号。

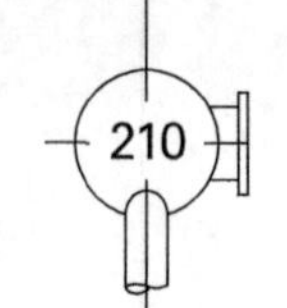

(4) 对电动机的过负荷需装设过负荷保护，并符合下列规定：

① 生产过程中易发生过负荷的电动机需装设过负荷保护；保护装置则根据负荷特性，带时限作用于信号或跳闸。

② 启动或自启动困难、需要防止启动或自启动时间过长的电动机，需装设过负荷保护，并动作于跳闸。

(5) 对母线电压短时降低或中断，需装设电动机低电压保护，并符合下列规定：

① 对当电源电压短时降低或短时中断又恢复时需要断开的次要电动机、根据生产过程不允许或不需要自启动的电动机需装设 0.5 s时限的低电压保护，保护动作电压为额定电压的65%～70%。

② 对有备用自动投入机械的Ⅰ类负荷电动机、在电源电压长时间消失后须自动断开的电动机需装设 9 s时限的低电压保护，保护动作电压为额定电压的 45%～50%。

③ 保护装置需动作于跳闸。

(6) 对同步电动机的失步一般装设带时限动作的失步保护，对重要电动机需动作于再同步控制回路；不能再同步或根据生产过程不需要再同步的电动机，则动作于跳闸。

(7) 对同步电动机失磁，一般装设带时限动作于跳闸的失磁保护。

(8) 2 MW 及以上以及不允许非同步的同步电动机，需装设防止电源短时中断再恢复时造成非同步冲击的保护，其保护装置需确保在电源恢复前动作。重要电动机的保护装置，需动作于再同步控制回路，不能再同步或根据生产过程不需要再同步的电动机，保护装置则动作于跳闸。

(9) 2 MW 及以上重要电动机，可装设动作于跳闸或信号的负序电流保护。

(10) 当一台或一组设备由 2 台及以上电动机共同拖动时，电动机的保护装置需实现对每台电动机的保护；由双电源供电的双速电动机，其保护则按供电回路分别装设。

2. 保护配置

3～10 kV 电动机的继电保护配置见表 7-11。

表 7-11 3～10 kV 电动机的继电保护配置

<table>
<tr><th rowspan="2">电动机容量/kW</th><th colspan="7">保护装置名称</th></tr>
<tr><th>电流速断保护</th><th>纵联差动保护</th><th>过负荷保护</th><th>单相接地保护</th><th>低电压保护</th><th>失步保护①</th><th>防止非同步冲击的断电失步保护②</th></tr>
<tr><td>异步电动机<2 000</td><td>装设</td><td>当电流速断保护不能满足灵敏性要求时装设</td><td rowspan="4">生产过程中易发生过负荷时或启动、自启动条件严重时需装设</td><td rowspan="4">单相接地电流>5 A时装设，≥10 A时一般动作于跳闸，5～10 A时可动作于跳闸或信号</td><td rowspan="4">根据需要装设</td><td rowspan="2"></td><td rowspan="2"></td></tr>
<tr><td>异步电动≥2 000</td><td></td><td>装设</td></tr>
<tr><td>同步电动机<2 000</td><td>装设</td><td>当电流速断保护不能满足灵敏性要求时装设</td><td rowspan="2">装设</td><td rowspan="2">根据需要装设</td></tr>
<tr><td>同步电动机≥2 000</td><td></td><td>装设</td></tr>
</table>

注：① 短路比在 0.8 及以上且负荷平稳的同步电动机，以及负荷变动大的同步电动机，可以利用反映定子回路的过负荷保护兼作失步保护，但此时需增设失磁保护；

② 大容量同步电动机当不允许非同步冲击时，可装设防止电源短时中断再恢复时造成非同步冲击的保护。

3. 整定计算

3～10 kV 电动机的继电保护整定计算见表 7－12。

表 7－12　3～10 kV 电动机的继电保护整定计算

保护名称	计算项目和公式	符号说明
电流速断保护	保护装置的动作电流(单位为 A)： 异步电动机(需躲过电动机的启动电流) $I_{dz\cdot j}=K_k K_{jx}\dfrac{K_q I_{rM}}{n_1}$ 同步电动机(需躲过电动机的启动电流或外部短路时电动机的输出电流) $I_{dz\cdot j}=k_k k_{jx}\dfrac{K_q I_{rM}}{n_1}$ 和 $I_{dz\cdot j}=K_k K_{jx}\dfrac{I''_{k3M}}{n_1}$ 保护装置的灵敏系数(按最小运行方式下，电动机接线端两相短路时，流过保护装置的短路电流校验) $K_m=\dfrac{I''_{k2\cdot min}}{I_{dz}}\geqslant 1.5$	K_k——可靠系数，用于速断保护时取 1.1。用于差动保护时取 1.3。用于过负荷保护时动作于信号取 1.05，动作于跳闸取 1.1； K_{jx}——接线系统，接于相电流时取 1.0，接于相电流差时取$\sqrt{3}$； n_1——电流互感器变比； I_{rM}——电动机额定电流，A； K_q——电动机启动电流倍数[1]； I''_{k3M}——同步电动机接线端三相短路时，输出的超瞬态电流[2]，A； $I''_{k2\cdot min}$——最小运行方式下，电动机接线端两相短路时，流过保护装置的超瞬态电流[3]，A； I_{dz}——保护装置一次动作电流，A； $I_{dz}=\dfrac{I_{dzj}n_1}{K_{jx}}$ K_h——继电器返回系数，取 0.9； t_{qd}——电动机实际启动时间，s； t_{dz}——保护装置动作时限，一般为 10～15s，需在实际启动时校验其能否躲过启动时间； I_{CM}——电动机的电容电流，A，除大型同步电动机外，可忽略不计。 $I_{C\Sigma}$——电网的总单相接地电容电流，A。
过负荷保护	保护装置的动作电流(单位为 A，需躲过电动机的额定电流) $I_{dz\cdot j}=K_k K_{jx}\dfrac{I_{rM}}{K_h n_1}$ 保护装置的动作时限[4](单位为 s，躲过电动机启动及自启动时间，即 $t_{dz}\geqslant t_{qd}$) 对于一般电动机为 $t_{dz}=(1.1\sim1.2)t_{qd}$ 对于传动风机负荷的电动机为 $t_{dz}=(1.2\sim1.4)t_{qd}$	
单相接地保护	保护装置的一次动作电流(需按被保护元件发生单相接地故障时最小灵敏系统 1.3 整定，单位为 A) $I_{dz}\leqslant\dfrac{(I_{C\Sigma}-I_{CM})}{1.3}$	
失步保护	过负荷保护兼作失步保护，保护装置的动作电流和动作时限与过负荷相同	
低电压保护	保护装置的电压整定值一般为电动机额定电压的 60%～70%，时限一般为 0.5 s	

续表

注:① 如为降压电抗器启动及变压器—电动机组,其启动电流倍数 K_q 改用 K_q' 代替

$$K_q'=1/[(1/K_q)+(u_K S_{rM}/S_{rT})]$$

式中 u_k——电抗器或变压器的阻抗电压相对值;

S_rM——电动机额定容量,kV·A;

S_rT——电抗器或变压器额定容量,kV·A;

② 同步电动机接线端三相短路时,输出的超瞬态电流为

$$I''_{K3m}=[(1.05/x''_K)+0.95\sin\varphi_r]I_{rM}$$

式中 x''_k——同步电动机超瞬态电抗,相对值;

φ_r——同步电动机额定功率因数角;

I_{rM}——同步电动机额定电流,A;

③ 两相短路超瞬态电流 I''_{k2} 等于三相短路超瞬态电流 I''_{k3} 的 0.866 倍;

④ 实际应用中,保护装置的动作时限 t_{dz},可按两倍动作电流及两倍动作电流时允许过负荷时间 t_{gh} 在继电器特性曲线上查出 10 倍动作电流时的动作时间。t_{gh} 可按下式计算

$$t_{gh}=150/[(2I_{dz.j}n_1/K_{jx}I_{rM})^2-1]$$

式中符号含义同上。

4. 电动机差动保护及其保护整定计算

(1) 电动机差动保护特性

图中 I_d 为动作电流,I_r 为制动电流,K_{bl} 为比率制动系数,I_{cdqd} 为差动电流启动定值,I_{sdzd} 为差动电流整定值。I_e 为电动机的额定电流,比率差动保护能保证外部短路不动作,内部故障时有较高灵敏度,动作曲线如图 7-8 所示。

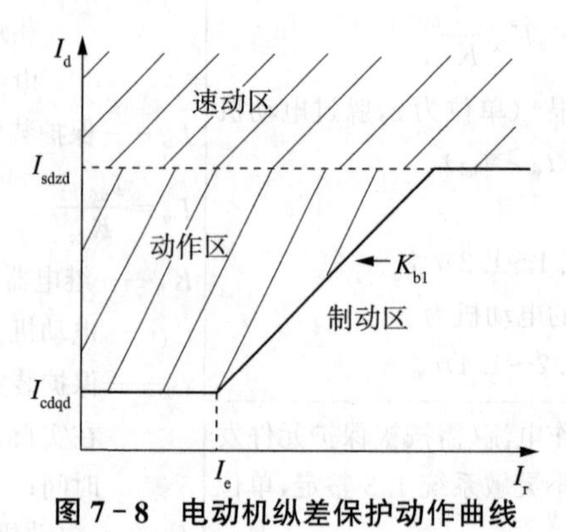

图 7-8 电动机纵差保护动作曲线

(2) 电动机微机差动保护整定计算

① 比率制动差动保护的最小动作电流需躲过电动机正常运行时差动回路的不平衡电流

$$I_{cdgd}=I_{dzmin}=(0.2\sim0.4)I_{2r} \qquad (7-4)$$

式中,I_{2r} 为电动机二次额定电流,A。

② 制动系数

$$K_{bl}=K_{zd}=I_d/I_{zd} \qquad (7-5)$$

式中,I_d——差动电流,A;I_{zd}——制动电流,A。

一般 K_{zd}=0.3~0.4。

③ 差动速断动作电流：一般取3～8倍额定电流的较低值，并在机端保护区内三相短路故障时有1.2的灵敏系数。

④ 灵敏系数

$$K_{LM}=I_{K2.min}/n_1I_{dz}\geqslant 1.5 \quad (7-6)$$

式中，$I_{K2.min}$——最小运行方式下电动机端保护区内两相短路电流，A；

n_1——电流互感器变比；

I_{dz}——差动继电器动作电流，A，根据制动电流的大小在相应制动特性曲线上求得相应的动作电流。

(3) 对于电动机微机保护还需考虑电动机过热保护

$$t=\tau/[(I_{eq}/I_r)^2-1.05^2] \quad (7-7)$$

式中 τ——发热时间常数；

I_{eq}——等效运行电流，A；

I_r——电动机额定电流，A。

保护装置采用在一定的I_{eq}/I_r(等效运行电流与额定电流之比)过负荷条件下，允许过负荷的时间有多长来进行过负荷整定。保护装置自动计算发热时间常数τ，并确定一条反时限特性曲线(一般为IEC极端反时限特性曲线)。

整定计算方法：

a. 若电动机厂家提供电动机在n倍额定负荷电流下，允许运行t s，或堵转电流为n倍额定电流时，允许堵转时间为t s，则直接整定过负荷系数$k_{gh}=n$；过负荷时间为t s。

b. 按躲过启动电流整定，如1.2倍额定电流值，120s，过负荷时间为从直接启动结束时到不发生过负荷报警信号(75%过负荷跳闸值)为止。

c. 若电动机在冷态时可连续启动三次，启动电流为n倍额定电流，启动时间为t s，则发热时间常数

$$\tau=3(n^2-1.05^2)\cdot t \quad (7-8)$$

可整定过负荷系数

$$k_{gh}=n, t=\tau/3(n^2-1.05^2) \quad (7-9)$$

(4) 电动机负序电流保护(不平衡、断相、反相)

$$I_{dz2}=kI_r \quad (7-10)$$

式中 k——负序电流保护系数，$k=0.2\sim1$；

I_r——电动机额定电流，A。

当只需要提供断相或反相保护时$k=0.8\sim1$；当需要提供灵敏的不平衡保护时$k=0.2\sim0.8$。

具有外部短路闭锁的负序电流保护，动作时限$t\geqslant0.1$ s，一般取$t=0.4$ s。

(5) 启动时间过长保护

电动机在冷态情况下从正常启动到启动完成的时间，以保护监控装置实测时间，可作为启动时间过长保护判据。

(6) 堵转保护

由保护装置自动完成。

(7) 磁平衡差动保护

磁平衡差动保护，俗称"小差动保护"。当电动机安装磁平衡式电流互感器时，控制字CPHCD投入，CDSD、BLCD、CTDXBS退出，此时磁平衡差动保护投入，差动速断保护、比率差动保护、CT断线判别功能退出。磁平衡差动保护的电流从装置中性点侧电流回路输入，过流定值取自 I_{cdqd}。若未装设磁平衡式电流互感器，但装置所引入的电流已经是差动电流，其接线和整定原则同磁平衡差动保护。

磁平衡差动接线如图7－9所示。

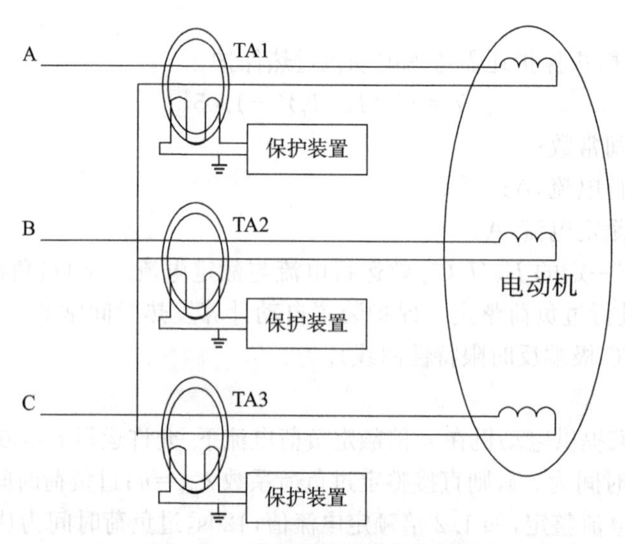

图7－9　磁平衡差动保护接线图

5. 同步电动机失步保护

(1) 同步电动机在运行过程中不可避免地会遇到以下三种失步事故：

① 由于供电电源或与电网的联系短暂中断而导致的"断电失步"，其危害主要是使同步电动机遭受非同期冲击。

② 由于供电系统或电网内近处短路、振荡或电动机负荷的大幅度突变，导致电动机失去动态稳定而失步，称为"带励失步"。其危害主要是使电动机遭受强烈脉振，产生疲劳效应而损坏，甚至引起电气或机械共振而扩大事故。

③ 由于电动机励磁系统或励磁电源故障以及某些不正常状态，导致电动机失励或严重欠励，失去静态稳定而滑出同步，称为"失励失步"。其危害主要是导致电动机绕组，尤其是启动绕组的损伤、损坏。

(2) 同步电动机带励及失励失步保护

微机型同步电动机的失步保护装置可用检测同步电动机的功率因数角的原理，同步电动机正常运行时一般工作于过激状态，功率因数角为负，当同步电动机失步时必定为欠激，功率因数角为正。失步保护固定经低电流闭锁(用于防止电动机空载时保护误动，闭锁电流可整定)。同步电动机的相量关系如图7－10及图7－11所示。

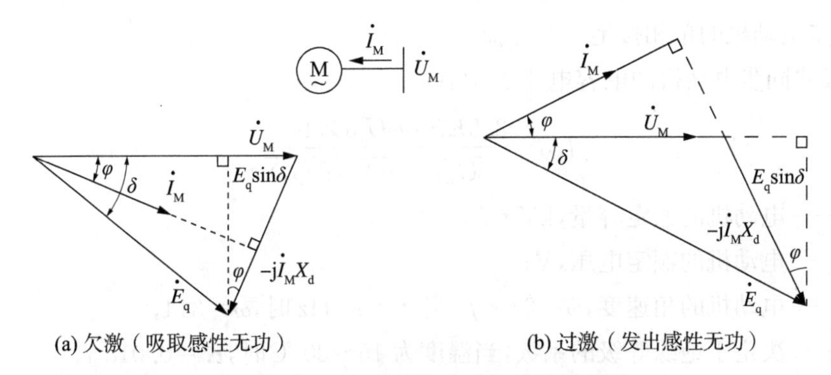

图 7-10　隐极式同步电动机的相量关系

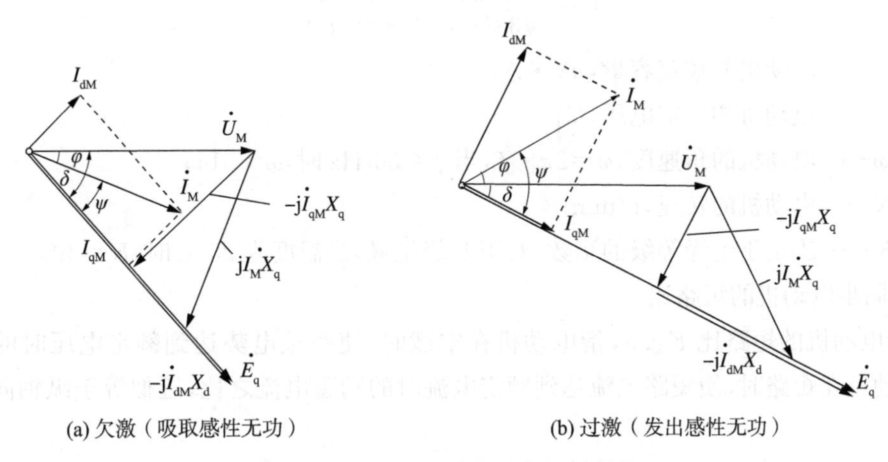

图 7-11　凸极式同步电动机的相量关系

(3) 同步电动机断电失步保护

当电动机不允许非同步冲击时需装设防止电源短时中断恢复时造成非同步冲击的断电失步保护装置(每段母线一套)。保护装置可反映功率方向,周波(频率)降低。保护装置需确保在电源恢复前动作,重要同步电动机的保护装置作用于再整步控制回路,不能再整步或根据生产过程不需要再整步的电动机,保护装置则动作于跳闸。

有的保护装置有低功率或逆功率保护,低功率保护适用于母线上没有其他负荷的情况,而逆功率保护适用于有其他负荷的情况均作用于跳闸或再整步。低功率和逆功率保护不能同时投入,同时投入则为低功率保护。保护在电动机电流>0.5 A 或电压>5 V 方可能动作。

① 低功率保护可按躲过空载运行时有功功率整定。

② 逆功率保护按系统失电时电动机输出的最小功率整定。

③ 低周保护一般装置配有低电压闭锁(低电压闭锁定值固定为 AB 相间电压 30 V)功能的低周减载保护,当装置投入工作时频率必须在 50±0.5 Hz 范围内,低周保护才允许投入。

6. 同步电动机的单相接地电容电流和短路比

(1) 同步电动机的单相接地电容电流

① 隐极式同步电动机的电容电流 I_{CM}(A)

$$I_{CM}=\frac{2.5KS_{rM}\omega U_{rM}\times10^{-3}}{\sqrt{3U_{rM}(1+0.08U_{rM})}} \tag{7-11}$$

式中 S_{rM}——电动机的额定容量,kV·A;

U_{rM}——电动机的额定电压,V;

ω——电动机的角速度,$\omega=2\pi\cdot f$,当 $f=50$ Hz 时,$\omega=314$;

K——决定于绝缘等级的系数,当温度为 15~20 ℃时,$K=0.0187$。

② 凸极式同步电动机的电容电流 I_{CM}(A)

$$I_{CM}=\frac{\omega KS_{rM}^{3/4}U_{rM}\times10^{-6}}{\sqrt{3}(U_{rM}+3\ 600)n^{1/3}} \tag{7-12}$$

式中 S_{rM}——电动机的额定容量,kV·A;

U_{rM}——电动机的额定电压,V;

ω——电动机的角速度,$\omega=2\pi\cdot f$,当 $f=50$ Hz 时,$\omega=314$;

N——电动机的转速,r/min;

K——决定于绝缘等级的系数,对于 B 级绝缘,当温度为 25 ℃时,$K\approx40$。

(2) 同步电动机的短路比

同步电动机的短路比 $K_{k\cdot M}$,指电动机在空载时,使空载电势达到额定电压时的励磁电流,与电动机在短路时,使短路电流达到额定电流时的励磁电流之比,近似等于纵轴同步电抗的倒数。

纵轴同步电抗相对值可以从制造厂取得。国产同步电动机的同步电抗及短路比数据列于表 7-13,供设计时参考。

表 7-13 国产同步电动机的同步电抗相对值 X_k 及短路比 $K_{k\cdot M}$

	电动机型号	电压/kV	转速/(r/min)	容量/kW	同步电抗相对值 X_K	短路比 $K_{K\cdot M}$
风机用	TD143/69−4①	10	1 500	2 000	1.306	0.76
	TD173/66−10①	6	600	2 500	1.06	0.94
	TD173/89−6①	10	1 000	4 000	1.303	0.76
	TD143/66−6②	6	1 000	2 500	1.403	0.71
水泵用	TDL215/31−16①	6/3	375	1 250	1.052	0.95
	TD173/84−4①	6	1 500	5 000	1.711	0.585

续表

	电动机型号	电压/kV	转速/(r/min)	容量/kW	同步电抗相对值 X_K	短路比 $K_{K \cdot M}$
压缩机用	TDK260/60－18③	6	333	2 500	1.051	
	TDK260/62－24③	6	250	2 000	0.813	
	TDK215/36－16②	6	375	1 250	0.962	1.195
	TDK173/40－18③	6	333	1 000	1.16	
	TDK173/41－16③	6	375	1 000	0.908	1.219
	TDK215/31－18④	6	333	1 000	0.950	1.063
	TDK215/26－18④	6	333	800	1.137	0.776
	TDK215/24－20③	6	300	630	1.012	
	TDK173/27－14③	6	428	630	1.049	
	TDK173/36－20④	6/3	300	630	0.968	1.435
	TDK173/20－16④	6	375	550	1.08	1.06
	TDK143/26－16③	6	375	350	0.78	
	TDK173/29－20①	6/3	300	480	0.874	1.14
	TD173/29－16①	6/3	375	500	1.095	0.91
	TD173/14－24①	3	250	250	0.929	1.08
	TDK116/32－14③	6	428	250	1.004	
	TDK118/24－14④	6/3	428	250	0.844	1.476
	TDK118/26－14②	6/3	428	250	1.03	1.295

注：① 哈尔滨电机厂产品；② 四川东方电机厂产品；③ 上海电机厂产品；④北京重型电机厂产品。

7. 电动机保护测控功能

(1) 电动机保护功能包括：差动速断保护、比率差动保护、过电流保护（二段定时限过流保护即作为短路保护，启动时间过长保护及堵转保护）、定时限负序过流保护（二段定时限负序过流保护，一段负序过负荷报警即作为包括断相和反相的不平衡保护，其中负序过流Ⅱ段和负序过负荷报警可选择使用反时限特性）、过负荷保护、过热保护（分为过热报警与过热跳闸，具有热记忆及禁止再启动功能，实时显示电动机热积累情况）、接地保护（零序过流保护/小电流接地选线，零序过压保护）、低电压保护、过电压保护、磁平衡差动保护、低周保护、失步保护、低功率保护、非电量保护、独立的操作回路故障录波等。

(2) 装置闭锁和装置告警包括：当装置检测到本身硬件故障时，发出装置报警信号，同时闭锁整套保护，其硬件故障包括 RAM 出错、EPROM 出错、定值出错、电源故障等；当装置检测出跳闸位置继电器异常、电压互感器断线、电流互感器断线、控制回路断线、频率异常、负序过负荷报警、过负荷报警、过热报警、零序过流报警、接地报警（零序过压报警）、非电量报警等问题时,发出运行异常报警信号。

(3) 电动机测控功能包括:正常遥控跳闸操作、正常遥控合闸操作、接地选线遥控跳闸操作等的遥控功能;电流、功率因数、有功功率、无功功率和有功无功电度等的遥测功能,所有这些量都在当地实时计算、实时累加,计算完全不依赖于网络;遥信开入、装置遥信变位及事故遥信等的遥信功能,并做事件顺序记录。

7.3 备用电源自动投入装置

在石油化工有双电源供电的变配电所中,一般都设置可缩短备用电源的切换时间、保证供电的连续性的备用电源自动投入装置(简称"ATS"),且与电动机自启动配合使用,达到了非常好的效果;另外,在有些情况下 ATS 还能简化继电保护装置,缩短保护动作时间。

7.3.1 石油化工备用电源自动投入的相关要求

一般在遇到由双电源供电的变电站其中一个电源经常断开作为备用、变电站内有备用变压器、接有Ⅰ类负荷的由双电源供电的母线段、含有Ⅰ类负荷的由双电源供电的成套装置、某些重要机械的备用设备等情况时,需装设备用电源或备用设备的自动投入装置。

备用电源或备用设备的自动投入装置,需保证在工作电源断开后投入备用电源;工作电源故障或断路器被错误断开时,自动投入装置则延时动作;手动断开工作电源、电压互感器回路断线和备用电源无电压情况下,不可启动自动投入装置;需保证自动投入装置只动作一次;自动投入装置动作后,如备用电源或设备投到故障上,需使保护加速动作并跳闸;自动投入装置中,可设置工作电源的电流闭锁回路;一个备用电源或设备同时作为几个电源或设备的备用时,自动投入装置需保证在同一时间备用电源或设备只能作为一个电源或设备的备用。

自动投入装置可采用带母线残压闭锁或延时切换方式,也可采用带同步检定的快速切换方式。

7.3.2 备用电源自动投入接线

石油化工备用电源自动投入装置的装设,一般有两种基本方式,如图 7-17 所示。

(1) 有一个工作电源和一个备用电源的变配电所,备用电源自动投入装置装在备用电源进线断路器上。正常时由工作电源供电,当工作电源发生故障被切除时,备用电源进线断路器自动合闸,保证变配电所的继续供电。

(2) 有两个工作电源的变配电所,备用电源自动投入装置装在母线分段断路器上,正常时两段母线分别由两个工作电源供电。当一个工作电源发生故障被切除后,母线分段断路器自动合闸,由另一个工作电源供给变配电所的负荷。

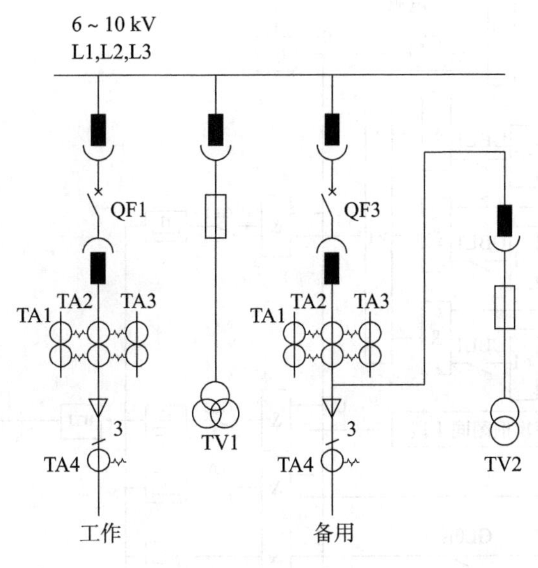

(a) 一个工作电源和一个备用电源的变配电所（ATS装在备用电源进线断路器上）

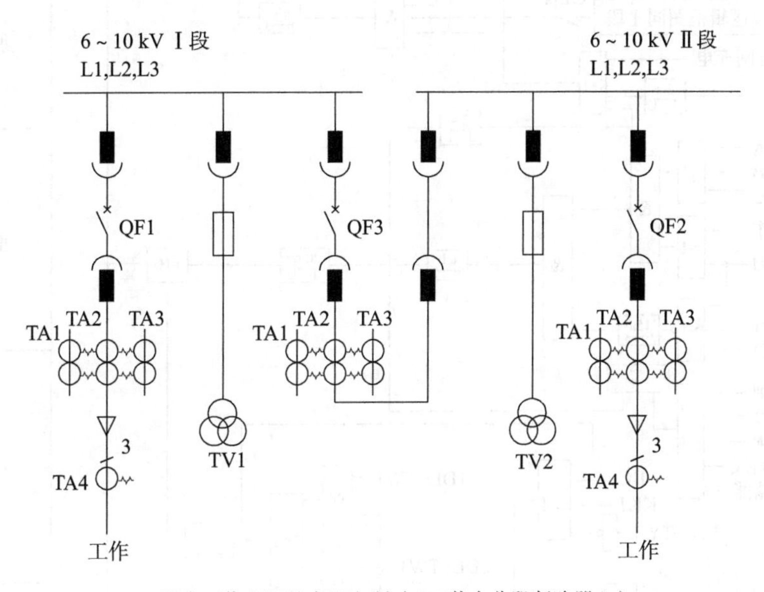

(b) 两个工作电源的变配电所（ATS装在分段断路器上）

图 7－12　备用电源自动投入

7.3.3　分段断路器备用电源自动投入装置逻辑框图

分段断路器备用电源自动转入装置逻辑框图见图 7－18。

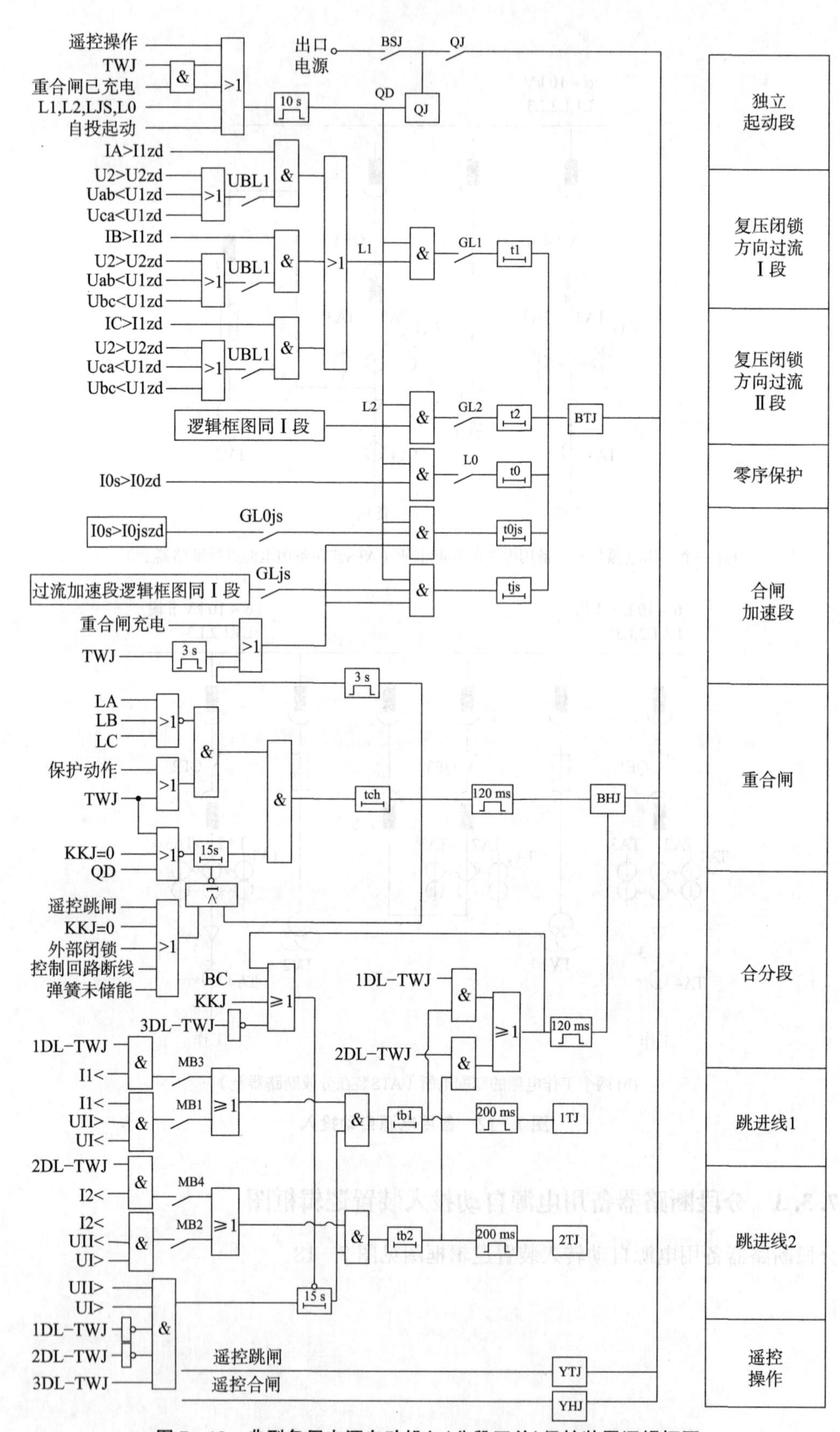

图 7-13 典型备用电源自动投入(分段开关)保护装置逻辑框图

7.3.4 分段断路器备用电源自投保护测控装置

(1) 分段断路器备用电源自投保护功能:复合电压闭锁的二段定时限过流保护、一段零序过流保护、分段断路器自投;三相一次重合闸(不检定);合闸后加速保护(零序加速段或可经复压闭锁的过流加速段)、独立的操作回路及故障录波。

(2) 装置闭锁和装置告警功能:当装置检测到本身硬件故障时,就会发出报警信号,同时闭锁整套保护,其中硬件故障包括 RAM 出错、EPROM 出错、定值出错、电源故障等;另外还有跳闸位置继电器异常、分段断路器电流不平衡(报电流互感器异常)、Ⅰ段和Ⅱ段母线电压互感器断线、控制回路断线、弹簧未储能、频率异常等。

(3) 分段断路器测控功能:含有正常遥控跳闸操作、正常遥控合闸操作等的遥控功能;含有电流、功率因数、有功功率、无功功率和有功电度、无功电度等的遥测功能,这些量都在当地实时计算、实时累加,计算不依赖于网络;含有遥信开入、装置变位遥信及事故遥信等的遥信功能,并做事件顺序记录。

7.4 电能计量

(1) 电能计量装置需满足发电、供电、用电的准确计量的要求。

(2) 电能计量装置按计量对象重要程度和管理需要分为Ⅰ、Ⅱ、Ⅲ、Ⅳ、Ⅴ五类。

① Ⅰ类电能计量装置:220 kV 及以上贸易结算用电能计量装置,500 kV 及以上考核用电能计量装置,计量单机容量 300 MW 及以上发电机发电量的电能计量装置。

② Ⅱ类电能计量装置:110 kV～220 kV 贸易结算用电能计量装置,220 kV～500 kV 考核用电能计量装置。计量单机容量 100 MW～300 MW 发电机发电量的电能计量装置。

③ Ⅲ类电能计量装置:10 kV～110 kV 贸易结算用电能计量装置,10 kV～220 kV 考核用电能计量装置。计量 100 MW 以下发电机发电量、发电企业厂付的用电量的电能计量装置。

④ Ⅳ类电能计量装置:380 V～10 kV 电能计量装置,220 V 单相供电、双向计量的电能计量装置。

⑤ Ⅴ类电能计量装置:220 V 单相供电,单向计量的电能计量装置。

各类电能计量装置需配置的电能表、互感器的准确度等级不低于表 7－14 所示值。

表 7－14 准确度等级最低限值

电能计量装置类别	有功电能表	无功电能表	电压互感器	电流互感器
Ⅰ类	0.2 S	2	0.2	0.2 S
Ⅱ类	0.5 S	2	0.2	0.2 S
Ⅲ类	0.5 S	2	0.5	0.5 S
Ⅳ类	1	2	0.5	0.5 S
Ⅴ类	2	—	—	0.5 S

(3) 电能表的电流和电压回路需装设电流和电压专用试验接线盒。

(4) 执行功率因数调整电费的用户，需装设具有计量有功电能、感性和容性无功电能功能的电能计量装置；按最大需量计收基本电费的用户一般装设具有最大需量功能的电能表；实行分时电价的用户则装设复费率电能表或多功能电能表。

(5) 具有正向和反向输电的线路计量点，需装设计量正向和反向有功电能及四象限无功电能的电能表。

(6) 进相和滞相运行的发电机回路，需分别计量进相和滞相的无功电能。

(7) 电能计量装置的接线方式需根据系统中性点接地方式选择。中性点有效接地系统电能计量装置则采用三相四线的接线方式；中性点不接地系统的电能计量装置可采用三相三线的接线方式；经电阻或消弧线圈等接地的非有效接地系统电能计量装置可采用三相四线的接线方式，对计费用户年平均中性点电流＞0.1%额定电流时，则采用三相四线的接线方式。照明变压器、照明与动力共用的变压器、照明负荷占15%及以上的动力与照明混合供电的1 200 V及以上的供电线路，以及三相负荷不对称度＞10%的1 200 V及以上的电力用户线路，需采用三相四线的接线方式。

(8) 为提高低负荷计量的准确性，一般选用过载4倍及以上的电能表。经电流互感器接入的电能表，标定电流不超过电流互感器额定二次电流的30%（对S级的电流互感器为20%），额定最大电流为额定二次电流的120%。直接接入式电能表的标定电流需按正常运行负荷电流的30%选择。

(9) 当发电厂和变(配)电站装设远动遥测和计算机监控时，电能计量、计算机和远动遥测可共用电能表。电能表需具有数据输出或脉冲输出功能，也可同时具有两种输出功能。电能表脉冲输出参数需满足计算机和远动遥测的要求，数据输出的通信规约则符合现行行业标准DL/T 645—2007《多功能电能表通信协议》的有关规定。

(10) 发电电能关口计量点和省级及以上电网公司之间电能关口计量点，需装设两套准确度相同的主、副电能表。发电企业上网线路的对侧则设置备用和考核计量点，并配置与对侧相同规格、等级的电能计量装置。

(11) Ⅰ类电能计量装置需在关口点根据进线电源设置单独的计量装置。

(12) 低压供电、计算负荷电流为60 A及以下时，可采用直接接入式电能表；计算负荷电流＞60 A时，则采用经电流互感器接入式的接线方式。选用直接接入式的电能表其额定最大电流≤80 A。

(13) 贸易结算用高压电能计量装置需具有符合现行行业标准DL/T 566—1995《电压失压计时器技术条件》要求的电压失压计时功能。未配置计量柜(箱)的，其互感器二次回路的所有接线端子、试验端子则能实施封印。

7.5 保护用电流互感器

7.5.1 性能要求

1. 影响电流互感器性能的因素

保护用电流互感器性能需满足系统或设备故障工况的要求，即在短路时，将互感器所在回路的一次电流传变到二次回路，且误差不超过规定值。电流互感器的铁芯饱和是影响其性能的最重要因素。

在稳态对称短路电流(无非周期分量)下，影响互感器饱和的主要因素有：短路电流幅值、二次回路(包括互感器二次绕组)的阻抗、电流互感器的工频励磁阻抗、电流互感器匝数比和剩磁等。

在实际的短路暂态过程中，短路电流可能存在非周期分量而严重偏移。这可能导致电流互感器严重暂态饱和，如图 7-14 所示。为保证准确传变暂态短路电流，电流互感器在暂态过程中所需磁链可能是传变等值稳态对称短路电流磁链的几倍至几十倍。

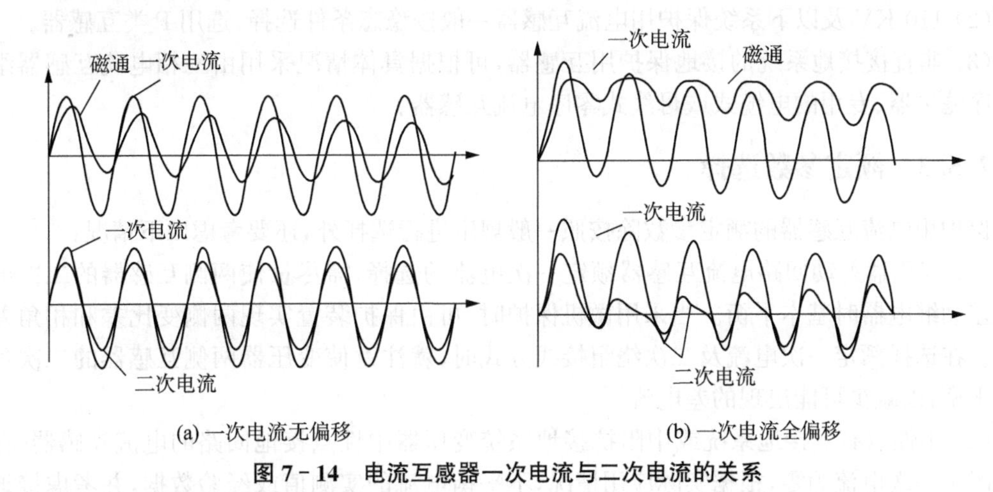

图 7-14　电流互感器一次电流与二次电流的关系

2. 对保护用电流互感器的性能要求

(1) 保护装置对电流互感器的性能要求包括：保证保护的可信赖性，保护区内故障时电流互感器误差不致影响保护可靠动作；保证保护的安全性，保护区外最严重故障时电流互感器误差不会导致保护误动作或无选择性动作等。

(2) 解决电流互感器饱和对保护动作性能的影响，可采用下述措施：

① 选择适当类型和参数的互感器，保证互感器饱和特性不致影响保护动作性能。对电流互感器的基本要求是保证在稳态短路电流下的误差不超过规定值。对短路电流非周期分量和互感器剩磁等引起的暂态饱和影响，则需根据具体情况和运行经验，妥当处理。

② 保护装置采取减轻饱和影响的措施，保证互感器在特定饱和条件下不致影响保护性能。保护装置采取措施减缓电流互感器饱和影响，特别是暂态饱和影响，对降低电流互感器造价及提高保护动作的安全性和可信赖性具有重要意义，可成为保护装置的发展方向。特别是微机保护具有较大的潜力可以利用。当前母线差动保护装置一般都采取了抗饱和措施，取得了良好效果。对其他保护装置也可提出适当的抗饱和要求。

7.5.2　类型选择

1. 保护用电流互感器的类型

(1) P 类(P 意为保护)电流互感器，包括 PR 和 PX 类。该类电流互感器的准确限值是由一次电流为稳态对称电流时的复合误差或励磁特性拐点来确定的。

(2) TP 类(TP 意为暂态保护)电流互感器。该类电流互感器的准确限值是考虑一次电流中同时具有周期分量和非周期分量，并按某种规定的暂态工作循环时的峰值误差来确定的。该类电流互感器适用于考虑短路电流中非周期分量暂态影响的情况。

2. 电流互感器类型选择原则

(1) 保护用电流互感器的性能需满足继电保护正确动作的要求。首先保证在稳态对称短路电流下的误差不超过规定值。对于短路电流非周期分量和互感器剩磁等的暂态影响，则根据互感器所在系统暂态问题的严重程度，所接保护装置的特性、暂态饱和和可能引起的后果和运行经验等因素，予以合理考虑。如保护装置具有减缓电流互感器饱和影响的功能，则可按保护装置的要求选用适当的互感器。

(2) 110 KV 及以下系统保护用电流互感器一般按稳态条件选择，选用 P 类互感器。

(3) 非直接接地系统的接地保护用互感器，可根据具体情况采用由三相电流互感器组成的零序滤过器、专用的电缆式或母线式零序电流互感器。

7.5.3 额定参数选择

保护用电流互感器的额定参数除按照一般规定进行选择外，还要考虑以下情况：

(1) 变压器差动回路电流互感器额定一次电流的选择，需尽量使两侧互感器的二次电流进入差动继电器时基本平衡。当采用微机保护时，可由保护装置实现两侧变比差和相角差的校正。在选择额定一次电流及二次绕组接线方式时，就注意使变压器两侧互感器的二次负荷尽量平衡，以减少可能出现的差电流。

(2) 中性点有效接地系统或中阻抗接地系统变压器中性点接地回路的电流互感器，在正常情况下一次电流为零，根据实际应用情况，不平衡电流的实测值或经验数据，并考虑接地保护灵敏系数和互感器的误差限值以及动、热稳定等因素，选用适当的额定一次电流。

(3) 对中性点非有效接地系统的电缆式或母线式零序电流互感器，因接地故障电流很小，需要按保证保护装置动作灵敏系数来选择变比及有关参数。

7.5.4 准确级及误差限值

1. P 类及 PR 类电流互感器

(1) P 类及 PR 类电流互感器的准确级以在额定准确限值一次电流下的最大允许复合误差的百分数标称，标准准确级为 5P、10P、5PR 和 10PR。

(2) P 类及 PR 类电流互感器在额定频率及额定负荷下，电流误差、相位误差和复合误差不超过表 7-15 所列限值。

表 7-15　P 类及 PR 类电流互感器误差限值

准确级	额定一次电流下的电流误差/%	额定一次电流下的相位差		额定准确限值一次电流下的复合误差/%
		min	crad	
5P,5PR	±1	±60	±1.8	5
10P,10PR	±3	—	—	10

(3) PR 类电流互感器剩磁系数<10%，有些情况下则规定 TS 值，以限制复合误差。

(4) 发电机和变压器主回路、220 kV 及以上电压线路可采用复合误差较小(波形畸变较小)的 5P 或 5PR 级电流互感器。其他回路可采用 10P 或 10PR 级电流互感器。

(5) P 类及 PR 类保护用电流互感器能满足误差要求的准确限值系数 K_{alf} 一般可取 5、10、15、20 和 30。必要时,可与制造部门协商,采用更大的 K_{alf} 值。

2. PX 电流互感器的特性

PX 电流互感器的性能由额定一次电流 I_{pn}、额定二次电流 I_{sn}、额定匝数比、匝数比误差(不超过±0.25%)、额定拐点电动势 E_K、额定拐点电动势的最大励磁电流 I_e、在温度为 75 ℃时二次绕组最大电阻 R_{ct}、额定负荷电阻 R_{bn}、计算系数 K_X 等参数确定。

7.5.5 稳态性能验算

P 类、PR 类和 PX 类电流互感器的性能验算。

1. 保护校验故障电流

为保证保护动作的可信赖性和安全性,电流互感器通过规定的保护校验故障电流 I_{pcf} 按下述原则确定:

(1) 按可信赖性要求校验保护动作性能时,I_{pcf} 按区内最严重故障短路电流确定。对于过电流和距离等保护,同时考虑在保护区末端故障时,I_{pcf} 为流过互感器最大短路电流 $I_{sc\,max}$;在保护安装点近处故障时,允许互感器误差超出规定值,但必须保证保护装置动作的可靠性和快速性。I_{pcf} 则根据流过互感器最大短路电流 $I_{sc\,max}$ 和保护装置的类型、性能及动作速度等因素确定。

(2) 按安全性要求校验保护动作性能时,I_{pcf} 按区外最严重故障短路电流确定。如电流差动保护的 I_{pcf} 为保护区外短路时,流过互感器的最大短路电流 $I_{sc\,max}$;方向保护的 I_{pcf} 为可能使方向元件误动的保护反方向故障流过电流互感器的最大短路电流 $I_{sc\,max}$。同时还需要注意防止逐级配合的过电流或阻抗等保护因相邻两处互感器饱和不同而失去选择性。

(3) 保护校验故障电流 I_{pcf} 需按系统规划容量确定。

2. P 类及 PR 类电流互感器性能验算

(1) 一般选择验算可按下列条件进行:

① 电流互感器的额定准确限值一次电流 I_{pal} 需大于保护校验故障电流 I_{pcf},必要时,还需考虑互感器暂态饱和影响,即准确限值系数 K_{alf} 大于 $K \cdot K_{pcf}$(K 为用户规定的暂态系数,K_{pcf} 为保护校验系数)。

② 电流互感器额定二次负荷 R_{bn} 需大于实际二次负荷 R_b。按上述条件选择的电流互感器可能尚有潜力未得到合理利用。在系统容量很大,而额定二次电流选用 1 A,以及采用电子式仪表和微机保护时,经常遇到 K_{alf} 不够但二次输出容量有裕度的情况。因此,必要时可进行较精确验算,如按额定二次极限电动势或实际准确限值系数曲线验算,以便更合理的选用电流互感器。

(2) 按额定二次极限电动势验算。对于低漏磁电流互感器可按额定二次极限电动势进行验算:

① P 类电流互感器的额定二次极限电动势(E_{sl})为(二次负荷仅计及电阻)

$$E_{sl}=K_{alf}I_{sn}(R_{ct}+R_{bn}) \tag{7-13}$$

式中 K_{alf}——准确限值系数;

I_{sn}——额定二次电流;

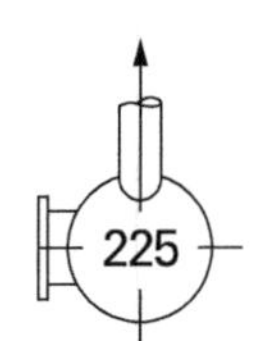

R_{ct}——电流互感器二次绕组电阻；

R_{bn}——电流互感器额定负荷。

对于上述各参数，制造部门会在产品说明书中加以标明。

② 继电保护动作性能校验要求的二次感应电动势(E_s)为

$$E_s = K \cdot K_{pcf} I_{sn} (R_{ct} + R_b) \tag{7-14}$$

式中 K_{pcf}——保护校验系数，与继电保护动作原理有关；

K——给定暂态系数；

R_b——电流互感器实际二次负荷；

其他同式(7-13)。

③ 电流互感器的额定二次极限电动势需大于保护校验要求的二次感应电动势，即

$$E_{S1} \geqslant E_S \tag{7-15}$$

或所选电流互感器的准确限值系数 K_{alf} 符合下式要求：

$$K_{aif} \geqslant K K_{pcf} (R_{ct} + R_b) / (R_{ct} + R_{bn}) \tag{7-16}$$

为此，要求制造部门确认所提供电流互感器为低漏磁特性，且提供的互感器技术规范中包括二次绕组的电阻值。

(3) 按实际准确限值系数曲线验算。如果制造厂提供的电流互感器不满足低漏磁特性要求，当提高准确限值一次电流时，互感器可能出现局部饱和，不能采用上述额定二次极限电动势法进行验算。此时，如用户需要提高所选互感器的准确限值系数 K_{alf}，则制造厂会提供由直接法试验求得的或经过误差修正后实际可用的准确限值系数 K'_{alf} 与数 R_b 的关系曲线。根据实际的 R_b，从曲线上查出电流互感器的准确限值系数 K'_{alf}，如图 7-15 所示。要求 $K'_{alf} > K \cdot K_{pcf}$，其中 K_{pcf} 为保护校验系数，K 为给定暂态系数。

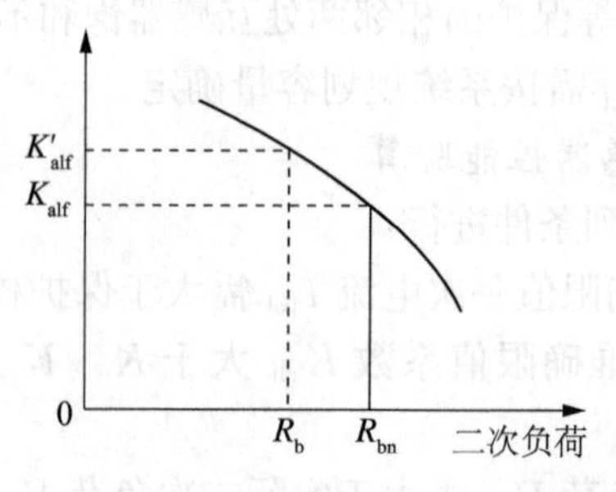

图 7-15 准确限值系数 K_{alf} 与 R_b 的关系曲线

3. PX 电流互感器的性能验算

PX 电流互感器为低漏磁电流互感器，准确性能由其励磁特性确定，励磁特性的额定拐点电动势 E_k 可由下式计算

$$E_k = K_x (R_{ct} + R_{bn}) I_{sn} \tag{7-17}$$

式中，E_x 为计算(尺寸)系数，其他各量参见 7.5.4。

要求额定拐点电动势(E_k)大于继电保护动作性能要求的电流互感器二次感应电动势 E_s，即 $E_k > E_s$。求 E_s 的方法参见式(7-14)。

7.5.6 二次负荷计算

(1) 保护用电流互感器二次负荷为

$$Z_b = \sum K_{rc} Z_r + K_{lc} R_1 + R_c \tag{7-18}$$

式中 Z_r——继电器电流线圈阻抗，对于数字继电器可忽略电抗，仅计及电阻 R_r，Ω；

R_1——连接导线电阻，Ω；

R_C——接触电阻，一般为 0.05～0.1，Ω；

K_{rc}——继电器阻抗换算系数，参见表 7-16；

K_{lc}——连接导线阻抗换算系数，参见表 7-16。

(2) 保护用电流互感器在各种接线方式时不同的短路类型下的阻抗换算系数见表 7-16。

表 7-16 继电器及连接导线阻抗换算系数表

电流互感器接线方式		阻抗换算系数							
		三相短路		两相短路		单相短路接地		经 Y、d 变压器两相短路	
		K_{lc}	K_{rc}	K_{lc}	K_{rc}	K_{lc}	K_{rc}	K_{lc}	K_{rc}
单相		2	1	2	1	2	1		
三相星形		1	1	1	1	2	1	1	1
两相星形	$Z_{ro}=Z_r$	$\sqrt{3}$	$\sqrt{3}$	2	2	2	2	3	3
两相星形	$Z_{ro}=0$	$\sqrt{3}$	1	2	1	2	1	3	1
两相差接		$2\sqrt{3}$	$\sqrt{3}$	4	2				
三角形		3	3	3	3	2	2	3	3

(3) 保护和自动装置电流回路功耗需根据实际应用情况确定，其功耗值与装置实现原理和构成元件有关，差别很大。表 7-17 及表 7-18 列出一些典型情况的功耗供使用参考。

表 7-17 保护和自动装置电流回路功耗参考值

保护或自动装置类型		电流回路功耗/VA
电磁型(EM)	电流元件	1～15
	功率元件	6～10/相
	阻抗元件	4～10/相
	负序电流元件	15
整流型(RT)	电流元件	～1
	功率元件	2/相
	阻抗元件	5/相
	负序电流元件	2～5
集成电路型(IC)	全套	≤1.0/相
微机型(DP)	全套	≤1.0/相

表 7-18 各类设备的保护和自动装置电流回路最大功耗参考值

设备及其保护和自动装置类型		回路最大功耗/VA
60～110 kV 线路	主保护	10(EM),5(RT),1(IC),1(DP)
	后备保护	20(EM),10(RT),2(IC),2(DP)
10～35 kV 线路	主保护	10(EM),5(RT),0.5(IC),0.5(DP)
	后备保护	20(EM),10(RT),1(IC),1(DP)
50 MW 及以下发电机	主保护	10(EM),5(RT),1(IC),1(DP)
	后备保护	15(EM),10(RT),2(IC),2(DP)

注:EM—电磁型保护;RT—整流型保护;IC—集成电路型保护;DP—微机型保护。

(4) 工程应用中一般尽量降低保护用电流互感器所接二次负荷,以减小二次感应电动势,避免互感器饱和。必要时,可选择额定负荷显著大于实际负荷的互感器,以提高互感器抗饱和能力。

第 8 章　低压配电设计

本章讨论石油化工的低压配电设计,包括低压配电保护及低压电器选择基本要求。低压配电保护一般根据线路的不同故障类别和具体工程要求装设短路、过负荷、接地故障、过电压和欠电压等保护;低压电器选择则是基于额定电压交流 1 000 V 以下电路中起保护、控制、调节、转换和通断作用的电器进行选择且符合国家现行的相关标准。

石油化工低压配电保护的基本要求:一般需防止因间接接触带电体而产生的人身电击以及过热造成的线路损坏或引起的电气火灾,通常要求装设过负荷、短路和接地故障等保护,且需考虑上下级保护电器的动作具有选择性,各级之间有协调配合,保证停电范围最小,而对非重要负荷的保护也可允许无选择性切断故障线路。

石油化工低压电器选择的基本要求:除了按正常工作条件、使用环境条件和外壳防护等级等来选择外,还需考虑保护的选择性和使用类别等因素。

8.1　电器选择

8.1.1　一般要求

1. 按正常工作条件选择

(1) 电器的额定电压与所在回路的标称电压相适应;

(2) 电器的额定频率与所在回路的额定频率相适应;

(3) 电器的额定电流不小于所在回路的负荷计算电流,切断负荷电流的电器(如断路器,隔离开关)需校验其耐受电流,接通和断开启动尖峰电流的电器(如接触器)需校验其开断能力;

(4) 电器的工作制通常分为 8 h、不间断、断续、短时及周期工作制等几种,需根据不同要求进行选型;

(5) 电器还要按照有关的专门要求选择,如互感器需满足负荷准确等级的要求;

(6) 按短路工作条件选择可能通过短路电流的电器(如刀开关、熔断器式开关),需满足在短路条件下短时和峰值耐受电流的要求,断开短路电流的保护电器(如熔断器、低压断路器),则满足在短路条件下分段能力的要求。

2. 按使用环境条件选择

电器产品的选择需适应所在场所的环境条件,这些环境条件对电气设施的设计和运行起着重要的作用,石油化工企业也不例外,包括:

(1) 正常环境:空气温度不超过 40 ℃,海拔不超过 1 000 m,超过的需考虑空气冷却作用和介电强度的下降,在最高温度为 40 ℃时空气的相对湿度不超过 50%,污染等级一般为 2。

(2) 多尘环境:多尘作业的场所,其空间含尘浓度的高低随作业的性质、破碎程度、空气湿度、风向等不同而有很大差异，多尘环境中灰尘的量值用在空气中的浓度(mg/m^3)或沉降量[$mg/(m^2 \cdot d)$]来衡量，对于存在非导电灰尘的一般多尘环境，则采用防尘型(IP5X级)电器，对于多尘环境或存在导电性灰尘的一般多尘环境，则采用尘密型(IP6X级)电器。

(3) 腐蚀环境：腐蚀环境类别的划分一般根据化学腐蚀性物质的释放严酷度、地区最湿月平均最高相对湿度等条件而定，对于户内腐蚀环境一般选择F1级防腐型，户外腐蚀环境一般选择WF1级或WF2级防腐型。

(4) 高原地区：海拔超过2 000 m的地区为高原地区。高原气候的特征是气压、气温和绝对湿度都随海拔增高而减小，太阳辐射则随之增强，一般规定普通型低压电器的正常工作条件为海拔不超过2 000 m，高原地区需采用相应的高原型电器，标识为G，如G2表示适用于海拔最高为2 000 m。

(5) 热带地区：热带地区根据常年空气的干湿程度分为湿热带和干热带。湿热带是指一天内有12 h以上气温不低于20 ℃、相对湿度不低于80%的天数全年累计在两个月以上的地区，其气候特征是高温伴随高湿。干热带是指年最高气温在40 ℃以上而长期处于低湿度的地区，其气候的特征是高温伴随低湿，气温日变化大，日照强烈且有较多的沙尘。热带气候条件对低压电器的影响包括由于空气高温、高湿、凝露及霉菌等的作用，电器的金属件及绝缘材料容易腐蚀、老化、绝缘性能降低、外观受损，由于日温差大和强烈日照的影响，密封材料产生变形开裂、熔化流失，导致密封结构的损坏、绝缘油等介质受潮劣化，另外低压电器在户外使用时，如受太阳辐射，其温度升高，将影响其载流量，如受雷暴雨、盐雾的袭击，将影响其绝缘强度。一般湿热带地区需选用湿热带型产品，在型号后加TH，干热带地区需选用干热带型产品，在型号后加TA。

(6) 爆炸危险环境：具体要求参见“第9章 爆炸危险环境电气设计”。

3. 按外壳防护等级选择

外壳防护等级的标记需符合GB/T 4208—2017《外壳防护等级(IP代码)》的有关规定。

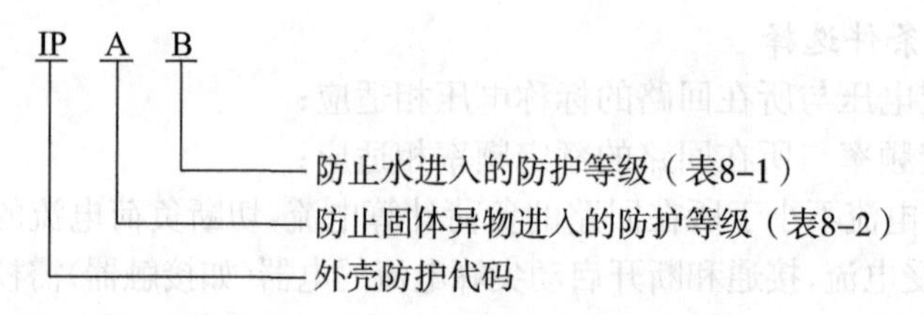

表8-1 防止水进入的防护等级

防护等级	简称	定义
0	无防护	没有专门的防护
1	防止垂直方向滴水	垂直方向无有害影响
2	防止当外壳在15°范围内倾斜时垂直方向滴水	当外壳的各垂直面在15°范围内倾斜时，垂直滴水无有害影响
3	防淋水	各垂直面在60°范围内淋水，无有害影响
4	防溅水	向外壳各方向溅水无有害影响
5	防喷水	向外壳各方向喷水无有害影响
6	防强烈喷水	向外壳各方向强烈喷水无有害影响

续表

防护等级	简称	定义
7	防短时间浸水影响	浸入规定压力的水中经规定时间后外壳进水量不致达有害程度
8	防持续潜水影响	按生产厂和用户双方同意的条件(一般比防护等级为7时严酷),持续潜水后外壳进水量不致达有害程度

表 8-2　防止固体异物进入的防护等级

防护等级	简称	定义
0	无防护	没有专门的防护
1	防护直径不小于50 mm的固体异物	直径为50 mm的球形物体试具不得完全进入壳内①
2	防护直径不小于12.5 mm的固体异物	直径为12.5 mm的球形物体试具不得完全进入壳内
3	防护直径不小于2.5 mm的固体异物	直径为2.5 mm的物体试具完全不得进入壳内
4	防护直径不小于1 mm的固体异物	直径为1 mm的物体试具完全不得进入壳内
5	防尘	不能完全防止灰尘进入,但进入的灰尘量不得影响设备的正常运行,不得影响安全
6	尘密	无灰尘进入

注:① 物体试具的直径部分不得进入外壳的开口。

8.1.2　开关的选择及校验

1. 低压熔断器

低压熔断器主要用于配电线路和电气设备的短路保护,具有高分断、高限流、选择性好和安全可靠等特点,但也有不能复位、没有缺相保护和不能远距离操作等问题,石油化工企业使用较少,一般其分类见表 8-3。

表 8-3　熔断器使用类别分类

熔断器分类		保护范围
按结构(熔断器系统)	A	刀型触头熔断器(NH)
	B	带撞击器的刀型触头熔断器(NH)
	C	条形熔断器底座(NH)
	D	母线安装的熔断器底座(NH)
	E	螺栓连接熔断器(BS)
	F	圆筒形帽熔断器(NF)
	G	偏置触刀熔断器(BS)
	H	“gD”和“gN”特性熔断器(J类和L类、延时和非延时)
	I	gU楔形触头熔断器
	J	“CC类gD”和“CC类gN”特性熔断器(CC类、延时和非延时)

续表

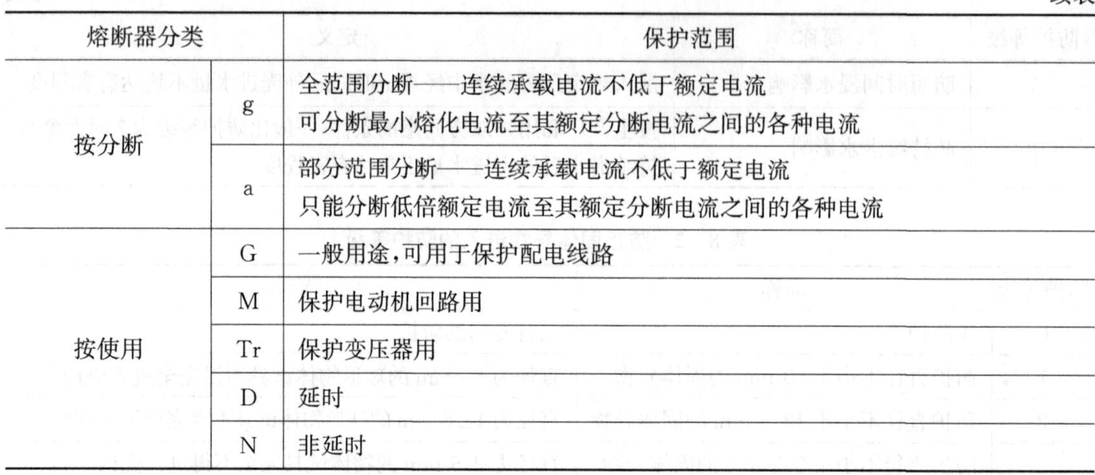

熔断器分类		保护范围
按分断	g	全范围分断——连续承载电流不低于额定电流 可分断最小熔化电流至其额定分断电流之间的各种电流
	a	部分范围分断——连续承载电流不低于额定电流 只能分断低倍额定电流至其额定分断电流之间的各种电流
按使用	G	一般用途，可用于保护配电线路
	M	保护电动机回路用
	Tr	保护变压器用
	D	延时
	N	非延时

另外，低压熔断器上述分断范围和使用类别还可进行组合，如“gG”表示一般用途全范围分断能力的熔断器，“gM”表示保护电动机电路全范围分断能力的熔断器，“aM”表示保护电动机电路部分范围分断能力的熔断器，“gD”表示全范围分断能力延时熔断器，“gN”表示全范围分断能力非延时熔断器等。

(1) 熔断体额定电流的确定

熔断体额定电流的选择需保证在正常工作电流和启动尖峰电流下不误操作，并按故障电流校验其切断时间。

按正常工作电流选择：

$$I_r \geqslant I_B$$

按启动尖峰电流选择：

$$\text{配电线路} \quad I_r \geqslant K_r (I_{rM1} + I_{B(n-1)})$$

$$\text{照明线路} \quad I_r \geqslant K_m I_B$$

式中 I_r——熔断体的额定电流，A；

I_B——线路的计算电流，A；

I_{rM1}——线路中启动电流最大的一台电动机的额定电流，A；

$I_{B(n-1)}$——除启动电流最大的一台电动机的额定电流，A；

K_r——配电线路熔断体选择计算系数，取决于最大一台电动机的启动状况，最大一台电动机额定电流与线路计算电流的比值和熔断体时间-电流特性，其值见表 8-4；

K_m——照明线路熔断体选择计算系数，取决于电光源启动状况和熔断体时间电流特性，其值见表 8-5。

表 8-4 K_r 值

$I_{rM1}/I_{B(n-1)}$	<1	1	>1
K_r	1.1	1.15	1.2

表 8-5 K_m 值

熔断器型号	熔断体额定电流/A	K_m		
		荧光灯、卤钨灯	高压汞灯	高压钠灯、金属卤化物灯
RL7	≤63	1.0	1.1～1.5	1.2
RL6、NT00	≤63	1.0	1.3～1.7	1.5

为使熔断体满足迅速切断故障电路的要求，不同时间下其接地故障电流 I_d 与熔断体的额定电流 I_r 的推荐比值 K_i 需满足下式及表 8-6 的要求

$$\frac{I_d}{I_r} \geqslant K_i$$

式中 I_d——接地故障电流，A；

I_r——熔断体的额定电流，A；

K_i——推荐比值，即可通过 I_d 与 K_i 来选择 I_r，见表 8-6。

表 8-6 K_i 值

熔断体的额定电流/A	4～10	16～63	80～200	250～500
切断故障回路时间(≤5 s)	4.5	5	6	7
熔断体的额定电流/A	4～10	16～32	40～63	80～200
切断故障回路时间(≤0.4 s)	8	9	10	11

(2) 熔断器支持件的额定电流的确定

按熔断体的额定电流及产品样本所列数据，即可确定熔断器支持件的额定电流。

熔断器的最大开断电流 $I_{kd \cdot r}$ 需大于被保护线路最大三相短路冲击电流有效值 I_{ch}，这是因为熔断器在经受短路冲击电流时，熔体通常在 0.01 s 内熔断，公式如下：

$$I_{kd \cdot r} \geqslant I_{ch}$$

通常制造厂提供熔断器的极限分断能力为交流电流周期分量有效值，则熔断器的最大开断电流可按下式进行换算：

$$I_{kd \cdot r} = \beta I_{fd \cdot r}$$

式中 $I_{fd \cdot r}$——以交流电流周期分量有效值表示的熔断器极限分断能力；

β——与回路中功率因数有关的短路电流幅值系数；

为了简化校验，如制造厂提供熔断器的极限分断能力为交流电流周期分量有效值时，也可用被保护线路三相短路电流周期分量有效值 I_k 来校验，即

$$I_{fd \cdot r} \geqslant I_k$$

限流特性：当预期短路电流有效值很大时，熔断器将在短路电流峰值出现前已被熔断，切断短路电流，具有良好限流特性。

2. 低压断路器

低压断路器主要用于配电线路和电气设备的过载、欠压、失压和短路保护，其用途分类见表 8-7。

表 8-7　低压断路器用途分类

<table>
<tr><th>断路器类型</th><th>电流范围/A</th><th colspan="3">保护特性</th><th>主要用途</th></tr>
<tr><td rowspan="4">配电用低压断路器</td><td rowspan="4">200～4 000</td><td rowspan="2">选择型 B 类</td><td>二段保护</td><td>瞬时、短延时</td><td rowspan="2">电源总开关和靠近变压器近端支路开关</td></tr>
<tr><td>三段保护</td><td>瞬时、短延时、长延时</td></tr>
<tr><td rowspan="2">选择型 A 类</td><td>限流型</td><td rowspan="2">瞬时、长延时</td><td>靠近变压器近端支路开关</td></tr>
<tr><td>一般型</td><td>支路末端开关</td></tr>
<tr><td rowspan="3">电动机保护用低压断路器</td><td rowspan="3">63～630</td><td rowspan="2">直接启动</td><td>一般型</td><td>过电流脱扣器瞬时整定电流(8～15)I_{rt}</td><td>保护笼型电动机</td></tr>
<tr><td>限流型</td><td>过电流脱扣器瞬时整定电流 12I_{rt}</td><td>用于靠近变压器近端电动机</td></tr>
<tr><td>间接启动</td><td colspan="2">过电流脱扣器瞬时整定电流(3～8)I_{rt}</td><td>保护笼型和绕线转子电动机</td></tr>
<tr><td>照明用微型断路器</td><td>6～63</td><td colspan="3">过载长延时，短路瞬时</td><td>用于照明线路和信号二次回路</td></tr>
<tr><td rowspan="2">剩余电流保护器</td><td rowspan="2">20～200</td><td>电磁式</td><td colspan="2" rowspan="2">动作电流分别为 15 mA、30 mA、50 mA、75 mA、100 mA，0.1 s 分断</td><td rowspan="2">接地故障保护</td></tr>
<tr><td>集成电路式</td></tr>
</table>

电动机用低压断路器一般选用电动机保护型，配电用低压断路器选择如下：

(1) 断路器额定电流的确定

断路器壳架等级额定电流(塑壳或框架中所能装设的最大过电流脱扣器的额定电流) I_{rQ} 和断路器额定电流指过电流脱扣器额定电流 I_{rt} 的确定如下：

$$I_{rQ} \geqslant I_B$$

$$I_{rt} \geqslant I_B$$

式中　I_{rQ}——断路器壳架等级的额定电流；

I_B——线路的计算负载电流；

I_{rt}——过电流脱扣器的额定电流。

(2) 瞬时过电流脱扣器的整定值 I_{zd3}

配电用低压断路器的瞬时过电流脱扣器整定电流，需躲过配电线路的尖峰电流，即

$$I_{zd3} \geqslant K_{zd3}[I'_{qM1'} + I_{B(n-1)}]$$

式中　K_{zd3}——低压断路器瞬时脱扣可靠系数，考虑电动机启动电流误差和断路器瞬时电流误差，取 1.2；

$I'_{qM1'}$——线路中最大一台电动机全启动电流，A，它包括了周期分量和非周期分量，其值为电动机启动电流 I_{qM1} 的 2 倍；

$I_{B(n-1)}$——除启动电流最大的一台电动机以外的线路计算电流,A。

为满足被保护线路各级间的选择性要求,选择型低压断路器瞬时脱扣器电流整定值 I_{zd3},还需躲过下一级开关所保护线路故障时的短路电流。

非选择型低压断路器瞬时脱扣器电流整定值,只要躲过回路的尖峰电流即可,而且尽可能整定得小一些。

(3) 短延时过电流脱扣器的整定值 I_{zd2}

配电用低压断路器的短延时过电流脱扣器整定电流,需躲过短时间出现的负荷尖峰电流,即

$$I_{zd2} \geqslant K_{zd2}[I_{qM1'}+I_{B(n-1)}]$$

式中 K_{zd2}——低压断路器延时脱扣器可靠系数,取1.2;

$I_{qM1'}$——线路中最大一台电动机的启动电流,A;

$I_{B(n-1)}$——除启动电流最大的一台电动机以外的线路计算负载电流,A。

动作时间的确定,一般短延时主要用于保证保护装置动作的选择性,而低压断路器短路延时断开时间分0.1 s(或0.2 s)和0.4 s,根据需要确定动作时间,且上下级时间级差取0.1~0.2 s。

(4) 长延时过电流脱扣器的整定值 I_{zd1}

配电用断路器的长延时过电流脱扣器整定电流

$$I_{zd1} \geqslant K_{zd1} I_B$$

$$I_{zd1} \leqslant I_z$$

式中 K_{zd1}——低压断路器长延时脱扣器可靠系数,考虑了低压断路器电流误差,取1.1;

I_B——线路的计算负载电流,A;

I_z——导体的允许持续载流量,A。

根据低压断路器标准规定,断路器反时限断开动作特征见表8-8。

返回特性中规定,返回电流值为其整定电流值得90%。返回电流为其整定电流值得90%的含义:当低压断路器长延时脱扣器的电流超过整定值 I_{zd1} 时,如其持续时间尚未超过2倍 I_{zd1} 可返回时间,电流即降至整定值的90%或以下,此时长延时脱扣器不动作。

表8-8 配电用低压断路器过电流脱扣器的反时限断开动作特性

脱扣器种类	电流整定值	约定不脱扣电流	约定脱扣电流	约定时间/h	周围空气温度/℃
无温度补偿	$I_{zd} \leqslant 63$	$1.05I_r$	$1.35I_r$	1	20或40
	$I_{zd} > 63$	$1.05I_r$	$1.25I_r$	2	制造厂另有规定除外
有温度补偿	$I_{zd} \leqslant 63$	$1.05I_r$	$1.30I_r$	1	20
		$1.05I_r$	$1.40I_r$	1	−5
		$1.00I_r$	$1.30I_r$	1	40
	$I_{zd} > 63$	$1.05I_r$	$1.25I_r$	2	20
		$1.05I_r$	$1.30I_r$	2	−5
		$1.00I_r$	$1.25I_r$	2	40

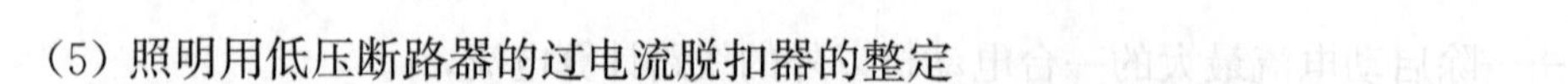

(5) 照明用低压断路器的过电流脱扣器的整定

照明用低压断路器的长延时和瞬时过电流脱扣器整定电流分别为

$$I_{zd1} \geqslant K_{zd1} I_B$$

$$I_{zd3} \geqslant K_{zd3} I_B$$

式中 I_B——照明线路的计算电流,A;

K_{zd1}、K_{zd3}——照明用低压断路器的长延时和瞬时过电流脱扣器可靠系数,取决于电光源启动状况和低压断路器特性,其值见表 8-9。

表 8-9 照明用断路器长延时和瞬时过电流脱扣器可靠系数

低压断路器种类	可靠系数	荧光灯、卤钨灯	高压水银灯	高压钠灯、金属卤化物灯
带热脱扣器	K_{zd1}	1.0	1.1	1.0
带瞬时脱扣器	K_{zd3}	4～7	4～7	4～7

(6) 按短路电流校验低压断路器得分断能力

① 分断时间大于 0.02 s 的断路器:

$$I_{fd \cdot z} \geqslant I_k$$

式中 $I_{fd \cdot z}$——以交流电流周期分量有效值表示的低压断路器的极限分断能力;

I_k——被保护线路的三相短路电流周期分量有效值。

② 分断时间小于 0.02 s 的低压断路器:

$$I_{kd \cdot z} \geqslant I_{ch}$$

式中 $I_{kd \cdot z}$——断路器开断电流(冲击电流有效值),如制造厂提供的开断电流为峰值时,可按峰值校验;

I_{ch}——短路开始第一周期内的全电流有效值。

③ 当分断能力不够时,可利用上一级低压断路器的短路分断能力:将上一级低压断路器的脱扣器瞬动电流整定在下级低压断路器额定短路通断能力的 80%以下,但这时上、下级低压断路器的分断无选择性;采用低压断路器加后备熔断器,一般选择熔断器交接点的电流 I 小于低压断路器的额定短路通断能力的 80%,当短路电流大于 I 时,由熔断器动作;采用限流低压断路器,可按制造厂提供的允通电流特性或限流系数(实际分断电流峰值和预期短路电流峰值之比)选择相应产品。

(7) 按短路电流校验低压断路器动作的灵敏性

为使低压断路器可靠切断接地故障电路,必须按下式来校验断路器脱扣器动作的灵敏性:

$$I_{kmin} \geqslant K_i I_{zd}$$

式中 I_{kmin}——被保护线路末端最小短路电流,对于 TN 系统为相-中(N)或相-保(PE)短路电流,对 TT 系统为相-中短路电流,对 IT 系统为两相短路电流,A;

I_{zd}——低压断路器脱扣器的瞬时整定电流 I_{zd3} 或短延时整定电流 I_{zd2},A;

K_i——低压断路器脱扣器动作可靠系数,取 1.3。

如果配电线路较长、单相接地短路电流较小、低压断路器动作电流不能满足灵敏性的要求时,可采用具有接地故障保护功能的低压断路器。

3. 剩余电流动作保护器

剩余电流动作保护器能迅速断开接地故障时故障电路,以防发生间接电击伤亡和引起火灾事故;剩余电流动作保护器有足够的短路分断能力,可承担过载和短路保护,否则需另行考虑短路保护,如加熔断器配合使用。

当剩余电流动作保护器用于插座回路和末端配电线路,并侧重防间接电击时,则选择动作电流为 30 mA 的高灵敏度漏电保护器,如果需要上一级保护,其动作电流不小于 300 mA,对配电干线不大于 500 mA。

8.1.3 隔离器及接触器的选择

1. 隔离器、刀熔开关

隔离器一般指无载通断电器,只能接通和分断空载电流或“可忽略的电流”(套管、母线、连接线和短电缆等的分布电容电流和电压互感器或分压器的电流),但有一定的载流能力;刀熔开关可供通断电路用,可用于成套配电设备中隔离电源,也可作为不频繁地接通和分断照明设备和小型电动机电路使用。

选择原则如下:

(1) 按线路地额定电压、计算电流及断开电流选择,按短时和峰值耐受电流校验。

(2) 当要求有通断能力时,需选用具备相应额定通断能力的开关。

(3) 为了维护、测试、检修及安全需要,配电线路需装设隔离电器,且能将所在回路与带电部分有效地隔离。当隔离电器误操作会造成严重事故时,则需有防止误操作的措施。

(4) 一般采用同时断开电源所有极地开关作隔离电器(隔离电器可用单级或多级隔离开关、隔离器、插头与插座、连接片,不需要拆除导线地特殊端子、熔断器),但也可采用彼此靠近地单级开关,分别隔离各级电源。

(5) 按刀开关地用途选择合适的操作方式,中央手柄式刀开关不能切断负荷电流,其他形式的可切断一定的负荷电流,但必须选带灭弧型的刀开关。

2. 接触器

交流接触器是一种适用于远距离频繁地接通和分断交流电路地电器,其主要控制对象为电动机,也可用来控制电焊机、电热器、电容器组和照明线路等。

接触器在不同使用场合下操作条件存在很大差异,即其额定工作电流或额定控制功率随使用条件(额定工作电压、使用类别、操作频率、工作制等)不同而变化。只有根据不同使用条件正确选用其容量等级,才能保证接触器在控制系统中长期可靠运行。

选择原则如下:

(1) 按电动机的额定功率或线路的计算电流选择接触器的等级,并根据安装场所的周围环境选择结构形式。

(2) 按短时耐受电流校验:线路的三相短路电流不超过接触器允许的短时耐受电流值,当使用接触器切断短路电流时,还需校验接触器的分断能力。

(3) 接触器吸引线圈的额定电流、电压及辅助触头的数目需满足控制回路接线的要求。

(4) 根据操作次数校验接触器所允许的操作频率。

(5) 用于 AC-1、AC-3 类别时,在规定的操作频率下可按电动机的满载电流选用相同额定工作电流的接触器;用于 AC-2 或 AC-4 类别时,可以用降低控制容量的方法来增加电寿命;用于不间断工作制时,则尽量选用银或银基触头的接触器,如果只有带铜触头的接触器,可将容量降至 8 h 工作制时的额定容量的 50%来选用;用于断续周期工作制时,必须考虑启动电流和通电持续率的影响，按保持等效发热电流不大于接触器额定发热电流来选用接触器。

(6) 非电动机负载，如电阻炉发热电流不大于接触器额定电容器发热电流不大于接触器额定电焊机发热电流不大于接触器额定照明设备等选配接触器时，除考虑接通容量外，还需关注使用中可能出现的过电流。

(7) 与短路保护电器的协调配合：接触器需配用适当的短路保护电器。

8.1.4 石油化工企业常用主要低压电器选择和校验要求

一般石油化工企业在维护、测试和检修设备时，需设置隔离电器来断开电源，且需同时断开电源所有极，并需采取防止误操作的措施。

常用主要低压电器选择及校验要求见表 8－10。

表 8－10 低压电器选择及校验要求

名称	项目要求	
	选择	校验
低压熔断器	在正常工作电流和尖峰电流下不误动作，在故障电流下熔断器的切断时间需符合现行国家标准	最大开断电流需大于线路最大三相短路冲击电流有效值
低压断路器 剩余电流动作保护器	额定电流不小于线路计算电流，瞬动脱扣器整定电流需能躲过线路尖峰电流，且被保护线路预期短路电流中的最小电流不小于低压断路器瞬时或短延时过电流脱扣器整定电流的 1.3 倍	对分断时间大于 0.02 s 的断路器，其极限分断能力需不低于线路三相短路电流周期分量的有效值；对分断时间小于 0.02 s 的断路器，其极限分断能力需不低于线路三相短路开始后第一周期内的全电流有效值
隔离器 刀熔开关	设备额定电压不小于线路额定电压，设备额定电流不小于线路计算电流及断开电流	满足在短路条件下短时和峰值耐受电流
接触器	按线路计算电流选择接触器的等级，根据安装场所的周围环境选择其结构形式	接触器的短时耐受电流需大于线路的三相短路电流

8.2 配电线路的保护

8.2.1 一般规定

石油化工企业对配电线路的保护采用短路保护和过负荷保护，避免线路因过电流而导致受损，同时预防电气火灾，一般短路保护用于切断电源，过负荷保护用于发出报警信号，必要时也可切断电源。

当电气装置中存在大量谐波时，也会引起线路过负荷，其中中性线的过负荷最为常见。一般中性线截面考虑大于或等于相线截面，即保证其通过的最大电流小于或等于其载流量，这时就不必考虑中性线的过电流了；但如果谐波含量很高，即使中性线截面大于或等于相线截面，也难保证不出现过电流，这时就需检测其过电流并动作于切断相线，但中性线不必切断。

随着低压电器产品的不断发展，配电线路上下级保护电器的动作更具有选择性，相互间的配合特性也更趋完善。一般故障时要求靠近故障点的保护电器动作，断开故障回路，使停电范围最小；对于过负荷保护，上下级保护电器动作特性之间的选择性比较容易实现，一般通过其保护特性曲线的配合或短延时调节来做到；对于短路保护，需综合考虑脱扣器电流动作的整定值、延时时间、区域联锁、能量选择等多种因素，难度较大；另外，还需从经济、技术等多方面加以比较，对于非重要负荷可允许无选择性切断。

8.2.2 短路保护

配电线路的短路保护电器需在短路电流对线路及其连接处产生的热作用和机械作用造成危害之前切断电源，同时能分断其安装处的预期短路电流。短路保护电器一般装设在回路首端和回路线路载流量因截面、材料、敷设方式发生变化而减小的地方，如无法满足装设要求时，需采取保证短路保护电器至回路线路载流量较小的地方的距离不超过 3 m、将线路短路危险降至最小、不靠近可燃物等措施。

为了使低压配电系统发生短路时，能有效地保护用电设备、配电线路，避免人身间接电击，并减少不必要地停电，其保护电器的级间特性配合、保护电器整定电流与配电线路载流量及线路长度之间配合，需满足以下配合关系：

1. 保护电器的级间配合

(1) 熔断器与熔断器的级间配合

在配电系统中电源侧和负载侧均采用熔断器上、下级保护方式时，为满足选择性要求需符合下列条件：

① 在过载和短路电流较小的情况下，可按时间-电流特性不相交或按上、下级熔断体的过电流选择比来选配。按制造标准规定，gM 类熔断器的熔断体过电流选择比均为 1.6 ∶ 1。

② 在短路电流非常大而熔断器熔断时间小于 0.01 s 时，除满足上述条件外，还需用 I^2t 值进行验证。只有上级熔断器弧前 I^2t 值大于下级熔断器熔断 I^2t 值时，才能保证满足选择性要求。

(2) 断路器与断路器的级间配合

① 当上、下级断路器出线端处的预期短路电流值有较大差别时（如上、下级断路器均为带短路瞬时脱扣器时），上级断路器的动作电流整定值，需调整到大于下级断路器出线端处最大预期短路电流，以获取选择性保护。

② 当导体阴抗低，上、下级断路器出线端处的预期短路电流数值相差甚小，则只有利用上级断路器带短延时脱扣器使之延时动作来满足选择性要求。

③ 在低压配电系统中，断路器的分断能力必须大于安装可能出现的短路电流，但有时不能满足这要求，可利用上级断路器的瞬时脱扣器动作电流整定为下级断路器额定断路分断电流的 80%以下。当下级断路出线端处短路时，下级断路器不先分断，其选择条件包括：上级断路器的固有分断时间小于或等于下级断路器的全分断时间；下级断路器的额定短路分断能力必须大于上级断路器的短路分断能力的 50%，或不低于设置处预期短路电流值的 50%；进行级联的前后级断路器之间的额定电流等级，最好相差 1～2 级；采用级联保护需经过组合试验来验证。

(3) 断路器-熔断器的级间配合

① 过载时，当熔断器的电流未达到上级断路器的瞬时脱扣器整定电流时，只要熔断器的

特性与长延时脱扣器的动作特性不相交，便满足选择性要求。

② 短路时，当断路器的预期短路电流达到或超过瞬时脱扣器整定电流值时，熔断器必须将短路电流限制到脱扣器动作电流值下，才能满足选择性要求。为达到此要求，必须选用额定电流值比断路器额定电流要低得多的熔断器。如断路器带有短延时脱扣器，则对应于短延时脱扣器的电流整定值 I_{zd2}，脱扣器的延时时间至少要比熔断器的动作时间长 0.1 s。

(4) 熔断器-断路器的级间配合

① 过载时，只要断路器长延时脱扣器的动作性与熔断器的特性不相交，且对应断路器瞬时脱扣器电流整定值 I_{zd3} 具有一定的时间安全裕量，便能满足选择性要求。

② 短路时，一般情况下，熔断器的电流时间特性对应于短路电流值 I_k 的熔断时间，需比断路器瞬时脱扣器的动作时间大 0.1 s 以上。

2. 保护电气与配电线路的配合

(1) 绝缘导线、电缆导体截面与保护电气之间的配合

电缆、绝缘导线截面与允许最大熔断体电流的配合见表 8-11。

表 8-11　电缆、绝缘导线截面与允许最大熔断体电流的配合

电缆导线截面/mm^2	熔断体电流/A											
	导线穿管时				导线明敷				电缆在空气中敷设			
	过载		短路		过载		短路		过载		短路	
	BLV	BV	BLV	BV	BLV	BV	BLV	BV	VLV	VV	VLV	VV
1.5		10		10		20		10				
2.5	10	20	16	25	20	25	16	25				
4	20	25	25	40	25	32	25	40	20	25	25	40
6	25	32	40	63	32	40	40	63	25	32	40	63
10	32	40	63	80	50	63	63	80	32	40	63	80
16	40	50	80	125	63	80	80	125	40	63	80	125
25	50	63	125	200	80	100	125	200	63	80	125	200
35	63	80	160	250	100	125	160	250	80	100	160	250
50	80	100	250	315	125	160	250	315	100	125	250	315
70	100	125	315	400	160	224	315	400	125	160	315	400
95	125	160	425	500	200	250	425	500	160	200	425	500
120	160	200	500	550	250	315	500	550	160	224	500	550
150	160	224	500	630	250	315	550	630	200	250	550	630
185	200	250	630	630	315	350	630	630	224	315	630	630

(2) 配电线路与保护电气保护配合时的线路敷设允许长度

在 TN 系统中，当线路或电气设备发生接地故障时，为了防间接电击，保证人身和设备的安全，必须将接地故障回路，包括线路和变压器的相保阻抗限制在一定范围以内，以便发生接地故障时，接地故障电流能使最近一组保护电器在规定时间内切断故障电路，其相互关系可用下式表达：

$$K_i I_r \leqslant I_d \quad 或 \quad K_i I_{zd} \leqslant I_d$$

式中 I_d——接地故障电流，A；

I_r——熔断器熔断体额定电流，A；

I_{zd}——断路器瞬时式短延时过电流脱扣器整定电流，A；

K_i——比值，熔断器 K_i 值见表 8-6，断路器取 1.3。

在 TN 系统中性点接地的变压器低压侧配电线路发生接地故障时，其接地故障电流值可由下式来确定：

$$I_d = \frac{U_0}{Z_{\varphi p}} = \frac{U_0}{\sqrt{R_{\varphi p}^2 + X_{\varphi p}^2}}$$

式中 U_0——相对地标称电压，其值为 220 V；

$Z_{\varphi p}$、$R_{\varphi p}$、$X_{\varphi p}$——分别为接地故障回路（包括变压器和线路）的相保阻抗、相保电阻和相保电抗，Ω。

(3) 当配电线路不靠近可燃物且采取了防止机械损伤等措施时，发电机、变压器、整流器、蓄电池与配电控制盘之间的线路，断电比短路导致的线路烧毁更危险的励磁回路、电流互感器二次回路，测量回路等，可不装设短路保护电器。

8.2.3 过负荷保护

配电线路的短时间过负荷并不会造成损害，但长时间哪怕是不大的过负荷也会产生较大的影响，如加速缩短线路使用寿命、线路绝缘软化变形、介质损耗增大、耐压水平降低等，最后引发火灾或其他灾害，因此需在过负荷电流引起的线路温升对其绝缘、接头、端子或周围的物质造成损害之前切断电源。一般采用具有反时限特性的保护电器，与线路的绝缘热承受能力相适应，以实现热效应的配合，同时其分段能力还需满足安装处的短路电流值。

过负荷保护电器的动作特性需满足下式的要求：

$$I_B \leqslant I_n \leqslant I_z \text{ 或 } I_2 \leqslant 1.45 I_z$$

式中 I_B——线路计算电流，A；

I_n——熔断器熔断体额定电流（表 8-12）或断路器额定电流，A；

I_z——线路允许持续载流量，A；

I_2——保证保护电器在约定时间内可靠动作的熔断器熔断电流或断路器动作电流，A。

表 8-12 用熔断器作为过负荷保护时熔断体额定电流的相关关系

熔断器类型	I_n 值的范围/A	I_n 与 I_z 的关系
螺栓连接的熔断器	全范围	$I_n \leqslant I_z$
刀型触头熔断器 圆筒形帽熔断器	$I_n \geqslant 16$	$I_n \leqslant I_z$
	$4 \leqslant I_n < 16$	$I_n \leqslant 0.76 I_z$
	$I_n < 4$	$I_n \leqslant 0.69 I_z$

石油化工企业大多为爆炸、火灾危险场所，一般需考虑过负荷保护，但除爆炸、火灾危险及其他特殊装置和场合以外的配电线路，在符合下列条件时，可不采取过负荷保护措施：

(1) 回路中载流量减小的线路，当其过负荷时，上一级过负荷保护电器也能起有效保护；

(2) 不可能过负荷的线路，且没有分支或出线，短路保护符合要求；

(3) 用于通信、控制、信号等的线路；

(4) 即使过负荷也不会引起危险的直埋或架空线路；

(5) 突然断电会引起更大的危险或造成更大伤害的回路，可让线路超过允许温度运行，即牺牲一些使用寿命来保证对重要负荷的不间断供电，包括励磁回路、电磁铁回路、消防用电设备(可考虑装设报警装置，作用于信号)、安全设施的配电线路等。

8.2.4 电气火灾防护

配电线路因接地电弧而引起火灾的几率比较高，也是导致电气火灾的重大隐患，虽然石油化工企业内建筑物并不是太多，但为了减少类似短路性火灾发生，还是需采取措施并及时发现和切除接地故障。

一般当建筑物配电系统符合下列情况时，需设置剩余电流动作保护器，并动作于信号或切断电源：

(1) 配电线路绝缘损坏时，通常会出现接地故障；

(2) 接地故障产生的接地电弧，也有引起火灾的危险。

对于上述电弧性对地短路起火，很难用过电流保护电器进行防护，但剩余电流动作保护器对此类故障还是很有效，并有足够的灵敏性，可及时对接地故障做出反应。

另外，对于建筑物内配电线路的绝缘情况需做全面的防护，不能出现盲区，一般剩余电流动作保护器设置在电源总进线回路上，对各馈出线回路也可设防，如果正常情况下泄漏电流较大，还需考虑总进线与馈出线上下级之间的配合，同时符合电磁兼容的相关要求。

配电线路与设备泄漏电流值及分级安装的剩余电流动作保护器动作特性的电流配合要求如下：

(1) 用于单台用电设备时，动作电流不小于正常运行实测泄漏电流的 4 倍；

(2) 配电线路的漏电保护器动作电流不小于正常运行实测泄漏电流的 2.5 倍，同时还需满足其中泄漏电流最大的一台用电设备正常运行泄漏电流实测值的 4 倍；

(3) 用于全网保护时，动作电流不小于实测泄漏电流的 2 倍；

(4) 配电线路和用电设备的泄漏电流估算值见表 8-13～表 8-15。

表 8-13 220/380 V 单相及三相线路埋地、沿墙敷设穿管电线每公里泄漏电流 单位：mA/km

绝缘材料	截面/mm^2												
	4	6	10	16	25	35	50	70	95	120	150	185	240
聚氯乙烯	52	52	56	62	70	70	79	89	99	109	112	116	127
橡皮	27	32	39	40	45	49	49	55	55	60	60	60	61
聚乙烯	17	20	25	26	29	33	33	33	33	38	38	38	39

表 8-14 电动机泄漏电流 单位:mA

运行方式	额定功率/kW												
	1.5	2.2	5.5	7.5	11	15	18.5	22	30	37	45	55	75
正常运行	0.15	0.18	0.29	0.38	0.50	0.57	0.65	0.72	0.87	1.00	1.09	1.22	1.48
电动机启动	0.58	0.79	1.57	2.05	2.39	2.63	3.03	3.48	4.58	5.57	6.60	7.99	10.54

表 8-15 荧光灯、家用电器及计算机泄漏电流

设备名称	形式	泄漏电流/mA
荧光灯	安装在金属构件上	0.1
	安装在非金属构件上	0.02
家用电器	手握式Ⅰ级设备	≤0.75
	固定式Ⅰ级设备	≤3.5
	Ⅱ级设备	≤0.25
	Ⅰ级电热设备	0.75～5
计算机	移动式	1.0
	固定式	3.5
	组合式	15.0

8.3 配电线路的敷设

8.3.1 一般规定

石油化工企业中有很多生产、贮运区域属于爆炸危险环境，容易发生爆炸、火灾事故，且部分场所有振动情况，安全问题相当重要，需要从生产、管理、设计等各个环节采取防范措施，防止事故的发生。在选择电缆、电线等配电线路材料时，由于铝导体存在表面极易氧化、接头处容易形成高电阻的氧化膜等问题，从而造成导电不良，且局部会产生异常高温，进而引起火灾，可能引发严重的后果，因此原则上一般不选用铝导体，而选择铜导体。

对于 1 kV 及以下三相四线低压配电系统，当接地制式为 TN－S 时，电缆的芯数为五芯，即三相三线、中性线、接地保护线各用一芯，其单相和两相三线分支配电回路电缆需选三芯电缆，单相两线分支配电回路电缆可选二芯电缆；当接地制式为 TN－C 时，电缆的芯数一般选择四芯，即三相三线加中性线与接地保护线公用线共四芯；当接地制式为 TN－C－S 或 TT 时，电源侧电缆的芯数为四芯、负荷侧电缆的芯数为五芯；当负荷电流很大时，三芯、四芯、五芯电缆的制造和施工都会很不方便，这时可考虑选择用多根单芯电缆组合成配电线路，以满足减小弯曲半径和长距离线路敷设的要求，当然也需考虑短路时承受的机械力并核算电压降值。

电缆的缆芯对地(与绝缘屏蔽层或金属护套之间)额定电压 U_0，需满足所在电力系统中性点接地方式及其运行要求的水平，中性点有效接地(包括中性点直接接地或经低电阻接地)系

统，接地保护动作不超过 1 min 切除故障时，U_0 不低于 100%的使用回路工作相电压；中性点非有效接地（包括中性点不接地或经消弧线圈接地）系统中的单相接地故障持续时间在 1 min 至 8 h 之间，U_0 不低于 133%的使用回路工作相电压，若单相接地故障持续时间在 8 h 以上，U_0 不低于 173%的使用回路工作相电压。一般情况下，低压配电系统电缆的缆芯之间的额定电压 U_n 需按等于或大于系统标称电压考虑，电缆的缆芯之间的最高电压 U_m 可按等于或大于系统的最高工作电压选择。通常低压电线的额定电压为 450/750 V，低压电缆的额定电压为 0.6/1 kV。

石油化工企业电缆选型一般根据使用环境、用电设备的技术参数和敷设方式等条件进行选择，并符合防火场所和安全方面的相关要求，包括：

(1) 电缆绝缘类型要求

电缆绝缘类型的选择规定：在使用电压、工作电流及其特征和环境条件下，电缆绝缘特性不小于常规预期使用寿命；根据运行可靠性、施工和维护的简便性以及允许最高工作温度与造价的综合经济性等因素来选择；符合防火场所的要求，并有利于安全；需要与环境保护协调时，明确选用符合环保要求的电缆绝缘类型。

电缆绝缘类型的选择要求：移动式电气设备等经常弯移或有较高柔软性要求的回路，需使用橡皮绝缘等电缆；90 ℃以上高温场所，选用 125 ℃交联聚烯烃（YJ）、硅橡胶、氟塑料（F）、矿物绝缘电缆；−15～90 ℃的场所，选用交联聚乙烯、乙丙橡皮绝缘电缆；−15 ℃以下的低温环境，需按低温条件和绝缘类型要求，选用交联聚乙烯（YJ）、硅橡胶（G）、乙丙橡皮绝缘（E）电缆；氟塑料绝缘只用于耐高温控制电缆。

(2) 电缆外护层要求

电缆护层的选择规定：交流系统单芯电力电缆，当需要增强电缆抗外力时，需选用非磁性金属铠装层，不得选用未经非磁性有效处理的钢制铠装；在潮湿、化学腐蚀环境或易受水浸泡的电缆，其金属层、加强层、铠装上需有聚乙烯外护层，水中电缆的粗钢丝铠装需有挤塑外护层；在人员密集的公共设施，以及有低毒阻燃性防火要求的场所，可选用低烟无卤阻燃的外护层。

电缆外护层类型的选择要求：敷设于水下的中、高压交联聚乙烯电缆需具有纵向阻水性能；而直埋敷设时电缆外护层的选择要求包括电缆承受较大压力或有机械损伤危险时，需具有加强层或钢带铠装；在流沙层、回填土地带等可能出现位移的土壤中，电缆需有钢丝铠装；白蚁严重危害地区用的挤塑电缆，需选用较高硬度的外护层，也可在普通外护层上挤包较高硬度的薄外护层，其材质可采用尼龙或特种聚烯烃共聚物等，也可采用金属套或钢带铠装；地下水位较高的地区，需选用聚乙烯外护层。

空气中固定敷设时电缆护层的选择要求：小截面挤塑绝缘电缆直接在臂式支架上敷设时，需具有钢带铠装；在地下客运、商业设施等安全性要求高而鼠害严重的场所，塑料绝缘电缆需具有金属包带或钢带铠装；电缆位于高落差的受力条件时，多芯电缆需具有钢丝铠装；敷设在桥架等支承密集的电缆，可不含铠装；90 ℃以上高温场所，需选用硅橡胶、氟塑料外护层；−15～90 ℃的场所，需选用聚乙烯、聚氯乙烯外护层；−15 ℃以下的低温环境，需选用聚乙烯、耐低温（−30 ℃）聚氯乙烯、硅橡胶外护层；氟塑料护套只用于耐高温控制电缆。移动式电气设备等需经常弯移或有较高柔软性要求回路的电缆，需选用橡皮外护层。

(3) 电缆类型的选择要求

爆炸和火灾危险环境中需采用阻燃型交联聚乙烯绝缘电缆；移动式电气设备的供电线路，

需采用橡皮绝缘电缆；在外部火势作用一定时间内需维持通电的下列场所或回路，明敷的电缆需实施耐火防护或选用具有耐火性电缆，包括消防、报警、应急照明、断路器操作直流电源和发电机组紧急停机的保安电源、UPS电源和UPS配电回路等重要回路，计算机监控、双重化继电保护、保安电源或应急电源等双回路合用同一通道未相互隔离时的其中一个回路，油罐区等易燃场所，其他重要公共建筑设施等需要有耐火要求的回路，直流配电系统需选用耐火电缆；控制、信号、测量、网络电缆的选择要求包括强电回路控制电缆（除位于超高压配电装置或与中压电缆紧邻且并行较长、需抑制干扰情况外，可不含金属屏蔽），对位于存在干扰影响的环境又不具备有效抗干扰措施的，需有金属屏蔽。

（4）电缆绝缘材料和护套材料选择

按照电缆的绝缘材料和护套材料进行选择，电缆的主要品种可以分为三类：普通电缆、阻燃电缆和耐火电缆。

① 常用的普通电缆包含聚氯乙烯绝缘电缆、交联聚乙烯绝缘电缆等。聚氯乙烯绝缘电缆主要用于1 kV级电力电缆，长期最高允许工作温度70 ℃，短路热稳定允许温度（短路时间5 s以内）不超过140 ℃（300 mm^2 以上截面）和160 ℃（300 mm^2 及以下截面），不允许短时超载过热，有一定阻燃性能（不延燃），弯曲性能好，接头制作简便，但绝缘电阻较低，介质损耗较高，着火燃烧时会放出大量含烟含卤气体且有毒；交联聚乙烯绝缘电缆长期最高允许工作温度90 ℃，短路暂态温度（短路时间5 s以内）不超过250 ℃，允许短时过载温度110 ℃，但过载时间累计不允许超过50 h，所以不允许经常性过载工作，不具备阻燃性能，交联聚乙烯绝缘性能优良，介质损耗低，做终端和中间接头较简便，但容易燃烧，因此敷设在空气中时需采用聚氯乙烯护套，而埋地敷设时采用高密度聚乙烯护套。

② 阻燃电缆具有阻止或延缓火焰发生或蔓延的能力，其性能取决于护套材料，并根据GB/T 19666—2019《阻燃和耐火电线电缆或光缆通则》及IEC 60332-3-25:2009，采用GB/T 18380.11～36—2022《电缆和光缆在火焰条件下的燃烧试验》规定的试验要求下，可分为A、B、C、D四个类别，其阻燃性能依次递减，其中D类只适用于外径等于或小于12 mm的电线电缆，C类是成束阻燃电缆最低标准，A类阻燃性能最高。石油化工装置和厂区内储存有大量的易燃原料和化工产品，属于易燃易爆场所，当成束敷设时需选用A类阻燃电缆。阻燃电缆还分为有烟有卤、低烟低卤和无烟无卤等类别，有烟有卤电缆在燃烧时会导致其他无火灾事故的电气设备被污染，从而引起电气短路或人员因窒息而死亡等重大事故，在安装有大量配电设备并且人员又比较集中的室内场所的电缆需使用低烟低卤或无烟无卤的阻燃电缆。目前我国电缆工业可以生产各种类别的阻燃电缆，一般阻燃电缆的绝缘材料和普通电缆相同，只是护套使用了阻燃材料。电缆的阻燃性能不仅仅和护套材料的阻燃性能有关，而且和电缆结构有关。

③ 耐火电缆是指在规定试验条件下，在火焰中被燃烧一定时间内能保持正常运行特性的电缆，其特性也是根据（GB/T 19666—2019）《阻燃和耐火电线电缆或光缆通则》来确定，采用（GB/T 19216.21、23—2003）《在火焰条件下电缆或光缆的线路完整性试验》中的相关试验方法，并按照耐火特性分为N（耐火）、NJ（耐火＋冲击）、NS（耐火＋喷水）三种，按照绝缘材质分为有机型（阻燃耐火电缆）和无机型（矿物绝缘电缆）。一般来说，耐火电缆同时满足耐火、抗喷淋和抗机械冲撞三项要求，阻燃耐火电缆的耐火时间一般为90 min（750 ℃），矿物绝缘电缆的耐火时间则分为A类180 min（650±40 ℃）、B类180 min（750±40 ℃）、C类180 min（950±40 ℃）、S类20 min（950±40 ℃）。耐火电缆一般用于火灾时仍需保持正常运行的线路，包括

石油化工装置及其建筑物的消防系统、高温环境、强辐射环境等，一般涉及消防泵、喷淋泵、消防电梯的主控回路，防火卷帘门、排烟风机、防火阀的主控回路，仪表控制系统及紧急停车系统、火灾报警系统、通信系统的主控回路，应急照明线路等。

(5) 各种电缆型号及使用场合见表 8－16～表 8－20。

表 8－16　1 kV 电力电缆(额定电压 0.6/1 kV)

序号	电缆型号	电缆名称	使用场合	备注
1	(Z＊-)YJV	交联聚乙烯绝缘聚氯乙烯护套(＊级阻燃)电力电缆	可在室内外隧道、电缆沟、混凝土管道及松散土壤中敷设，电缆可经受一定的敷设牵引，不能承受机械外力作用，单芯电缆不允许敷设在磁性管道中	① ＊表示阻燃等级 A、B 或 C类 ② －15 ℃以下的低温环境，需采用耐低温聚氯乙烯护套材料、交联聚烯烃材料，电缆型号不变
2	(Z＊-)YJY	交联聚乙烯绝缘聚乙烯护套(＊类阻燃)电力电缆	可在室内外隧道、电缆沟、混凝土管道及松散土壤中敷设，电缆防潮性好，电缆不能承受机械外力作用，但可经受一定的牵引力，单芯电缆不允许敷设在磁性管道中	
3	(Z＊-)YJV_{22}	交联聚乙烯绝缘钢带铠装聚氯乙烯护套(＊类阻燃)电力电缆	敷设在室外，也用于埋地敷设，电缆能够承受一定机械压力作用，但不能承受大的拉力	
4	(Z＊-)YJV_{23}	交联聚乙烯绝缘钢带铠装聚乙烯护套(＊类阻燃)电力电缆	敷设在室外，也用于直埋敷设在地下，电缆防潮性好，电缆能够承受一定机械压力作用，不能承受大的拉力	
5	(Z＊-)YJV_{33}	交联聚乙烯绝缘细钢丝铠装聚乙烯护套(＊类阻燃)电力电缆	敷设在室内、隧道及矿井中，电缆防潮性好，电缆能承受大的机械外力作用，并能承受较大拉力，不包含单芯电缆	
6	(Z＊-)YJV_{32}	交联聚乙烯绝缘细钢丝铠装聚氯乙烯护套(＊类阻燃)电力电缆	敷设在竖井水中或高落差地区，电缆能承受一定机械外力，并能承受较大拉力，不包含单芯电缆	
7	GG	硅橡胶绝缘硅橡胶护套电力电缆	90 ℃以上高温场所，电缆导体长期工作温度达 180 ℃，可在－15 ℃以下的低温环境使用，可在室内外隧道、电缆桥架中敷设，电缆柔软，在敷设过程中需避免护套损伤	
8	(Z＊-)EV	乙丙绝缘氯乙烯护套(＊类阻燃)电力电缆	可在室内外隧道、电缆沟、混凝土管道及松散土壤中敷设，电缆不能承受机械外力作用，电缆较为柔软	

表 8-17 控制及信号电缆(额定电压 0.45/0.75 kV)

序号	电缆型号	电缆名称	使用场合	备注
1	(Z*-)KYJV	铜芯交联聚乙烯绝缘聚氯乙烯护套(*类阻燃)控制电缆	室内固定安装使用	① *表示阻燃等级 A、B 或 C类 ② −15 ℃以下的低温环境,需采用耐低温聚氯乙烯护套材料,电缆型号不变
2	(Z*-)KYJVP	铜芯交联聚乙烯绝缘聚氯乙烯护套(*类阻燃)铜丝编织屏蔽控制电缆	室内固定安装使用,具有良好的屏蔽性能,柔软性好	
3	(Z*-) KYJVP2	铜芯交联聚乙烯绝缘聚氯乙烯护套(*类阻燃)铜带屏蔽控制电缆	室内固定安装使用,具有良好的屏蔽性能	
4	(Z*-) $KYJV_{22}$	铜芯交联聚乙烯绝缘聚氯乙烯护套(*类阻燃)钢带铠装控制电缆	敷设在室内室外,也用于埋地敷设,电缆能够承受一定机械压力作用	
5	(Z*-) $KYJV_{32}$	铜芯交联聚乙烯绝缘聚氯乙烯护套(*类阻燃)钢丝铠装控制电缆	敷设在高落差地区,电缆能承受一定机械外力,并能承受相当的拉力	
6	(Z*-) $KYJVP2_{22}$	铜芯交联聚乙烯绝缘聚氯乙烯护套(*类阻燃)铜带屏蔽钢带铠装控制电缆	敷设在室内室外,也用于埋地敷设,电缆能够承受一定机械压力作用,具有良好的屏蔽性能	
7	(Z*-) $KYJVP2_{32}$	铜芯交联聚乙烯绝缘聚氯乙烯护套(*类阻燃)铜带屏蔽钢丝铠装控制电缆	敷设在高落差地区,电缆具有良好的屏蔽性能能承受一定机械压力作用,并能承受相当的拉力	
8	KFF	氟塑料绝缘氟塑料护套控制电缆	90 ℃以上高温场所,电缆导体长期工作温度达 180 ℃,可在−15 ℃以下的低温环境使用,可在室内外隧道、电缆桥架中敷设	
9	KGG	硅橡胶绝缘硅橡胶护套控制电缆	90 ℃以上高温场所,电缆导体长期工作温度达 180 ℃,可在−15 ℃以下的低温环境使用,可在室内外隧道、电缆桥架中敷设,电缆柔软,在敷设过程中需避免护套损伤	

表 8-18　计算机电缆

序号	电缆型号	电缆名称	使用场合	备注
1	(Z*-)DJYPV	铜芯聚乙烯绝缘对绞铜丝编织分屏蔽聚氯乙烯护套(*类阻燃)电子计算机控制电缆	敷设在室内、电缆沟、管道固定场合	DJ:计算机电缆包括 DCS 用电缆 *表示阻燃等级 A、B 或 C 类 V:聚氯乙烯 Y:聚乙烯 YJ:交联聚乙烯 P:铜丝编织
2	(Z*-)DJYPVP	铜芯聚乙烯绝缘对绞铜丝编织分屏蔽及总屏蔽聚氯乙烯护套(*类阻燃)电子计算机控制电缆		*表示阻燃等级 A、B 或 C 类
3	(Z*-)DJYVP	铜芯聚乙烯绝缘对绞铜丝编织总屏蔽聚氯乙烯护套(*类阻燃)电子计算机控制电缆		*表示阻燃等级 A、B 或 C 类

表 8-19　变频电缆

序号	电缆型号	电缆名称	使用场合	备注
1	(Z*-)BPYJVP	铜芯交联聚乙烯绝缘聚氯乙烯护套铜丝编织屏蔽(*类阻燃)变频电力电缆	适用于变频电动机	*表示阻燃等级 A、B或C类
2	(Z*-)BPYJVP2	铜芯交联聚乙烯绝缘聚氯乙烯护套铜带屏蔽(*类阻燃)变频电力电缆		
3	BPGGP	铜芯硅橡胶绝缘硅橡胶护套铜丝编织屏蔽变频电力电缆	适用于变频电动机，90 ℃以上高温场所，电缆导体长期工作温度达 180 ℃	
4	BPGGP2	铜芯硅橡胶绝缘硅橡胶护套铜带屏蔽变频电力电缆		

表 8-20　耐火、低烟无卤耐火电缆

序号	电缆型号	电缆名称	使用场合	备注
1	N-YJV	铜芯交联聚乙烯绝缘聚氯乙烯护套耐火电力电缆	消防应急电源	N:耐火电缆 V:聚氯乙烯 Y:聚乙烯 YJ:交联聚乙烯
2	N-YJV$_{22}$	铜芯交联聚乙烯绝缘聚氯乙烯护套钢带铠装耐火电力电缆		
3	WDZN-YJY	铜芯交联聚乙烯绝缘无卤低烟聚烯烃护套耐火电力电缆	人员密集场合、低毒阻燃性防火要求场合、消防应急电源	WD:无卤低烟
4	WDZN-YJY$_{22}$	铜芯交联聚乙烯绝缘无卤低烟聚烯烃护套钢带铠装耐火电力电缆		—22:钢带铠装聚氯乙烯护套

续表

序号	电缆型号	电缆名称	使用场合	备注
5	WDZ * N-YJY	铜芯交联聚乙烯绝缘无卤低烟*类阻燃耐火电力电缆	人员密集场合、低毒阻燃性防火要求场合、消防应急电源	*表示阻燃等级A、B或C类
6	WDZ * N-YJY_{22}	铜芯交联聚乙烯绝缘钢带铠装低烟无卤*等阻燃耐火电力电缆	人员密集场合、低毒阻燃性防火要求场合、消防应急电源	

8.3.2 导线敷设

导线敷设方式的选择需考虑场所环境、建(构)筑物特征、相对接近程度、安装运行时可能遭受的冲击和金属导管构架的接地等因素,同时还要防止热效应、液体或固体的侵入、机械损害、日光辐射、腐蚀或污染等带来的损害和影响,石油化工企业一般选择裸导体、绝缘导线和导线穿管等敷设方式。

1. 裸导体敷设

一般无遮护的裸导体距离地面高度不小于3.5 m,采用IP2X以上防护等级的金属网做遮护时,裸导体距离地面高度不小于2.5 m;裸导体一般敷设在管道和走道板的上方,其与管道的间距距离不小于1.8 m,与走道板的净距不小于2.3 m,否则需采取遮护措施。

石油化工装置桥式起重机上方的裸导体至平台的净距不小于2.5 m,当无法满足要求时,需在裸导体下方加装遮护措施,一般设置金属网状遮护,户内裸导体之间及裸导体至建筑物表面的最小净距参见表8-21。

表8-21 裸导体之间及裸导体至建筑物表面的最小净距

固定点间距 L/m	最小净距/mm
$L \leqslant 1.5$	75
$1.5 < L \leqslant 3$	100
$3 < L \leqslant 6$	150
$L > 6$	200

(2) 绝缘导线敷设

户内绝缘导线敷设一般采用护套线,其截面不大于6 mm^2,固定点间距不大于300 mm;垂直敷设绝缘导线的距地面低于1.8 m段、与不发热管道的交叉段、易受机械损伤的场所等,都需用金属导管保护。另外,绝缘导线或护套线至地面的最小距离一般不小于表8-22内的数值,户内和户外敷设的绝缘导线的最小间距一般不小于表8-23内的数值,其固定点间的最大间距一般不大于表8-24内的数值。

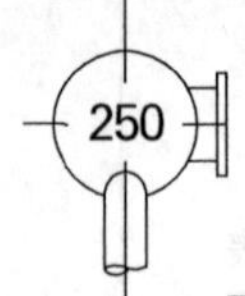

表 8-22　绝缘导线、护套线至地面的最小距离

敷设方式		最小距离/mm
水平敷设	户内	2 500
	户外	2 700
垂直敷设	户内	1 800
	户外	2 700

表 8-23　户内和户外敷设的绝缘导线最小间距

支撑点 L 间距/m	导线最小间距/mm	
	户内敷设	户外敷设
L≤1.5	50	100
1.5＜L≤3	75	100
3＜L≤6	100	150
6＜L≤10	150	200

表 8-24　户内和户外敷设的绝缘导线固定点间最大间距

敷设方式	导线截面积/mm^2	最大间距/mm
直接固定在墙面或屋顶楼板下	1～4	1 500
	6～10	2 000
	16～25	3 000

3. 导线穿管敷设

导线穿管敷设涉及管材选择、管径与导线配合和不同情况下的穿管要求，一般金属导管采用普通碳钢管（又称电线管）、镀锌钢管（又称镀锌管）、焊接钢管（又称黑铁管）等，当有机械外力时，还需符合中型、重型或超重型等要求；当有腐蚀性介质时，则需采用阻燃性塑料管；如果碰到高温环境，则需采用暗敷或埋地敷设。

一般 3 根以上导线穿同一管时，导线总截面积不可大于管内净面积的 40%；2 根导线穿同一管时，管内径则不小于 2 根导线直径之和的 1.35 倍；另外，直管敷设长度不能超过 30 m，有 1 个弯时长度不能超过 20 m，有 2 个弯时长度不能超过 15 m，有 3 个弯时长度不能超过 8 m。

同一回路的相线和中性线需穿于同一导管内，不同回路、不同电压或电流的导线穿于同一导管内时，需按照最高电压等级的绝缘要求来考虑；同一路径无电磁兼容要求的，线路可敷设在同一导管内，控制、信号等非电力回路的导线也可敷设在同一导管内，但互为备用的线路不能共管敷设。

导线穿管埋地敷设时不能穿过设备基础，在穿管过伸缩缝、沉降缝时，还需考虑防伸防缩措施；塑料管尽量不与热水管、蒸汽管同侧敷设，如无法避免，则需采取隔热措施；金属导管与热水管、蒸汽管同侧敷设时，一般敷设在其下方，与其他管道（非可燃易燃）的平行间距不小于 0.1 m，而与水管同侧敷设时，一般敷设在其上方。

导线穿管明敷时，其固定点的最大间距要求参见表 8－25。

表 8－25　管线明敷时固定点间最大间距

单位：mm

管道类别	管道直径				
	15～20	25～32	38～40	50～63	＞65
厚壁金属管	1 500	2 000	2 500	2 500	3 500
薄壁金属管	1 000	1 500	2 000	—	
阻燃性金属管	1 000	1 500	15 000	2 000	2 000

8.3.3　线槽和封闭式母线敷设

1. 线槽敷设

线槽敷设方式一般用于不受机械损伤的场所，如有可燃物时还需考虑使用金属线槽，另外在户外时更需用到热镀锌金属线槽；碰到腐蚀性环境则可采用阻燃型塑料线槽，其氧指数一般不小于 27；如为地面内暗敷也需采用金属线槽，且敷设于现浇或预制混凝土地面、楼板内。

同一回路的所有相线和中性线，或同一路径无防干扰要求的线路，或控制、信号非电力回路的线路等可敷设在同一线槽内，一般线槽内导线的总截面不超过其截面积的 50%，且导线需留有一定的余量，不可有接头。

线槽安装的直线段固定支架的间距一般为 2～3 m，且在始末、转角和接头处也加以固定；另外垂直安装时，需采取措施以防导线移动，而其连接处不可穿楼板或墙；在穿过伸缩缝、沉降缝时，需采取措施防止伸缩或沉降。

线槽可通过金属管、塑料管和金属软导管等引出线路敷设，并需考虑防水密封措施。

金属线槽外壳和支架需可靠接地，并在进出口或全长不少于两处与接地干线连接。

塑料线槽一般不与热水管、蒸汽管同侧安装，各类线槽与其他各种管道平行和交叉时，其最小净距不小于表 8－26 所列数值。

表 8－26　线槽与各种管道的最小净距

管道类别	最小净距/mm	
	平行	交叉
一般工艺管道	400	300
具有腐蚀性气体的管道	500	500
有保温层的热力管道	500	300
无保温层的热力管道	1 000	500

2. 封闭式母线敷设

封闭式母线需按照周边环境来选择防护等级。

封闭式母线在水平敷设时，需按照荷载曲线选择支撑，其距离地面的高度不小于 2.2 m；垂直敷设时，在通过楼板处需采用专用附件支撑，其距离地面小于 1.8 m 部分需采取防止机械损伤的措施。

封闭式母线在穿过伸缩缝、沉降缝时，还需采取措施防止伸缩或沉降，其直线长度超过一定数值时，还需设置伸缩节。

封闭式母线端头需封闭，在穿过防火墙或防火楼板时，需采取防火封堵措施。

封闭式母线外壳和支架需可靠接地，且全长不少于两处与接地干线连接。

8.3.4 电缆敷设

电缆敷设一般选择施工和维护都较为方便的方式，并且尽量避开容易使电缆受到各种机械损伤、振动、腐蚀、火灾、热场影响大的地方，路径合理且尽量短，同时避开规划中要使用的地区。

为了保证供电的可靠性，向同一重要负荷点供电的两回路电源电缆需分开一定的距离或者敷设在不同的沟、槽、托盘支架之内。

低电平模拟信号的控制电缆与动力电缆之间需保持最大可能的敷设间距，不能同管敷设。

交流回路中的单芯电缆需采用磁性材料护套铠装的电缆，单芯电缆不能单根穿钢管敷设。

为了在敷设电缆时不使电缆的结构、绝缘受到损伤，必须要保证电缆的允许弯曲半径要求，电缆敷设的弯曲半径与电缆外径的最小比值见表 8-27。

表 8-27 电缆敷设的弯曲半径与电缆外径的最小比值

电缆护套类型		电力电缆		其他多芯电缆
		单芯	多芯	
金属护套	铅	25	15	15
	铝	30	30	30
	皱纹铝套和皱纹钢套	20	20	20
非金属护套		20	15	无铠装 10 有铠装 15

在选择电缆的敷设方式时，需充分考虑到电缆全程的防火措施；另外，电缆在穿过建筑物的基础、墙、楼板处，需有电缆保护管保护；电缆在穿过孔、洞之后，墙上和楼板上的孔、洞以及保护管的端头都需用防火堵料加以封堵。

1. 电缆的敷设方式选择

需考虑工作条件、环境特点和电缆类型数量等因素，以满足运行可靠、维护方便和经济合理等要求，常见的电缆敷设方式包括直埋、电缆沟、电缆桥架等。

(1) 电缆直埋敷设：适合于电缆根数少，沿途能够提供所占用的土地的情况，这种方式具有投资少、施工简单、电缆散热好、防火等优点，尤其适用于满足火灾事故时连续供电的消防配电线路；但是，当电缆根数多时，由于直埋方式要占用大量的土地资源，在石油化工企业各种设施的布局很紧凑的情况下，既没有必要也很难向直埋电缆提供大量的土地资源，因此一般来讲，当电缆的根数超过 8 根时，就选择其他敷设方式。

(2) 电缆沟敷设：适合于电缆根数较多，又有一定的土地资源的情况，这种方式占地少、维护方便；当电缆沟内充满砂石后，电缆沟还具有防火性能，也适用于消防配电线路。

(3) 电缆桥架敷设：是一种普遍采用的方式，这种方式在石油化工企业适用的场合很广泛，例如变电所内部、生产装置区、厂区、办公室等。其优点是维护方便，不占用土地，在占用的一定空间范围内，可以敷设相当多的电缆；电缆桥架既可以单独架设，也可以架设在公共的管架之上。其缺点是防火能力较差，因此消防配电线路一般需采用耐火电缆敷设在专用的电缆桥架内，且不与可燃液体、气体管道同架敷设。

(4) 电缆隧道敷设：石油化工企业内，有些重要的动力电缆线路，电压等级高，输电量大，当 35～110 kV 电缆线路超过 4 组时，可考虑采用电缆隧道敷设方式。电缆隧道占地少，提供的输电线路多，线路长度不受限制，电缆的敷设和运行维护方便，尤其适合于道路、河流、铁路、堤坝的穿越处，但电缆隧道的造价相对于其他敷设方式较高。

(5) 排管敷设：当相当多数量的电缆在同一地点穿越道路或地下沟、渠或与其他地下管道交叉的地方，可以采用排管敷设法。这种方法占地少，运行维护较方便，而且成本低，但不适合于整条线路全部采用。

2. 电缆敷设的要求

(1) 电缆直埋敷设一般需符合下列要求：

① 直埋电缆的埋设深度一般不小于 0.7 m，且在电缆的上、下均匀敷设 100 mm 厚的细砂或软土，并盖以混凝土制作的保护板(或砖)，保护板的宽度需超过电缆两侧各 50 mm。

② 严寒地区的电缆一般也可敷设在冻土层以下，而当冻土层很厚时，如果要把电缆埋在冻土层以下，其工程费用和施工难度都会大大增加，这时可以采取不增加埋设深度，只是增加在电缆上、下铺设的细砂或软土的厚度，使其上、下都不少于 200 mm 的方法。

③ 一般向同一重要负荷点供电的两回路电源电缆不可沿相同的路径并列敷设，若难以实现沿不同路径分别敷设，而只能选择同一电缆沟时，需适当加大两路电缆的水平间距。

④ 电缆线路的终端、转弯处、中间接点和沿直线每隔 30～50 m 处都需设置永久标志。

⑤ 直埋敷设的电缆之间及与各种设施平行或交叉的最小净距一般不小于表 8-28 所列的数值。

表 8-28　电缆与电缆或管道、道路、构筑物等相互间允许最小距离　单位：m

电缆直埋时的配置情况		平行	交叉
控制电缆之间		—	0.5①
电力电缆之间或与控制电缆之间	10 kV 及以下电力电缆	0.1	0.5①
	10 kV 以上电力电缆	0.25②	0.5①
不同部门使用的电力电缆		0.5②	0.5①
电缆与地下管沟	热力管沟	2③	0.5①
	油管或易燃气管道	1	0.5①
	其他管道	0.5	0.5①
电缆与铁路	非直流电气化铁路铁轨	3	1
	直流电气化铁路铁轨	10	1
电缆与建筑物基础		0.6③	
电缆与公路边		1③	

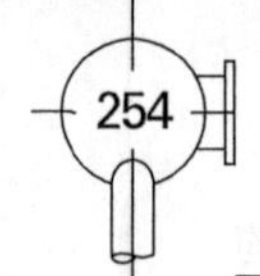

续表

电缆直埋时的配置情况	平行	交叉
电缆与排水沟	1③	
电缆与树木的主干	0.7	
电缆与 1 kV 以下架空线电杆	1③	
电缆与 1 kV 以上架空线杆塔基础	4③	

注：① 用隔板分隔或电缆穿管时可为 0.25；
② 用隔板分隔或电缆穿管时可为 0.1；
③ 特殊情况可酌减且最多减少一半值。

⑥ 禁止把电缆平行敷设于各种管道的正上方和正下方。

⑦ 电缆与道路、铁路交叉时，需穿管保护，保护管需伸出路基两侧各 1 m。

⑧ 电缆与热力管沟交叉时需加保护管，当采用石棉管保护时，其长度需伸出热力管沟两侧各 2 m，采用隔热保护时，则超过热力管沟和电缆两侧各 1 m。

⑨ 电缆与建筑物平行敷设时，电缆一般埋设在建筑物的散水坡外，电缆引入建筑物时，所穿保护管都必须伸出建筑物散水坡外 0.25 m。

⑩ 直埋电缆引入隧道、电缆竖井、地下建筑物处的保护管可采取堵塞管口的防止渗水的措施。

⑪ 直埋电缆由地下引出地面时，所有地下 0.2 m 和地上 2 m 以内的电缆都需穿管或加保护罩保护。

(2) 电缆在电缆沟内敷设一般需符合下列要求：

① 电缆沟的要求：室内电缆沟的盖板需与室内地坪对齐，室内地坪如果有积水可能时，电缆沟盖板之间的缝隙还需用水泥砂浆密封抹平；室外电缆沟的设置不能阻碍地面排水和交通，当难以避免时，则采用具有覆土层的暗式电缆沟，且电缆沟上面的覆土层的厚度一般为 300 mm；电缆沟的盖板一般做成可开启的，每块盖板的重量不超过 50 kg，室内需经常开启的电缆沟，盖板一般采用花纹钢板制作；不采用无支架、分层、充砂方式敷设电缆的电缆沟一般设置排水坡道和集水井等排水设施，与道路交叉的电缆沟则加固到经得起重型车辆通过不被破坏的程度。

② 电缆沟中需留有工作通道，工作通道的最小允许净宽见表 8－29。

表 8－29　电缆沟中通道净宽允许最小值　　单位：mm

电缆支架配置及其通道特征	电缆沟沟深		
	＜600	600～1 000	＞1 000
两侧支架间净通道	300	500	700
单侧支架与另一壁间通道	300	450	600

③ 电缆支架的层间垂直距离需保证敷设电缆不受阻碍，其最小距离见表 8－30。

表 8-30　电缆沟中电缆支架层间垂直距离的允许最小值　　单位:mm

电缆电压等级和类型		普通角钢支架或钢制托壁
控制电缆		120
电力电缆	6 kV 以下	150
	6～10 kV 交联聚乙烯	200
	35 kV 单芯电缆	250
	35 kV 三芯电缆、110～220 kV	300

注:最上层电缆支架距盖板的距离可按所列数值再增加 80～150 mm,最下层电缆支架距沟底垂直净距不得小于 50～100 mm。

④ 1 kV 以上电力电缆与 1 kV 及以下电压的电力电缆或控制电缆需分别敷设在不同的支架(托臂)上,1 kV 及以下电压的电力电缆和控制电缆可以在同一支架上无间距敷设,电缆与每个支架接触处都需与之固定捆扎。

⑤ 向同一重要负荷点供电的两回路电源电缆线路需分沟敷设,当分沟有困难时,两回电缆可分别敷设在不同的支架上,并采用阻燃电缆或采取防火措施。在充砂敷设的沟中,可适当加大两路电缆之间的水平或垂直距离。

⑥ 处于爆炸性气体危险环境内的电缆沟,电缆敷设需采取全充砂、无支架、分层敷设的方式,层与层之间垂直净距不小于 250 mm,电缆与电缆之间水平净距除控制电缆之间可以无间距之外,10 kV 及以下电缆之间不小于 100 mm、10 kV 以上不小于 250 mm。

(3) 电缆在电缆桥架上敷设一般需符合下列要求:

① 电缆桥架的要求包括:装置区内电缆桥架的布置需与相关专业协调,尽量布置在公共管架上,除了电缆桥架本身结构之外,还需留出专用或公用的维护通道,维护通道的净宽不小于 0.7 m,净高不小于 1.8 m;室外电缆桥架需采取防日光直晒、防机械损伤和化学液体滴溅的措施;电缆桥架一般选择轻型、梯级式的电缆桥架,电缆桥架的设计荷载一般包括安装、检修时的附加荷载,水平架设的电缆桥架两个支持点之间的最大挠度,在满载电缆时不大于 3～5 mm;电缆桥架垂直架设时,从地面向上 2 m 段,有可能与人员或其他移动设施接触的正面都需有防护罩;单独架设在空旷场地的电缆桥架,除了垂直荷重之外,还需考虑大风的影响;多层排列的桥架,层间距离不小于桥架本身外壳高度加 150 mm。

② 电缆桥架与各种管道平行和交叉时,其最小净距不小于表 8-26 所列数值。

③ 1 kV 以上电力电缆与 1 kV 及以下电力电缆和控制电缆需分架敷设,同架敷设时,需用防火隔板隔开。

④ 向同一重要负荷点供电的两回路电源电缆以及重要的机、泵动力电缆,如果有工作和备用之别的,可采用阻燃电缆分别敷设在不同的桥架内,当架设不同电缆桥架有困难,只能敷设在同一个桥架之内时,可加防火隔板隔开;电缆敷设在水平桥架内时,至少每隔 2 m 与桥架本体固定捆扎一次,电缆沿垂直桥架敷设时,最上端必须固定,其他部位也至少每隔 1 m 与桥架本体固定捆扎一次。

⑤ 电缆桥架的层间垂直距离需保证敷设电缆不受阻碍,其最小距离见表 8-31。

表 8-31　电缆桥架层间垂直距离的允许最小值　　单位:mm

电缆电压等级和类型		电缆桥架
控制电缆		200
电力电缆	6 kV 以下	250
	6～10 kV 交联聚乙烯	300
	35 kV 单芯电缆	300
	35 kV 三芯电缆、110～220 kV	350

(4) 电缆在电缆隧道内敷设需符合下列要求:

① 电缆隧道的净高不得小于 1.9 m,局部与其他沟、管道交叉处净高不得小于 1.4 m,在单侧支架的隧道内,维护通道的最小净宽为 0.9 m,双侧支架的隧道内,维护通道的最小净宽为 1.2 m。

② 电缆隧道的出口一般不少于 2 个,两个出口之间(包括安全出口的人孔)的距离小于 40 m,安全出口的人孔直径不得小于 0.7 m,安全人孔可与隧道进、出风井结合在一起。

③ 电缆隧道一般是防水的建筑物,隧道底部有不小于 0.5%的排水坡道和专门排水的边沟和集水坑。

④ 长的电缆隧道需每隔 75 m 设置一处带防火门的防火分隔墙,每两个防火隔墙之间作为一个防火分区设置相应的火灾报警、消防设施;且有机械通风设施,进风和排风井的设置可同时作为安全出口,进风可以是自然的,排风必须是机械强制的。

⑤ 电缆隧道内需有人工照明,当采用交流 220 V 电源供电时照明电源还需考虑漏电保护设备,也可采用 36 V 及以下的安全电压作为隧道的照明电源。

(5) 电缆穿保护管敷设需符合下列要求:

① 保护管的内径不小于电缆外径的 1.5 倍,保护管的弯曲半径不小于其外径的 10 倍,并且不小于所穿电缆的最小允许弯曲半径。

② 当采用排管方式时,管子与管子和排与排之间需有管托架支撑,管托与管托之间距离不大于 2 m,管子之间的空隙用耐火的材料填满。

③ 电缆穿管长度在没有弯头时一般不超过 50 m,超过 50 m 时需分段穿管敷设,中间设置穿线电缆井。

④ 电缆保护管一般选择钢管,也可以选择强度高的、有阻火能力的其他材质的管子,如塑料管、玻纤增强 FRP 管等,设备的进线电缆则可以选择专用的挠性保护管。

(6) 电缆在电缆夹层内敷设需符合下列要求:

① 电缆夹层的净高一般不小于 2 m,采用机械通风系统的电缆夹层,其风机的控制需与火灾自动报警系统联锁,一旦发生火灾需及时可靠地切断电源。

② 电缆夹层的出口不少于 2 个,且其中一个可直接通往疏散通道。

③ 电缆夹层内的电缆桥架及其支架需满足层间间距和敷设要求,最上层支架距顶的净距需满足电缆引至上侧设备时的允许弯曲半径要求,且不小于表 8-24 的规定,采用电缆桥架时不小于表 8-24 规定的值再加上 80～150 mm,最下层支架或电缆桥架距底的净距在非通道处不小于 200 mm,在通道处则不小于 1 400 mm。

第 9 章　爆炸危险环境电气设计

本章讨论爆炸危险环境的电气设计，当石油化工生产、加工、处理、转运或贮存过程中出现或可能出现爆炸性气体混合物环境和爆炸性粉尘混合物环境时，需进行爆炸性气体环境和爆炸性粉尘环境的电力设计。以现行国家和行业标准为依据，各相关专业根据项目特征、以往工程经验和对同类装置的生产运行情况调查，采用适当的分析方法，共同对爆炸危险介质的各项参数进行研究和界定，并在总图布置、装置框架结构设计和设备布置中优化设计，减小爆炸危险区域的范围和等级，尽可能降低爆炸对人员造成的伤害和对财产造成的损失。

9.1　爆炸性气体环境

爆炸性气体环境是指在大气条件下，气态可燃物质与空气的混合物被引燃后，能够保持燃烧并自行传播的环境，其中可燃物质指物质本身是具有可燃性的。

9.1.1　一般规定

(1) 在生产、加工、处理、转运或贮存过程中出现或可能出现爆炸性气体混合物环境时，一般符合下列情况之一，就需进行爆炸性气体环境的电力装置设计：

① 在大气条件下，可燃气体与空气混合形成爆炸性气体混合物，一般引燃后燃烧并将在全范围内传播。

② 对可燃液体而言，闪点是一个重要的物料特性，闪点是指在标准条件下，使液体变成蒸气的数量能够形成可燃性气体或空气混合物的最低液体温度。闪点小于或等于环境温度的可燃液体的蒸气或薄雾与空气混合形成爆炸性气体混合物，此环境温度一般是可燃物质所在地点的环境温度，既可选用最热月平均最高温度，也可利用采暖通风专业的“工作地带温度”或根据相似地区同类型的生产环境的实测数据加以确定，如无特殊情况，一般取 45 ℃。

③ 在物料操作温度高于可燃液体闪点(≥60 ℃)的情况下，可燃液体有可能泄漏时。

(2) 在爆炸性气体环境中产生爆炸必须同时满足下列条件：

① 存在可燃气体、可燃液体的蒸气或薄雾，其浓度在爆炸极限以内；

② 存在足以点燃爆炸性气体混合物的火花、电弧或高温。

(3) 为防止爆炸，在采取电气预防以前，首先提出工艺流程及布置等措施，即称之为“第一次预防措施”：

① 使产生爆炸的条件同时出现的可能性降到最低。

② 工艺设计中需采取消除或减少可燃物质的产生及积聚的措施，包括工艺流程中一般采

取较低的压力和温度,将可燃物质限制在密闭容器内;工艺布置需考虑限制和缩小爆炸危险区域的范围,一般将不同等级的爆炸危险区,或爆炸危险区与非爆炸危险区分隔在各自的厂房或界区内;设备内部一般采用以氮气或其他惰性气体覆盖的措施,有明火及高温的设备需布置在石油化工装置边沿;采取安全联锁或事故时加入聚合反应阻聚剂等化学药品的措施等。

③ 防止爆炸性气体混合物的形成,或缩短爆炸性气体混合物滞留时间,一般采取下列措施:工艺装置采取露天或开敞式布置;设置机械通风装置;在爆炸危险环境内设置正压室。

④ 区域内易形成和积聚爆炸性气体混合物的地点需设置自动测量仪器装置,当气体或蒸气浓度接近爆炸下限值的50%时,则需可靠地发出信号或切断电源。

⑤ 在区域内一般采取消除或控制设备线路产生火花、电弧或高温的措施。

9.1.2 危险区域划分

1. 爆炸性气体环境分区

爆炸性气体环境需根据爆炸性气体混合物出现的频繁程度和持续时间,按下列规定进行分区,一般分为

0 区:连续出现或长期出现爆炸性气体混合物的环境;

1 区:在正常运行时可能出现爆炸性气体混合物的环境;

2 区:在正常运行时不太可能出现爆炸性气体混合物的环境,或即使出现也仅是短时存在的爆炸性气体混合物的环境。

2. 非爆炸危险区域判别

非爆炸危险区域需符合下列条件之一:

(1) 没有释放源并不可能有可燃物质侵入的区域;

(2) 可燃物质可能出现的最高浓度不超过爆炸下限值的10%;

(3) 在生产过程中使用明火的设备附近,或炽热部件的表面温度超过区域内可燃物质引燃温度的设备附近。

注:一般情况下,明火设备如锅炉采用平衡通风,即引风机抽吸烟气的量略大于送风机的风和煤燃烧所产生的烟气量,这样就能保持锅炉炉膛负压,可燃性物质不能扩散至设备附近与空气形成爆炸性混合物,因此明火设备附近按照非危险区考虑,包括锅炉本身所含有的仪表等。

燃油、燃气锅炉房需有良好的自然通风或机械通风设施,燃气锅炉房还需选用防爆型的事故排风机。当设置机械通风设施时,该机械通风设施需设置导除静电的接地装置,且通风量须符合下列规定:燃油锅炉房的正常通风量按换气次数不少于 3 次/h 确定;燃气锅炉房的正常通风量按换气次数不少于 6 次/h 确定;燃气锅炉房的事故通风量按换气次数不少于 12 次/h 确定。

根据上述规定,锅炉房可以认为是通风良好的场所,因此与锅炉设备相连接的管线上的阀门等可能有可燃性物质存在处,按照独立的释放源考虑危险区域,通风良好的场所可适当降低危险区域的等级。

(4) 在生产装置区外的露天或开敞设置的输送可燃物质的架空管道地带。

注:架空管道地带的阀门处需按具体情况定,一般截断阀和止回阀周围的区域是不分类的;但工艺程序控制阀周围的区域,在阀杆密封或类似密封周围 0.5 m 的范围内划为 2 区。

3. 释放源

危险区域划分的根本因素就是鉴别释放源和确定释放源的等级。释放源是指可释放出能形成爆炸性混合物的物质所在的部位或地点。每台工艺设备如罐、泵、管道、容器、阀门等都视作可燃物质的潜在释放源。一般按可燃物质的释放频繁程度和持续时间长短释放源分级为连续级释放源、一级释放源、二级释放源。

释放源分级需符合下列规定：

(1) 连续级释放源为连续释放或预计长期释放的释放源。类似没有用惰性气体覆盖的固定顶盖贮罐中的可燃液体的表面；油、水分离器等直接与空间接触的可燃液体的表面；经常或长期向空间释放可燃气体或可燃液体的蒸气的排气孔和其他孔口等情况，可划为连续级释放源。

(2) 一级释放源为在正常运行时，预计可能周期性或偶尔释放的释放源。如正常运行时会释放可燃物质的泵、压缩机和阀门等的密封处；贮有可燃液体的容器上的排水口处，在正常运行中当水排掉时，该处可能会向空间释放可燃物质；正常运行时会向空间释放可燃物质的取样点；正常运行时会向空间释放可燃物质的泄压阀、排气口和其他孔口等情况，可划为一级释放源。

(3) 二级释放源为在正常运行时，预计不可能释放，当出现释放时，也仅是偶尔和短期释放的释放源。类似正常运行时不能出现释放可燃物质的泵、压缩机和阀门的密封处；正常运行时不能释放可燃物质的法兰、连接件和管道接头；正常运行时不能向空间释放可燃物质的安全阀、排气孔和其他孔口处；正常运行时不能向空间释放可燃物质的取样点等情况，可划为二级释放源。

如果该类设备不可能含有可燃物质，那么很明显它的周围就不会形成危险环境；如果该类设备含有可燃物质，但不向大气中释放，如全部焊接管道，也不视为释放源，则同样不会形成危险环境。

4. 通风良好判定

当爆炸危险区域内通风的空气流量能使可燃物质很快稀释到爆炸下限值的25%以下时，可定为通风良好，另需符合下列规定：

(1) 露天场所；

(2) 敞开式建筑物或在建筑物的壁、屋顶开口，其尺寸和位置保证建筑物内部通风效果等效于露天场所；

(3) 非敞开建筑物或建有永久性的开口，使其具有自然通风的条件；

(4) 封闭区域，每平方米地板面积每分钟至少提供0.3 m^3 的空气或至少1 h换气6次可定为通风良好场所，其通风速率可由自然通风或机械通风来实现；另外在封闭式或半封闭式的建筑物内设置有备用的独立通风系统，或当通风设备发生故障时，设置自动报警或停止工艺流程等确保能阻止可燃物质释放的预防措施，或使设备断电的预防措施等情况时，均可不计机械通风故障的影响。

5. 爆炸危险区域的划分

爆炸危险区域的划分需按释放源级别和通风条件来共同确定，存在连续级释放源的区域可划为0区，存在一级释放源的区域可划为1区，存在二级释放源的区域可划为2区，并根据通风条件来调整区域划分，包括当通风良好时，可降低爆炸危险区域等级，当通风不良时，需提高爆炸危险区域等级；局部机械通风在降低爆炸性气体混合物浓度方面比自然通风和一般机械通风更为有效时，可采用局部机械通风降低爆炸危险区域等级；在有障碍物、凹坑和死角处，可局部提高爆炸危险区域等级；利用堤或墙等障碍物，限制密度大于空气的爆炸性气体混合物的扩散，可缩小爆炸危险区域的范围等。

应用于特殊环境中的设备和系统，如研究、开发、小规模试验性装置和其他新项目工作，如果设备仅在限制期内使用，由经过专门培训的人监督，那么不需要按照爆炸危险性环境考虑，但需符合采取措施确保不形成爆炸危险性环境；确保设备在出现爆炸性危险环境时断电，此时还需防止热元件引起点燃；采取措施确保人和环境不受试验燃烧或爆炸带来的危害等一项或多项条件。另外，还可由具备熟悉所有措施的要求和国家现行相关标准以及危险环境用电气设备和系统的使用要求且熟悉进行评估所需的资料等条件的人员书面写出所采取的措施。

9.1.3 危险区域范围

爆炸性气体环境危险区域的范围需根据释放源的级别和位置、可燃物质的性质、通风条件、障碍物及生产条件、运行经验等，经技术经济比较后综合考虑。

建筑物内部可以厂房为单位划定爆炸危险区域的范围，但有时也需考虑生产的具体情况。当厂房内空间大、释放源释放的可燃物质量又较少，并符合当厂房内具有比空气重的可燃物质，厂房内通风换气次数不少于每小时两次，且换气不受阻碍，厂房地面上高度 1 m 以内容积的空气与释放至厂房内的可燃物质所形成的爆炸性气体混合浓度小于爆炸下限；或当厂房内具有比空气轻的可燃物质，且平屋顶平面以下 1 m 高度内或圆顶、斜顶的最高点以下 2 m 高度内的容积的空气与释放至厂房内的可燃物质所形成的爆炸性气体混合物的浓度小于爆炸下限等规定时，可将厂房内部按空间划定爆炸危险的区域范围。一般释放至厂房内的可燃物质的最大量可按一小时释放量的三倍计算，但不包括由灾难性事故引起破裂时的释放量；另外所谓轻于空气的气体指的是相对密度小于 0.8 的爆炸性气体，而相对密度大于 1.2 的爆炸性气体则规定为重于空气的气体，相对密度在 0.8～1.2 范围内的需酌情考虑。

当高挥发性液体可能大量释放并扩散到 15 m 以外时，爆炸危险区域的范围可划分附加 2 区。

当可燃液体闪点≥60 ℃时，在物料操作温度高于可燃液体闪点的情况下，可燃液体可能泄漏时，其爆炸危险区域的范围可适当缩小，但不能小于 4.5 m。

爆炸性气体环境内的车间采用正压或连续通风稀释措施后，不能形成爆炸性气体环境时，车间可降为非爆炸危险环境，但通风引入的气源需安全可靠，且必须是没有可燃物质、腐蚀介质及机械杂质的，进气口还需设在高出所划爆炸性危险区域范围的 1.5 m 以上处。

爆炸性气体环境电力装置设计需给出爆炸危险区域划分图，对于简单的或小型厂房则可采用文字说明表达。

9.1.4 爆炸性气体混合物的分级和分组

爆炸性气体混合物需按其最大试验安全间隙(MESG)或最小点燃电流比(MICR)分级，并符合表 9-1 的要求，其中最小点燃电流比为各种可燃物质按照它们最小点燃电流值与实验室的甲烷的最小点燃电流值之比，而最大试验安全间隙与最小点燃电流比在分级上的关系也只是近似相等。

表 9-1　最大试验安全间隙或最小点燃电流比分级

级别	最大试验安全间隙(MESG)/mm	最小点燃电流比(MICR)	物质类型
ⅡA	≥0.9	>0.8	烃类:链烷类(甲烷、环丁烷等)、链烯类(丙烯等)、芳烃类(苯乙烯等)、苯类(苯、二甲苯等)、混合烃类(石脑油、燃料油等) 含氧化合物:醇类和酚类(甲醇、苯酚等)、醛类(乙醛、聚乙醛)、酮类(丙酮、环己酮等)、酯类(甲酸甲酯、醋酸甲酯等)、酸类(醋酸等) 含卤化合物:无氧化合物(氯甲烷、氯乙烯等)、含氧化合物(二氯甲烷、氯乙醇等) 含硫化合物:乙硫醇、噻吩等 含氮化合物:氨、甲胺、吡啶等 其他:醋酸酐、异丁醇、吗啉等
ⅡB	0.5<MESG<0.9	0.45≤MICR≤0.8	烃类:丙炔、乙烯等 含氮化合物:丙烯腈、氰化氢等 含氧化合物:二甲醚、环氧乙烷等 混合气:焦炉煤气等 含卤化合物:四氟乙烯、硫化氢等 其他:甲醛、石蜡、乙二醇等
ⅡC	≤0.5	<0.45	氢、乙炔、水煤气等

爆炸性气体混合物需按引燃温度分组,并符合表 9-2 的要求。

表 9-2　引燃温度分组

组别	引燃温度 t/℃	组别	引燃温度 t/℃
T1	$t>450$	T4	$135<t\leq200$
T2	$300<t\leq450$	T5	$100<t\leq135$
T3	$200<t\leq300$	T6	$85<t\leq100$

石油化工生产装置爆炸危险环境分区见下表,其中炼油工艺装置参见表 9-3、有机化工装置参见表 9-4、合成橡胶装置参见表 9-5、合成塑料装置参见表 9-6、无机化工装置参见表 9-7。表中数据与现行的 IEC 国际标准和我国防爆电气设备制造检验用的国家标准完全一致。

表 9-3　石油化工生产装置爆炸危险环境分区(炼油工艺装置)

生产装置	使用场所	主要介质名称	级别	组别	爆炸危险环境分区
常减压蒸馏装置	冷油泵房	汽油、煤油、柴油、泵油	ⅡA	T3	2 区
	热油泵房	轻重柴油、重油、渣油	ⅡA	T3	2 区
	露天装置区	汽油、煤油、柴油、重油	ⅡA	T3	2 区

续表

生产装置	使用场所	主要介质名称	级别	组别	爆炸危险环境分区
催化裂化装置	冷油泵房	液态烃、汽油、柴油	ⅡB	T3	2区
	热油泵房	轻重柴油、蜡油、油浆回炼油	ⅡA	T3	2区
	气压机室	富气、液态烃、凝缩油	ⅡB	T3	2区
	露天装置区	液态烃、汽油、煤油、柴油	ⅡB	T3	2区
催化重整装置	氢气压缩	氢气、甲烷、乙烷、丙烷	ⅡC	T3	2区
	冷油泵房	氢气、汽油	ⅡC	T3	2区
	热油泵房	柴油	ⅡA	T3	2区
	露天装置区	氢气、甲烷、乙烷、汽油、柴油	ⅡC	T3	2区
烷基化装置	氨压缩机室	氨	ⅡA	T1	2区
	泵房	液态烃、烷基化油	ⅡB	T3	2区
	露天装置区	液态烃、烷基化油	ⅡB	T3	2区
气体分馏装置	压缩机室	干气、液态烃	ⅡB	T3	2区
	泵房	液态烃150	ⅡB	T3	2区
	露天装置区	干气、液态烃150	ⅡB	T3	2区
重油、渣油加氢裂化装置	压缩机厂房	氢气、硫化氢、甲烷	ⅡC	T3	2区
	高压油泵房	蜡油、重油、渣油			21区
	露天装置区	氢气、硫化氢、甲烷、汽油	ⅡC	T3	2区
汽、煤、柴油或润滑油加氢精制装置	压缩机厂房	氢气、硫化氢、甲烷	ⅡC	T3	2区
	高压油泵房	汽、煤、柴油或润滑油	ⅡC	T3	2区
	露天装置区	氢气、硫化氢、甲烷、汽油	ⅡC	T3	2区
丙烷脱沥青装置	丙烷压缩机室	丙烷(含有乙烷、丁烷)	ⅡA	T2	2区
	丙烷泵房	丙烷(含有乙烷、丁烷)	ⅡA	T2	2区
	丙烷罐区	丙烷(含有乙烷、丁烷)	ⅡA	T2	2区
	露天装置区	丙烷(含有乙烷、丁烷)	ⅡA	T2	2区
氧化沥青装置	泵房	减压渣油			21区
	露天装置区	渣油、沥青			21区
三废处理装置	三废处理厂房	SO_2、CO_2、H_2S、氨酚、汽油、酚、环烷酸、乙酸铵等	ⅡA	T3	2区
	露天装置区	SO_2、CO_2、H_2S、氨酚、汽油、酚、环烷酸、乙酸铵等	ⅡA	T3	2区
	硫磺回收装置	硫磺粉尘			11区
	含硫污水装置		ⅡA	T3	2区

表 9－4　石油化工生产装置爆炸危险环境分区(有机化工装置)

生产装置	使用场所	主要介质名称	级别	组别	爆炸危险环境分区
管式炉裂解乙烯丙烯装置	裂解、裂解区(明火)	轻油、氢、甲烷、乙烯、丙烯	ⅡA	T3	2 区
	急冷区	氢、甲烷、乙烯、丙烯	ⅡA	T2	2 区
	压缩(裂解区)	氢、甲烷、乙烯、丙烯	ⅡA	T2	2 区
	制冷	乙烯、丙烯	ⅡA	T2	2 区
	分离冷区	氢、甲烷、丙烯、乙烯	ⅡA	T2	2 区
碳四制丁二烯装置	碳四抽提丁二烯	丁烷、丁烯、丁二烯	ⅡB	T3	2 区
	异丁烯分离	丁烷、正丁烯、异丁烯	ⅡB	T3	2 区
	丁烯氧化脱氢制丁二烯 前后乙腈 脱氢 压缩(生成气)	丁烷、丁烯、丁二烯 丁烯、丁二烯 丁烯、丁二烯	ⅡA ⅡB ⅡB	T2 T3 T3	2 区
裂解汽油加氢	加氢分馏氢	氢、苯、甲苯、二甲苯	ⅡC	T1	2 区
	氢气压缩机	氢	ⅡC	T1	2 区
芳烃抽提装置	芳烃	苯、甲苯、二甲苯	ⅡA	T1	2 区
对二甲苯装置	甲苯歧化及异构化	苯、甲苯、二甲苯	ⅡA	T1	2 区
	分馏	苯、甲苯、二甲苯	ⅡA	T1	2 区
	混合二甲苯分离	二甲苯	ⅡA	T1	2 区
苯酚丙酮装置	烃化	苯、丙烯、异丙烯	ⅡA	T2	2 区
	氧化	异丙烯、过氧化氢异丙苯	ⅡA	T2	2 区
	精馏及泵房(烃化、氧化产品)	异丙苯、苯酚、丙酮	ⅡA	T2	2 区
丙烯腈装置	原料空压机室	空气			
	对应丙烯氨(氧化)	丙烯、氨	ⅡA	T2	2 区
	预精制精馏	丙烯腈、乙腈、氢氰酸	ⅡA	T2	2 区
	含氰浓缩污水烧除炉	氰化物			
	含氰污水生化处理站	氰化物			
	氢化钠工段	氢氰酸、氢氧化钠			
丁辛醇装置	工艺生产装置(包括两步缩合两步加氢及精制)	乙醛、丁醇、辛醇、丁烯醛、辛烯醛	ⅡC	T3	2 区
	氢气柜	氢	ⅡC	T1	2 区
	中间储罐区	丁醇、辛醇	ⅡA	T2	2 区

续表

生产装置	使用场所	主要介质名称	级别	组别	爆炸危险环境分区
苯乙烯装置	苯烃化	苯、乙烯、乙苯	ⅡB	T2	2区
	乙基苯脱氢	乙苯、苯乙烯、氢	ⅡC	T1	2区
	脱氢炉(明火)冷凝	乙苯、苯乙烯、氢	ⅡC	T1	2区
	乙苯和苯乙烯精馏	乙苯、苯乙烯、苯	ⅡA	T1	2区
乙二醇装置	空气压缩机室	空气			
	循环乙烯压缩机房	乙烯	ⅡB	T2	2区
	氧化吸收精馏	乙烯、环氧乙烷	ⅡB	T2	2区
	环氧乙烷高压水和	环氧乙烷、乙二醇	ⅡB	T2	2区
	乙二醇精馏	乙二醇	ⅡB	T2	2区

表9-5 石油化工生产装置爆炸危险环境分区(合成橡胶装置)

序号	场所名称	主要介质名称	级别	组别	爆炸危险环境分区
丁苯橡胶	碳氢相配置	丁二烯、苯乙烯	ⅡB	T2	2区
	水相配置	松香酸皂脂肪酸皂			
	聚合及脱气	丁二烯、苯乙烯	ⅡB	T2	2区
	胶液罐区	丁二烯、苯乙烯聚合物	ⅡB	T2	2区
	后处理(凝聚、干燥、包装)	丁苯橡胶			22区
	成品车间仓库	丁苯橡胶	ⅡA	T2	22区
	松香工段	松香、氢氧化钾	ⅡA	T2	22区
	脂肪酸皂工段	脂肪酸、氢氧化钾	ⅡA	T2	
异戊橡胶	单体及溶剂罐区	异戊二烯、汽油	ⅡA	T3	2区
	催化剂及助剂配制	环烷酸稀土、汽油	ⅡA	T3	2区
	聚合	异戊二烯、汽油	ⅡA	T3	2区
	凝聚	异戊二烯、汽油	ⅡA	T3	2区
	单体及溶剂回收	异戊二烯、汽油	ⅡA	T3	
	后处理(脱水、干燥、包装)	异戊橡胶			
	成品仓库	异戊橡胶			

表 9-6　石油化工生产装置爆炸危险环境分区(合成塑料装置)

序号	场所名称	主要介质名称	级别	组别	爆炸危险环境分区
己内酰氨	苯加氢制环己烷	苯、氢、环己烷	ⅡC	T1	2 区
	环己烷氧化制环己酮	环己烷、环己酮	ⅡA	T2	2 区
	苯酚加氢制环己醇	苯醛、环己醇	ⅡA	T2	2 区
	环己醇脱水制环己酮	环己醇、环己酮	ⅡA	T2	2 区
	环己酮精馏	环己酮	ⅡA	T2	2 区
	脂化、转位、中和	环己酮、环己酮肪			
	萃取精制	己内酰氨、三氯乙烯	ⅡB	T2	2 区
	切片包装	己内酰氨			22 区
高压聚乙烯	压缩	乙烯	ⅡB	T2	2 区
	催化剂配制	催化剂、白油	ⅡA	T3	2 区
	聚合	乙烯	ⅡB	T3	2 区
	加工(挤压造粒)	聚乙烯			22 区
	掺合	聚乙烯			22 区
	包装及中间仓库	聚乙烯			22 区
聚丙烯	催化剂配制	三氯化铁、一氯二乙基铝、汽油	ⅡA	T3	2 区
	聚合	丙烯	ⅡA	T3	2 区
	脂化、洗涤、过滤	汽油、聚丙烯	ⅡA	T3	2 区
	溶剂回收	汽油	ⅡA	T3	2 区
聚丙烯	空气压缩机室	空气			
	对苯二甲酸	对苯二甲酸、对苯二甲苯	ⅡA	T1	2 区
	对苯二甲酸二甲酯	对苯二甲酸、甲醇	ⅡA	T1	2 区
	酯交换(对苯二甲酸二乙酯)	对苯二甲酸二甲酯、乙二醇、甲醇、对苯二甲酸二乙酯	ⅡA	T1	2 区
	聚合	对苯二甲酸二乙酯、乙二醇、聚对苯二甲酸二乙酯			22 区
	造粒包装	聚对苯二甲酸二乙酯			22 区
块状聚苯乙烯	聚合	苯乙烯	ⅡA	T1	2 区
	造粒包装	聚苯乙烯			22 区

续表

序号	场所名称	主要介质名称	级别	组别	爆炸危险环境分区
低压聚乙烯	催化剂配制	四氯化钛、汽油	ⅡA	T3	2区
	聚合	乙烯、汽油	ⅡA	T3	2区
	酯化、洗涤、过滤	汽油、聚乙烯	ⅡA	T3	2区
	干燥、包装	聚乙烯			22区
	回收	汽油	ⅡA	T3	2区
尼龙66	苯酚加氢制环己醇	苯酚、氢、环己醇	ⅡC	T3	2区
	环己醇氧化制己二酸	环己醇、己二酸	ⅡA	T3	2区
	己二酸氨化脱水制己二腈	己二酸、氨、己二腈	ⅡA	T1	2区
	己二腈加氢制己二胺	己二腈、氢、己二胺	ⅡC	T1	2区
	聚合	己二酸、己二胺			22区
	包装	尼龙66			22区

表9-7 石油化工生产装置爆炸危险环境分区(无机化工装置)

序号	场所名称	主要介质名称	级别	组别	爆炸危险环境分区
合成氨、合成甲醇	天然气或轻油脱硫、焦炉气脱硫	甲烷、乙烷、丙烷等	ⅡA	T1	2区
	蒸汽转化	氢、一氧化碳、甲烷	ⅡC	T1	2区
	部分氧化	氢、一氧化碳、甲烷	ⅡC	T1	2区
	造气(常压、加压)	氢、一氧化碳、甲烷	ⅡC	T1	2区
	煤焦的贮存、干燥输送和破碎	煤焦及其粉尘			22区
	煤粉的制备破碎筛分和贮存输送	煤焦及其粉尘			21区
	脱除CO	氢、一氧化碳	ⅡC	T1	2区
	脱除CO_2	氢	ⅡC	T1	2区
	铜液制备和再生	醋酸、氨	ⅡA	T1	2区
	焦炉气净化	氢、一氧化碳、甲烷	ⅡC	T1	2区
	氢分、氮洗装置	氢、一氧化碳、甲烷	ⅡC	T1	2区
	氢、氮压缩	氢、一氧化碳	ⅡC	T1	2区
	氨及甲醇合成	氢、一氧化碳	ⅡC	T1	2区
	甲醇精制	甲醇	ⅡA	T2	2区
	氨水吸收液、氨贮存及瓶装	氨	ⅡA	T1	2区

续表

序号	场所名称	主要介质名称	级别	组别	爆炸危险环境分区
空气分离装置	空气吸入过滤压缩冷却	空气			
	空气分馏塔（箱内包括稀有气体分馏塔）	氧、氮、氩			
	稀有气体提取装置				
	氩气净化(用氢)	氢、氧、氩	ⅡC	T1	2区
	氪氙精制	氧、氮、氪、氙			
	空分氮洗联合装置				
	合成氨弛放气洗氨、干燥液化气提氩	氢、氮、氨、氩、甲烷			
氯碱生成装置	盐库及盐水精制	NaCl溶液			
	电解	氢、氯	ⅡC	T1	2区
	氢气干燥、压缩	氢	ⅡC	T1	2区
	氯气干燥、压缩、液瓶充氯	氯			
	蒸发	氢氧化钠			
	固碱	氢氧化钠			
	氯化氢合成	氢、铝、氯化氢			

9.2 爆炸性粉尘环境

9.2.1 一般规定

(1) 在生产、加工、处理、转运或贮存过程中出现或可能出现可燃性粉尘与空气形成的爆炸性粉尘混合物环境时，就需进行爆炸性粉尘环境的电力装置设计。爆炸性粉尘环境中的粉尘类型可分为三级，即可燃性飞絮(ⅢA级)、非导电性粉尘(ⅢB级)、导电性粉尘(ⅢC级)。

(2) 在爆炸性粉尘环境中产生爆炸必须同时存在下列条件：

① 存在爆炸性粉尘混合物，其浓度需在爆炸极限以内，虽然高浓度粉尘云可能是不爆炸的，但是危险依然存在，如果把浓度降下来，就会进入爆炸范围；

② 存在足以点燃爆炸性粉尘混合物的火花、电弧、高温、静电放电或能量辐射。

(3) 在爆炸性粉尘环境中需先采取措施消除或减少爆炸性粉尘混合物产生和积聚，使产生爆炸的条件同时出现的可能性降到最低。一般说来，导电粉尘的危险程度高于非导电粉尘，爆炸性粉尘混合物的爆炸下限随粉尘的分散度、湿度、挥发性物质的含量、灰分的含量、火源的性质和温度等而变化，需按照爆炸性粉尘混合物的不同特征采取相应的措施，包括：

① 对工艺设备来说，需将危险物料密封在可防止粉尘泄漏的容器内；

② 采用露天或开敞式布置，也可采用机械除尘措施，防止形成悬浮状粉尘，即在生产过程

中采用通风措施，将容器或设备中泄漏出来的粉尘，通过通风装置抽送到除尘器中，这样既减少物料的损耗，又降低了生产环境中的危险程度，而不是简单地加速通风，致使粉尘飞扬而形成悬浮状粉尘，反而增加了危险因素；

③ 限制和缩小爆炸危险区域的范围，并将可能释放爆炸性粉尘的设备单独集中布置；

④ 提高自动化水平，采取必要的安全联锁措施；

⑤ 有效地清除有沉积的粉尘，清理的效果比清理的频率更重要；

⑥ 限制产生危险温度及火花，尤其是由于电气设备或线路产生的过热及火花；

⑦ 防止粉尘进入产生电火花或高温的部件的外壳内；

⑧ 可适当增加物料的湿度，以便减少空气中粉尘的悬浮量。

另外，选用粉尘防爆类型的电气设备，提高设备外壳防护等级也是防止粉尘引爆的重要手段。

9.2.2 危险区域划分

1. 分区原则

爆炸性粉尘环境需按爆炸性粉尘的量、爆炸极限和通风条件确定，根据爆炸性粉尘环境出现的频繁程度和持续时间，按下列规定进行分区，一般分为：

20 区：空气中的可燃性粉尘云持续地或长期地或频繁地出现于爆炸性环境中的区域；

21 区：在正常运行时，空气中的可燃性粉尘云很可能偶尔出现于爆炸性环境中的区域；

22 区：在正常运行时，空气中的可燃粉尘云一般不可能出现于爆炸性粉尘环境中的区域，即使出现，持续时间也是短暂的。

2. 设计要求

非爆炸危险区域需符合下列条件之一：

① 装有良好除尘效果的除尘装置，当该除尘装置停车时，工艺机组能联锁停车；

② 设有为爆炸性粉尘环境服务，并用墙隔绝的送风机室，其通向爆炸性粉尘环境的风道设有能防止爆炸性粉尘混合物侵入的安全装置，例如单向流通风道及能阻火的安全装置等；

③ 区域内使用爆炸性粉尘的量不大，且在排风柜内或风罩下进行操作，但为爆炸性粉尘环境服务的排风机室，需与被排风区域的爆炸危险区域等级相同。

3. 粉尘释放源

爆炸性粉尘环境由粉尘释放源而形成，粉尘释放源则按爆炸性粉尘释放频繁程度和持续时间长短分级，并按下列规定进行分区：

连续级释放源为粉尘云持续存在或预计长期或短期经常出现的部位；

一级释放源为在正常运行时预计可能周期性地或偶尔释放的释放源，例如毗邻敞口袋灌包或倒包的位置周围区域；

二级释放源为在正常运行时，预计不可能释放，如果释放也仅是不经常地并且是短期地释放，例如需要偶尔打开并且打开时间非常短的人孔，或者是存在粉尘沉淀地方的粉尘处理设备。

而压力容器外壳主体结构以及它的封闭管口和人孔、全部焊接的输送管和溜槽、在设计和结构方面对防粉尘泄露进行了适当考虑的阀门压盖和法兰接合面等都不能视为释放源。

9.2.3 危险区域范围

爆炸性粉尘环境危险区域的范围需通过评价涉及该环境的释放源的级别引起爆炸性粉尘环境的可能来规定。

1. 20 区

20 区的范围主要包括粉尘云连续生成的管道、生产和处理设备的内部区域，如果粉尘容器外部持续存在爆炸性粉尘环境，也可考虑为 20 区。

2. 21 区

21 区的范围划分有点复杂，通常与一级释放源有关联，需按下列原则来确定：

(1) 含有一级释放源的粉尘处理设备的内部；

(2) 由一级释放源形成的设备外部场所，其区域的范围会受到一些粉尘参数的限制，如粉尘量、释放速率、浓度、颗粒大小和产品湿度，同时还需要考虑引起释放的条件；对于建筑物外部场所(露天)，其范围会由于气候的影响而改变，如风、雨等；另外，在考虑 21 区的范围时，通常按照释放源周围 1 m 的距离(垂直向下延至地面或楼板水平面)来考虑；

(3) 如果粉尘的扩散受到实体结构的限制，如墙壁等，则其表面可作为该区域的边界；

(4) 一个位于内部不受实体结构限制的 21 区，如一个有敞开人孔口的容器等，通常会被一个 22 区包围；

(5) 结合同类企业相似厂房的实践经验和实际因素也可将整个厂房划为 21 区。

3. 22 区

22 区的范围划分可按下列原则来确定：

(1) 由二级释放源形成的场所，其区域的范围也会受到一些粉尘参数的限制，如粉尘量、释放速率、浓度、颗粒大小和产品湿度等，同时也要考虑引起释放的条件，而对于建筑物外部场所(露天)、22 区范围也会因为气候影响可以减小，如风、雨等；在考虑 22 区的范围时，通常按照超出 21 区 3 m 及二级释放源周围 3 m 的距离(垂直向下延至地面或楼板水平面)来确定；

(2) 如果粉尘的扩散也受到实体结构的限制，如墙壁等，那么它们的表面也需作为该区域的边界；

(3) 也可结合同类企业相似厂房的实践经验和实际的因素将整个厂房划为 22 区。

9.2.4 爆炸性粉尘的分级

爆炸性粉尘混合物的分级需考虑引燃温度、爆炸极限和粒径等参数，一般符合表 9-8 的要求。

表 9-8 爆炸性粉尘混合物分级

级别	粉尘特性	物质类型
ⅢA	可燃性飞絮	纤维鱼粉：烟草纤维、纸纤维、木质纤维等
ⅢB	非导电性粉尘	金属：红磷、电石等 化学药品：已二酸、阿司匹林等 合成树脂：聚乙烯、聚丙烯、聚苯乙烯、聚氯乙烯等 天然树脂：硬质橡胶、松香等 沥青蜡类：硬蜡、煤焦油沥青等 农产品：小麦粉、乳糖、玉米淀粉等 纤维鱼粉：软木粉、椰子粉等 燃料：褐煤粉(生褐煤)等
ⅢC	导电性粉尘	金属：铝、铁、镁等 燃料：瓦斯煤粉、焦炭用煤粉等

9.3 爆炸危险环境电力装置设计

9.3.1 一般规定

爆炸性环境的电力装置设计一般符合下列规定：

(1) 爆炸性环境内的设备和线路，特别是正常运行时能发生火花的设备，布置在爆炸性环境以外。当需设在爆炸性环境内时，可布置在爆炸危险性较小的地点。

(2) 在满足工艺生产及安全的前提下，需减少防爆电气设备的数量。

(3) 爆炸性环境内的电气设备和线路，需符合周围化学环境、机械环境、热环境、霉菌以及风沙等不同环境条件对电气设备的要求。

(4) 在爆炸性粉尘环境内，不允许采用携带式电气设备。

(5) 爆炸性粉尘环境内的事故排风用电动机，可在生产发生事故情况下便于操作的地方设置事故启动按钮等控制设备。

(6) 在爆炸性粉尘环境内，尽量减少插座和局部照明灯具的数量，如必须采用时，插座一般布置在爆炸性粉尘不易积聚的地点，局部照明灯一般布置在事故时气流不易冲击的位置。粉尘环境中安装的插座必须开口的一面朝下，且与垂直面的角度不大于60°。

(7) 爆炸性环境内设置的防爆电气设备，必须是符合现行国家相关标准的产品。

9.3.2 电气设备的选择

爆炸性环境内电气设备的选择需考虑爆炸危险区域的分区、可燃性物质和可燃性粉尘的分级、可燃性物质的引燃温度和可燃性粉尘云、可燃性粉尘层的最低引燃温度等条件。通常按照电气设备的种类和防爆结构的要求，选择相应的电气设备。

电气设备保护级别(EPL)是根据设备成为引燃源的可能性和爆炸性气体环境及爆炸性粉尘环境所具有的不同特征而对设备规定的保护级别，与危险区域划分的关系见表9-9。电气设备保护级别(EPL)与电气设备防爆结构的关系见表9-10。

表9-9 爆炸性环境内电气设备保护级别的选择

危险区域	设备保护级别(EPL)	危险区域	设备保护级别(EPL)
0区	Ga	20区	Da
1区	Ga或Gb	21区	Da或Db
2区	Ga、Gb或Gc	22区	Da、Db或Dc

表 9-10　电气设备保护级别(EPL)与电气设备防爆结构的关系

设备保护级别(EPL)	电气设备防爆结构	防爆型式
Ga	本质安全型	“ia”
	浇封型	“ma”
Gb	隔爆型	“d”
	增安型	“e”
	本质安全型	“ib”
	浇封型	“mb”
	油浸型	“o”
	正压型	“px”“py”
	充砂型	“q”
Gc	本质安全型	“ic”
	浇封型	“mc”
	无火花	“n”“nA”
	火花保护	“nC”
	正压型	“pz”
Da	本质安全型	“iD”
	浇封型	“md”
	外壳保护型	“tD”
Db	本质安全型	“iD”
	浇封型	“md”
	外壳保护型	“tD”
	正压型	“pD”
Dc	本质安全型	“iD”
	浇封型	“md”
	外壳保护型	“tD”
	正压型	“pD”

在 1 区中可使用增安型“e”的电气设备包括：

① 在正常运行中不产生火花、电弧或危险温度的接线盒和接线箱，包括主体为“d”或“m”型，接线部分为“e”的电气产品；

② 配置有合适热保护装置的“e”型低压异步电动机(启动频繁和环境条件恶劣者除外)；

③“e”型荧光灯；

④“e”型测量仪表和仪表用电流互感器。

选用的防爆电气设备的级别和组别，不低于该爆炸性气体环境内爆炸性气体混合物的级别和组别；当存在有两种以上可燃性物质形成的爆炸性混合物时，需按照混合后的爆炸性混合物的级别和组别选用防爆设备，无据可查又不可能进行试验时，可按危险程度较高的级别和组别选用防爆电气设备。

对于标有适用于特定的气体、蒸气的环境的防爆设备，没有经过鉴定，将不允许使用于其他的气体环境内。气体/蒸气或粉尘分级与电气设备类别的关系需符合表 9-11 的规定。

表 9-11　气体/蒸气或粉尘分级与电气设备类别的关系

气体/蒸气、粉尘分级	设备类别	气体/蒸气、粉尘分级	设备类别
ⅡA	ⅡA、ⅡB 或ⅡC	ⅢA	ⅢA、ⅢB 或ⅢC
ⅡB	ⅡB 或ⅡC	ⅢB	ⅢB 或ⅢC
ⅡC	ⅡC	ⅢC	ⅢC

Ⅱ类电气设备的温度组别、最高表面温度和气体/蒸气引燃温度之间的关系需符合表9-12的规定和要求。

表9-12 Ⅱ类电气设备的温度组别、最高表面温度和气体/蒸气引燃温度之间的关系

电气设备温度组别	电气设备允许最高表面温度/℃	气体/蒸气的引燃温度/℃	适用的设备温度级别
T1	450	>450	T1～T6
T2	300	>300	T2～T6
T3	200	>200	T3～T6
T4	135	>135	T4～T6
T5	100	>100	T5～T6
T6	85	>85	T6

安装在爆炸性粉尘环境中的电气设备需采取措施防止热表面点可燃性粉尘层引起的火灾危险，所有电气设备的结构需满足电气设备在规定的运行条件下不降低防爆性能的要求。

一般在选用正压型电气设备及通风系统时，需考虑下列要求：

① 通风系统必须用非燃性材料制成，其结构需坚固，连接需严密，并不得有产生气体滞留的死角。

② 电气设备需考虑与通风系统联锁，运行前必须先通风，使电气设备接通电源之前满足设备内部和相连管道内各个部位的可燃气体或蒸气浓度在爆炸下限的25%以下。而一般来说换气所需的保护气体至少为电气设备内部（或正压房间或建筑物）和其连接的通风管道容积的5倍，才能接通设备的主电源。通风量是根据正压风机的运行时间来确定的，即风机的运行时间决定了通风量的大小，在考虑通风量时不仅要考虑电气设备内部（或正压房间或建筑物）还需要考虑通风管道的容积。

③ 在运行中，进入电气设备及其通风系统内的气体，不能含有可燃物质或其他有害物质。

④ 在电气设备及其通风系统运行中，对于px、py或pD型设备，其风压不低于50 Pa；对于pz型设备，其风压不低于25 Pa；当风压低于上述值时，则需自动断开设备的主电源或发出信号。

⑤ 通风过程排出的气体一般不排入爆炸危险环境，当采取有效地防止火花和炽热颗粒从设备及其通风系统吹出的措施时，可排入2区空间。

⑥ 对于闭路通风的正压型设备及其通风系统，将供给清洁气体。

⑦ 电气设备外壳及通风系统的门或盖子需采取联锁装置或加警告标志等安全措施。

防爆电气设备标志示例如下：

① 增安型和正压外壳型的电气设备，最高表面温度135 ℃，可用于C级气体的爆炸性气体环境可表示为“Ex epx ⅡC 135 ℃(T4)Gb”或“Ex eb pxb ⅡC 135 ℃(T4)”。

② 隔爆型和增安型防爆型式的电气设备，用于引燃温度大于200 ℃的爆炸性气体环境可表示为“Ex de ⅡB T3 Gb”或“Exdb eb ⅡB T3”。

③ 有ⅢC导电性粉尘的爆炸危险环境，用浇注型电气设备，最高表面温度低于120 ℃可表示为“Ex ma ⅢC T120 ℃ Da”或“Ex ma ⅢC T120 ℃”。

④ 有ⅢC 导电性粉尘的爆炸危险环境，用外壳保护 t 型电气设备，最高表面温度低于 225 ℃可表示为“Ex t ⅢC T225 ℃ Db”或“Ex tD A22 IP54 T225 ℃”。

⑤ 对于爆炸性气体和粉尘同时存在的区域，其防爆电气设备的选择既能满足爆炸性气体的防爆要求，又能满足爆炸性粉尘的防爆要求，其防爆标志同时包括气体和粉尘的防爆标识。例如：防爆环形荧光灯可表示为“Ex d ⅡC T6 Gb/Ex tD A21 IP65 T80 ℃”。目前广泛使用类似产品。

9.3.3 电气设备的安装

在爆炸性环境危险区域内，油浸型设备一般在没有振动、不会倾斜和固定安装的条件下才会使用，而采用非防爆型设备作隔墙机械传动时，还需符合下列要求：

① 安装电气设备的房间，一般用非燃烧体的实体墙与爆炸危险区域隔开；

② 传动轴传动通过隔墙处采用填料函密封或有同等效果的密封措施；

③ 安装电气设备房间的出口，一般通向非爆炸危险区域的环境，当安装设备的房间必须与爆炸性环境相通时，则对爆炸性环境保持相对的正压。

除本质安全电路外，爆炸性环境的电气线路和设备需装设过载、短路和接地保护，对于不可能产生过载的电气设备可不装设过载保护；爆炸性环境的电动机除按照相关要求装设必要的保护之外，还需装设断相保护；如果电气设备的自动断电可能引起的危险比引燃造成的危险更大时，则采用报警装置代替自动断电装置。

为处理紧急情况，在危险场所外的合适地点或位置考虑采取一种或多种措施对危险场所设备断电，但为防止附加危险产生，有些需连续运行的设备则不包括在紧急断电回路中，而是安装在单独的回路上。在爆炸危险环境区域，一旦发生火灾或爆炸，很容易产生一系列的爆炸和更大的火灾，这时候救护人员将无法进入现场进行操作，必须要求有在危险场所之外的停车按钮能够将危险区内的电源停掉，防止危害扩大；而根据工艺要求需连续运转的电气设备，如果立即切断电源还可能会引起爆炸、火灾，并造成更大的损失，这类用电设备的紧急停车按钮需与上述用电设备的紧急停车按钮分开设置。

对于变配电所和控制室的设计还需符合下列要求：

① 变配电所和控制室需布置在爆炸性环境以外，如考虑设置为正压室时，方可布置在 1 区、2 区内，且室内需保持有足够的“洁净”空气，并设有报警装置，指示室内压力和气源风机的开停。

② 对于可燃物质比空气重的爆炸性气体环境，位于爆炸危险区附加 2 区的变配电所和控制室的电气和仪表的设备层地面，需高出室外地面 0.6 m，原因是附加二区 0.6 m 以内的区域还会有危险气体存在，地面抬高 0.6 m 是可避免危险气体进入变配电室和控制室。另外，这里要特别指出的是要求抬高的是变配电室或控制室的设备层，对于没有电气设备安装的电缆室可以认为不是设备层，其地面可以不用抬高。

9.3.4 电气线路的设计

1. 爆炸性环境电缆和导线的选择

爆炸性环境电缆和导线的选择一般需满足下列要求：

(1) 低压电力、照明线路用的绝缘导线和电缆的额定电压，必须高于或等于工作电压，且

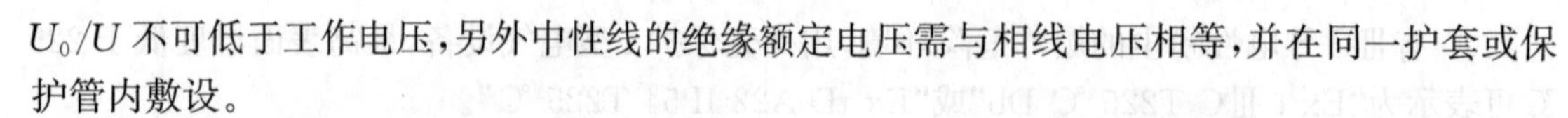

U_0/U 不可低于工作电压，另外中性线的绝缘额定电压需与相线电压相等，并在同一护套或保护管内敷设。

(2) 除在配电盘、接线箱或采用金属导管配线系统内，无护套的电线将不作为供配电线路。

(3) 在 1 区内必须采用铜芯电缆，除本安型电路外，在 2 区内一般也采用铜芯电缆，但当采用铝芯电缆时，其截面不可小于 16 mm^2，且与电气设备的连接需采用铜－铝过渡接头，另外敷设在爆炸性粉尘环境 20 区、21 区以及在 22 区内有剧烈震动区域的回路，则采用铜芯绝缘导线或电缆。

(4) 除本质安全系统的电路外，在爆炸性环境内电缆配线的技术要求，需符合表 9－13 的规定。

表 9－13　爆炸性环境电缆配线的技术要求

危险区域	电缆明设或在沟内敷设时的最小截面			接线盒	移动电缆
	电力	照明	控制		
1 区、20 区、21 区	铜芯 2.5 mm^2 及以上	铜芯 2.5 mm^2 及以上	铜芯 1.0 mm^2 及以上	隔爆型	重型
2 区、22 区	铜芯 1.5 mm^2 及以上 铝芯 16 mm^2 及以上	铜芯 1.5 mm^2 及以上	铜芯 1.0 mm^2 及以上	隔爆型、增安型	中型

(5) 除本质安全系统的电路外，在爆炸性环境内电压为 1 000 V 以下的钢管配线的技术要求，需符合表 9－14 的规定。

表 9－14　爆炸性环境内电压为 1 000 V 以下的钢管配线的技术要求

危险区域	钢管配线用绝缘导线的最小截面			接线盒、分支盒、扰性管	管子连接要求
	电力	照明	控制		
1 区、20 区、21 区	铜芯 2.5 mm^2 及以上	铜芯 2.5 mm^2 及以上	铜芯 2.5 mm^2 及以上	隔爆型	钢管螺纹旋合不少于 5 扣
2 区、22 区	铜芯 2.5 mm^2 及以上	铜芯 1.5 mm^2 及以上	铜芯 1.5 mm^2 及以上	隔爆型、增安型	钢管螺纹旋合不少于 5 扣

注：① 一般钢管采用低压流体输送用镀锌焊接钢管；
② 钢管连接的部分需涂以铅油或磷化膏；
③ 在可能凝结冷凝水的地方，管线上可装设排除冷凝水的密封接头，与电气设备连接处则采用扰性管。

(6) 绝缘导线和电缆截面的选择除满足表 9－2 和 9－13 的要求外，还需符合下列要求：

① 导体允许载流量不小于熔断器熔体额定电流的 1.25 倍及断路器长延时过电流脱扣器整定电流的 1.25 倍；

② 引向电压为 1 000 V 以下鼠笼型感应电动机支线的长期允许载流量不小于电动机额定电流的 1.25 倍。

(7) 在架空、桥架敷设时电缆一般采用阻燃电缆；对于塑料护套电缆，当其敷设方式采用能防止机械损伤的桥架方式时，可采用非铠装电缆；当不存在会受鼠、虫等损害情形时，在

2 区、22 区电缆沟内敷设的电缆可采用非铠装电缆。

2. 爆炸性环境电气线路的保护

爆炸性环境电气线路的保护一般需满足下列要求：

(1) 在 1 区内单相网络中的相线及中性线均需装设短路保护，采用的开关能同时断开相线和中性线；

(2) 3～10 kV 电缆线路需装设零序电流保护，且在 1 区、21 区内保护装置动作于跳闸。

3. 爆炸性环境电气线路的安装

爆炸性环境电气线路的安装一般需满足下列要求：

(1) 电气线路一般在爆炸危险性较小的环境或远离释放源的地方敷设；当可燃物质比空气重时，电气线路在较高处敷设或直接埋地，当架空敷设时则采用电缆桥架，当电缆沟敷设时则沟内充砂，并设置排水措施；当可燃物质比空气轻时，电气线路则在较低处敷设或电缆沟敷设；另外，电气线路选择在有爆炸危险的建(构)筑物的墙外敷设较妥，还可沿粉尘不易堆积并且易于粉尘清除的位置敷设等；

(2) 当电气线路沿输送可燃物质的管道栈桥敷设时，一般布置在危险程度较低的管道一侧，当可燃物质比空气重时，可布置在管道上方，当比空气轻时，可布置在管道下方；另外，敷设电气线路的沟道、电缆桥架或导管，其所穿过的不同区域之间墙或楼板处的孔洞，需采用非燃性材料严密堵塞；

(3) 敷设电气线路时一般需避开可能受到机械损伤、振动、腐蚀、紫外线照射以及可能受热的地方，确实不能避开时则需采取预防措施；

(4) 当采用电缆桥架敷设时，电缆一般采用阻燃型；钢管配线可采用无护套的绝缘单芯或多芯导线；当钢管中含有三根或多根导线时，导线的总截面面积(包括绝缘层)不超过钢管截面面积的 40%；

(5) 爆炸性气体环境内钢管配线的电气线路需做密封隔离，包括在正常运行时所有点燃源外壳的 450 mm 范围内、直径 50 mm 以上钢管距引入的接线箱 450 mm 以内、相邻爆炸危险环境之间以及爆炸性环境与相邻非危险环境之间等；供隔离密封用的连接部件不能作为导线的连接或分线使用；

(6) 架空电力线路不允许跨越爆炸危险区域，且其水平间距也不能小于杆塔高度的 1.5 倍；1 区内电缆线路不允许有中间接头。

9.3.5 电气线路的保护

(1) 3～10 kV 电缆线路需装设零序电流保护，在 1 区、21 区内动作于跳闸，在 2 区、22 区内动作于信号；

(2) 在 1 区内单相网络中的相线及中性线需装设短路保护，并使用双极开关同时切断相线和中性线；

(3) 增安型电动机的过负荷保护还能同时实现堵转保护。

9.3.6 接地设计

爆炸性环境电力系统接地的设计，其 1 000 V 交流/1 500 V 直流以下电源系统的接地一般满足下列要求：

(1) TN系统:需采用TN-S型。在危险场所中,中性线与保护线不能连在一起或合并成一根导线,从TN-C到TN-S型转换的任何部位,保护线需在非危险场所与等电位联结系统相连接;如果在爆炸性环境中引入TN-C系统,正常运行情况下,中性线存在电流,可能会产生火花引起爆炸,因此在爆炸危险区中只允许采用TN-S系统。

(2) TT系统:需采用剩余电流动作的保护电器。对于TT系统,由于单相接地时阻抗较大,过流、速断保护的灵敏度难以保证,所以必须采用剩余电流动作的保护电器。

(3) IT系统:需设置绝缘监测装置。对于IT系统通常首次接地故障时,保护装置不直接动作于跳闸,但必须设置故障报警,及时消除隐患,否则如果发生异相接地,就很可能导致短路,使事故扩大。

(4) 爆炸性气体环境中需设置等电位联结,所有裸露的装置外部可导电部件都接入等电位系统;本质安全型设备的金属外壳可不与等电位系统连接,但制造厂有特殊要求的除外;具有阴极保护的设备不与等电位系统连接,专门为阴极保护设计的接地系统除外。

(5) 爆炸性环境内设备的保护接地,按有关电力设备接地设计技术规程规定不需要接地的下列部分,在爆炸性环境内仍需进行接地,包括:

① 在不良导电地面处,交流额定电压为1 000 V以下和直流额定电压为1 500 V及以下的设备正常不带电的金属外壳;

② 在干燥环境,交流额定电压为127 V及以下,直流电压为110 V及以下的设备正常不带电的金属外壳;

③ 安装在已接地的金属结构上的设备。

(6) 爆炸性环境内设备的保护接地,包括在爆炸危险环境内,设备的金属外壳都需可靠接地。爆炸性环境1区、20区、21区内的所有设备以及爆炸性环境2区、22区内除照明灯具以外的其他设备,需采用专用的接地线,该接地线若与相线敷设在同一保护管内时,则具有与相线相等的绝缘;此时爆炸性环境的金属管线、电缆的金属包皮等,只能作为辅助接地线。爆炸性环境2区、22区内的照明灯具,可利用有可靠电气连接的金属管线系统作为接地线,但不得利用输送可燃物质的管道;接地干线需在爆炸危险区域不同方向不少于两处与接地体连接。

(7) 设备的接地装置与防止直接雷击的独立接闪杆的接地装置需分开设置,与装设在建筑物上防止直接雷击的接闪杆的接地装置可合并设置;与防雷电感应的接地装置也可合并设置。接地电阻值可取其中最低值。

(8) 爆炸危险环境0区、20区场所的金属部件一般不采用阴极保护,如必须使用,则采取特殊的设计,阴极保护所要求的绝缘元件可安装在爆炸性环境之外。

9.4 爆炸性环境危险区域划分过程

1. 爆炸危险区域划分过程

按照国家安全监管总局和住房城乡建设部《关于进一步加强危险化学品建设项目安全设计管理的通知》中的要求,在总体设计和基础设计阶段需对爆炸危险区域划分图进行安全评审,评审按照爆炸危险区域划分和设备选型要求是否遵守标准、法规进行,从设计源头保证建设项目生产装置安全。依据《直属工程公司建设项目本质安全设计管理规定》,必要时,各相关专业需根据项目特征、以往工程经验和对同类装置的生产运行情况进行调查，采用适当的方法进行研究和界定，并在设备布置中优化设计，减小爆炸危险区域的范围和等级，减少可能发生的爆炸对人员造成的伤害和对财产造成的损失。

设计人员需严格执行设计规范和爆炸危险场所划分条件（表 9－15）的要求，一般由工艺专业负责提出贮存可燃物设备的相关信息、通风情况和释放源情况等内容，区域界限则由工艺专业和电气专业协商后按照工艺专业提出的条件执行，电气专业在与工艺及其他相关专业商定并校核、审核和评审后，提交审定人审定，最后发布爆炸危险区域划分图。

表 9－15　爆炸危险场所划分条件

序号	贮存设备			可燃名称	贮存温度/℃	贮存压力/MPa	可燃物质容器的说明	通风情况	释放源		水平距离从释放源至/m			备注
	位号	名称	地点						位置	名称	0 区至 1 区的界限	1 区至 2 区的界限	2 区至非危险区的界限	

另外，如果在爆炸危险区域划分图中将典型示例图作为设计依据，一般需结合具体情况，充分考虑影响区域等级和范围的各项因素及生产条件，包括可燃物质的释放量、释放速度、沸点、温度、闪点、相对密度、爆炸下限、障碍等，在运用实践经验加以分析判断的前提下，才能使用这些典型示例图来确定范围。

2. 石油化工企业爆炸危险区域划分的典型示例

(1) 爆炸性气体环境

① 重于空气的危险区域范围（表 9－16）

表 9－16　重于空气的危险区域范围典型示例

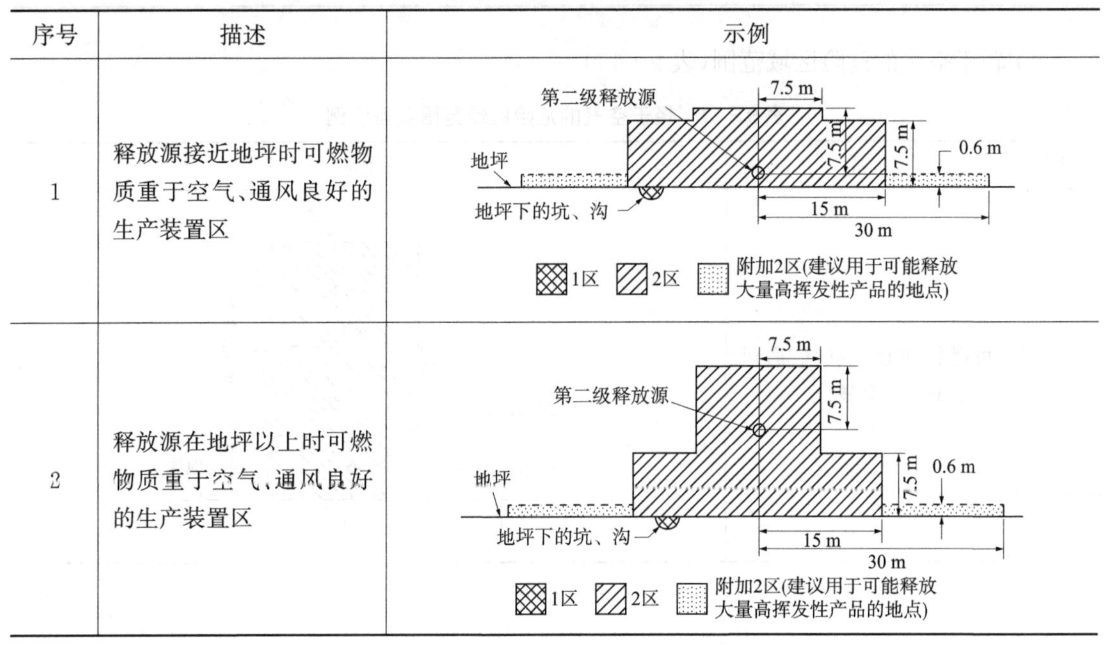

序号	描述	示例
1	释放源接近地坪时可燃物质重于空气、通风良好的生产装置区	
2	释放源在地坪以上时可燃物质重于空气、通风良好的生产装置区	

续表

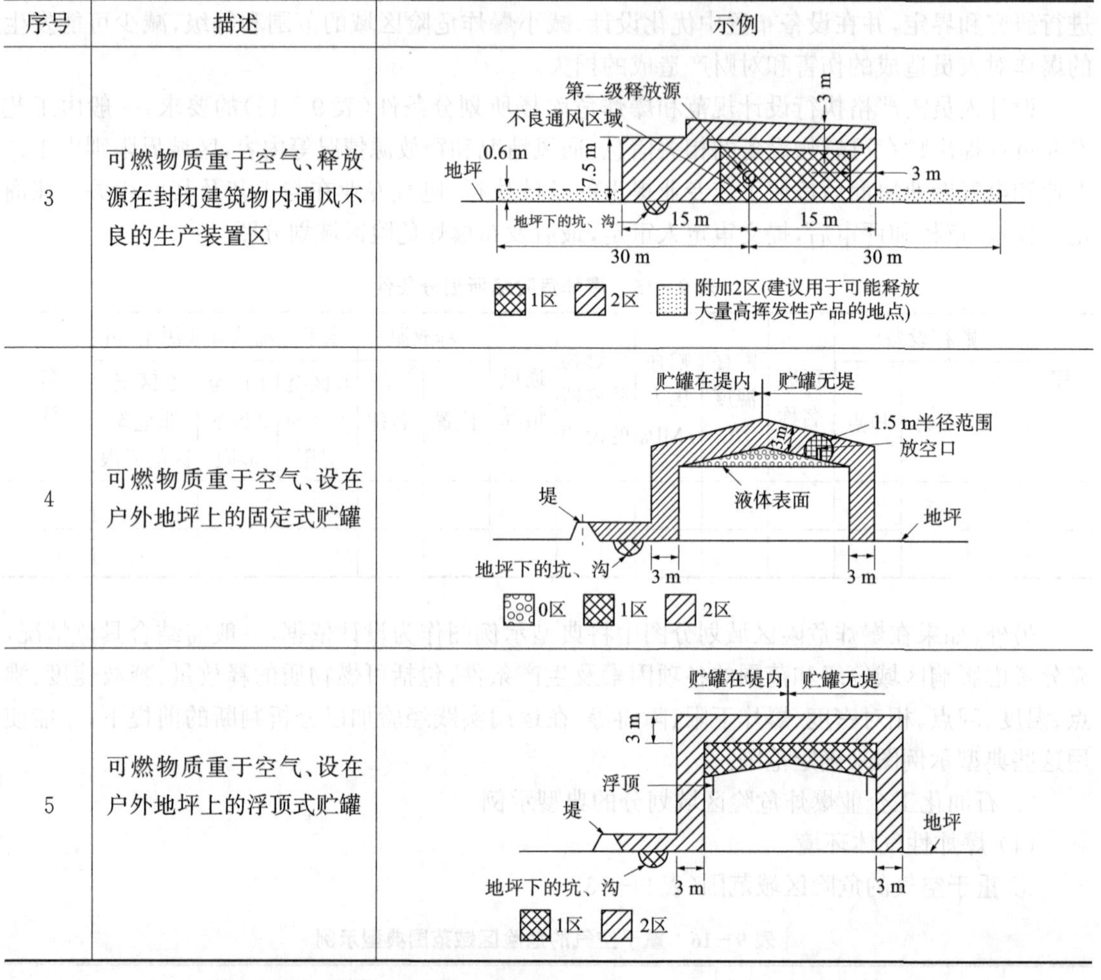

序号	描述	示例
3	可燃物质重于空气、释放源在封闭建筑物内通风不良的生产装置区	
4	可燃物质重于空气、设在户外地坪上的固定式贮罐	
5	可燃物质重于空气、设在户外地坪上的浮顶式贮罐	

② 轻于空气的危险区域范围(表 9－17)

表 9－17　轻于空气的危险区域范围典型示例

序号	描述	示例
1	可燃物质轻于空气、通风良好的生产装置区	4.5 m 7.5 m 最大4.5 m或至地坪 封闭区底部 第二级释放源 地坪 4.5 m 2区

续表

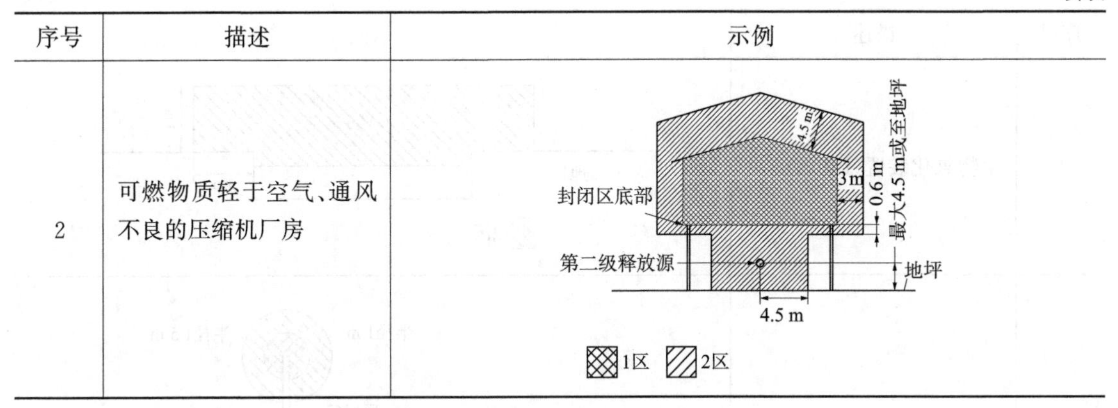

序号	描述	示例
2	可燃物质轻于空气、通风不良的压缩机厂房	

③ 可燃液体、液化气、压缩气体等密闭注送系统的槽车的危险区域范围(图 9－1)

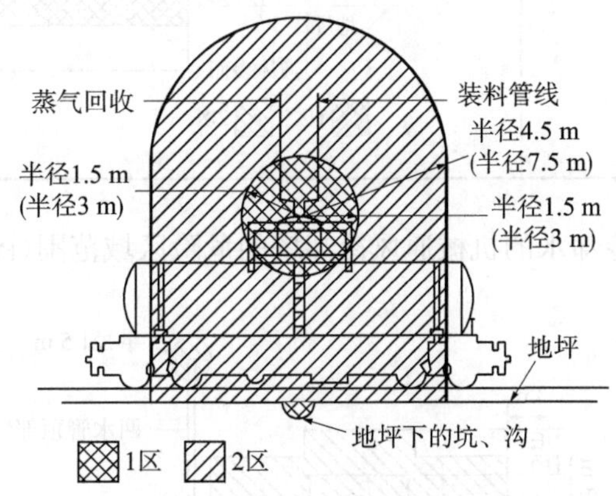

图 9－1　密闭注送系统的槽车危险区域范围示例

注：可燃液体为非密闭注送时采用括号内数值。

④ 贮罐、分离器、游离装置、氧化装置等液体表面为连续级释放源的危险区域范围(表 9－18)

表 9－18　液体表面为连续级释放源的危险区域范围典型示例

序号	描述	示例
1	单元分离器、顶分离器和分离器	地坪　0.6 m　7.5 m (3 m)　3 m　3 m　3 m　7.5 m (3 m)　7.5 m　15 m　1区　2区
2	溶解气游离装置(溶气浮选装置)(DAF)	3 m　地坪　3 m　1区　2区

续表

序号	描述	示例
3	生物氧化装置(BIOX)	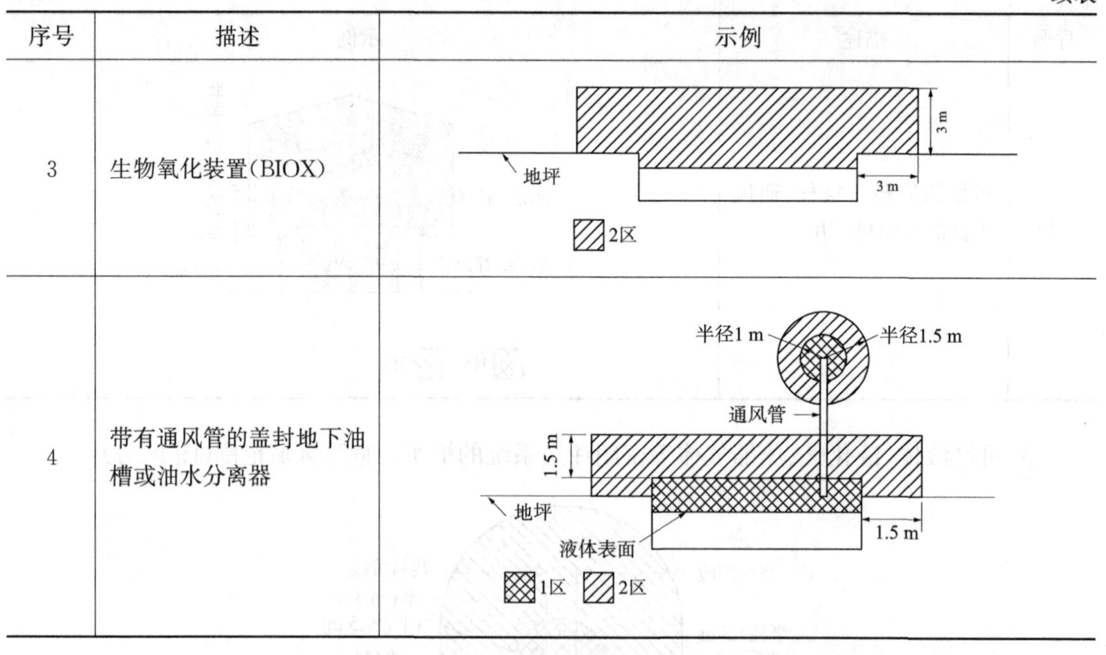
4	带有通风管的盖封地下油槽或油水分离器	

⑤ 处理生产装置用冷却水的机械通风冷却塔的危险区域范围(图 9－2)

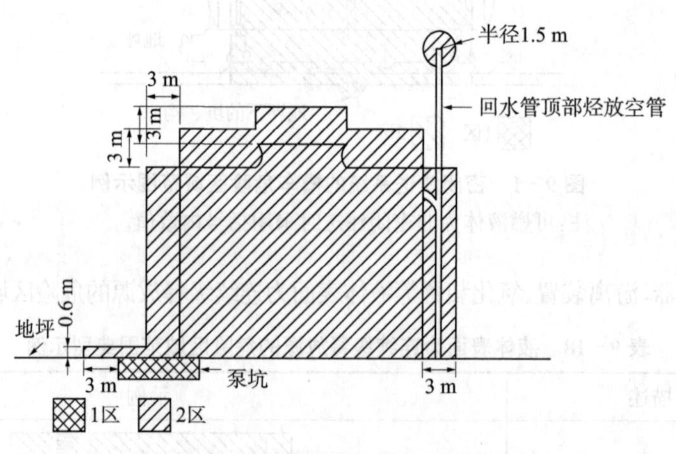

图 9－2　通风冷却塔危险区域范围示例

⑥ 无释放源的生产装置区与通风不良且为二级释放源的环境相邻,并用非燃烧体的实体墙隔开危险区域范围(表 9－19)

表 9-19　与通风不良环境相邻危险区域范围示例

序号	描述	示例
1	与通风不良的房间相邻	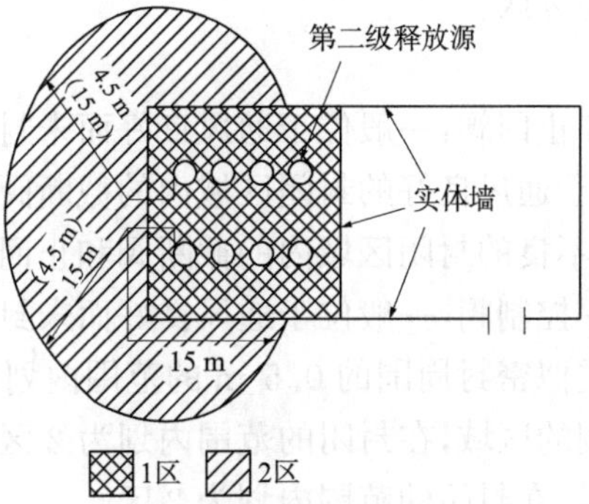第二级释放源 实体墙 4.5 m (15 m) (4.5 m) 15 m 15 m 1区 2区
2	与有顶无墙建筑物相邻（门窗位于爆炸危险区域内）	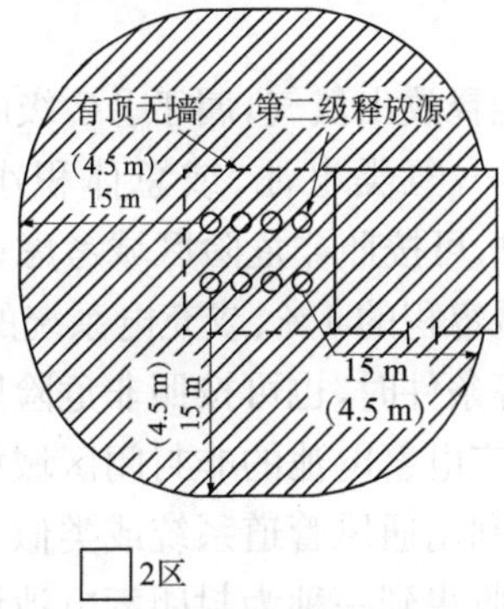有顶无墙 第二级释放源 (4.5 m) 15 m 15 m (4.5 m) (4.5 m) 15 m 2区
3	与有顶无墙建筑物相邻（门窗位于爆炸危险区域外）	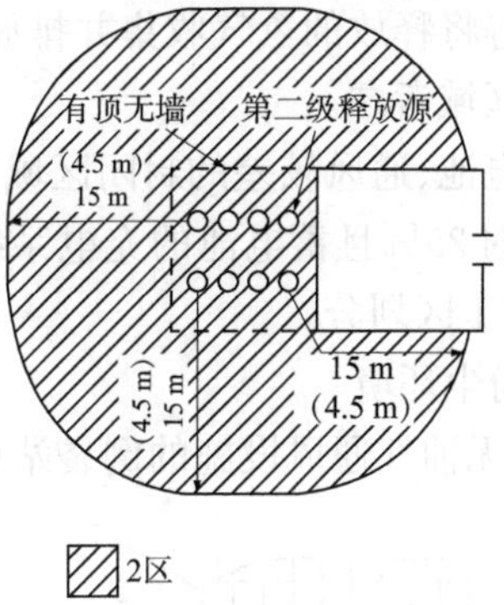有顶无墙 第二级释放源 (4.5 m) 15 m 15 m (4.5 m) (4.5 m) 15 m 2区
4	释放源上面有排风罩	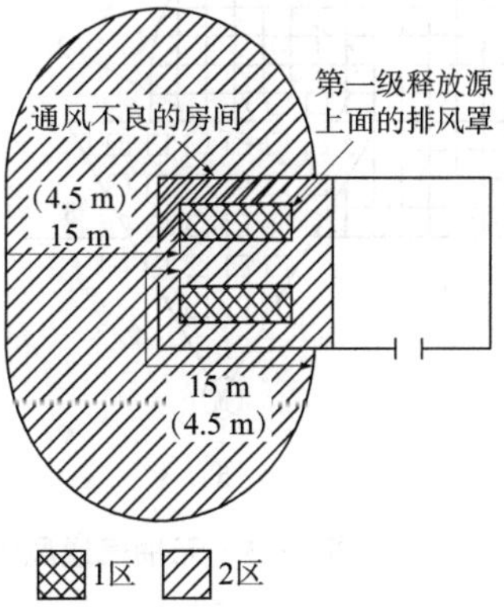通风不良的房间 第一级释放源 上面的排风罩 (4.5 m) 15 m 15 m (4.5 m) 1区 2区

⑦ 对工艺设备容积不大于 95 m^3、压力不大于 3.5 MPa、流量不大于 38 L/s 的生产装置，且为二级释放源，按照生产的实践经验分析判断来确定，一般以释放源为中心，半径为 4.5 m 的范围内划为 2 区。

⑧ 阀门

截断阀和止回阀：一般位于通风良好而未封闭的区域内的截断阀和止回阀周围的区域是不分类的；位于通风良好的封闭区域内的截断阀和止回阀周围的区域，在封闭的范围内划为 2 区；位于通风不良的封闭区域内的截断阀和止回阀周围的区域，在封闭的范围内划为 1 区。

工艺程序控制阀：一般位于通风良好而未封闭的区域内的工艺程序控制阀周围的区域，在阀杆密封或类似密封周围的 0.5 m 的范围内划为 2 区；位于通风良好的封闭区域内的工艺程序控制阀周围的区域，在封闭的范围内划为 2 区；位于通风不良的封闭区域内的工艺程序控制阀周围的区域，在封闭的范围内划为 2 区。

⑨ 蓄电池

蓄电池由于能释放出氢气，属于ⅡC 级的分类；含有可充电蓄电池的封闭区域具备无通气口、或镍－镉或镍－氢类电池、或总体积小于该封闭区域容积的 1%、或充电速率不超过 1.5 A/h 等条件时，可按照非危险区域考虑；除此之外的其他蓄电池，如满足无通气口、或总体积小于该封闭区域容积的 1%、或充电系统的额定输出小于或等于 200 W 并采取了防止不适当过充电的措施等条件时，也可按照非危险区域考虑。

另外，含有可充电蓄电池的非封闭区域如果通风良好，也可划分为非危险区域；当所有的蓄电池都能直接(利用通风管道系统或类似设施将蓄电池释放出的氢气向外部排放)或者间接(把释放出的氢气收集到一种为封闭蓄电池设计的专门电气箱中，然后排放到封闭区域外，或利用类似通风罩等将释放的氢气收集并排放置封闭区域外)地向封闭区域的外部排气，该区域也可按照非危险区域考虑。

对于配有蓄电池、通风较差的封闭区域，如果具备至少能保证该区域的通风情况不低于满足通风良好条件的 25%且蓄电池的充电系统有防止过充电设计时，该区域按照 2 区划分；当不满足时，则按照 1 区划分。

(2) 爆炸性粉尘环境

① 建筑物内无抽气通风设施的倒袋站危险区域(图 9－3)

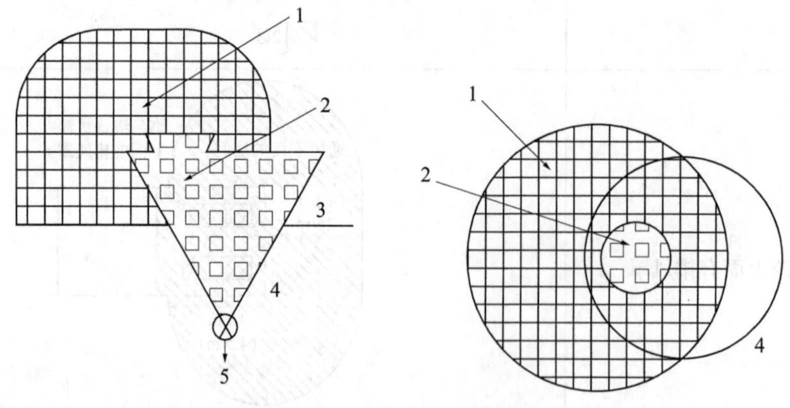

图 9－3　无抽气通风设施的倒袋站危险区域划分图

一般袋子经常性地用手工排空到料斗 4 中,从该料斗靠气动把排出的物料输送到工厂的其他部分(图 9-3 中 5),且料斗部分总是装满物料。

20 区(图 9-3 中 2):料斗内部,因为爆炸性粉尘/空气混合物经常性地存在乃至持续存在。

21 区(图 9-3 中 1):因为敞开的入孔是一级释放源,因此在入孔周围规定为 21 区,范围从入孔边缘延伸一段距离并且向下延伸到地板(图 9-3 中 3)上。

22 区:如果粉尘层堆积,那么考虑了粉尘层的范围以及扰动该粉尘层产生粉尘云的情况和现场的清理水平后,可以更进一步地细分,而如果在粉尘袋子放空期间因空气的流动导致可能偶尔携带粉尘云超出了 21 区范围,则划分为 22 区。

② 建筑物内配置抽气通风设施的倒袋站危险区域(图 9-4)

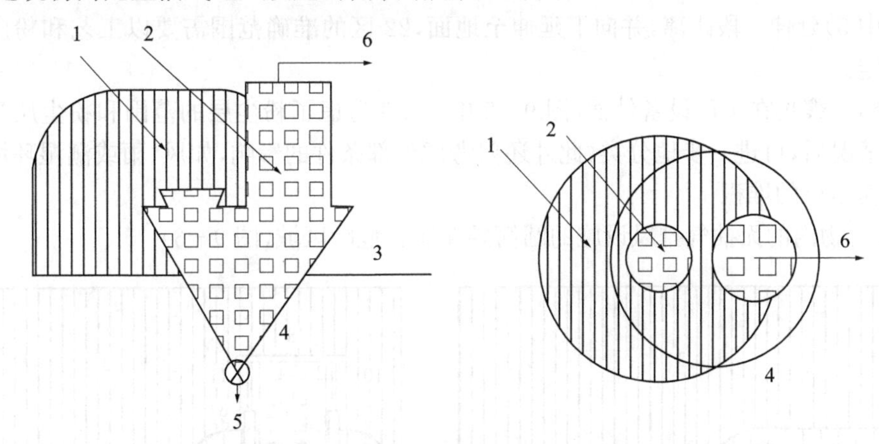

图 9-4　有抽气通风设施的倒袋站危险区域划分图

情况同①,但由于有抽气通风设施,可将粉尘尽可能地限制在系统内。

20 区(图 9-4 中 2):料斗内部,因为爆炸性粉尘/空气混合物经常性地存在乃至持续存在。

22 区(图 9-4 中 1):因为敞开的入孔是二级释放源,因此在正常情况下,由于抽吸系统的作用而没有粉尘泄露,另外在设计良好的抽吸系统中,释放的任何粉尘将被吸入内部,因此在该入孔周围仅规定为 22 区,范围从入孔的边缘延伸一段距离并且延伸到地板上,准确的 22 区范围需要以工艺和粉尘特性为基础来确定。

③ 建筑物外的旋风分离器和过滤器危险区域(图 9-5)

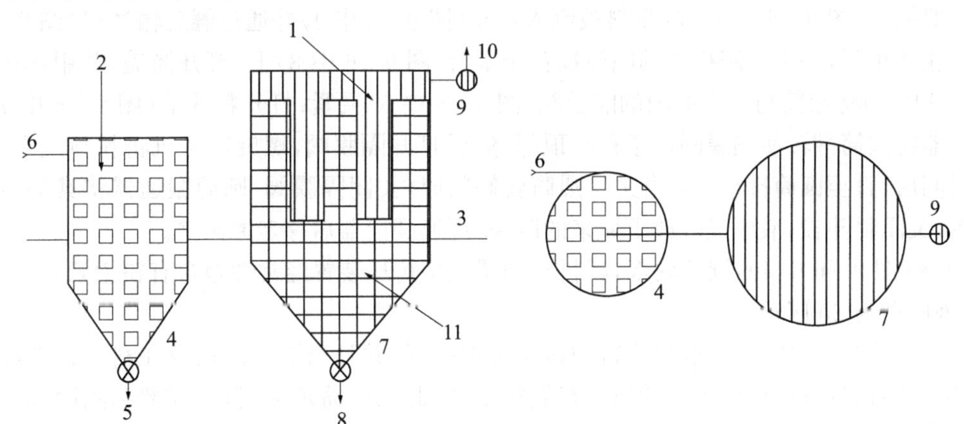

图 9-5　建筑物外的旋风分离器和过滤器危险区域划分图

一般旋风分离器(图 9-5 中 4)和过滤器(图 9-5 中 7)是抽吸系统的一部分,被抽吸的产品(图 9-5 中 6)通过连续运行的旋转阀门并落入密封料箱(图 9-5 中 8)内,粉料量很小,因此自清理的时间间隔很长,鉴于这个理由,在正常运行时,内部仅偶尔有一些可燃性粉尘云,位于过滤器单元上的抽风机(图 9-5 中 9)将抽吸的空气吹到外面(图 9-5 中 10)。

20 区(图 9-5 中 2):旋风分离器内部,因爆炸性粉尘环境频繁甚至连续地出现;

21 区(图 9-5 中 11):如果只有少量粉尘在旋风分离器正常工作时未被收集起来时,在过滤器的污秽侧为 21 区,否则为 20 区;

22 区(图 9-5 中 1):如果过滤器元件出现故障,过滤器的洁净侧可以含有可燃性粉尘云,这适用于过滤器的内部、过滤件和抽吸管的下游及抽吸管出口周围,22 区的范围自导管出口(图 9-5 中 5)延伸一段距离,并向下延伸至地面,22 区的准确范围需要以工艺和粉尘特性为基础来确定。

如果粉尘聚集在工厂设备外面(图 9-5 中 3),在考虑了粉尘层的范围和粉尘层受扰产生粉尘云的情况后,可进一步地分类,此外还要考虑外部条件的影响,如风、雨或潮湿环境可能影响可燃性粉尘层的堆积。

④ 建筑物内的无抽气排风设施的圆筒翻斗装置危险区域(图 9-6)

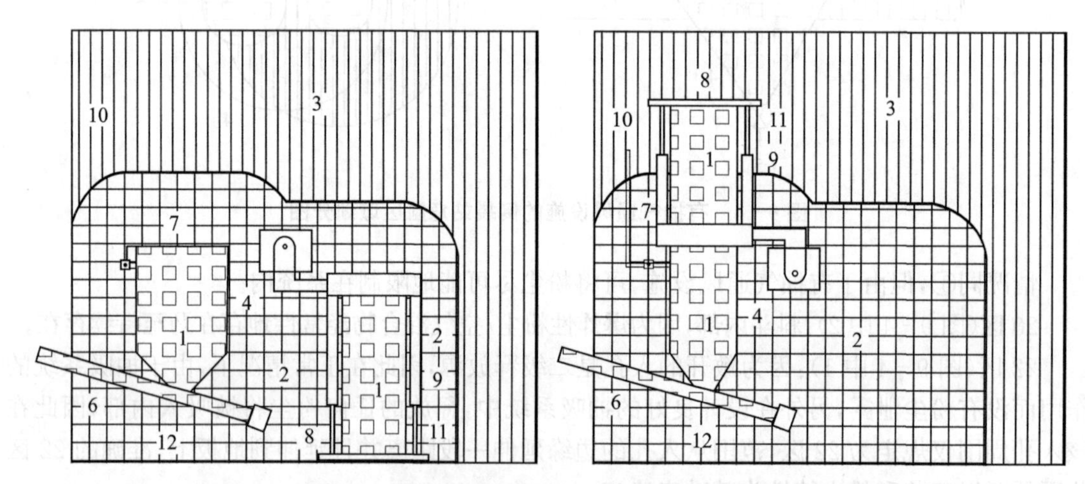

图 9-6　建筑物内的无抽气排风设施的圆筒翻斗装置危险区域划分图

一般圆筒(图 9-6 中 11)内粉料被倒入料斗(图 9-6 中 4)并通过螺旋输送机(图 9-6 中 6)运至相邻车间,一个装满粉料的圆筒被置于平台(图 9-6 中 8)上,打开筒盖,并用液压气缸(图 9-6 中 9)将圆筒与一个关闭的隔膜阀(图 9-6 中 5)夹紧;打开料斗盖(图 9-6 中 7),圆筒搬运器将圆筒翻转使隔膜阀位于料斗顶部;然后打开隔膜阀,螺旋输送机将粉料运走,经过一段时间后,直至圆筒排空。而当又一圆筒要卸料时,关闭隔膜阀,圆筒搬运器将其翻转至原来位置,关闭料斗盖,液压气缸放下原来的圆筒,更换圆筒盖后移走原圆筒。

20 区(图 9-6 中 1):圆筒内部,因料斗和螺旋型传送装置经常性地含有粉尘云,并且时间很长,因此划为 20 区;

21 区(图 9-6 中 2):一般当筒盖和料斗盖被打开,并且当隔膜阀被放在料斗顶部或从料斗顶部移开时,将发生以粉尘云的形式释放粉尘,因此该圆筒顶部、料斗顶部和隔膜阀等周围一段距离的区域被定为 21 区,准确的 21 区范围需要以工艺和粉尘特性为基础来确定;

22区(图9-6中3):因可能偶尔泄露和扰动大量粉尘,整个房间的其余部分划分为22区。

9.5 石油化工企业爆炸危险环境电气设计的基本要求

(1) 进行工程设计时需根据生产装置的具体情况、生产运行实践及工作经验,通过分析判断,划分爆炸危险环境的等级和范围。

(2) 在划分危险区域时,需根据可燃性气体或蒸气爆炸性混合物和可燃性粉尘的特性,对存在的具体爆炸性危险介质释放源进行分析和判断,以确定由爆炸性气体混合物、爆炸性粉尘混合物或两者都存在时爆炸危险区域的级别和组别。

(3) 结合生产方法、工艺流程和生产规模的不同,综合考虑爆炸危险环境划分,一般由负责生产工艺加工介质性能、设备和工艺性能的专业人员与安全、电气等专业的工程技术人员共同商议完成。

(4) 爆炸性危险区域一般设有两个及以上出入口,其中至少有一个通向非爆炸危险区,且其门需向危险性较小的一侧开启。

(5) 防爆电气设备必须采用通过国家防爆检验机构检验合格的产品,如果采用新试制或非定型防爆产品时,则必须有与防爆许可证等效的允许使用证方可使用。

(6) 按照爆炸危险区域对电气设备进行选择,对变、配电所的位置及结构、电气线路及接地等提出防护措施,以降低由于电气设备和线路的火花、电弧或高温引起爆炸事故出现的概率;同时存在爆炸性气体环境和爆炸性粉尘环境的场所,则选择能同时满足这两种环境场所的电气设备。

第10章 电气自动化系统

本章讨论石油化工的电气自动化系统，即利用先进的自动化技术、计算机技术、信号处理技术、现代通信技术等对变电站二次设备的功能进行重新组合、优化设计，实现对变电站主要电气设备的自动监视、测量、自动控制和保护信息交互，以及与远方各级调度通信的综合自动化系统。

10.1 电气自动化系统的基本功能及组成

1. 电气自动化系统的基本功能

(1) 在线监视正常运行时的运行参数及设备运行状况；

(2) 自检、自诊断设备本身的异常运行；

(3) 发现电网设备异常变化或装置内部异常时，立即自动报警并闭锁相应的出口动作，以防止事态扩大；

(4) 电网出现事故时，快速采样、判断、决策、动作并迅速消除事故，使故障限制在最小范围；

(5) 完成电网在线实时计算、数据存储、统计、分析报表和保证电能质量的自动监控调整工作；

(6) 实现变电站与远方调度通信的远动功能。

2. 电气自动化系统的组成

从运行要求的角度来看，电气自动化系统一般涵盖以下几种子系统。

(1) 监控子系统：采用计算机和通信技术，通过后台机和屏幕完成对变电站一次系统的运行监视与控制，取代了常规的测盘系统和指针式仪表，改变了常规断路器控制回路的操作把手和位置指示，取代了常规的中央信号装置，取消了光字牌，主要实现数据采集和处理、安全监视、事件顺序记录、操作控制、画面生成及显示、时钟同步、人机联系、数据统计与处理、系统自诊断和自恢复、运行管理等功能。

(2) 微机继电保护子系统：它是电气自动化系统最基本、最重要的部分，包括变电站的主设备和输电线路的全套保护。微机继电保护有着逻辑判断清楚正确、保护性能优良、运行可靠性高、调试维护方便等特点。

(3) 安全自动装置子系统：为了保障电网的安全可靠经济运行，提高电能质量和供电可靠性，电气自动化系统可依据不同情况设置相应的安全自动装置子系统，其主要功能包括电压无功综合控制、低频减负荷控制、备用电源自动投入、小电流接地选线、故障录波和测距、同期操作、“五防”操作和闭锁等。

(4) 通信管理子系统:为了确保各个单一功能的子系统之间或子系统与后台监控主机之间数据通信和相互操作的顺利进行,就必须解决网络技术、通信协议标准、分布式技术和数据共享等问题,所有这些问题的解决方案均可以纳入通信管理子系统,主要包括综合自动化系统的现场级通信、通信管理机对其他公司产品的通信管理、综合自动化系统与上级调度的远动通信等。

10.2 变电站综合自动化的结构形式

电气自动化系统是随着调度自动化技术的发展而发展起来的。为了实现对变电站的遥测、遥信、遥控和遥调等功能,一般在变电站设置远程终端单元与调度主站通信。在此基础上,随着微机继电保护装置的研究和使用,以及各种微机型装置和系统的应用,电气自动化系统技术走上了系统协同设计的道路。从国内外变电站综合自动化系统的发展过程来看,其结构形式可分为集中式和分层分布式两种类型,其中分层分布式又分为集中组屏和分散与集中相结合两种形式。

10.2.1 集中式结构

集中式结构的综合自动化系统是指采用多台微型计算机集中采集变电站的模拟量、开关量和数字量等信息,集中进行计算与处理,分别完成微机监控、微机保护、自动控制和调度通信的功能。系统的硬件装置、数据处理均集中配置,并采用由前置机和后台机构成的集控式结构,由前置机完成数据输入输出、保护、控制及监测等功能,后台机完成数据处理、显示、打印及远方通信等功能。这种集中式结构通常是根据变电站的规模来配置相应数量的保护装置、数据采集装置和监控机等,分类集中组屏安装在主控室内。变电站所有电气一、二次设备的运行状态以及电流和电压等测量信号均通过控制电缆送到主控室的保护装置和监控装置等,进行集中监视和计算,同时将各保护装置跳闸出口接点通过控制电缆再送至各个开关装置,以保护动作时跳开相应的断路器。

集中式结构的优点是结构紧凑、实用性好、造价低,适用于 35 kV 或规模较小的变电站。但是其缺点同样也很明显,主要有:

(1) 所有待监控的设备都需要通过二次控制电缆接入主控室或继电保护室,造成变电站安装成本高、周期长、不经济,同时增加了电流互感器二次负载。

(2) 每台计算机的功能较集中,尤其是负责数据采集与监控的前置管理机任务重,引线多,导致信息瓶颈,一旦发生故障,影响面大,会降低整个系统的可靠性。

(3) 集中式结构软件复杂,组态不灵活,修改工作最大,系统调试复杂。

变电站二次产品早期的开发过程是将保护、测量、控制和通信等部分先进行分类,再独立开发的,没有按整个系统设计的思路进行,所以集中式结构存在上述诸多不足。随着电气自动化系统技术的不断发展,现在已很少采用集中式结构的综合自动化系统。

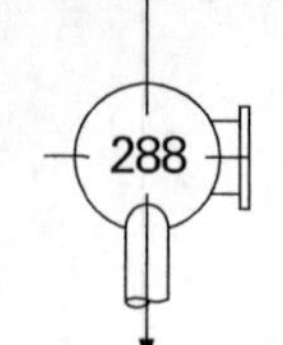

10.2.2 分层分布式结构

分层分布式结构是指系统按变电站的控制层次和对象设置全站控制(站控层,又称变电站层)和就地单元控制(间隔层)的二层式分布控制系统结构。所谓分布式是指在逻辑功能上站控层 CPU 与间隔层 CPU 按主从方式工作。

站控层(变电站层)包括全站性的监控主机和远动前置机等。变电站层设局域网或串行总线,供监控主机与间隔层之间交换信息。

间隔层一般按断路器间隔划分,具有测量、控制和继电保护等功能。测量、控制部件负责该单元的测量、监视,以及断路器的操作、控制和联锁及事件顺序记录等;继电保护部件负责该电气单元的保护功能、故障记录等。间隔层本身由各种不同的单元装置组成,这些单元装置直接通过局域网络或串行总线与变电站层联系。

根据间隔层设备安装位置的不同,目前在变电站中采用的分层分布式综合自动化系统主要分成集中组屏结构和分散与集中相结合结构两种形式。

1. 集中组屏结构

集中组屏结构,是把整套综合自动化系统按其不同功能组成多个屏柜,如主变压器保护屏、高压线路保护屏、馈线保护屏、公用屏、数据采集屏、监控屏等,并将其集中安装在主控制室中,这种系统结构具有如下特点:

(1) 采用按功能划分的分布式多 CPU 系统,各功能单元基本上由一个或多个 CPU 组成。这种按功能设计的分散模块化结构,具有软件相对简单、组态灵活、调试维护方便、系统整体可靠性高等特点。正因如此,使得综合自动化系统具备了分层管理的可能,变电站里与间隔层设备按各自功能正常运行,同时还能通过通信网络交换数据和信息。

(2) 继电保护单元相对独立,其功能不依赖于通信网络实现,保护的模拟量输入和输出的跳、合闸指令均通过控制电缆连接。

(3) 采用模块化结构,可靠性高。任何一个模块故障,只影响局部功能,不影响全部,调试、更换方便。对于 35～110 kV 变电站,一次设备比较集中,所用控制电缆不是太长,集中组屏虽然比分散式安装增加了一些电缆,但集中组屏便于设计、安装、调试和管理,可靠性也比较高,尤其适用于老变电站的改造。

2. 分散与集中相结合结构

随着单片机和通信技术的发展,特别是现场总线和局域网络技术的应用,很多厂商以每个电网元件为对象,例如一条出线、一台变压器、一组电容器等,集保护、测量、控制于一体,设计在同一机箱中。对于 6～35 kV 的电压等级,可以将这些一体化的保护测控装置分散安装在各个开关柜中,然后由监控主机通过通信网络对它们进行管理和交换信息,这就是分散式结构。对于 110 kV 及以上的高压线路保护装置和主变压器保护装置,仍建议采用集中组屏并安装在主控制室内。

这种将配电线路的保护测控装置分散安装在开关柜内,而高压线路和主变压器的保护及测控装置等采用集中组屏的系统结构,称为分散与集中相结合的结构,这种系统结构具有如下特点:

(1) 6～35 kV 配电线路保护测控装置采用分散式结构,就地安装,节约控制电缆,通过现场总线与保护管理机交换信息。

(2) 高压线路和主变压器的保护、测控装置采用集中组屏结构，保护屏安装在控制室或保护室中，工作环境较好，有利于提高保护的可靠性。

(3) 其他自动装置，如备用电源备自投装置、公用信息采集装置等，采用各自集中组屏，安装在控制室或保护室中。

(4) 电能计量采用智能型电能计量表，通过串行总线，由电能管理机将采集的各电能量送往监控主机，再传送至控制中心。

10.3 通信技术

通信技术是综合自动化系统的关键技术，在综合自动化系统的安装、调试和运行维护过程中，通信问题解决得好坏，直接关系到系统运行的稳定性和可靠性。

10.3.1 拓扑结构

常用的电气自动化系统计算机网络拓扑结构有星形、总线型和环型三种。

1. *星形拓扑结构*

星形拓扑结构是一种以中央节点为中心，把若干外围节点连接起来的辐射式互联结构，各节点与中央节点通过点与点的方式连接，中央节点执行集中式通信控制策略，因此中央节点相当复杂，负担也重，这种结构适用于局域网，其连接方式以双绞线或同轴电缆作连接线路。在中心放一台中心计算机，每个臂的端点放置一台 PC，所有的数据包及报文通过中心计算机来通信，除了中心机外每台 PC 仅有一条连接，这种结构需要大量的电缆。星形拓扑可以看成仅有一层的树形结构，不需要多层 PC 的访问权争用，因此在网络布线中较为常见。

以星形拓扑结构组网，其任何两个站点要进行通信都要经过中央结点控制。中央节点的主要功能有：为需要通信的设备建立物理连接；为两台设备在通信过程中维持通路；在完成通信或不成功时拆除通道。

2. *总线型拓扑结构*

总线型拓扑是一种基于多点连接的拓扑结构，即将网络中所有的设备通过相应的硬件接口直接连接在共同的传输介质上。总线拓扑结构使用一条所有 PC 都可访问的公共通道，每台 PC 只要连一条线缆即可。在总线型拓扑结构中，所有网上微机都通过相应的硬件接口直接连在总线上，任何一个节点的信息都可以沿着总线向两个方向传输扩散，并且能被总线中任何一个节点所接收。由于其信息向四周传播，类似于广播电台，故总线型网络也被称为广播式网络。总线有一定的负载能力，因此，总线长度有一定限制，一条总线也只能连接一定数量的节点，最著名的总线拓扑结构是以太网。

总线布局的特点：结构简单灵活，非常便于扩充；可靠性高，网络响应速度快；设备量少、价格低、安装使用方便；共享资源能力强，非常便于广播式工作，即一个节点发送，所有节点都可接收。

在总线两端连接的器件称为端结器(末端阻抗匹配器、或终止器)，主要与总线进行阻抗匹配，从而最大限度地吸收传送端部的能量，避免信号反射回总线产生不必要的干扰。

总线型网络结构是目前使用最广泛的结构，也是最传统的一种主流网络结构，适用于信息管理系统、办公自动化系统等领域。

3. 环型拓扑结构

环形网中各节点通过环路接口连在一条首尾相连的闭合环形通信线路中，就是把每台 PC 连接起来，数据沿着环依次通过每台 PC 直接到达目的地，环路上任何节点均可以请求发送信息。请求一旦被批准，便可以向环路发送信息。环形网中的数据可以单向传输也可以双向传输。信息在每台设备上的延时时间是固定的。由于环线公用，一个节点发出的信息必须穿越环中所有的环路接口，信息流中目的地址与环上某节点地址相符时，信息会被该节点的环路接口所接收，而后继续流向下一环路接口，一直流回到发送该信息的环路接口节点为止，该结构特别适合实时控制的局域网系统。在环形结构中每台 PC 都与另两台 PC 相连，每台 PC 的接口适配器必须接收数据再将其传送至另一台，因为两台 PC 之间都有电缆，所以能获得好的性能。

10.3.2 常见的通用串行通信接口

串行通信是指使用一条数据线，将数据一位一位地依次传输，每一位数据占据一个固定的时间长度，并只需要少数几条线就可以在系统间交换信息的通信方式，串行通信特别适用于计算机与计算机、计算机与外设之间的远距离通信。

RS—232 接口标准出现较早，难免有不足之处，包括接口的信号电平值较高、易损坏接口电路的芯片、因为与 TTL 电平不兼容故需使用电平转换电路方能与 TTL 电路连接等。另外传输速率也较低，在异步传输时，波特率为 20 kbps。接口使用一根信号线和一根信号返回线而构成共地的传输形式，这种共地传输容易产生共模干扰，所以抗噪声干扰性弱。传输距离有限，最大传输距离标准值为 20 m。RS232 接口在总线上只允许连接 1 个收发器，即单站能力。

针对 RS232 的不足，出现了一些新的接口标准，RS485 就是其中之一，它具有以下特点：

RS485 的正电平以两线间的电压差为＋(2－6)V 表示，负电平以两线间的电压差为－(2－6)V 表示。接口信号电平比 RS232 降低了，就不易损坏接口电路的芯片，且该电平与 TTL 电平兼容，可方便与 TTL 电路连接。RS485 的数据最高传输速率为 10 Mbps，其接口是采用平衡驱动器和差分接收器的组合，抗共模干扰能力增强，即抗噪声干扰性好，且最大传输距离可达 1 000 m。RS485 接口在总线上允许连接多达 32 个收发器，即具有多站能力，这样用户可以利用单一的 RS485 接口方便地建立起设备网络。RS485 接口因具有良好的抗噪声干扰性、长的传输距离和多站能力等优点成为首选的串行接口。另外 RS485 接口组成的半双工网络，一般只需两根连线，所以需采用屏蔽双绞线传输。

虽然与变电站传统的二次线相比，串行通信方式已有很大的优越性，但仍然存在以下的缺点：连接的节点数一般不超过 32 个，变电站规模较大时不满足要求；由于同一总线上信息电平的互斥性，故同一时刻只能有一个设备发送信息；通信方式多为查询方式，通信效率低，难以满足较高的实时性要求；整个通信网络上只有一个主节点，其成为系统的瓶颈，一旦故障，整个系统的通信便无法进行。

由于存在上述缺陷，随着通信网络技术的发展，尤其是现场总线和以太网在电气自动化系统中作为通信主网络的构成而广泛应用，串行通信方式现在仅用于终端设备与通信网络的连接。可根据传输距离以及需连接设备的数量来综合考虑选用上述串行通信接口。

10.3.3 常见的现场总线

现场总线是用于现场仪表与控制系统和控制室之间的一种全分散、全数字化、双向、互联、多变量、多点、多站的通信系统，具有可靠性高、稳定性好、抗干扰能力强、通信速率快、造价低廉、维护成本低等优点。目前，电气自动化系统中使用最广泛的是CAN现场总线和Lon现场总线。

控制局域网络(Control Area Network，CAN)最早由德国BOSCH公司推出，用于汽车内部测量与执行部件之间的数据通信，其总线规范已被ISO国际标准组织制订为国际标准。由于得到了Motorola、Intel、Philip、Siemence、NEC等公司的支持，它被广泛应用到离散控制领域。CAN协议也是建立在国际标准组织的开放系统互联模型基础上的，不过其模型结构只有三层，即只取OSI底层的物理层、数据链路层和顶层的应用层，其信号传输介质为双绞线。通信速率最高可达1 Mbps/40m，直接传输距离最远可达10 km/5 kbps，可挂接设备数量最多可达110个。CAN的信号传输采用短帧结构，每一帧的有效字节数为8个，因而传输时间短，受干扰的概率低。当节点严重错误时，具有自动关闭的功能，以切断该点与总线的联系，使总线上的其他节点及其通信不受影响，具有较强的抗干扰能力。

LON(Local Operating Networks)总线是美国ECHELON公司1991年推出的局部操作网络，为集散式监控系统提供了很强的实现手段。在其支持下，诞生了新一代的智能化低成本的现场测控产品。为支持LON总线，ECHELON公司开发了Lonworks技术，它为LON总线设计、成品化提供了一套完整的开发平台。目前采用Lonworks技术的产品广泛应用在工业、建筑、能源等自动化领域，LON总线也成为当前最为流行的现场总线之一。Lonworks协议支持OSI的七层协议，具体实现就采用网络变量这一形式。网络变量使节点之间的数据传递只是通过各个网络变量的互联便可完成。又由于硬件芯片的支持，实现了实时性和接口的直观、简洁的现场总线等的应用要求。神经元芯片(Neuron® Chip)是Lonworks技术的核心，它不仅是LON总线的通信处理器，同时也可作为采集和控制的通用处理器，Lonworks技术中所有关于网络的操作实际上都是通过它来完成的。它的主要应用领域是建筑的自动化控制，因具有优良的性价比，在石化领域也得到应用。

随着对电气自动化系统功能和性能要求的不断提高，现场总线技术的一些局限性逐渐显露出来，主要体现在：当通信节点数超过一定数量后，响应速率迅速下降，不能适应大型变电站对通信的要求；带宽有限，使录波等大量数据的传输非常缓慢；总线型拓扑结构使在网络上任一点故障时，均可能导致整个系统崩溃；由于标准的不统一，许多网络设备和软件需专门设计，很难使电气自动化系统的通信网络标准化，不具有开放性。

10.3.4 以太网

工业以太网以其优越的结合性能成为电气自动化系统中通信技术发展的趋势。以太网是采用CSMA/CD总线仲裁技术通信标准的基带总线局域网，在带宽、可扩展性、可靠性、经济性、通用性等方面都具有一定的优势，通常间隔层使用10 Mbps的以太网，站控层使用100 Mbps的以太网，这样的带宽足以满足石化变电站的要求。其优越性主要体现在：由于使用集线器能把一个以太网分成数个节点数小于100的冲突域，即分成若干子网来保证速率，满足了实时性要求；以太网符合国际标准，使用广泛，成本低廉，已开发出来的网络工具和网络设备较多。

组成计算机网络的硬件一般有网络服务器(带操作员站或监控主机)、网络工作站、网络适配器(网卡)、传输介质(连接线)等,若需要扩展局域网规模,则还要增加集线器(HUB)、交换机、网桥和路由器等通信连接设备。把这些硬件连接起来,再装上专门用来支持网络运行的软件,包括系统软件和应用软件,就构成了一个计算机网络。

网络接口卡(NIC)是计算机或其他网络设备所附带的适配器,用于计算机和网络间的连接。每一种类型的网络接口卡都是分别针对特定类型的网络而设计的,如以太网、令牌网、FDDI或者无线局域网。网络接口卡使用物理层(第一层)和数据链路层(第二层)的协议标准进行运作,主要定义了与网络线进行连接的物理方式和在网络上传输二进制数据流的组帧方式,同时还定义了控制信号,为数据在网络上进行传输提供了时间选择的方法。

集线器是最简单的网络设备,计算机可通过一段双绞线连接到集线器。在集线器中,无论与端口相连的系统是否按计划接收这些数据,其都会被转送到所有端口。除了与计算机相连的端口之外,即使在一个非常廉价的集线器中,也会有一个端口被指定为上行端口,用来将该集线器连接到其他的集线器以便形成更大的网络。

调制解调器是一种接入设备,可将计算机的数字信号转译成能够在常规电话线中传输的模拟信号。调制解调器在发送端调制信号并在接收端解调信号,许多接入方式都离不开调制解调器,如56k的调制解调器、ISDN、DSL等,它们可以为内部设备,插在系统的扩展槽中;也可以是外部设备,插在串口或USB端口中。

交换机是一种基于MAC(网卡的硬件地址)地址识别,能完成封装转发数据包功能的网络设备。交换机可以“学习”MAC地址,并把其存放在内部地址表中,通过在数据帧的始发者和目标接收者之间建立临时的交换路径,使数据帧直接由源地址到达目的地址。交换机拥有一条很高带宽的背部总线和内部交换矩阵。交换机所有的端口都挂接在这条背部总线上,控制电路收到数据包以后,处理端口会查找内存中的地址对照表以确定目的MAC的NIC挂接在哪个端口上,通过内部交换矩阵迅速将数据包传送到目的端口,目的MAC若不存在才广播到所有的端口,接收端口回应后交换机会“学习”新的地址,并把它添加入内部MAC地址表中。使用交换机也可以把网络“分段”,通过对照MAC地址表,交换机只允许必要的网络流量通过交换机。通过交换机的过滤和转发,可以有效地隔离广播风暴,减少误包和错包的出现,避免共享冲突。交换机在同一时刻可进行多个端口对之间的数据传输,每一端口都可视为独立的网段,连接在其上的网络设备独自享有全部的带宽,无须同其他设备竞争使用。当节点A向节点D发送数据时,节点B也可同时向节点C发送数据,而且这两个传输都享有网络的全部带宽,都有着自己的虚拟连接。假使这里使用的是10 Mbps的以太网交换机,那么该交换机这时的总流通量就等于2×10 Mbps=20 Mbps,而使用10 Mbps的共享式集线器时,一个集线器的总流通量也不会超出10 Mbps。

防火墙可以是软件,也可以是硬件,它能够检查来自因特网或其他网络的信息,然后根据防火墙设置阻止或允许这些信息通过计算机,确保网络安全。防火墙有助于防止黑客或恶意软件(如蠕虫)通过因特网或其他网络访问计算机,还有助于阻止计算机向其他计算机发送恶意软件。它可以使内部网络与因特网或者其他外部网络互相隔离,限制网络之间的互相访问,以保护内部网络的安全。防火墙可以只用路由器实现,也可以用主机甚至一个子网来实现。设置防火墙目的是在内部网与外部网之间设立唯一的通道,简化网络的安全管理。

10.4 安全管控一体化系统

为保障石油化工行业各装置供电系统长期安全稳定运行，目前推广采用电气作业安全管控一体化系统，该系统是由微机防误与视频监控系统无缝连接组成的一套完整系统，采用分层分布式系统结构，集控制、监测、管理、防误、遥视、拾音为一体，各功能之间无缝连接，具有良好的实时性、可靠性、安全性和可维护性。

微机防误系统主要由防误服务器、防误工作站、防误主机、操作票专家系统、电脑钥匙、遥控闭锁控制器、遥控闭继电器和交换机等组成。视频监控系统主要由遥视工作站、视频服务器、交换机、网络摄像头等组成。

防误操作系统是一套完善的微机防误闭锁系统，当系统进入微机防误闭锁操作时，可在显示屏上按操作票内容进行模拟预演，检验操作票，并能给监控系统和电脑钥匙输出正确的操作程序，然后逐项进行强制解/闭锁操作，并能同时完成一站或多站操作。

当遇到需监控系统操作的设备(如断路器)时，由防误系统解锁遥控回路，再由监控系统或模拟屏下发遥控命令；当遇到监控系统不能操作的设备(如手动隔离开关、接地刀闸、临时地线、间隔门等)时，则由电脑钥匙传输操作票，操作人员持电脑钥匙到各变电站进行倒闸操作。

10.4.1 微机"五防"功能

"五防"是指防止电力系统倒闸操作中经常发生的五种恶性误操作事故，即误分合断路器、带负荷拉隔离开关、带地刀(接地线)合隔离开关送电、带电合地刀或挂接地线、误入带电间隔。防误系统对一次设备加装锁具，对其操作实施强制闭锁，通过模拟、预演，可检验、打印和传输操作票，运行人员可按照倒闸操作票的顺序，模拟预演后对设备进行操作，避免正常情况下由于操作顺序不当而引起各种电气设备误操作，实现"五防"要求，同时还可实现旁路母线充电、倒母线操作、线路侧验电、就地或远方操作等复杂闭锁功能。

"五防"系统能显示一次主接线及刷新设备实时位置情况、倒闸操作模拟预演并开出操作票或运行人员倒闸操作培训。在监控中心、各受控站上都可选择自己管辖范围内相应站的防误数据，进行带"五防"逻辑判断的模拟预演，达到检验倒闸操作票的目的，同时对形成的操作票进行统一编号及保存，另外各级(监控中心、运维中心及各受控站)能模拟预演、开票、传票接票，实现分层管理。

电脑钥匙采用"双无技术"，即"无线"采码和"无线"编码。电脑钥匙探头和编码之间采用无线方式交互信息。电脑钥匙应具有按操作票对电编码锁、机械编码锁逐一解锁操作、重复操作、中止操作、检修操作和非正常跳步操作、掉电记忆、自学锁编码、锁编码检测、操作票浏览、操作追忆、音响提示等功能。

锁具，含编码锁、机械编码锁、状态检测器及附件、地线桩、地线头等。所有远程操作功能的断路器和隔离开关均采用电编码锁闭锁，对于手动操作设备的刀闸、地刀采用机械编码锁闭锁，采用状态检测器实现防走空功能；线路侧接地刀闸一般具备防止对侧反充电的闭锁功能。上述两种锁能均能适应变电站内各种运行方式，在紧急状态下，可通过电解锁钥匙和机械解锁钥匙对其进行解锁操作。

10.4.2 操作票专家系统

操作票专家系统可提供“图形模拟开票”“手工开票”“预存操作票调用”和“典型操作票调用”等多种开票方式，可开出并打印包括一、二次设备操作项及检查、测量、验电、提示等特殊操作在内的完整操作票，所有开出的操作票必须经过系统“防误”闭锁逻辑条件和设备状态信息自动判断所开操作票的正确性，且所开操作票具有整洁、规范、格式化的特点。操作权限实行分级管理制度，可根据需要决定是否将某种操作的操作权限开放给某一操作人员。它还具备仿真培训功能，能通过图形自动模拟预演，监控每一步操作，并能对错误操作告警，指出操作错误的原因，同时提示正确的操作步骤，并且可实现操作票的模拟预演及传票功能。

10.4.3 视频联动和告警联动功能

遥视防误系统通过以太网方式实现与后台监控系统通信，实时采集现场一次设备状态，实现遥视防误系统的可视化视频联动和告警联动功能。

监控系统在准备进行遥控操作时，可通过视频服务器控制摄像机切换到指定位置（预遥控操作的开关），然后采集视频数据并输出到遥视主机的视频监视窗口，使运行人员在控制操作的同时可以及时了解现场的情况。

当监控系统产生变位告警时会发信息给遥视防误系统，遥视防误系统通过视频服务器控制摄像机切换到指定位置，在遥视值班机上弹出告警现场的视频画面，并在液晶显示器上显示告警现场的视频，使运行人员能够第一时间了解现场情况。

第 11 章　电气设备抗震设计

本章讨论石油化工的电气设备抗震设计。近几十年来发生的灾害性地震表明，电力系统的抗震能力较弱，为提高变电站电力设施抗震能力、减少地震灾害损失，需对电力系统中建(构)筑物及电气设备地震破坏的原因进行分析，并针对电气设备抗震薄弱环节，提出一些解决的措施及建议。

11.1　电力系统中电力设备震害及抗震研究

11.1.1　电力设备地震灾害特征

在地震中，电力设备地震灾害特征有多种，典型的电力设施的震害主要包括以下几种类型。

(1) 变压器：其震害表现一般为主体位移、扭转、跳出轨道或倾倒，与之相伴还会出现顶部瓷套瓶破坏、散热器或潜油泵等附件的破坏。

(2) 瓷质高压电气设备：由于强烈的地面运动以及设备之间连接的相互作用，高压变电站中的一些设备比较容易在地震中遭受破坏，这类电气设备包括断路器、隔离开关、电流互感器、电压互感器、支柱绝缘子、避雷器等，这些电气设备固有频率在 1～10 Hz 范围内，与地震波的卓越频率接近。

(3) 支撑结构震害：高压变电站的变电设备往往安装在钢或混凝土类支撑结构上，在历次震害中，因支撑结构破坏导致变电站设备破坏的不乏其例。

(4) 输配电线路杆塔：由于输电线的低频振动对输入地震能量的解耦作用，同时也由于输电线路杆塔抗风和抗冰设计的要求，输电线路杆塔结构的震害相对较轻。

11.1.2　电力系统地震灾害破坏成因

变电站地震灾害损毁程度与建设年代、设防烈度、本区域的实际地震烈度、抗震设防标准及建筑物结构形式等有密切关系。下面以 2008 年汶川地震为例，分析地震对电力设备造成的破坏。

(1) 地震灾害对电力系统建(构)筑物的破坏：汶川地震中的 20 世纪 80 年代的电力系统建筑物，绝大部分结构受损，少部分严重受损，主要由于建造时抗震设计遵循的是《建筑抗震设计规范》[TJ 11－74(试行)或 TJ 11－78]。这些建筑物虽为砖混结构，但由于采用构造柱、圈梁及其他拉结等抗震措施，绝大部分建筑物修复后可继续使用。少部分受损严重的建筑物，受环境及施工质量影响，出现混凝土开裂、碳化现象，钢筋失去表面钝化膜的保护，部分钢筋锈蚀,导致房屋构件(如梁柱)强度下降,节点构造措施弱化,结构构件承载力不足。

震区20世纪90年代后建设的生产用房,建筑物结构基本完好,经修补即可使用。主要是由于抗震设计遵循的是《建筑抗震设计规范》(GBJ 11-89或GB 50011—2001),此类建筑多采用钢筋混凝土框架结构,抗震设防等级提高,局部受损原因为地震烈度高于抗震设防烈度。

(2) 地震灾害对电力系统支架、构架的破坏:变电站的构架、设备支架和基础在汶川地震中有少部分损坏,受损数量较少。一部分是位于山区的变电站,由于山体塌方等次生灾害引起变电站构、支架严重损坏。另一部分是投运时间较长的变电站,构、支架采用水泥杆,年久失修,存在混凝土风化、碳化和开裂现象以及钢筋锈蚀等,这些现象导致构、支架存在结构缺陷,在地震作用下发生损毁。

(3) 地震灾害对电力系统中电气设备的破坏:在汶川地震中,变电站电气设备损坏数量较多,尤其位于地震高烈度区的电力设备受损情况严重。地震波频率多为1～10 Hz,当变电站电气设备及其支撑体系的自振频率接近或等于地震波的频率时,将产生共振,动力放大系数很大,产生的地震作用也很大,导致电气设备损坏。

11.1.3 主要国家电力系统抗震研究现状

(1) 我国电力设施抗震研究

我国在20世纪80年代对电力系统的设备抗震进行过很多的实验和分析研究工作,但是局限于当时的条件,地震模拟振动台试验并不多。

在对各类电气设备详细研究的基础上,1997年3月正式颁布了GB 50260—1996《电力设施抗震设计规范》。该规范对抗震设防烈度6度至9度区的新建和扩建的常规安装的电力设施的抗震设计进行了规定,使新建和扩建电力设施的设计有章可循,为减轻电力设备地震破坏、减少电力系统的经济损失提供依据。

然而,从20世纪80年代后期一直到目前为止,对超高压和特高压电气设备抗震的研究较少。以前的电气设施抗震研究工作基本是在110～220 kV的电压范围内进行的,这是由于当时我国电力系统中采用的主要是110～220 kV高压电气设备。虽然对一些超高压电气设备进行了试验研究和实测,但由于条件所限,对330 kV及其以上电压等级的电气设备抗震性能的研究工作开展较少。随着近年来电力工业的迅猛发展,超高压500 kV已经成为我国大部分地区的主干电网,特高压1 000 kV电网也已应用,因此,对超高压和特高压电气设施的抗震研究势在必行。目前,该任务工作已经在进行中。

(2) 日本电力设施抗震研究

由于特殊的地理环境和经济实力,在对电力系统抗震的研究领域,日本一直处于国际领先地位。在抗震减灾方面,日本对电力设备和工程结构有严格的要求,特别是对发电厂、电力调度指挥中心等有特殊的规定,电力设备也要求必须满足抗震要求。

日本对电力设备抗震分类和抗震性能要求分为两类:第一类包括大坝、LNG储罐、储油罐等。与这些结构相关的电力设备在一般地震下不能出现主要功能故障;在大地震的情况下不能对人民生命造成重要影响。第二类主要包括发电厂建(构)筑物、发电机组、锅炉、变电设备、输配电设备、电力安全通信设施等。在一般地震作用下,这些电力设备不能出现主要功能故障;在大地震作用下,不能发生大面积长期的供电中断,应有可替代、多重化的综合设施以确保电力系统的功能。

(3) 美国电力设施抗震研究

1971年2月美国SanFernando地震、1989年LomaPrieta地震以及1994年Northridge地震,都对美国的电力系统造成了较严重的破坏。针对这些震害,美国的研究人员进行了很多的实验和分析。正是由于这些地震,使得对于北美地区电力系统和电气设备作出了更详细的规定。地震以后,为了提高电力系统的性能,一些瓷件开始用复合材料代替,如带有瓷套管的电流互感器、电压互感器和避雷器,研究人员也开始编写电力设备临时抗震规范,一些变电站重新布置,如刚性母线和导线用柔性的母性和导线代替。

11.2 地震安全性评价

地震安全性评价的结果是确定抗震设防的重要前提和依据。地震安全性评价是一种科技行为,是地震科技直接服务于国民经济的体现,凡是具有地震安全性评价资质的单位都可以在资质确认的范围内从事此项工作,而确定抗震设防要求是一种政府行为,其带有明显的强制性。地震安全性评价的结果,经授权的评审机构审定通过后,按照分级负责的原则由相应的县级以上人民政府负责管理地震工作的部门或机构根据审定的结果综合工程的类别和重要程度确定抗震设防要求,具有法律效力。

11.2.1 地震安全性评价的意义和内容

进行地震安全性评价能使建设工程抗震设防既科学合理又经济安全,重大建设工程和可能发生严重次生灾害的建设工程,其抗震设防要求不同于一般建设工程,如不进行地震安全性评价,简单套用烈度区划图进行抗震设防,显然缺乏科学依据。如果设防偏低,将给工程带来隐患,如果设防偏高,则会增加建设投资,造成浪费(通常从7度提高到8度,工程投资增加10%~15%)。

进行地震安全性评价是我国抗震设防技术与国际接轨的需要,也是科技进步的要求。随着抗震技术的发展,单一的烈度值已经不能满足抗震设计需要,还需进一步根据建设工程的具体条件提供场地地震动参数(加速度、设计反应谱、地震动时程等),如对于特大型桥梁、高层建筑等需考虑长周期地震波(远震)的影响。

工程地震安全性评价的主要内容有:地震基本烈度鉴定与复核、地震危险性分析、场址及周围活断层评价、设计地震动参数的确定(加速度、设计反应谱、地震动时程)、场址及周围地震地质稳定性评价、地震小区划、场区地震灾害预测等。这些工作内容不是所有工程都要做的,而是根据工程重要程度和安全的需要来选取其中的相关项目。

11.2.2 地震安全性评价工作中的技术标准

地震安全性评价需严格按国家标准GB 17741—2005《工程场地地震安全性评价》进行。按照规范规定,根据工程重要程度,地震安全性评价工作共分四级,各级工作还需符合下列要求:

一级工作包括地震危险性概率分析、确定性分析、能动断层鉴定、场地地震动参数确定和地震地质灾害评价；

二级工作包括地震危险性分析和地震小区划；

三级工作包括地震危险性的概率分析、场地设计地震动参数确定和地震地质灾害评价；

四级工作依据现行的《第五代区划图使用规定》对需要进行地震烈度复核者，复核地震基本烈度，进行危险性概率分析。

11.2.3 地震安全性评价的注意事项

地质勘察绝对不能代替地震安全性评价工作，主要因为地震安全性评价与工程地质勘察在工作内容、范围、勘察手段、深度、分析的角度、方法、技术标准和提供的结果等方面存在根本性的差别。

地震安全性评价的部分有关工作可以利用工程地质勘察资料。

地震安全性评价结果必须经授权的评审机构评审，由管理地震工作的部门或机构根据评审结果再进一步确定工程抗设防要求后，方可适用于建设工程抗设防。未经审定的地震安全性评价结果不能作为建设工程抗震设防的依据。

建设工程必须严格按照地震安全性评价结果确定的抗震设防要求进行抗震设计、施工。

11.3 基本要求

11.3.1 电力设施设备抗震的方针和设计原则

电力设施设备抗震的基本方针：预防为主，防御与救助结合。电力设施经抗震设防后，能够减轻电力设施的地震破坏，避免人员伤亡，减少经济损失。

电力设施设备抗震设计的原则：当遭受到相当于本地区抗震设防烈度及以下的地震影响时，不应该损坏，仍可继续使用；当遭受到高于本地区抗震设防烈度相应的罕遇地震影响时，不应该严重损坏，经修理后即可恢复使用。电力设施的建(构)筑物，当遭受到低于本地区抗震设防烈度的多遇地震影响时，主体结构不受损坏或不需要修理仍可继续使用；当遭受到相当于本地区抗震设防烈度的设防地震影响时，可能发生损坏，但经一般修理或不需修理仍可继续使用；当遭受到高于本地区抗震设防烈度相应的罕遇地震影响时，不应倒塌或发生危及生命的严重破坏。

11.3.2 电力设施设备建设工程场地的要求

首先，根据 GB 18306—2015《中国地震动参数区划图》的有关规定确定电力设施的抗震设防烈度或地震动参数。重要电力设施的电气设备、设施按抗震设防烈度提高 1 度设防。一般情况下，取 50 年内超越概率 10％的地震烈度。

工程场地分为有利、一般、不利和危险地段。对新建设施的场地选择尽量优先选取有利地段，其次为一般地段，尽量避开不利地段，绝不选取危险地段。

11.3.3 电力设施设备的选址与总体布置要求

发电厂、变电站选择在对抗震有利的地段，避开对抗震不利地段。当无法避开时，需要采取有效措施。发电厂、变电站一般不在危险地段选址。

发电厂一般不建在抗震设防烈度为 9 度的地区。当必须在 9 度抗震设防烈度地区建厂时，重要电力设施需建在坚硬场地(坚硬土或岩石)。

发电厂的铁路、公路或变电站的进站道路需避开地震时可能发生崩塌、大面积滑坡、泥石流、地裂和错位的危险地段。

电力设施的主要生产建(构)筑物、设备，根据其所处场地的地质相地形，选择对抗震有利的地段进行布置，并避开不利地段。

当在 8 m 以上有挡土墙、高边坡的上、下平台布置电力设施时，根据其重要性适当增加电力设施至挡土墙或边坡的距离。

发电厂的燃油库、酸碱库、液氮脱硝剂制备及存储车间一般布置在厂区边缘较低处，燃油罐、酸碱罐、液氨罐四周需设防护围堤。

发电厂厂区的地下管、沟，可简化和分散布置，但不能平行布置在道路行车道下面，一般抗震设防烈度为 7～9 度的地震区不可布置在主要道路行车道内，地下管、沟主干线还需在地面上设置标志。

发电厂厂外的管、沟、栈桥不能布置在遭受地震时可能发生崩塌、大面积滑坡、泥石流、地裂和错位等危险地段，需避开洞穴和欠固结填土区。

发电厂的主厂房、办公楼、试验楼、食堂等人员密集的建筑物，主要出入口需设置安全通道，附近还要有疏散场地。

发电厂道路边缘至建(构)筑物的距离则需满足地震时消防通道不致被散落物阻塞的要求。

发电厂、变电站水准基点的布置需避开对抗震不利地段。

11.3.4 电力设施设备地震作用

1. 电气设施地震作用的确定原则

电气设施抗震验算需至少在两个水平轴方向分别计算水平地震作用，各方向的水平地震作用可由该方向抗侧力构件承担。

对质量和刚度不对称的结构，计入水平地震作用下的扭转影响。

抗震设防烈度为 8 度、9 度时，大跨度设施和长悬臂结构需验算竖向地震作用。

电气设施可采用静力法、底部剪力法、振型分解反应谱法或时程分析法等进行抗震分析。

2. 地震作用的地震影响系数的确定

水平地震影响系数最大值一般根据设计基本地震加速度选取(表 11－1)，设计基本地震加速度则根据 GB 18306—2015《中国地震动参数区划图》取电气设施所在地的地震动峰值加速度。

表 11-1　水平地震影响系数最大值

抗震设防烈度	6	7	7	8	8	9
设计基本地震加速度	0.05g	0.10g	0.15g	0.20g	0.30g	0.40g
地震影响系数最大值	0.125	0.250	0.375	0.500	0.750	1.000

建筑机电工程设备的水平地震影响系数最大值可按照表 11-2 选取，当建筑结构采用隔震设计时，一般采用隔振后的水平地震影响系数最大值。

表 11-2　水平地震影响系数最大值

抗震设防烈度	6	7	8	9
多遇地震	0.04	0.08(0.12)	0.16(0.24)	0.32
罕遇地震	0.28	0.50(0.72)	0.90(1.20)	1.40

注：括号中的数值分别用于设计基本地震加速度为 0.15g 和 0.30g 的地区。

3. 水平地震影响系数特征周期的确定

水平地震影响系数特征周期需根据 GB 18306—2015《中国地震动参数区划图》取电气设施所在地反应谱特征周期，并根据场地类别调整确定；或根据 GB 50011—2010《建筑抗震设计规范》，按电气设施所在地的设计地震分组和场地类别及表 11-3 选取，如按罕遇地震计算时特征周期增加 0.05s。

表 11-3　特征周期值　　单位：s

设计地震分组	场地类别				
	I_0	I_1	Ⅱ	Ⅲ	Ⅳ
第一组	0.20	0.25	0.35	0.45	0.65
第二组	0.25	0.30	0.40	0.55	0.75
第三组	0.30	0.35	0.45	0.60	0.90

11.3.5　电气设施设备的设计

1. 一般规定

重要电力设施中的电气设施，当抗震设防烈度为 7 度及以上时，需要进行抗震设计；一般电力设施中的电气设施，当抗震设防烈度为 8 度及以上时，需要进行抗震设计；安装在屋内二层及以上和屋外高架平台上的电气设施，当抗震设防烈度为 7 度及以上时，需要进行抗震设计。

电气设备、通信设备一般根据设防标准进行选择，对位于高烈度区且不能满足抗震要求或对于抗震安全性和使用功能有较高要求或专门要求的电气设施，可采用隔震或消能减震措施。

2. 设计方法

电气设施的抗震设计方法：基频高于 33 Hz 的刚性电气设施，可采用静力法；以剪切变形为主或近似于单质点体系的电气设施要采用底部剪力法；其他电气设施采用振型分解反应谱法；特别不规则或有特殊要求的电气设施需采用时程分析法进行补充抗震设计。

(1) 采用静力设计法时，地震作用产生的弯矩或剪力的计算。

地震作用产生的弯矩：

$$M=\frac{a_0G_{eq}(H_0-h)}{g} \tag{11-1}$$

式中 M——地震作用产生的弯矩，kN·m；

a_0——设计地震加速度值；

G_{eq}——结构等效总重力荷载代表值，kN；

H_0——电气设施体系重心高度，m；

h——计算断面处距底部高度，m；

g——重力加速度。

地震作用产生的剪力：

$$V=\frac{a_0G_{eq}}{g} \tag{11-2}$$

式中 V——地震作用产生的剪力，kN。

(2) 采用底部剪力法进行抗震设计或采用振型分解反应谱法进行抗震设计时，按照11.3.4的相关方法进行设计。

(3) 采用动力时程分析法进行抗震设计时，可以按实际强震记录或人工合成地震动时程作为地震动输入时程。输入地震动时程不少于三条，其中至少有一条人工合成地震动时程。时程的总持续时间不少于30 s，其中强震动部分不小于6 s，计算结果可取时程法计算结果的包络值和振型分解反应谱法计算结果的较大值。

如果需要进行竖向地震作用的时程分析时，地面运动最大竖向加速度 a_v 可取最大水平加速度 a_s 的65%。

电气设备有支承结构时，我们不能不考虑支承结构的动力放大作用。支撑结构仅作电气设施本体的抗震设计时，地震输入加速度乘以支承结构动力反应放大系数。支撑结构的动力放大系数与支撑结构有很大的关系。有可靠的支撑参数，可以将支架与电气设施整体考虑进行抗震设计。如果没有相关的参数，对预期安装在室外、室内底层、地下洞内、地下变电站底层地面上或低矮支架上的电气设施，其支架的动力反应放大系数的取值不小于1.2。支架设计需保证其动力反应放大系数不大于所取值。安装在室内二、三层楼板上的电气设备和电气装置，建筑物的动力反应放大系数取2.0。安装在变压器、电抗器的本体上的部件，动力反应放大系数取2.0。

总重力载荷可不计算地震作用与短路电动力的组合，但是要包含：端子板、金具及导线的重量、内部压力、端子拉力和0.25倍设计风载等产生的荷载。

3. 抗震计算

(1) 按照静力法进行抗震计算时，需要做的计算：

① 地震作用计算；

② 电气设备、电气装置的根部和其他危险断面处，由地震作用效应与按规定组合的其他荷载效应所共同产生的弯矩、应力的计算；

③ 抗震强度验算。

(2) 电气设施按振型分解反应谱法或时程分析法进行抗震计算时，需要做的计算：

① 体系自振频率和振型计算、地震作用计算；

② 在地震作用下，各质点的位移、加速度和各断面的弯矩、应力等动力反应值计算；

③ 电气设备、电气装置的根部和其他危险断面处，由地震作用效应及与按规定组合的其他荷载效应所共同产生的弯矩、应力的计算；

④ 抗震强度验算。

(3) 电气设施抗震设计根据体系的特点、计算精度的要求及不同的计算方法，可采用质量-弹簧体系力学模型或有限元力学模型。

质量-弹簧体系力学模型的建立原则：单柱式、多柱式和带拉线结构的体系可采用悬臂多质点体系或质量-弹簧体系；装设减震阻尼装置的体系，需要计入减震阻尼装置的剪切刚度、弯曲刚度和阻尼比；高压管型母线、大电流封闭母线等长跨结构的电气装置，可简化为多质点弹簧体系；变压器类的套管可简化为悬臂多质点体系，计算时需计入设备法兰连接的弯曲刚度。

质量-弹簧体系力学模型中力学参数的确定原则：连续分布的质量简化为若干个集中质量，并合理地确定质点数量；刚度包括悬臂或弹簧体系的刚度和连接部分的集中刚度。悬臂或弹簧体系的刚度可根据构建的弹性模量和外形尺寸计算。

当法兰与资套管胶装时，弯曲刚度 K_c，可按下式计算：

$$K_c=\frac{6.54\times10^7\times d_c h_c^2}{t_e} \tag{11-3}$$

式中 K_c——弯曲刚度，N·m/rad；

d_c——瓷套管胶装部位外径，m；

h_c——瓷套管与法兰胶装高度，m；

t_e——法兰与瓷套管之间的间隙距离，m。

当法兰与资套管用弹簧卡式连接时，其弯曲刚度可按下式计算：

$$K_c=\frac{4.9\times10^7\times d_c h_c'^2}{t_e} \tag{11-4}$$

式中 h_c'——弹簧卡式连接中心至法兰底部的高度，m。

按有限单元分析建立力学模型时，需合理确定有限单元类型和数目，其力学参数可由电气设备体系和电气装置的结构直接确定。电气设备法兰与瓷套管连接的弯曲刚度用一个等效梁单元代替时，该梁单元的截面惯性矩 I_c 可按下式计算：

$$I_c=K_c\frac{L_c}{E_c} \tag{11-5}$$

式中 I_c——截面惯性矩，m^4；

L_c——梁单元长度，m，取单根瓷套管长度的 1/20 左右；

E_c——瓷套管的弹性模量，Pa。

电气设施的结构抗震强度验算，需保证设备和装置的根部或其他危险断面处产生的应力值小于设备或材料的容许应力值。采用破坏应力或破坏弯矩进行验算时，瓷套管和瓷绝缘子的应力及弯矩则分别满足公式 11-6 和公式 11-7 的要求。

地震作用和其他荷载作用产生的瓷套管和瓷绝缘子总应力的计算公式：

$$\sigma_{tot}\leqslant\frac{\sigma_U}{1.67} \tag{11-6}$$

式中　σ_{tot}——地震作用和其他荷载产生的总应力，Pa；

σ_U——设备或材料的破坏应力值，Pa。

地震作用和其他荷载作用产生的瓷套管和瓷绝缘子总弯矩的计算公式：

$$M_{tot} \leqslant \frac{M_U}{1.67} \tag{11-7}$$

式中　M_{tot}——地震作用和其他荷载产生的总弯矩，N·m；

M_U——设备或材料的破坏弯矩，N·m。

4. 抗震试验

对新型设备或改型较大的设备，我们可以采用地震模拟振动台试验验证其抗震能力。如果因尺寸、质量或复杂性等原因而不具备整体试验条件的设备，或已经通过试验而又改型不大的设备，可以采用部分试验或试验与分析相结合的方法进行验证。在试验时，试件的安装需和实际运行状况下一致。同时试验的固定或连接设施不影响试件的动力性能。

电气设施抗震强度验证试验需分别在两个主轴方向上检验危险断面处的应力值。对称结构的电气设备和电气装置，可以只对一个方向进行验证试验。

验证试验测得的危险断面应力值，最后与重力、内部压力、端子拉力和0.25倍设计风载等荷载所产生的应力进行组合。只有满足了容许应力值，才可以说本型式产品满足抗震要求。

5. 电气设施布置设计

电气设施布置时充分考虑抗震设防烈度、场地条件和其他环境条件，并结合电气总布置及运行、检修条件，通过技术经济分析确定其合理性。电气实施的布置的基本要求如下：

(1) 当抗震设防烈度为8度及以上时，电压为110 kV及以上的配电装置形式，不采用高型、半高型和双层屋内配电装置。电压为110 kV及以上的管型母线配电装置的管型母线，通常采用悬挂式结构。

(2) 当抗震设防烈度为8度及以上时，110 kV及以上电压等级的电容补偿装置的电容器平台通常采用悬挂式结构。

(3) 当抗震设防烈度为8度及以上时，干式空心电抗器不采用三相垂直布置方式。

6. 电力通信设施的设计

电力通信设施是保证电力系统安全可靠运行的重要工具。为了保证震害后电力的供应，能够更快速高效地赈灾，一般需做到以下几点：

(1) 重要电力设施的电力通信，必须设有两个及以上相互独立的通信通道，并组成环形或有迂回回路的通信网络。两个相互独立的通道需采用不同的通信方式。

(2) 一般电力设施的大、中型发电厂和重要变电站的电力通信，要有两个或两个以上相互独立的通信通道，并组成环形或有迂回网路的通信网络。

(3) 给电力通信设备提供可靠的电源。可以采用双回路交流电源供电，同时还需要设置独立可靠的直流备用电源。对于非重要电力设施，除了提供一路交流电源外，也需要设置独立可靠的直流备用电源。

7. 电气设施安装设计的抗震要求

抗震设防烈度为7级及以上的电气设施的安装设计应满足如下要求：

(1) 设备引线和设备间连线可以采用软导线，其长度一般留有余量。当出现硬母线时，可采用软导线或伸缩接头过渡，以防止地震时连接处的刚性太强造成拉断。

(2) 电气设备、通信设备和电气装置的安装必须牢固可靠,设备和装置的安装螺栓或焊接强度要达到抗震的要求。

(3) 变压器的安装取消滚轮及其轨道,并固定在基础上。变压器类本体上的油枕、潜油泵、冷却器及其连接管道等附件以及集中布置的冷却器与本体间的连接管道,在出厂时要仔细检验,避免在震害中损坏。安装变压器的基础台面适当的放大加宽,保证在地震中水平移动足以支撑变压器。

(4) 现场旋转的电动机设备采用预埋件及螺栓固定,预埋件及螺栓的强度需要核算,满足抗震强度的要求。

(5) 蓄电池安装时装设抗震架,蓄电池在组架间的连线采用软导线或电缆连接,蓄电池采用电缆作为引出线,避免出现刚性连接片。

(6) 电容器、开关柜(屏)、控制保护屏、通信设备等,采用螺栓或焊接的固定方式。当设防烈度为8度或9度时,可将几个柜(屏)在重心位置以上连成整体。目前,变电所内的设备基本上能够做到几面屏、柜连成整体,但是在与设备基础的固定上还做不到螺栓连接,主要是由于螺栓连接不便于现场施工,大多数情况采用的是焊接。但如果焊接质量不能保证,同样会在震害中造成破坏。在汶川地震中,几个变电所的开关柜由于施工时焊接不过关,造成了地震后柜体与设备基础发生错位,部分设备还有倾斜的现象。

8. 电气设备的隔振与消能减震设计

在电气设计的过程中,一般根据电气设备的结构特点、使用要求、自振周期以及场地类别等来选择相适应的隔震与消能减震措施。隔震与减震措施分别为装设隔震器和减震器,常用的隔震器或减震器包括橡胶阻尼器、阻尼垫和剪弯型、拉压型、剪切型等铅合金减震器以及其他减震装置。采用减震装置应不影响电气设备的正常使用。同时,安装的隔震器和消能减震器自身也需具有足够的强度来满足位移的需要,不能出现装设的隔振器和消能减震器发生问题而达不到保护电气设备抗震的要求的情况。通常,隔振器和消能减震器装设在支架、电气设备与基础、建(构)筑物的连接处。

减震设计还需根据电气设备的结构特点、自振频率、安装地点、场地类别选择合适的减震器。减震器的安装需采取相应的措施以达到减震的要求,如首先安装减震器的基础或支架的平面要平整,每个减震器受力要均衡,如果安装的每个减震器受力不均,则势必造成某一个或者几个减震器超过其强度范围,造成破坏,而一旦某一个或者几个被破坏,没有被破坏的减震器将承担被破坏的减震器的应力,从而造成二次破坏,最终起不到减震的作用;还需要根据减震器的水平刚度及转动刚度验算电气设备体系的稳定性。

减震器设计时,还需考虑环境温度对减震器的破坏性。如果把适用于南方气候条件的减震器应用到北方,在冬季气温较低的情况下,很可能造成减震器的失效。此时,需要考虑耐低温的隔振器或减震器。

安装完毕的隔振器、减震器的整体,还要对其进行抗震分析,分析需考虑最极端状况,同时计入其剪切刚度、弯曲刚度和阻尼比。隔振与消能减震是一个综合性的课题,需要结合各方因素对其加以分析。

11.3.6 电气设施设备的建(构)筑物要求

电气设施、设备的建(构)筑物是承载电流变换设备的主要依托载体,其抗震的可靠性是决定电气设备安全运行的重要因素，在设计时尤其需要注意。各设防类别建(构)筑物的抗震设防标准，均需符合 GB 50223—2008《建筑工程抗震设防分类标准》的要求，不能为了追求美观和降低成本而忽略了抗震设计。

建(构)筑设计要符合抗震概念设计的要求，不能采用严重不规则的设计方案。平面布置需对称、规则，并具有良好的整体性；竖向布置也需规则，结构侧向刚度需均匀变化，同时合理布局结构抗侧力体系和结构构件；建筑的立面和竖向剖面需规则，结构的侧向刚度需均匀变化，竖向抗侧力构件的截面尺寸和材料强度需自下而上逐渐减小，避免抗侧力结构的侧向刚度和承载力突变。

电力设施中的建(构)筑物一般根据设防分类、烈度、结构类型和结构高度采用不同的抗震等级，需符合相应的计算和构造措施要求。电力设施中丙类建筑的抗震等级可按表 11-4 确定。

表 11-4　电力设施中丙类建(构)筑物的抗震等级

结构类型或建(构)筑物名称		设防烈度							
		6		7		8		9	
钢筋混凝土框架结构	高度/m	≤25	>25	≤25	>25	≤25	>25	≤25	
	框架	四	三	三	二	二	一	一	
	大跨度框架	三		二		一		一	
钢筋混凝土框架-抗震墙结构	高度/m	≤60	>60	≤60	>60	≤60	>60	≤50	
	框架	四	三	三	二	二	一	一	
	抗震墙	三		二		一		一	
钢结构	高度/m	≤50	>50	≤50	>50	≤50	>50	≤50	>50
	框架—支撑		四	四	三	三	二	二	一
集中控制楼、屋内配电装置楼	钢筋混凝土结构	三		二		一		一	
	钢结构	四		三		二		一	
运煤廊道	高度/m	≤30	30～55	≤30	30～50	≤30	30～40	≤25	
	钢筋混凝土结构	四	三	三	二	二	一	一	
	高度/m	≤50	>50	≤50	>50	≤50	>50	≤50	>50
	钢结构		四	四	三	三	二	二	一

注：① 表中高度指室外地面至檐口的高度(不包括局部突出屋面的部分)；

② 高度接近或等于高度分界时，可允许结合建(构)筑物的不规则程度及场地、基地条件确定抗震等级；

③ 大框度框架指跨度不小于 18 m 的框架；

④ 运煤廊道是指廊道支柱采用钢筋混凝土结构或钢结构；

⑤ 当运煤廊道跨度大于 24 m 时，抗震等级要再提高一级；

⑥ 设置少量抗震墙的钢筋混凝土框架-抗震墙结构，在规定的水平力作用下，底层框架部分所承担的地震倾覆力矩大于结构总地震倾覆力矩的 50%时，其框架部分的抗震等级要按照表中框架对应的抗震等级确定，适用的最大高度需比框架适当增加。

设计完毕的建(构)筑物需要做结构的抗震验算,没有通过验算则需要采取相应的处理措施,抗震设防烈度8度、9度地区的电气设备、设施的建(构)筑物均要采用消能减震设计。

电气设备、设施的建(构)筑物抗震设计具体可采用以下措施:

(1) 变电站多层配电装置楼不采用单跨框架结构。

(2) 根据设防烈度、场地类别选用可靠的抗震结构形式,一般采用现浇钢筋混凝土框架结构,楼(屋)面亦采用现浇钢筋混凝土结构。

(3) 当抗震设防烈度为8度、9度时,建(构)筑顶部大开间结构的屋面采用钢结构和轻型屋面,屋面横梁与柱顶铰接时,采用螺栓连接。

(4) 采用钢筋混凝土排架结构时,抗震设防烈度为8度时屋架(屋面梁)与柱顶的连接采用螺栓,抗震设防烈度为9度时采用钢板铰,亦可采用螺栓;屋架(屋面梁)端部支撑垫板的厚度不小于16 mm。

(5) 电气设备、设施的建(构)筑物与相邻建(构)筑物之间设抗震缝。

11.3.7 送电线路杆塔及微波塔的要求

1. 一般规定

(1) 线路路径和塔位选择需避开危险地段,如地震时易出现滑坡、崩塌、地陷、地裂、泥石流、地基液化等及发震断裂带上可能发生地表位错的地段。当无法避让时,则采取必要措施。

(2) 混凝土跨越塔不用于地震烈度为8度及以上地区或者地基因地震易液化,且液化深度较深的场地。

(3) 线路通过地震灾害易发区时,一般采用单回路架设。

(4) 大跨越工程需进行地震安全性评估。

(5) 输电线路塔杆和基础抗震设防烈度采用当地的基本地震烈度;对于乙类建筑,地震作用需符合本地区抗震设防烈度的要求,当抗震防烈度为6~8度时,抗震措施需符合本地区抗震设防烈度提高1度的要求,当抗震防烈度为9度时,需符合比9度抗震设防更高的要求;地基基础的抗震措施还要符合国家相关标准的要求。

(6) 位于7度及以上地区的混凝土高塔、8度及以上地区的钢结构大跨越塔和微波高塔、9度及以上地区的各类杆塔和微波塔均要进行抗震验算。

(7) 7度及以上地区的大跨越塔、微波高塔及特殊重要的塔杆基础、8度及以上地区的220 kV及以上耐张型杆塔的基础,当场地为饱和砂土或饱和粉土(不含黄土)时,均需考虑地基液化的可能性。必要时需采取稳定地基或基础的抗液化措施。

(8) 大跨越杆塔和长悬臂横担杆塔,还需对其进行竖向地震作用验算。当抗震防烈度为8度时,可取该结构、构件重力荷载代表值的10%;当抗震防烈度为9度时,可取20%;设计基本地震加速度为0.3g时,可取该结构、构件重力荷载代表值的15%。

2. 计算要点

计算杆塔动力特性时,可不计入导线和避雷线的重量。

计算地震作用时,重力荷载代表值可按无冰、年平均温度的运行情况取值。

杆塔地震作用一般采用振型分解反应谱计算,当需要精确计算时,采用时程分析法。杆塔结构采用振型分解反应谱法计算地震作用时,可只取前2或3个振型,当基本自振周期大于1.5 s时,要适当增加振型个数。

杆塔结构的地震作用效应与其他荷载效应的基本组合可按式11-8计算：

$$S=\gamma_G \cdot S_{GE}+\gamma_{Eh} \cdot S_{Ehk}+\gamma_{EV} \cdot S_{EVK}+\Psi_Q \cdot \gamma_Q \cdot S_{QK}+\Psi_w \cdot \gamma_w \cdot S_{wk} \quad (11-8)$$

式中 γ_G——重力荷载分项系数，对结构受力有利时取1.0，不利时取1.2，验算结构抗倾覆或抗滑移时取0.9；

γ_{Eh}、γ_{EV}——水平、竖向地震作用分项系数，可按表11-5的规定取值；

γ_Q——活荷载分项系数，取1.4；

γ_w——风荷载分项系数，取1.4；

Ψ_Q——风荷载组合系数，可取0.2；

Ψ_w——活荷载组合值系数，可取0.35；

S_{GE}——重力荷载代表值的效应；

S_{Ehk}——水平地震作用标准值的效应；

S_{EVK}——竖向地震作用标准值的效应；

S_{QK}——活荷载的代表值效应；

S_{wk}——风荷载标准值效应。

表11-5 地震作用分项系数

考虑地震作用的情况		γ_{Eh}	γ_{EV}
仅考虑水平地震作用		1.3	不考虑
仅考虑竖向地震作用		不考虑	1.3
同时考虑水平与竖向地震作用	水平地震作用为主时	1.3	0.5
	竖向地震作用为主时	0.5	1.3

结构构件的截面抗震验算，可采用式11-9：

$$S \leqslant \frac{R}{\gamma_{RE}} \quad (11-9)$$

式中 R——结构构件承载力设计值；

γ_{RE}——承载力抗震调整系数，按表11-6确定。

表11-6 承载力抗震调整系数

材 料	结构构件	承载力抗震调整系数
钢	跨越塔	0.85
	除跨越塔以外的其他铁塔	0.80
	焊缝和螺栓	1.00
钢筋混凝土	跨越塔	0.90
	钢管混凝土杆塔	0.80
	钢筋混凝土杆	0.80
	各类受剪构件	0.85

3. 构造要求

基本地震烈度为9度及以上地区,铁塔与基础一般采用地脚螺栓连接方式,便于出现地基不均匀沉降后的基础处理。结构的阻尼比,自立式铁塔取0.03,钢筋混凝土杆塔和拉线杆塔取0.05。

11.3.8 抗震施工的要求

近年来,抗震支架在电气设备安装中的应用不断扩大,已成为电力安装和建设的重要过程中不可缺少的一部分。施工的质量也对电气设备抗震起着很重要的作用,本节将具体介绍电气设备安装中抗震支架的安装和相应的作用。

1. 抗震支吊架及其类型

抗震支吊架是减轻地震作用对配电线路造成破坏的支撑设施。当建筑物遭受地震作用后,配电线路抗震支吊架可以将地震作用全部传递到建筑的结构体上,使配电线路不至于受到地震作用的影响。电气设备抗震支撑系统是牢固连接于已做抗震设计的建筑结构体的管路、槽系统及设备,以地震力为主要荷载的支撑系统。原有一般意义的支吊架系统是以重力为主要荷载的支撑系统,这两种支撑系统的设置并不重复而是相辅相成的。中国台湾成功大学建筑研究所黄乔俊以地震试验台振动台模拟中国台湾省南投县浦里镇一停车场喷淋管路得出的结论:加装抗震支撑系统的各点位移较未安装抗震支撑者降低至1/5～1/10,有效地提高了系统的抗震性能。

抗震支吊架按抗震支撑方向可分为侧向抗震支撑和纵向抗震支撑,按支撑方案可分为门型抗震支撑和组合抗震支撑,按支撑材质可分碳钢抗震支带架和不锈钢抗震支串架。

2. 抗震支吊架的布置原则

(1) 抗震支吊架之间的最大间距见表11-7。安装示意见图11-4和图11-5。

表11-7 抗震支吊架之间最大间距

类别		抗震支吊架最大间距/m	
		侧向	纵向
电线导管及电缆桥架(包括梯架、托盘和槽盒)	新建工程刚性材质电线导管、电缆桥架(包括梯架、托盘、槽盒)	12	24
	新建工程废金属材质电线导管、电缆桥架(包括梯架、托盘、槽盒)	6	12
电线导管及电缆桥架(包括梯架、托盘和槽盒)	改建工程刚性材质电线导管、电缆桥架(包括梯架、托盘、槽盒)	6	12
	改建工程废金属材质电线导管、电缆桥架(包括梯架、托盘、槽盒)	3	6

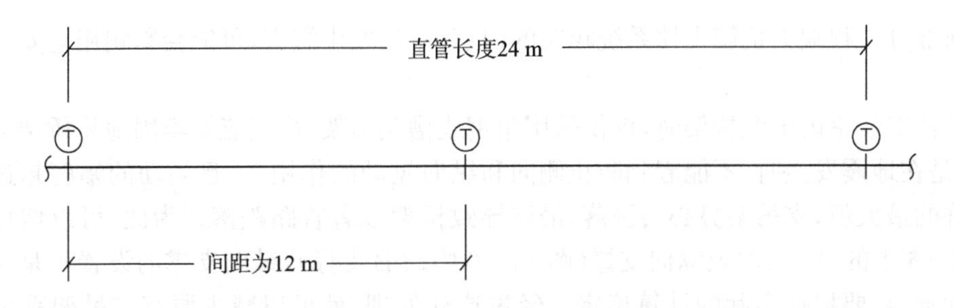

图 11－4　水平直线段中部增设抗震支吊架示意

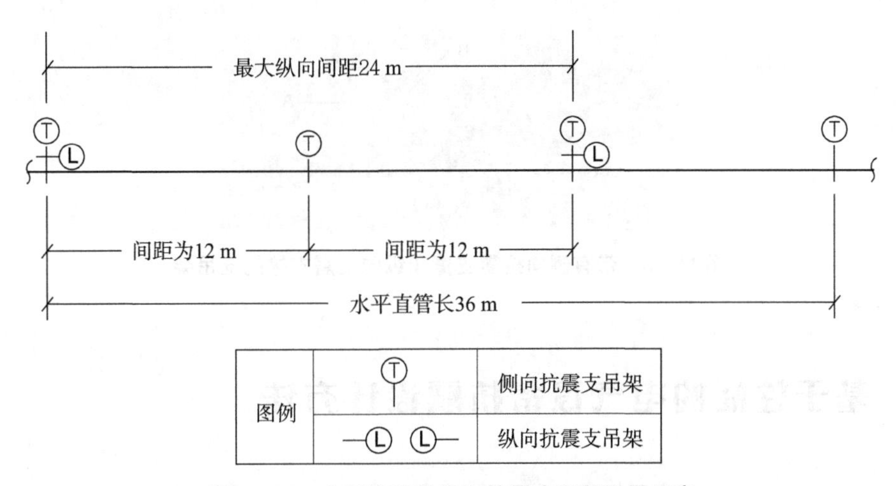

图 11－5　水平直线段纵向抗震支吊架设置示意

(2) 抗震支吊架须具有足够的刚度和承载力，在钢筋混凝土结构上连接一般采用锚栓，与钢结构连接则采用专用夹具。抗震支吊架固定于混凝土结构上的锚栓锚固深度范围内的混凝土强度等级须不低于 C30。

(3) 线路直线段的起端和末端需设置侧向抗震支吊架。线路直线段则至少设置一个纵向抗震支吊架，设置位置通常采用双向抗震支吊架。

(4) 当直线段起端和末端设置的侧向和纵向支吊架间距超过最大设计间距时，可通过验算增设相应的抗震支吊架。

(5) 当抗震支吊架主吊螺杆长细比大于 100 或当斜撑杆件长细比大于 100 时需采取加固措施，加固措施一般由加固槽钢和主吊螺杆紧固件组成。

(6) 在电缆桥架(电缆梯架、电缆托盘和电缆槽盒)内敷设的缆线在引进、引出和转弯处，需穿可弯曲金属导管并在长度上留有余量。

(7) 穿过隔震层的配电线路可在隔震层上下侧设置抗震支架。

(8) 至用电设备间连线当采用穿刚性金属导管、刚性塑料导管敷设时，进口处需转为可弯曲金属导管过渡；当采用电缆桥架(包括梯架、托盘和槽盒)敷设时，进口处也可转为可弯曲金属导管过渡。

3. 抗震支撑系统在实际工程中典型安装实例

目前国内对抗震支吊架的具体施工要求，是按照 16D707－1《建筑电气设施抗震安装》执行，其中对主要的电气设备的抗震安装以及对支架、连接件及抗震的验算都有明确的规定。

目前部分工程缺失抗震支撑系统相关的内容，一旦发生震害，可能会影响用电安全和正常的运行。

以往在安装室内电缆桥架时，仅仅采用角钢或槽钢吊架，虽然能够牢固地将桥架或者管路固定，但是在地震发生时，不能起到防止侧向和纵向晃动的作用，一旦晃动的幅度超过了支架本身允许的最大值，支吊架势必会脱落，最终导致桥架或者管路跌落。为此，可以增加侧向支撑(图 11－6 中的 A 支撑)及纵向支撑(图 11－6 中的 B 支撑)，纵向支撑的设置不是与侧向支撑成套配置，需要根据实际的计算确定。经过这样处理，就可以减少原有支吊架系统的安全隐患。

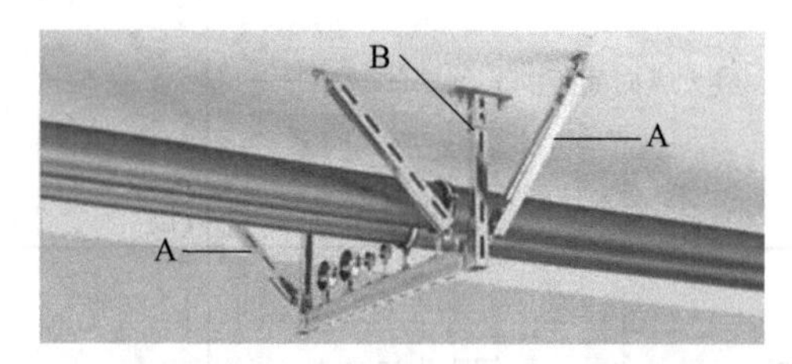

图 11－6　带有侧向抗震支撑和纵向抗震支撑的支吊架

11.4　基于性能的电气设备抗震设计方法

地震往往会对在国计民生中占有重要地位的电力系统构成巨大威胁，造成极其严重的破坏。电气设备的损坏虽不会导致比较重大的人员伤亡，但其造成的电网直接损失、间接损失也是非常惨重的，且后期的重建费用也非常大。在我国，目前电气设备的抗震设计依据主要来源于 GB 50260—2013《电力设施抗震设计规范》和 GB 50011—2010(2016 年版)《建筑抗震设计规范》，该规范主要考虑生命安全，这种电气设备抗震设计已经不能满足现代电气设备的发展需求，因此必须考虑电力设备抗震设计的新方法，即基于性能的抗震设计。

11.4.1　基于性能的电气设备抗震设计概述

GB 50260—2013《电力设施抗震设计规范》和 GB 50011—2010(2016 年版)《建筑抗震设计规范》仅对基本抗震设防目标“三水准”(小震不坏、中震可修和大震不倒)进行了详细的说明，而对电气设备抗震设计的规定则较为简单和笼统，且未提及性能化抗震设计该如何执行。对于基于性能的抗震设计，美国和日本的最新电气设备抗震设计规范中提出了详细的设计要求，我国目前只是借鉴了其他国家的一些先进的经验和方法，增加了抗震性能化设计原则，需根据设备抗震设防类别及烈度、现场条件、设备类型及特点、功能要求、成本情况、直接及间接损失和重建费用等，来对抗震目标进行性能和经济性方面的综合考虑。

基于性能的电气设备抗震设计，一般根据设备特点、工程设计要求、受灾情况等来选择需要建立性能目标的设备或者部件，然后逐一确定地震等级、性能目标、性能设计指标和性能评估方法等。此外，GB 50011—2010(2016 年版)《建筑抗震设计规范》的附录 M 给出了“实现抗震性能设计目标的参考方法”，该方法可以直接为基于性能的电气设备抗震设计提供指导。

11.4.2 基于性能的电气设备抗震设计步骤

与建筑的性能化抗震设计相似，基于性能的电气设备抗震设计的主要步骤如下：

(1) 确定设备或部件。选择的余地比较大，可以是电气设备整体、关键零部件或者是电气设备的支架、减震和隔震装置等，且根据设计需要进行选择。

(2) 确定地震等级。设备进行性能化抗震设计的地震等级可以和 GB 50011—2010(2016年版)《建筑抗震设计规范》中的所规定的小震、中震和大震相对应，对于电气设备的设防地震加速度和地震最大影响系数，也要满足其规定。

(3) 确定性能目标。性能指标标志着电气设备的破坏程度或使用性能，在性能化抗震设计中起着重要作用，需保证在不同地震等级的情况下不低于基本抗震设防目标。

(4) 确定性能设计指标。电气设备的抗震设计所选定的设计指标一般来说有两种，一种用于提高电气设备的抗震承载能力，另一种用于提高电气设备的抗变形能力。在实际操作中，上述两种设计指标既可以单独选择，也可以同时选择，以提高电气设备的综合能力。特别要注意考虑对抗震设计留有安全裕度，对于不同的电气设备，其性能设计指标的选择往往也具有自己的独特特点。

(5) 确定性能评估方法。有两种评估方法：一种是借鉴传统的抗震设计方法，但需明确且量化不同等级的性能水平，采取先进行强度设计，然后进行变形校核的步骤；另一种是根据电气设备的具体情况，借鉴建筑设备的性能化抗震设计方法，以选择合适的设计方法，例如直接基于位移法、基于能力谱法、位移影响系数法、损伤性能评估法、能量分析方法、基于投资-效益准则法等。在选择性能评估方法时，务必根据电气设备的自身特点及在地震中的易损情况进行选择。

11.4.3 基于性能的主要电气设备抗震设计

1. 变压器

对变压器进行基于性能的抗震设计时除了需要关注变压器本体的抗震，还需要对变压器顶部电瓷型电气设备的抗震予以足够的重视。

中国、美国、日本的电气设备抗震设计规范对于变压器本体都是采用静力设计法；对于套管的设计，三国标准有所区别，美国采用动力时程加载或者静拉力加载，日本采用拟共振动力设计方法，中国采用动力设计方法。

初步考虑基于性能的变压器抗震设计过程如下：

(1) 变压器性能目标：与一般的建筑物类似，但是需考虑到变压器的重要性，其要求会高于基本的抗震设防目标。

(2) 变压器性能设计指标：根据变压器本体的重要性和以及其对顶部瓷套管的影响，建议考虑两种性能设计指标。一种是变压器自身性能指标，如底部位移等，并且根据底部位移在不同地震等级下所对应的具体量值进行明确分组，以作为性能设计指标；另一种选取变压器的动力放大系数作为性能指标。根据现有的建筑抗震设计规范来考虑变压器的动力放大系数的时候，没有考虑到地震等级、变压器电压等级以及变压器动力特性等具体情况的影响，特别是没有对变压器动力放大系数进行明确、详细的划分。

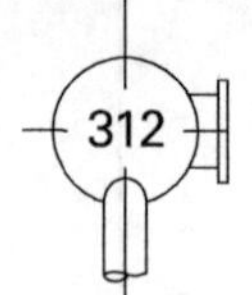

(3) 变压器抗震性能评估方法:位移相关类的性能评估方法可以直接使用,同时也可以考虑损伤性能评估法。

2. 电瓷型电气设备

电瓷型高压电气设备如隔离开关、互感器、断路器以及变压器顶部的瓷套管等,在各种不同电压等级的电力系统内得到了广泛应用,但由于材料性能以及设备的特殊形状,电瓷型电气设备在地震作用下非常容易损坏。虽然不一定造成人员伤亡和太大的直接损失,但是所造成的间接损失和后期的重建费用还是比较大。因此,必须对电瓷型电气设备现有的抗震设计方法进行改进,对其进行基于性能的抗震设计。

瓷座是这类电气设备最易损坏的部件,特别是瓷柱底部,由于在地震中所受到的应力最大,极易受到损坏,因此这类电气设备的根部剪力已经成为衡量其破坏程度的重要指标。与此同时,在实际工程应用中还发现,这类电气设备的顶端位移,特别是通过母线与其他设备相连的设备的顶端位移,也可以用来衡量设备的破坏程度等级。

对于电瓷型电气设备,可以采用顶部位移、根部剪力或者二者相结合作为性能设计指标,而性能目标及性能评估方法可以参考基于性能的变压器抗震设计。目前基于性能的电瓷型电气设备的抗震设计较少,还需要做很多的具体研究工作,最重要的是需要建立大量的地震数据用于建立数学模型。

3. 电气设备支架

电气设备所安装的支架有着重要的作用,支架的动力反应放大系数在各国标准中均有涉及。美国和日本的电气设备的抗震设计规范中,对动力反应放大系数做出了具体的规定:日本的设计规范明确支架动力放大系数为 1.2,美国的设计规范则明确支架动力放大系数为 1.1,我国也有相应的数据供参考,并在 GB 50260—2013《电力设施抗震设计规范》中有明确的表述该方面的研究还在继续,外界的条件变化都会对动力放大系数产生影响。另外,不同参数的取值范围对特高压支架动力放大系数的影响规律、对高压电气设备的动力方法系数的取值等,都进行了深入研究,得到了支架在变截面和变高度情况下的动力放大系数的变化规律,相信这方面研究成果会逐渐深入到抗震设计中。

4. 电气设备减震隔震装置

采用隔震或消能减震设计的建筑,当受到多遇地震、设防地震和罕遇地震影响时,可按高于基本设防目标进行设计,经过减震隔震处理的电气设备可以承受更强的地震。对电气设备进行减震隔震的原理是借助于减震隔震装置来改变电气设备的固有频率,使得与地震波的卓越频率错开。与变压器和电瓷型电气设备相比,对电气设备的减震隔震装置往往重视不够,因此尽管人们已经认识到减震隔震装置的重要性,但是在电气设备中真正的应用也并不多。

5. 电气设备、支架及减震隔震装置一体化

为了对电气设备进行稳定可靠的抗震设计,一般可以将基于性能的抗震设计与减震隔震设计结合起来,或者直接将电气设备与减震隔震装置进行组合来实施基于性能的抗震设计。由于变压器的重要地位,可以考虑将变压器与减震隔震装置系统作为一个整体进行基于性能的抗震设计;对于包含支架的电气设备,也可以把电气设备、支架及减震隔震装置三者作为一个整体,进行一体化的基于性能的抗震设计。例如,考虑隔离开关的实际情况,在进行隔离开关的抗震设计时,将隔离开关、支架和减震隔震装置进行统一考虑,以顶部位移作为性能指标,

进行基于性能的抗震设计。由基于性能的电气设备、支架和减震隔震装置组成的整个系统，来进行一体化的抗震设计，将成为电气设备抗震设计的主要发展方向。

鉴于目前的科学技术水平，能够准确无误地对地震灾害进行预测、预报还是一件非常困难的事情，所以抗震是有效地减轻因地震造成损失的重要途径，企业需执行“预防为主，防抗结合”的方针，在主动做好电气设备抗震工作的同时，也要积极提高综合抗震能力。

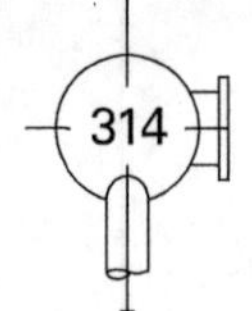

第12章 电气节能

本章讨论石油化工的电气节能设计，其主要评估方法有标准对照法、类比分析法、专家判断法等，主要评估要点包括：项目建设方案与节能规划、相关行业准入条件对比；项目平面布局、生产工艺、用能情况等建设方案与相关节能设计标准对比；主要用能设备与能效标准对比；项目单位产品能耗与相关能耗限额等标准对比等。

12.1 法律法规的强制规定

节能评估是建设项目的市场准入门槛，是项目开工建设的"六项必要条件"（必须符合产业政策和市场准入标准、通过项目审批核准或备案程序、通过用地预审、通过环境影响评价审批、通过节能以及信贷评估审查、符合安全和城市规划等规定和要求）之一。

节约能源是我国的基本国策，是指加强用能管理，采取技术上可行、经济上合理以及环境和社会可以承受的措施，从能源生产到消费的各个环节着手，降低消耗、减少损失和污染物排放、制止浪费，并合理有效地利用能源。

节能评估是立项的前提和验收的重要依据，未按照《固定资产投资项目节能审查办法》（2023年6月1日起）规定进行节能审查或节能审查未获通过的项目，不得开工建设。年综合能源消费量10 000 t以上标准煤（改扩建项目按照建成投产后年综合能源消费增量计算，电力折算系数按当量值）的固定资产投资项目，其节能审查由省级节能审查机关负责；其他固定资产投资项目，其节能审查管理权限由省级节能审查机关依据实际情况自行决定。年综合能源消费量不满1 000 t标准煤，且年电力消费量不满5×10^6 kW·h的固定资产投资项目，以及用能工艺简单、节能潜力小的行业（具体行业目录由国家发展和改革委员会公布并适时更新）的固定资产投资项目需按照相关节能标准、规范建设，不再单独进行节能审查。

建设单位需编制固定资产投资项目节能报告，项目节能报告一般包括下列内容：项目概况分析评价依据；项目建设及运营方案的节能分析和比选，包括总平面布置、生产工艺、用能工艺、用能设备和能源计量器具等方面；选取节能效果好、技术经济可行的节能技术和管理措施；项目能效水平、能源消费量、能源消费结构、能源效率等方面的分析；对所在地完成能源消耗总量和强度目标、煤炭消费减量替代目标的影响等方面的分析评价比较。

对于供配电系统，需要确定用电负荷以及供电网络电压等级，并说明项目的供配电系统（含照明系统）。电气专业涉及的主要国家标准、行业标准如下：

GB 50052—2009《供配电系统设计规范》

GB 51348—2019《民用建筑电气设计标准》

GB/T 3485—1998《评价企业合理用电技术导则》
GB 50054—2011《低压配电设计规范》
GB 50055—2011《通用用电设备配电设计规范》
GB 50053—2013《20 kV 及以下变电所设计规范》
GB/T 13462—2008《电力变压器经济运行》
GB/T 17468—2019《电力变压器选用导则》
GB 20052—2020《电力变压器能效限定值及能效等级》
GB 20054—2015《金属卤化物灯能效限定值及能效等级》
GB 20053—2015《金属卤化物灯用镇流器能效限定值及能效等级》
GB 18613—2020《电动机能效限定值及能效等级》
GB/T 12497—2006《三相异步电动机经济运行》
GB 19762—2007《清水离心泵能效限定值及节能评价值》
GB 50034—2013《建筑照明设计标准》
GB/T 24915—2020《合同能源管理技术通则》
SH/T 3003—2000《石油化工合理利用能源设计导则》

12.2 电气专业节能措施评估内容

(1) 说明供电电源电压的选择、电源引入情况、供电能力及距离；
(2) 新建变电站的位置及节能设备选型；
(3) 高低压配电系统设计方案；
(4) 无功功率补偿及谐波治理措施；
(5) 照明系统的设计方案、节能灯具的选择、照明节能控制方案；
(6) 水泵、风机变频调速的选择及影响；
(7) 其他用电设备的节能控制措施。

12.3 电能消耗的统计

(1) 通常配电负荷及消耗列于表 12－1 中。

表 12－1 配电负荷及消耗

用　途	年总消耗量/kW・h	所占比例/%	备注
生产用电设备			
水用电设备			
暖通用电设备			
照明			

续表

用　途	年总消耗量/kW·h	所占比例/%	备注
冷冻用电设备			
通用用电设备			
总计			

(2) 通常照明负荷及消耗列于表 12-2 中。

表 12-2　照明负荷及消耗

用　途	年总消耗量/kW·h	所占比例/%	备注
工艺生产区照明			
办公区照明			
厂区照明			
辅助用房照明			
小计			

12.4　石油化工及其节能减排

石油化工行业是 20 世纪 20 年代随石油炼制工业的发展而形成,并于第二次世界大战之后逐渐发展起来的。石油炼制生产的汽油、煤油、柴油、重油以及天然气是当前能源的主要来源,是材料工业(主要是金属材料、无机非金属材料和高分子合成材料三大材料)的支柱之一,这些产品除提供高分子合成材料外,还提供绝大多数的有机化工原料(氮肥占化肥总量的 80%、农用塑料薄膜、农药、农业机械所需各类燃料)促进了农业的发展,除此之外,金属加工、各类机械所需的各类润滑材料、建材工业中的含塑材料、铺地材料、涂料、电子工业中的精细化工产品等都离不开石化产品。

国内外的石化企业都是集中建设一批生产装置,形成大型石化工业区。在工业区内,炼油装置为"龙头",为石化装置提供裂解原料,如轻油、柴油等,并生产石化产品。裂解装置生产乙烯、丙烯、苯、二甲苯等石化基本原料,根据需求建设以上述原料为主的,生产合成材料和有机原料的系列生产装置。

石油化工行业是国民经济的支柱产业,也是能耗高、污染重的产业。作为能源消费的大户,每年消费的能源占全国能源消费总量的 10%左右,在化工产品成本中,能耗通常占到 20%~30%,高耗能产品甚至达到 60%~70%,因此石油化工行业也是节能减排的重点领域。

我国工艺管线和罐体容器的伴热大多采用传统的蒸汽或热水伴热,而电伴热是用电热的能量来补充被伴热体在工艺流程中所散失的热量,从而维持流动介质保持在最合理的工艺温度,它是一种高新技术产品。电伴热是沿管线长度方向或罐体容积大面积上的均匀放热,它不同于在一个点或小面积上热负荷高度集中的电伴热;电伴热温度梯度小,热稳定时间较长,适合长期使用，其所需的热量(电功率)大大低于电加热。电伴热具有热效率高、节约能源、设计简单、施工安装方便、无污染、使用寿命长、能实现遥控和自动控制等优点，是取代蒸汽、热水伴热的技术发展方向，也是国家重点推广的节能项目。

SH/T 3003—2000《石油化工合理利用能源设计导则》对工厂设计、生产装置、工业炉、储运、供热、给水排水、供电(供配电系统、照明)等方面分别做了具体指导。

12.5 节电技术概述

节电技术主要分为四大类：用户终端设备的节电、可再生能源的利用、能量梯级的利用、能源的管理及其服务。

12.5.1 用户终端设备的节电

用户终端设备的节电主要针对中央空调系统、照明系统、变压器、电动机。

1. 中央空调系统

中央空调系统主要采用蓄冷技术、热泵技术、变频控制技术、风机盘管控制技术、热回收技术等。

(1) 蓄冷技术：该技术是关于低于环境温度热量(冷量)的储存和应用的技术，是制冷技术的补充。在缺乏或不能使用制冷设备的时候，就需要借助蓄冷技术解决用冷需要。蓄冷的方法有显热蓄冷和相变潜热蓄冷两大类，如在蓄冷空调中的水蓄冷空调是显热蓄冷，冰蓄冷空调和优态盐水化合物(PCM)是相变潜热蓄冷。

(2) 热泵技术：热泵是一种利用高位能使热量从低位热源流向高位热源的装置，现在我国主要利用的热泵技术，按低位热源分为水源(海水、污水、地下水、地表水等)热泵、地源(包括土壤、地下水)热泵及空气源热泵。热泵可以从低温热源中提取热量用于供热。热泵的供热量远远大于它所消耗的机械能，所以热泵技术是一种低温余热利用的节能技术。

(3) 变频控制技术：变频空调控制技术是在常规空调的结构上增加了一个变频器的技术。压缩机是空调的心脏，其转速直接影响空调的使用效率，变频器就是用来控制和调整压缩机转速的控制系统，使之始终处于最佳的转速状态，从而提高能效比(比常规空调节能至少30%)。变频空调的基本结构和制冷原理与普通空调完全相同。变频空调的主机是自动进行无级变速的，它可以根据房间情况自动提供所需的冷(热)量，当室内温度达到期望值后，空调主机能够准确保持这一温度的恒定，实现"不停机运转"，从而保证环境温度的稳定。

(4) 风机盘管控制技术：风机盘管主要依靠风机的强制作用，使空气通过加热器表面时被加热或表冷器进行冷却，因而强化了散热器与空气间的对流换热作用，能够迅速加热或冷却房间的空气。风机盘管是空调系统的末端装置，其工作原理是机组内不断地再循环所在房间的空气，使空气通过冷(热)水盘管后被冷却(加热)，以保持房间温度的恒定。盘管内的冷(热)媒水由空调主机房集中供给。另外，新风通过新风机组处埋后送入室内，以满足空调房间新风量的需要。

(5) 热回收技术：中央空调压缩机工作过程中会排放大量废热，其热量等于空调系统从空间吸收的总热量加压缩机的发热量总和。水冷机组通过冷却塔，风冷机组通过冷凝器风扇将这部分热量排放到大气环境中去，这无形中造成一定的浪费，也加剧了城市热岛效应。通过余热回收式热水设备可以利用这部分热量来获取热水，以实现废热利用，即利用原制冷机组制冷时产生的冷凝废热制热水，在压缩机排气管与冷凝器之间加装一套具有二次热回收功能的余热回收式热水设备，其工作原理是通过两次热交换，将自来水提升到低于排气温度5 ℃的热水温度，相当于增加了一个小冷凝器(压缩机组排气温度在50～80 ℃之间，可将水温升至45～75 ℃之间)。此系统应用于水冷机组上，可减少冷凝器的热负荷，使其热交换效率更高；应用于风冷机组上，可使其部分实现水冷化，提高风冷机组效率。所以无论是水冷、风冷机组，经过热能回收改造工程后，工作效率都会有显著提高，并且采用热回收技术后，机组负荷减少，不仅节省中央空调机组耗电，同时也使中央空调机组故障减少，寿命延长。

2. 照明系统

在本书第5章照明设计中介绍过，照明系统的节电包括采用高效光源、高效灯具、节能型镇流器、自动控制装置(时钟开关、定时开关、光电控制开关、声控开关、延时开关、调光器)、时间控制(定时控制、短时照明)、联合控制(天然采光、遮阳、人工照明相结合)等。

(1) 光源：它是将能量转换成光的器件，是实现照明节能的核心。高光效光源主要指气体放电灯。低压气体放电灯以荧光灯为代表，高压气体放电灯主要为高压钠灯和金属卤化物灯。一般房间的照明优先采用荧光灯，荧光灯已由普通型发展到高光效型荧光灯。高大空间场所，一般采用金属卤化物灯、高压钠灯及混光灯。另外，LED(发光二极管)是一种能够将电能转化为可见光的固态的半导体器件，由于它可以直接把电转化为光，且工作电压低，采用直流驱动方式，具有超低功耗(单管功率0.03～0.06 W)，电光功率转换接近100%，在相同照明效果下比传统光源节能80%以上，因此也被认为是节能高效的光源。

(2) 灯具：反光面的反射率是决定灯具效率的重要因素之一。传统灯具的反光面使用的材料一般有镜面铝、阳极氧化、电镀、喷砂氧化铝、塑胶面、白色油漆涂层面等几种，其反光材料反射率见表12-3。灯具除了要应用反射率高的材料外，还要能以广角度发出光线，使光线更均匀、更柔和，从而解决光线刺眼、眩光等反射罩所产生的光污染问题。

表12-3　灯具反光材料反射率

材料	全反射率	漫反射率
镜面铝	80%～90%	5%～8%
阳极氧化	75%～82%	8%～12%
电镀	60%～70%	10%～15%
喷砂氧化铝	30%～40%	20%～30%
塑胶面	25%～35%	25%～35%
白色油漆	15%～35%	40%～50%

(3) 镇流器：是气体放电灯不可少的附件，但自身功耗比较大，降低了照明系统能效。镇流器的优劣对照明质量和照明能效都有很大影响，镇流器按GB 50034—2013《建筑照明设计标准》的规定选型，直管荧光灯配用电子镇流器或节能型电感镇流器；高压钠灯、金卤灯配用节能型电感镇流器，一般不采用传统的功耗大的普通电感镇流器。镇流器的能效因数(BEF)是衡量其能效优劣的参数，但是BEF值很不直观，要经过换算才能看出其能效高低。直管荧光

灯电子镇流器(EB)比节能型电感镇流器(SLB)的能效高,这是由于EB是用几十千赫的高频电流供给灯管,使灯管的光效比工频时提高约10%,加之其自身功耗更小,所以EB比SLB具有更高的系统能效。

(4) 智能照明控制系统:智能照明是指利用物联网技术、有线或无线通信技术、电力载波通信技术、嵌入式计算机智能化信息处理,以及节能控制等技术组成的分布式照明控制系统,来实现对照明设备的智能化控制,具有灯光亮度的强弱调节、灯光软启动、定时控制、场景设置等功能,并达到预定的特点,从而实现对照明设备的智能化控制。一般可以单灯开关和调光,即根据天气情况和实际的光照度,实现灯具的自动开、关和调光;灵活的亮灯组合管理、精确控制每一盏灯;每天可进行自动通、断电操作;可保证工作日及节假日按不同的时间自动通、断电;可对用电设备进行分区、分线路管理或单独管理;集成无线抄表功能,为能耗管理打下基础;监控灯具的开、关和亮度,从而显著延长灯具的有效寿命,减少灯具更换次数。

3. 变压器

变压器主要用作降低电压,从而满足用电设备的电压要求。变压器节能的实质就是降低其有功功率损耗、提高运行效率,通常情况下变压器的效率可高达96%~99%,但其自身耗能也极大,变压器损耗分为有功损耗和无功损耗两部分。

(1) 合理选择变压器:设置专用变压器,选择合适的变压器容量和接线组别。

(2) 采用新型材料和工艺降低配电变压器运行损耗:采用新型导线,优化磁体材料,改进制造工艺,布置新结构。

(3) 平衡变压器的三相负荷:线路内减少30%的负荷不平衡率,线损可降低7%,若减少50%的负荷不平衡率,线损可降低15%。

(4) 优化变压器经济运行方式:合理分配各变压器的负荷,结合电价制度,降低负荷高峰,填补负荷低谷。

(5) 变压器二次侧无功功率补偿:变压器的效率随着负荷功率因数的变化而变化,采用变压器二次侧的无功功率补偿可降低变压器本身和上级电网的损耗。

4. 电动机

由于大多数生产机械依靠电力驱动,其电动机的耗电量占到总用电量的60%左右,所以电动机驱动的节电对改善能源利用效率具有非常重要的作用。

(1) 合理选型:选用高效率电动机,合理选用电动机的额定容量。

(2) 选用交流变频调速装置:采用变频调速装置,使电动机在负载下降时,自动调节转速,从而与负载的变化相适应,提高电动机在轻载时的效率,达到节能的目的。

(3) 采用无功补偿:能减小配电变压器、配电线路的负荷电流;能减少配电线路的导线截面和配电变压器容量;能减小企业配电变压器以及配电网功率损耗;能使补偿点无功达到最大,提高降损效果;能减小电动机的启动电流。

(4) 节能改造:可采用电动机节能器、变频器、晶闸管等。

12.5.2 可再生能源的利用

一般采用分布式光伏发电、分布式风力发电、太阳能直接利用(太阳能热水器、太阳灶、太阳能制冷、太阳能建筑)、风力直接利用(风力提水、风力致热)等。

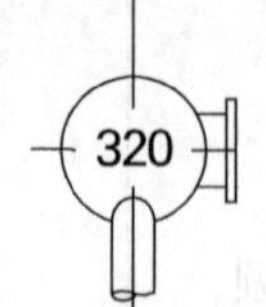

1. 分布式光伏发电

分布式光伏发电特指采用光伏组件，将太阳能直接转换为电能的分布式发电系统。它是一种新型的、具有广阔发展前景的发电和能源综合利用方式。它倡导就近发电、就近并网、就近转换、就近使用，不仅能够有效提高同等规模光伏电站的发电量，同时还有效解决了电力在升压及长途运输中的损耗问题。目前应用最为广泛的分布式光伏发电系统，是建在城市建筑物屋顶的光伏发电项目。该类项目必须接入公共电网，与公共电网一起为附近的用户供电，输出功率相对较小。分布式光伏发电污染小，环保效益突出，能够在一定程度上缓解用电紧张问题。大型地面电站发电是升压接入输电网，仅作为发电电站而运行；而分布式光伏发电是接入配电网，发电与用电并存，且要求尽可能地就地消纳。分布式光伏发电系统的基本设备包括光伏电池组件、光伏方阵支架、直流汇流箱、直流配电柜、并网逆变器、交流配电柜等设备，另外还有供电系统监控装置和环境监测装置。其运行模式是在有太阳辐射的条件下，光伏发电系统的太阳能电池组件阵列将太阳能转换成电能输出，经过直流汇流箱集中送入直流配电柜，由并网逆变器逆变成交流电供给建筑自身负载，多余或不足的电力通过电网来调节。

2. 分布式风力发电

分布式风力发电特指采用风力发电机作为分布式电源，将风能转换为电能的分布式发电系统，发电功率在几千瓦至数百兆瓦（也有的建议限制在30～50 MW以下）的小型模块化、分散式、布置在用户附近的高效可靠的发电模式，它是一种新型的、具有广阔发展前景的发电和能源综合利用方式。风力发电技术是将风能转化为电能的发电技术，可分为独立与并网运行两类，前者为微型或小型风力发电机组，容量为100 W～10 kW，后者的容量通常超过150 kW。风力发电技术进步很快，单机容量在2 MW以下的技术已很成熟。随着全球能源紧张进一步加剧，可再生能源越来越受到人们的广泛关注，作为重要的可再生能源，风电资源得到了进一步的开发利用。风力发电技术发展到今天已经相对成熟，其应用前景在全球能源紧张的背景下也越来越光明，风电资源清洁无污染、安全可控，是一种优质的可再生新能源，分布式发电技术在我国已经得到广泛的应用。

分布式风力发电的原理：利用风力带动风车叶片旋转，再透过增速机将旋转的速度提升，来促使发电机发电。系统主要由风力发电机、蓄电池、控制器、并网逆变器组成，依据现有风车技术，大约3 m/s的微风速度（微风的程度），便可以开始发电。风力发电正在世界上形成一股热潮，因为风力发电不需要使用燃料，也不会产生辐射或空气污染。

风力发电从技术角度可以分为恒速恒频技术及变速恒频技术两种类型。

恒速恒频技术是指在风力发电过程中，保持发电机的转速不变，从而得到恒定的频率。采用的恒速恒频发电机存在风能利用率低、需要无功补偿装置、输出功率不可控、叶片特性要求高等缺点，这成为制约并网风电场容量和规模的主要障碍。

变速恒频技术是指在风力发电过程中发电机的转速可随风速变化，通过其他控制方式来得到恒定的频率。变速恒频发电是20世纪70年代中后期逐渐发展起来的一种新型风力发电技术，通过调节发电机转子电流的大小、频率和相位，或变桨距控制，实现转速的调节，可在很宽的风速范围内保持近乎恒定的最佳叶尖速比，进而实现追求风能最大转换效率；同时又可以采用一定的控制策略灵活调节系统的有功、无功功率，抑制谐波、减少损耗、提高系统效率，因此可以大大提高风电场并网的稳定性。尽管变速系统与恒速系统相比，风电转换装置中的电力电子部分比较复杂和昂贵，但成本在大型风力发电机组中所占比例并不大，因而发展变速恒频技术将是今后风力发电的必然趋势。

3. 太阳能直接利用

（1）太阳能热水器：是将太阳光能转化为热能的加热装置，该设备可以将水从低温加热到高温，以满足人们在生活、生产中的热水使用。太阳能热水器按结构形式分为真空管式太阳能热水器和平板式太阳能热水器，主要以真空管式太阳能热水器为主，占据国内约95%的市场份额。真空管式家用太阳能热水器是由集热管、储水箱及支架等相关零配件组成的，主要依靠真空集热管把太阳能转换成热能，真空集热管利用热水上浮冷水下沉的原理，使水产生微循环而得到所需热水。

（2）太阳灶：是利用一种太阳能辐射，通过聚光等形式获取热量，对食物进行加热，进行烹饪食物的装置。它无需任何燃料、没有任何污染；方便快捷、简单易制。目前普遍应用的太阳灶大致有三种类型：一是热箱式太阳灶：形状像个箱子，上面开有窗洞，窗洞对准太阳，箱内温度靠不断积累太阳能而升到蒸烤食物的程度；二是聚光式太阳灶：用反射聚光器把太阳光直接反射集中到锅上或食物上，反射聚光器呈抛物面或球面；三是蒸汽式太阳灶：它利用平板型太阳能热水器把水烧沸产生蒸汽，然后再利用蒸汽蒸煮食物。其中，目前应用最广泛的聚光式太阳灶是利用镜面反射汇聚阳光，加热效率明显提高。

（3）太阳能制冷：太阳能制冷可由太阳能光电转换制冷和太阳能光热转换制冷两种途径来实现。太阳能光电转换制冷是通过太阳能电池将太阳能转换成电能，再用电能驱动常规的压缩式制冷机。在目前太阳能电池成本较高的情况下，对于相同的制冷功率，太阳能光电转换制冷系统的成本要比太阳能光热转换制冷系统的成本高出许多，目前尚难推广使用。太阳能光热转换制冷是将太阳能转换成热能，再利用热能驱动制冷机制冷，主要有太阳能吸收式制冷系统、太阳能吸附式制冷系统和太阳能喷射式制冷系统。其中，技术最成熟、应用最多的是太阳能吸收式制冷。利用太阳能实现制冷的可能技术途径，主要包括将太阳能转换为热能、利用热能制冷、以及将太阳能转换为电能、利用电能驱动相关设备供热制冷两大类型。根据需求，太阳能制冷过程也可以实现从空调到冷冻温区的不同要求。太阳能驱动制冷主要有以下两种能量转换方式，一是先实现光-电转换，再以电力制冷；二是进行光-热转换，再以热能制冷。太阳能空调的最大优点在于季节适应性好：一方面，夏季天气炎热、太阳辐射强度大，人们对空调的需求大；另一方面，夏季太阳辐射强度大，使依靠太阳能来驱动的空调系统可以产生更多的冷量。太阳能空调系统的制冷能力是随着太阳辐射能量的增加而增大的，这正好与夏季人们对空调的迫切需求相匹配。而太阳能热水器等太阳能热利用技术的季节适应性并不是很好：冬季寒冷需要热水时太阳能辐射强度往往不够高，而夏季天气炎热时太阳能辐射强度则很高，此时对热水的需求却很少。因此，太阳能空调制冷显然是夏季有效利用太阳能的最佳方案。

（4）太阳能建筑：太阳能建筑是指使用直接获取的太阳能作为优先能源，利用太阳能供暖和制冷的建筑。在建筑中应用太阳能供暖、制冷，可节省大量电力、煤炭等能源，而且不污染环境，在年日照时间长、空气洁净度高、阳光充足且缺乏其他能源的地区，采用太阳能供暖、制冷尤为有利。应用的目标是利用太阳能来满足建筑物的用能需求，包括供暖、空调、生活热水、太阳能建筑照明、家用电器等方面的能源供给。根据应用技术不同，太阳能建筑应用可以分为热利用技术的建筑应用和光伏技术建筑应用两大类，每一类技术根据其技术内容不同又可进一步细分。受技术发展水平和经济性等因素的影响，每种技术的发展历史、技术成熟度、产业支撑情况都不尽相同，技术经济性的差异决定了太阳能在建筑中应用水平和规模的不同。目前，部分技术如太阳能热水技术，在我国已开始进入规模化应用阶段，但太阳能建筑应用在综合利用、一体化建设等方面还有许多问题需要解决。学术界把太阳能建筑按其有无机械动力分为主动式太阳能建筑和被动式太阳能建筑两大类。由于太阳辐射具有时空不连续性的特点，为了获取舒适稳定的室内热环境，在建筑中通常需要同时使用被动式和主动式太阳能联合的方式，甚至需要添加辅助能源。主动式太阳能建筑是靠常能(泵、鼓风机)运行的系统，由集热器、蓄热器、收集回路、分配回路组成，通过平板集热器，以水为介质收集太阳热。吸热升温的水，贮存于地下水柜内，柜外围以石块，通过石块将空气加热后送至室内，用以供暖。如将蓄热器埋于地层深处，把夏季过剩的热能贮存起来，可供其他季节使用。被动式太阳能建筑是用建筑物的一部分实体作为集热器和贮热器，利用传热介质对流分配热能的系统。被动式太阳能系统利用建筑材料的吸热性、蓄热性和传热介质的对流收集热能、贮存热能、分配热能。被动式太阳能系统在冬季吸收热能作为供暖的热源，在夏季把建筑物内的热量散发出去，作为调节室内温度的冷源。

4. 风力直接利用

(1) 风力提水：其方式可以是利用风能发出的电力驱动水泵，还可以是用风力产生压缩空气后抽水，但广泛使用的还是直接利用风力提水。风力提水比发电更容易实现，因为风力提水是依靠天然风资源完成向上提水作业，机械结构简单、成本低廉、操纵和维护方便。风力提水作为一种利用节能无污染的可再生能源的提水方式，已越来越受到欢迎和重视。风力提水是一个汇集空气动力学、结构力学和材料科学等综合性学科的技术。它可以广泛运用在偏远缺水地区解决农村饮水问题，进行天然草场灌溉；也可以和微滴灌系统配套，发展节水灌溉；在沙地荒漠腹地运用风力提水，建立综合防护林，可防止沙漠对绿洲的吞噬，有效地促进沙区生态环境的建设；在地下水水位较高的地区，利用风力提水可以及时排除土壤中多余的水，使地下水水位降低到一定的深度，从而改良土壤质量，控制土壤的盐碱化，让作物在适宜含水量的土壤中生长。还可以利用风力提水进行活水养鱼、海水晒盐等。

根据提水方式的不同，现代风力提水机可分为风力直接提水和风力发电提水两大类，风力提水机又可分为高扬程小流量型、中扬程大流量型和低扬程大流量型。

低扬程大流量风力提水机组是由低速或中速风力机与钢管链式水车或螺旋泵相匹配形成的一类提水机组。它可以提取河水、海水等地表水，用于盐场制盐、农田排水、灌溉和水产养殖等作业。机组扬程为0.5～3 m，流量可达50～100 m^3/h。风力提水机的风轮直径5～7 m，风轮轴的动力通过两对锥齿轮传递给水车或螺旋泵，从而带动水车或水泵提水。这类风力机的风轮能够自动迎风，一般采用侧翼(配重调速机构)进行自动调速。

中扬程大流量风力提水机组是由高速桨叶匹配容积式水泵组成的提水机组，这类风力提水机组的风轮直径5～6m，扬程为10～20m，流量为15～25m^3/h。这类风力提水机用于提取地下水，进行农田灌溉或人工草场的灌溉。一般均为流线型升力桨叶风力机，性能先进，适用性强。但造价高于传统式风车。

高扬程小流量风力提水机组是由低速多叶式风力机与单作用或双作用活塞式水泵相匹配形成的提水机组。这类风力提水机组的风轮直径为2～6m，扬程为10～100m，流量为0.5～5m^3/h。这类机组可以提取深井地下水，在我国西北部、北部草原牧区为人畜提供清洁饮用水或为小面积草场提供灌溉用水。这类风力提水机通过曲柄连杆机构，把风轮轴的旋转运动力转变为活塞泵的往复运动进行提水作用。这类风力机的风轮能够自动对风，并采用风轮偏置(尾翼挂接轴倾斜的方法)进行自动调速。

风力发电提水是近几年才出现的一种新的风力提水方式,它有两种基本形式:一种为风力发电、储能、电泵提水;另一种是风力发电机在有效风速范围内发电,由控制器来调节电泵的工作状态,直接驱动电泵提水。后者较前者省去了蓄电池和逆变系统,减少了中间环节,降低了提水系统的费用,是真正意义上的风力发电提水。风力发电提水和传统的风力直接提水相比适用范围更广,用户可根据井深、井径和需水量的不同,选择不同的常规电泵,该方式弥补了传统风力提水机的不足,能量转换效率较高。虽然风力发电提水机多了一级能量转换,但由于风力发电机的风轮采用的是现代流线型桨叶,它的风能利用系数 C_p 值较高,风力发电机的效率一般在 30%左右,提水用的电动机与通用水泵的效率乘积约为 50%,所以风力发电提水系统的整体效率为 10%~15%,超过了传统风力提水机组的效率 10%左右,安装、维修更方便,由于风力发电提水机组的电泵均为通用定型产品,配件易购,维护修理及更换零件简单容易。目前风力发电提水技术还处于推广示范阶段,有些关键技术还不完全过关,预计在不久的将来风力发电提水技术将成为风力提水家族的新贵。目前,在我国工、农、牧业等各项生产活动中运行的各类风力提水机有 3 000 余台,主要在东南沿海用于养殖、制盐,在江苏、宁夏、河北和吉林等地用于农田灌排,在东北、华北、西北等地区用于提供人畜饮水与人工草场的灌溉。

(2) 风力致热:主要是机械变热。风力致热有四种形式,即液体搅拌致热、固体摩擦致热、挤压液体致热和涡电流法致热。目前,风力致热进入实用阶段,主要用于浴室、住房、花房、家禽房、牲畜房等的供热采暖。一般风力致热效率可达 40%,而风力提水和发电的效率只有 15%~30%。液体搅拌致热在是风力机的转轴上连接一搅拌转子,转子上装有叶片,将搅拌转子置于装满液体的搅拌罐内,罐的内壁为定子,也装有叶片,当转子带动叶片放置时,液体就在定子叶片之间作涡流运行,并不断撞击叶片,如此慢慢使液体变热,就能得到所需要的热能,这种方法可以在任何风速下运行,比较安全方便,磨损小。

固体摩擦致热风力机的风轮转动,在转运轴上安装一组制动元件,利用离心力的原理,使制动元件与固体表面发生摩擦,用摩擦产生热量的加热油,然后用水套将热传出,即得到所需的热。这种方法比较简便,但是问题在于制动元件要选择合适的耐磨材料。国内试验通常采用普通汽车的刹车片做制动元件,大约运转 300 h 就要更换,磨损太快。挤压液体致热这种方法要利用液压泵和阻尼孔来进行致热,当风力机带动液压泵工作时,将工作液体(通常为油料)加压,使机械能产生液压作用,随后让被加压的工作液体从狭小的阻尼孔高速喷出,使其迅速射在阻尼孔后尾流管中的液体上,发生液体分子间的高速冲击和摩擦,使液体发热,这种方法也没有部件磨损,比较可靠。

涡电流法致热靠风力机转轴驱动一个转子,在转子外缘与定子之间装上磁化线圈,当微弱电流通过磁化线圈时,便产生磁力线,这时转子放置,则切割磁力线,在物理学上,磁力线被切割进,即产生涡电流,并在定子和转子之间生成热,这就是涡电流致热。为了保持磁化线圈不被坏,可在定子外套加一环形冷却水套,不断把热带走,从而得到所需要的热水,这种致热过程主要是机械转运,磁化线圈所消耗的电量很少,而且可以从由风力发电充电的蓄电池获得直流电源,因此与电加热相比风能转换效率较高。

12.5.3 能量的梯级利用

能量的梯级利用也是能源合理利用的一种方式,不管是一次能源还是余能资源,均按其品位逐级加以利用。高、中温蒸汽先用来发电或用于生产工艺,低温余热用来向住宅供热。能量品位的高低,可用其能够转换为机械功的大小来度量。

一般能量的梯级利用方式有余热回收蒸汽及发电、蒸汽余压回收发电、冷热电三联供系统三种。

1. 余热回收蒸汽及发电

余热回收蒸汽及发电可分为热水加热低沸点工质发电和热水闪蒸产生饱和蒸汽发电。热水加热是通过余热锅炉加热液态低沸点的循环工质,产生低沸点循环工质蒸汽,循环工质蒸汽进入膨胀机发电,发电后的循环工质通过冷凝器冷却成液体,再通过泵送入余热锅炉产生蒸汽。热水闪蒸是一定压力的热水进入扩容器后,由于压力降低闪蒸产生蒸汽,蒸汽从扩容器上部排出送入汽轮机发电,通常可以采用二级扩容方法提高系统发电效率。

2. 蒸汽余压回收发电

蒸汽余压回收发电通常采用背压式汽轮机,但其不仅对蒸汽品质有较高的要求,而且前期投资较高,难以适用于流量变化范围较大、压力波动较大、品质较低的饱和蒸汽。此种情况下,可考虑采用螺杆膨胀机发电。螺杆膨胀机要求的工作介质可以是过热蒸汽、饱和蒸汽、汽液两相或热液;工作介质的压力一般控制在 1.5 MPa 以下;工作介质的温度一般控制在 250 ℃以下。工作介质进入机内阴阳螺杆间齿槽,推动螺杆转动。随着螺杆转动,齿槽间的容积逐渐增大,介质降压降温膨胀做功,最后从齿槽末端排出。功率从主轴阳螺杆或通过同步齿轮从阴螺杆输出,驱动发电机发电。蒸汽压差螺杆膨胀动力机发电热力系统,蒸汽进入螺杆膨胀机做功降压后,进入低压管网并送至工艺设备使用,将减温减压阀作为系统旁路备用。

3. 冷热电三联供系统

冷热电三联供系统是以燃气为能源,通过对其产生的热水和高温废气的利用,以达到冷—热—电需求的一个能源供应系统,通常由发电机组、溴化锂制冷装置、热交换装置组成,冷热电三联供系统以天然气为主要燃料,带动燃气轮机、微燃机或内燃机发电机等燃气发电设备运行,产生的电力供应用户的电力需求,系统发电后排出的余热通过余热回收利用设备(余热锅炉或者余热直燃机等)向用户供热、供冷。这种方式大大提高整个系统的一次能源利用率,实现了能源的梯级利用,还可以提供并网电力作能源互补,整个系统的经济收益及效率均相应增加。三联供使得燃气的热能被充分利用,大大提高了能源的综合利用效率。

12.5.4 能源的管理及其服务

一般分为需求侧管理、节能服务、合同能源管理。

1. 需求侧管理

需求侧管理是指电力供需双方共同对用电市场进行管理,以达到提高供电可靠性,减少能源消耗以及供需双方费用支出的目的。电力需求侧管理是指电力行业(供应侧)采取行政、经济、技术措施,鼓励用户(需求侧)采用各种有效的节能技术改变需求方式,在保持能源服务水平的情况下,降低能源消费和用电负荷,实现减少新建电厂投资和一次能源对大气环境的污染,从而取得明显的经济效益和社会效益,即"平坦负荷曲线,削峰填谷"。我国电力需求侧管理工作大体分为三大类,第一类是电力需求侧管理相关政策体系建设;第二类是重点组织实施电网企业电力需求侧管理目标责任制、地区工业领域电力需求侧管理工作试点、城市电力需求侧管理综合试点、电力需求响应试点;第三类是电力需求侧管理培训、宣传、国际合作等工作。

2. 节能服务

节能服务是指由专业的第三方机构(能源管理机构)解决节能运营改造的技术和执行问题的服务,其服务对象一般是企业机构。接受节能服务的目的在于减少能源消耗、提高能源使用效率、降低污染排放等,第三方节能服务机构一般采用合同能源管理的方式提供相关服务,节能服务的优势在于用能企业可以在不投入资金、不承担风险的前提下,通过与节能服务公司的合作,由节能投资公司来规划、设计、投资、管理,达到企业节能减排、降低能耗、能源深度利用的效果,这种节能专项领域的投资模式大大加强了用能企业在节能项目上的积极性有利于推动整个节能行业的发展。节能服务所涉及的行业,包括照明、制冷、地热、水泵、余热发电、高压变频、流体优化、无功补偿等,随着科技的发展进步,节能投资行业会向更宽的领域发展。

3. 合同能源管理

合同能源管理是从20世纪70年代在西方发达国家开始发展起来一种基于市场运作的全新的节能新机制,是指节能公司运用EPC的模式去实施节能改造。在石油化工领域中,合同能源管理项目集中在余热、余气、余压回收利用和电动机系统节能改造领域。节能服务公司与用能单位以契约的形式约定节能项目的节能目标,节能服务公司为实现节能目标向用能单位提供必要的服务,用能单位按照节能效益支付节能服务公司的投入及其合理利润,其实质就是以减少的能源费用来支付节能项目全部成本的节能业务方式。这种节能投资方式允许客户用未来的节能收益为工厂和设备升级,以降低运行成本;或者节能服务公司以承诺节能项目的节能效益或承包整体能源费用的方式为客户提供节能服务。合同能源管理的国家标准是GB/T 24915—2020《合同能源管理技术通则》,国家支持和鼓励节能服务公司以合同能源管理机制开展节能服务,相关企业可享受财政奖励、营业税免征、增值税免征和企业所得税免三减三优惠政策,其基本的工作流程为:节能服务公司与用能单位进行初步接触,了解用能单位的经营现状和用能系统运行情况;向用能单位介绍本公司的基本情况、节能技术解决方案、业务运作模式及可给用能单位带来的效益等;向用能单位指出系统具有的节能潜力,解释合同能源管理模式的有关问题,初步确定改造意向;针对用户的具体情况,对各种耗能设备和环节进行能耗评价,测定企业当前能耗水平,并对能耗水平进行测定。此阶段节能服务公司为用户提供服务的起点,由公司的专业人员对用户的能源状况进行测算,对所提出的节能改造的措施进行评估,并将结果与客户进行沟通;在节能诊断的基础上,由公司向用户提供节能改造的设计方案,这种方案不同于单个设备的置换、节能产品和技术的推销,而是包括项目实施方案和改造后节能效益的分析及预测,使用户做到“心中有数”,以充分了解节能改造的效果;在节能诊断和改造设计方案的基础上,节能服务公司与客户进行节能服务合同的谈判。在通常情况下,由于节能服务公司为项目承担了大部分风险,因此在合同期(一般为3~10年),节能服务公司分享项目的大部分的经济效益,小部分的经济效益留给用户,待合同期满,节能服务公司不再和用户分享经济效益,所有经济效益全部归用户;合同签订后,进入了节能改造项目的实际实施阶段。由于接受的是合同能源管理的节能服务新机制,用户在改造项目的实施过程中,不需要任何投资,公司根据项目设计负责原材料和设备的采购,相关费用由节能服务公司支付。合同签署后,节能服务公司提供项目设计、项目融资、原材料和设备采购、施工安装和调试、运行保养和维护、节能量测量与验证、人员培训、节能效果保证等全过程服务;在完成设备安装和调试后即进入试运行阶段,节能服务公司将负责培训用户的相关人员,以确保相关人员能够正确操作、保养及维护改造中所提供的先进的节能设备和系统。在合同期内,设备或系统的维修由节能服务公司负责，并承担有关的费用。改造工程完工前后，节能服务公司与用户共同按照合同约定的测试和验证方案对项目能耗基准和节能量、节能率等相关指标进行实际监测，必要时可委托第三方机构完成节能量确认，节能量作为双方效益分享的主要依据。由于对项目的全部投入（包括节能诊断、设计、原材料和设备的采购、土建、设备的安装与调试、培训和系统维护运行等）都是由节能服务公司提供的，因此在项目的合同期内，节能服务公司对整个项目拥有所有权。用户将节能效益中由节能服务公司分享的部分按月或季支付给节能服务公司，在根据合同所规定的费用全部支付完毕以后，节能服务公司把项目交给用户，用户即拥有项目的所有权。

12.6　石化生产装置节电原则

作为节能战略的重要组成部分，石油化工行业既是耗电大户，也拥有节能潜力最大的市场，做好电气节能工作、创建“节约增效”型行业显得尤其重要。石油化工生产装置的节电原则如下：

(1) 要满足电气设备的功能，确保其安全性、可靠性。任何情况下，必须坚持可靠性第一的原则，在兼顾产品各项技术性能的前提下，进一步降低损耗，提高产品性能指标。石化行业生产工艺复杂，连续性强，具有高温、高压、易燃、易爆、易中毒、强腐蚀等特点，对电气设备可靠性、稳定性要求很高；电气设备作为一次性投资支出，经常性的维修不仅会增加经营性费用成本，而且会很大程度上影响生产安全；在大量存在煤气、一氧化碳、氢气、烷烃、环烷烃、芳香烃的混合物的气体环境现场，对于电气设备的防爆、防火、防静电、绝缘、气密性、抗震等一系列指标要求都非常高。而且化工、石化行业生产工艺复杂，对于生产工艺有连续性的需求，如果一个环节出错将会影响整个生产流程，不仅仅只是该环节设备的损坏。

(2) 要满足经济性，则需考虑投资和运行费用的回收。投资回收是指投资实现后，通过投资项目的运作，投资资金以货币资金的形式重新全额回归到投资者手中的过程。

(3) 要考虑技术的先进性原则。往往技术上先进的设备才能体现出高可靠性，这一原则特别适合石油化工这个高危的领域。一般优先选择国内知名品牌的产品，节省投资成本；除非用户有特殊选用要求或需要采用进口的成套设备，才会选择国外符合要求的电气产品。

(4) 要考虑节约能源和保护环境的原则。石油化工行业属于高污染、高能耗行业，要想提升产品的竞争实力，必须紧紧围绕节能减排、降低污染，进行升级改造，使用节能环保型和智能化电气设备。因此，在石油化工行业，应大力推广和使用有节能、环保技术的绿色电气产品，如LED光源、电动机软起动器、变频器、节能型变压器、SVG、高效节能型电动机、微机保护测控装置、SCADA、PLC、马达综合保护器等。

12.7　石化生产装置配电系统及节电设计具体措施

为达到电气节能的目的，供电电源和配电系统的设计需进行多方案比较，做到安全可靠、技术先进、节约能源、经济合理。

（1）生产装置经技术经济比较后，一般选用较高的供配电电压，并减少变配电级数和变电设备重复容量，对大容量设备则采用直降供电。

（2）变配电所的位置一般尽量接近负荷中心，以缩短供配电距离，减少线路损耗。石油化工企业大量使用铜导线，由于线路上存在电阻，有电流流过时，就会产生有功功率损耗。在一个工程中，使用的各类导线电缆不计其数，所以线路上的总有功损耗是相当可观的。由线路电阻公式 $R=\rho L/S$ 可知，减少线路损耗有两条措施：①减小导线长度，如变压器尽量接近负荷中心（各装置内设置变电所），线路尽可能走直线。②增大导线截面（导线截面增加虽然能降低能耗，但导线成本也随着增大）。

（3）变压器容量和台数的选择，除满足装置负荷容量、负荷等级、电动机再启动要求外，还需对其运行效率进行比较，使投运变压器效率高，损耗小。虽然变压器本身效率很高，但由于容量和数量很大、运行时间长，总损耗也相当大。变压器在选择和使用上也存在着很大的节能潜力。变压器容量和台数的选择原则如下：

① 选择高效节能的新型变压器。

② 保证变压器良好散热。一般绕组电阻会随着运行温度增高而增大，所以在同一负载下，变压器运行温度每降低 1 ℃，负载损耗下降 0.32%。石化企业多数变压器室都是采用半敞开式布置（有顶、栅栏门）。

③ 合理选择变压器的负载率。一般来说，损耗越低的变压器，理论最佳负荷率越低，理论最佳负荷率是变压器在持续恒定负载情况下计算所得的负荷率，显然理论最佳负荷率并不是确定变压器容量的最终或最佳选择。应综合考虑变压器运行效率、运行损耗等参数，把变压器分为最佳运行区、经济运行区、不经济运行区三个运行区间。石油化工行业为连续生产企业（一般为二级负荷），对供电系统的可靠性有极其严格的要求，往往采用两台变压器、单母线分段供电的方法来保证生产装置不至于因供电中断而停止运行，当一台变压器有故障时，可由另一台变压器带全部负荷。从供电可靠性角度考虑，负载率一般取 40%左右较为合适。

④ 减少谐波影响。在一定的连接方式下，变压器的运行损耗会受 3 次谐波的影响，比如在 Yyn0 连接方式下，3 次谐波会在油箱壁等钢件上产生涡流损耗，引起油箱局部过热或效率降低，所以一般推荐采用 Dyn11 接线方式，可有效减少 3 次谐波影响。有些用电设备（电弧炉、变频器）本身就是谐波源，谐波电流会引起涡流损耗增加，需注意到电力变压器容量越大，漏磁场就越强，涡流损耗也就越大，此时就需要安装滤波器，减少谐波影响。

（4）最大负荷利用小时数 $T_m>5\,000$ h，电压为 35 kV 及以上等级的电力电缆截面需按照经济电流密度选择或校验，以降低电缆运行的电能损耗。

（5）生产装置中容量较大且仅开工或停工时使用以及仅在短时使用工况下运行的用电设备，采用单独的变压器供电（开工或停工以及个别短期运行工况下投运，且容量较大的用电设备和属于短期连续性用电设备，若接在正常连续运行的供电系统中，在这些用电设备退出运行后，会引起变压器的负荷率太低，变压器的损耗较大，不利于节能降耗）。另外，在由透平驱动设备作为主机、电动机驱动设备作为备机的较大用电设备（有主机故障时，投备机或短期主机和备机均工作的情况），且无互为备用要求时，一般采用由单独变压器供电，止常工况卜变压器退出运行。

（6）生产装置中选用的电动机需使之工作在额定工况状态下，对负载变化大的机泵需进行节能计算分析和论证来确定是否选用变频调速装置的可能性。

(7) 根据综合利用原则，在生产装置中需积极推广热电联产，废热(汽)发电技术。

特大和大中型生产装置一般根据综合利用原则，以汽定电或汽电自给节能的原则，在需要和可能的情况下，设置自备发电机组。

特大和大中型石化生产装置在生产过程中，通常伴有高温高压蒸汽的产生，大型压缩机也多采用高压或中压蒸汽透平驱动。废热废气的回收和利用，可极大地节约能源、提高效率；设置自备发电机组，实现"综合利用"是提高石化生产装置供电可靠性和提高效益的十分重要和最常用的做法。

目前，我国的大中型石油化工企业一般都配有自备的小型热电厂，且采用热一电联产方式，即在夏季用电高峰期多发电，在冬季用汽高峰期则多抽蒸汽，因此，为实现蒸汽能量的多级利用，汽轮机均采用分级抽出。石化企业自备电厂多采用母管制，锅炉与发电机不是一一对应的。为灵活调节，避免对下游蒸汽用户的影响，企业自备电厂的锅炉数量多、单台锅炉蒸发量小。以中石化为例，29 家企业共有锅炉近 200 台，总蒸发量 3.6 万 t/h，其中 220 t/h 锅炉 50 台，410 t/h 锅炉 24 台，扣除燃气(油)锅炉后其蒸发能力占 60%以上。

(8) 生产装置用电设备所产生的谐波引起的电网电压正弦波形畸变率，当超过 GB/T 14549—1993《电能质量 公用电网谐波》规定值时，需采取抑制高次谐波的措施。

(9) 生产装置的自然功率因数较低时，需设并联无功补偿装置，功率因数不低于 0.93。无功补偿设计需符合下列要求：

可调式无功补偿装置可按无功功率最大需要设计。在负荷变化大的变电所，一般采用集中自动补偿无功的控制装置，不可调无功补偿装置不大于网络的最小无功负荷；距供电点较远的大、中容量连续运行的电气负荷，则采用就地的无功补偿装置。

适当提高系统的功率因数，能够改善电压质量，减少无功在线路上传输，提高用电设备的工作效率，以达到节能的目的。采用同步电动机或异步电动机同步运行，荧光灯可采用高次谐波系数低于 15%的电子镇流器等方式来提高系统自然功率因数；功率因数采用人工补偿、分级补偿和就地平衡，这样才能使线路上的无功传输减少，达到节能的目的，一般分为集中补偿和单独就地补偿。

(10) 条件允许时或照明安装功率较大时设专用照明变压器。

(11) 照明设计选用绿色照明器具(金属卤化物灯、高效节能荧光灯、高效节能灯、LED 灯)。绿色建筑要求在建筑的全寿命周期内，最大限度地节约资源(节能、节地、节水、节材)。绿色建筑实际上就是要在建筑的使用期内，尽量减少能量消耗，提高资源的利用率，并充分保证使用者的舒适度。照明就是最能诠释和体现绿色节能的主要指标之一，在满足规定的照度和照明质量要求的前提下，设法降低照明用电负荷的能耗，如使用高效率光源及灯具，使用低能耗、低谐波含量、高功率因数的灯具电器。

(12) 采用节能型电感镇流器的气体放电光源，需装设补偿电容器且功率因数不低于 0.9。

(13) 采用各种类型的节电开关，近窗灯具可单设分回路和灯开关，辅助设施楼梯照明用节能声控开关控制或人体感应开关控制。

(14) 厂区道路照明、装置户外照明一般采用光电开关，由经纬度控制器自动控制或集中管理控制，厂区道路照明则设置深夜减光控制方案。

(15) 禁止选用国家明令禁用的电气用能产品和电气设备，使用的节能电气产品须有节能认证标志。

(16) 选用高效、节能的电动机，节能型变压器等节能型电气设备及先进的用能监测和控制等技术选用原则如下。

① 推广使用高效和超高效节能电动机，包括加速老型电动机更新换代。高效率电动机是指比通用标准型电动机具有更高效率的电动机，必须达到或超过节能评价值的效率标准，按照GB 18613—2020《电动机能效限定值及能效等级》，高效电动机仅指达到能效二级(相当于IE3能效标准)及以上的电动机。石油化工企业电动机数量多，耗电量大，大约占电力消耗的80%，而且有一些老装置仍然在使用低效率电动机，所以石油化工企业的节电潜力巨大。

② 合理选用电动机的容量。三相异步电动机一般分为三个运行区域，负载率在70%～100%之间为经济区；负载率在40%～70%之间为一般运行区；负载率在40%以下为非经济区。若电动机容量选得过大，虽然能保证设备的正常运行，但投资大，功率因数和效率都很低，造成电力的大量浪费。从节能角度看，80%负载时运行效果最佳，此时能量效率最高，即电动机的功率因数值一般在0.85以上较好。

③ 当负载较大时，因电压等级差异导致损耗的差异，一般容量在160 kW以上的选用高压电动机，即高压电动机较低压电动机优先选择。

④ 因功率因素的差异，高速电动机较低速电动机优先选择。

⑤ 因转子效率、功率因数的差异，鼠笼式电动机较绕线式电动机优先选择。一般来说，同容量的电动机中，鼠笼电动机的功率因数要比绕线式电动机高；转速高的电动机功率因数要比转速低的电动机功率因数高；同一类型电动机中容量大的功率因数要比容量小的高，但随着负载的增加小容量电动机功率因数递增的幅度比大容量电动机的递增幅度大；多极电动机(6、8、10极电动机)的功率因数随负载增加的幅度比2、4极电动机递增的幅度大。

实际应用中必须从技术和经济两方面来综合考虑，合理地选择电动机的型号和容量，使其与负载机械特性相适应，力求达到电动机的经济运行。一般参照GB/T 12497—2006《三相异步电动机经济运行》来选择。

⑥ 变频调速：变频调速技术是一种通过改变电动机频率和改变电压来达到电动机调速目的的技术。在许多情况下，使用变频器的目的是节能，尤其是对于在工业中大量使用的风扇、鼓风机和泵类负载来说，通过变频器进行调速控制可以代替传统上利用挡板和阀门进行的风量、流量和扬程的控制，所以节能效果非常明显。在利用异步电动机进行恒速驱动的传送带以及移动工作台中，电动机通常一直处于工作状态，而采用变频器调速控制后，可使电动机进行高频度的启停运转，可以使传送带或移动工作台只是在有货物或工件时运行，从而达到节能的效果。

一般情况下，按照工艺要求所选择的机泵都有一定裕度，而在实际石化生产中，往往出现大马拉小车的情形。为了保证生产平稳，依靠其出口阀门控制排量，造成泵管压差过大，阀门节流产生的能量损失严重，还有一部分靠打回流维持生产，这样既降低了泵效，又浪费了大量的电能。装设变频器后，节电效果会在30%以上。

选择变频器的一般要求如下：

容量一般按额定输出电流、电动机的功率或额定容量选择，即连续运行的总电流在任何频率条件下均不能超过变频器晶体管所能承受的电流值；风机、水泵类负载选择变频器的容量时，按电动机的额定功率选取；恒转矩负载选择变频器的容量，按电动机额定功率放大一级选用。

类型的选择：风机、泵类负载（低速下的负载转矩小），选用普通通用变频器；电梯、自动扶梯等负载，选用恒转矩控制用变频器（无需加大电动机及变频器容量）；若恒转矩负载对动态响应性能要求高，则选用矢量控制型变频器。

⑦ 采用同步电动机。在低速、大容量石化生产场合，如循环水厂、高压缩比空压机等，应用的异步电动机由于转速很低，电动机效率也非常低（0.8以下），较为耗能，由于以往同步电动机故障率高，无防爆型，只能选用异步电动机。目前逐渐使用增安型无刷励磁同步电动机，它可以通过选择不同的运行方式，达到改善电网功率因素的目的，减少了线损，提高了设备容量的利用率。

(17) 供配电系统设计采用符合国家现行有关标准的高效率、低能耗、性能先进、国家认证的合格产品，供配电设备内的电气器件需选用节能型产品。

参考文献

[1] 中石化上海工程有限公司. 化工工艺设计手册[M]. 5 版. 北京:化学工业出版社,2018.
[2] 刘屏周,等. 工业与民用供配电设计手册[M](第四版). 北京:中国电力出版社,2016.
[3] 上海市电气工程设计研究会. 实用电气工程设计手册[M]. 上海:上海科学技术文献出版社,2011.
[4] 王景梁. 电气节能技术[M]. 北京:中国电力出版社,2013.
[5] 徐华,等. 照明设计手册[M](第三版). 北京:中国电力出版社,2017.
[6] 吕英,等. 继电保护技术与应用[M]. 北京:中国石化出版社,2014.
[7] 赵桂初,等. 炼化电气设计实用指南[M]. 北京:中国石化出版社,2014.
[8] GB 17741—2005.《工程场地地震安全性评价》.
[9] GB 18306—2015.《中国地震动参数区划图》.
[10] GB 311.1—2012.《绝缘配合 第 1 部分:定义、原则和规则》.
[11] GB 50011—2010.《建筑抗震设计规范》(2016 年版).
[12] GB 50034—2013.《建筑照明设计标准》.
[13] GB 50052—2009.《供配电系统设计规范》.
[14] GB 50053—2013.《20 kV 及以下变电所设计规范》.
[15] GB 50054—2011.《低压配电设计规范》.
[16] GB 50057—2010.《建筑物防雷设计规范》.
[17] GB 50058—2014.《爆炸危险环境电力装置设计规范》.
[18] GB 50059—2011.《35 kV～110 kV 变电站设计规范》.
[19] GB 50060—2008.《3～110 kV 高压配电装置设计规范》.
[20] GB 50074—2014.《石油库设计规范》.
[21] GB 50160—2008.《石油化工企业设计防火标准》(2018 年版).
[22] GB 50217—2018.《电力工程电缆设计标准》.
[23] GB 50223—2008.《建筑工程抗震设防分类标准》.
[24] GB 50260—2013.《电力设施抗震设计规范》.
[25] GB 50650—2011.《石油化工装置防雷设计规范》(2022 年版).
[26] GB 51309—2018.《消防应急照明和疏散指示系统技术标准》.
[27] GB/T 755—2019.《旋转电机 定额和性能》.
[28] GB/T 16935.1—2008.《低压系统内设备的绝缘配合 第 1 部分:原理、要求和试验》.
[29] GB/T 19216—2021.《在火焰条件下电缆或光缆的线路完整性试验》.
[30] GB/T 19666—2019.《阻燃和耐火电线电缆或光缆通则》.

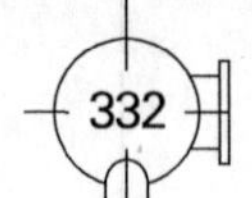

[31] GB/T 21714.3—2015.《雷电防护 第3部分:建筑物的物理损坏和生命危险》.
[32] GB/T 4208—2017.《外壳防护等级(IP代码)》.
[33] GB/T 15544.1—2013.《三相交流系统短路电流计算 第1部分:电流计算》.
[34] GB/T 12325—2008.《电能质量 供电电压偏差》.
[35] GB/T 12326—2008.《电能质量 电压波动和闪变》.
[36] GB/T 14549—1993.《电能质量 公用电网谐波》.
[37] GB/T 50064—2014.《交流电气装置的过电压保护和绝缘配合设计规范》.
[38] GB/T 50065—2011.《交流电气装置的接地设计规范》.
[39] DL/T 5222—2021.《导体和电器选择设计规程》.
[40] SH/T 3003—2000.《石油化工合理利用能源设计导则》.
[41] SH/T 3038—2017.《石油化工装置电力设计规范》.
[41] SH/T 3060—2013.《石油化工企业供电系统设计规范》.
[42] SH/T 3097—2017.《石油化工静电接地设计规范》.
[43] SH/T 3116—2017.《石油化工企业用电负荷计算方法》.
[44] SH/T 3164—2021.《石油化工仪表系统防雷设计规范》.
[45] SH/T 3192—2017.《石油化工装置照明设计规范》.
[46]《固定资产投资项目节能审查办法》.国家发展和改革委员会.2023
[47]《关于发布中国石化电缆选型要求的通知》.集团工单物仪[2016]151号.
[48]《建筑节能应用技术》编写组.建筑节能应用技术[M].上海:同济大学出版社,2011.
[49]《实用机电节能技术手册》编辑委员会.实用机电节能技术手册[M].北京:机械工业出版社,1996.
[50]《电力节能技术丛书》编委会.配电系统节能技术[M].北京:中国电力出版社,2008.
[51] 辛军,朱全军,樊习英,等.基于性能的电气设备抗震设计方法研究[J].电气工程,2017,5(1):52-59.
[52] 杨文清.厂矿电气设备的抗震防灾措施[J].工程抗震,1992(1):24-25.
[53] 杨亚弟,李桂荣.电气设施抗震研究概述[J].世界地震工程,1996(2):20-22+54.